数据结构与算法完全手册

景禹 著

電子工業出版社
Publishing House of Electronics Industry
北京•BEIJING

内 容 简 介

本书力图以简洁明了的例子讲解笔试、面试中常见的数据结构与算法，包括线性存储结构——数组、链式存储结构、栈、队列、树、图、Hash、贪心算法、排序及查找算法。

本书适用于数据结构和算法知识的初学者，希望学习如何解算法题或正在刷题的计算机行业从业者，可作为相关专业学生的参考书。

图书在版编目（CIP）数据

数据结构与算法完全手册 / 景禹著. —北京：电子工业出版社，2023.8

ISBN 978-7-121-45943-6

Ⅰ. ①数… Ⅱ. ①景… Ⅲ. ①数据结构－手册②算法分析－手册 Ⅳ. ①TP311.12-62

中国国家版本馆 CIP 数据核字（2023）第 125804 号

责任编辑：张　晶
印　　刷：天津千鹤文化传播有限公司
装　　订：天津千鹤文化传播有限公司
出版发行：电子工业出版社
　　　　　北京市海淀区万寿路 173 信箱　　　邮编：100036
开　　本：787×980　1/16　印张：26.75　字数：618 千字
版　　次：2023 年 8 月第 1 版
印　　次：2023 年 8 月第 1 次印刷
定　　价：100.00 元

凡所购买电子工业出版社图书有缺损问题，请向购买书店调换。若书店售缺，请与本社发行部联系，联系及邮购电话：（010）88254888，88258888。

质量投诉请发邮件至 zlts@phei.com.cn，盗版侵权举报请发邮件至 dbqq@phei.com.cn。

本书咨询联系方式：faq@phei.com.cn。

前言

本书起因

我写书的想法归功于张晶老师，也就是本书的编辑。借助互联网，我的文章在知乎中“数据结构为什么这么难？”的提问下获得上千个赞同、上万次收藏和好评，有很多人添加我的个人微信仅为表示感谢，这些人中有从文章中获益的考研的人，有基于这些文章深入了解相关知识并转行到互联网相关行业的人，有在校读书的学弟、学妹，有从事互联网行业想跳槽的人。在这些朋友和张晶老师的鼓励下，我克服重重困难终于完成了本书，希望您可以喜欢本书，通过阅读本书有所收获。

图书结构

Algorithms + Data Structures = Programs.

——Niklaus Wirth（Pascal 语言的作者，1984 年图灵奖得主）

这句话可以说是计算机编程的本质。一方面，数据结构作为计算机科学教学计划的基础科目，各种数据结构相关测试都要求熟练地掌握常用的数据结构与算法；另一方面，数据结构与算法是计算机编程的“灵魂”，学习过程充满乐趣，总能让人收获满满。

本书力图以简洁明了的例子讲解笔试、面试中常见的数据结构与算法，包括线性存储结构——数组、链式存储结构、栈、队列、树、图、Hash、贪心算法、排序及查找算法。

第 1、2 章介绍了线性存储结构（数组）和链式存储结构（链表）；第 3 章介绍了栈的相关应用；第 4 章讨论了队列的相关问题，包括普通队列、循环队列和优先级队列；第 5 章讨论了与树相关的基本数据结构，包括二叉树、堆、二叉排序树、平衡二叉树、红黑树、B 树及 B+树；第 6 章介绍了图相关的问题，包括图简介、图的存储结构、图的遍历，以及

Union-Find 算法；第 7 章着重介绍了 Hash 算法及其应用；第 8 章讨论了贪心算法的基本概念，以及 Dijkstra 算法、Kruskal 算法、Prim 算法和赫夫曼编码；第 9 章介绍了一些经典的排序及查找算法。全书图文并茂，干货满满，易于自学理解及温习巩固。

本书使用 Java 语言实现数据结构与算法，代码风格遵循标准的 Java 编程规范，有清晰的注释，并针对每个算法都结合图文进行了详尽的讲解，内容清晰直观，易于理解，这让本书俨然成了一本“活着”的数据结构与算法书籍。

本书着重对算法执行过程进行介绍，对于大多数算法的时间复杂度和空间复杂度的分析一笔带过，如需要了解详细推导过程，可参考严蔚敏老师编著的相关书籍。

本书在计算机专业数据结构课程的基础上，结合笔试和面试的考查重点，甄选了一些经典的数据结构和算法，并对其进行了讲解。

算法的世界奇妙无穷，我们只看到了其中一丁点儿璀璨，万丈光芒的世界等我们一起探索和创造。

测试用例

书中代码示例基于 Java 8 编写。本书不提供书中的源代码，建议大家根据自己的理解，选择自己熟悉的编程语言，在适当的编程环境中自行编写代码，只有这样，我们对于相关内容的理解和记忆才会更加深刻。

感谢的人

感谢张晶编辑在本书撰写过程中的耐心指导，以及她一直以来提供的帮助。

感谢所有花时间和精力阅读我的文章的朋友，以及提供建议的人，你们的意见和建议对于本书的撰写非常重要！谢谢！

献礼

谨以此书献给那些与数据结构和算法结缘的朋友。

景禹

目
录

5 树

6 图

7 Hash

8 贪心算法

9 排序及查找算法

读者服务

微信扫码回复：45943

- 加入本书读者交流群，与作者互动
- 获取［百场业界大咖直播合集］（持续更新），仅需 1 元

1

线性存储结构——数组

1.1 数组简介

数组就是**存储在连续内存空间**中的数据项的集合，目的就是将多个**数据类型相同**的数据存储在一段连续的内存空间中，以便通过数组的**首地址**和**偏移量**（offset）计算数组中每个元素的地址。数组中第一个元素的存储位置是整个数组的首地址（通常用数组的名称表示），默认起始地址的索引为 0，两个索引之间的差值为偏移量。

想象一下，你（0 号）站在地面上，你的若干位朋友（编号分别为 1、2、3、4、5）分别站在一段楼梯的不同台阶上，如图 1.1 所示，那么你只需要知道你的朋友爬了几个台阶，就可以确定他的位置。

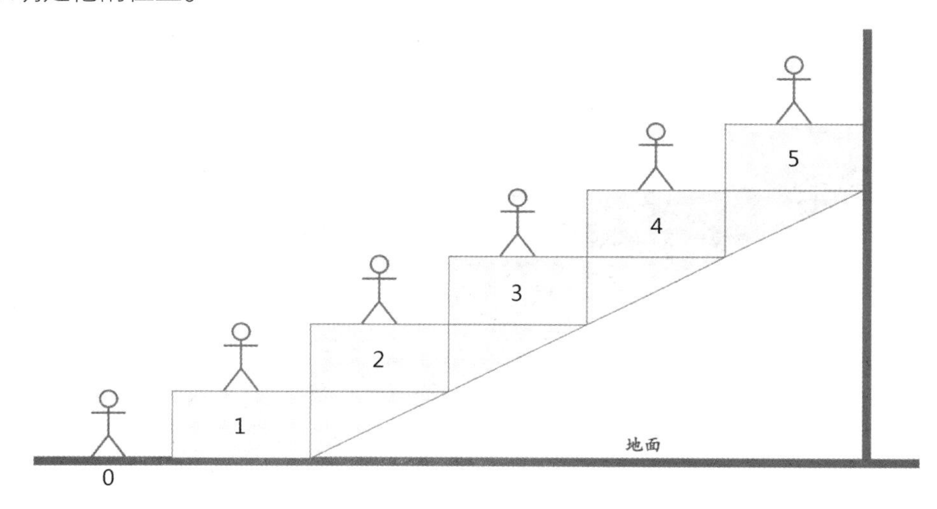

图 1.1

那么你就是首地址（索引为 0），而你与你的每一位朋友之间的台阶数就是该朋友相对于你的偏移量，如编号为 4 的朋友的偏移量就是 4（两个索引的差值），你要找到你的 4 号朋友就需要上 4 个台阶。

为什么是**数据类型相同**的数据呢？因为只有数据类型相同的数据才可以通过首地址和偏移量来确定地址。

图 1.2 可以看作如图 1.1 所示的楼梯的俯视图，你在楼梯底部。数组中的每个元素都可

以通过索引唯一标识（与上面示例中你通过朋友爬的台阶数确定朋友的位置的方式类似）。

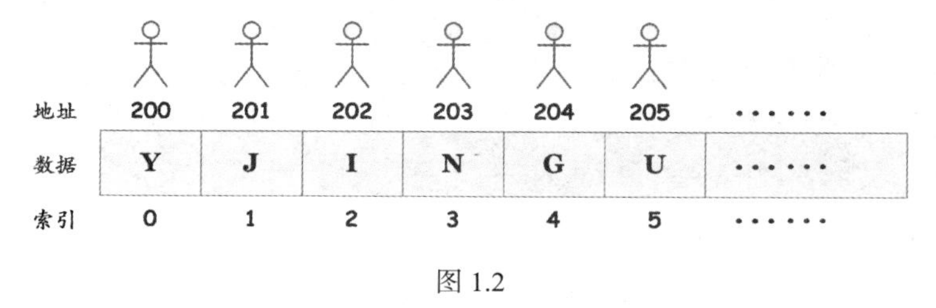

图 1.2

1. 数组大小

数组大小**固定**。数组大小一旦被指定，便无法更改，既无法扩展，也无法缩小。无法对数组进行扩展的原因是，我们无法确保获得的下一个内存位置是空闲的（可分配的）。无法对数组进行缩小的原因是，数组在声明时会获得一块静态内存空间，这块静态内存空间只有编译器可以释放。

2. 数组中的索引类型

0（基于 0 的索引）：数组第一个位置上的元素的索引为 0。

1（基于 1 的索引）：数组第一个位置上的元素的索引为 1。

n（基于 n 的索引）：数组的基索引可以自由选择。

通常编程语言允许基于 n 的索引，也允许负索引和其他标量数据类型索引，如枚举或字符也可以用作数组索引。

> **注意：**本书中的数组第一个位置上的元素的索引均为 0。

3. 数组的优点

数组的优点如下。

- 数组支持随机访问元素。数组的查找操作的时间复杂度为 $O(1)$。
- 数组存储在连续的静态内存空间中，可以在很大程度上提高访问速度。
- 数组可以使用一个变量名表示同一数据类型的多个数据项。

4. 数组的缺点

数组的缺点如下。

- 数组一旦声明，就不能更改大小。因为在声明时分配给数组的是连续的静态内存空间，要想更改数组大小，只能由编译器释放原来的内存空间，重新声明。
- 数组的插入与删除操作的时间复杂度均为 $O(n)$。因为数组中的元素被存储在连续的静态内存空间中，所以插入和删除中的移位操作比较耗时。

例如，使用数组实现栈（Stack）存在一些明显的缺陷。

对于栈的 pop（出栈）操作，算法需要执行两个操作：①检查栈是否下溢出。②栈顶指针下移（top--）。

如果栈顶指针下移，我们就认为完成了出栈操作，但是栈顶指针在下移前指向的内存空间并不会被释放。对于基本数据类型，其占用的空间可以忽略不计；但对于对象，由于其占用的内存空间很大，因此会造成大量内存空间浪费。

5. 数组的例子

```
//字符数组
char arr1[] = {'J','I','N','G','Y','U'};
//整型数组
int arr2[] = {2,0,2,1,5,2,0};
//获取数组中的任意一个数据项
arr1[3];                                    //获取字符数组中的索引为 3 的元素，即 G
arr2[4];                                    //获取整型数组中的索引为 4 的元素，即 5
```

一般将字符数组称为**字符串（String）**，将其他类型（如整型、浮点型、布尔类型等）数组称为某某类型数组。

6. 数组的应用

- 数组可以存储一组数据类型相同的数据。
- 数组用于实现其他数据结构，如栈、队列、堆、Hash 表等。

1.2 Java 中的数组

Java 中的数组有如下特点。

- 数组均是动态分配的。
- Java 的设计思想是一切皆是对象，数组也不例外。我们可以使用对象的属性方法 length 获取 Java 中的数组的长度。
- 数组中的变量是有序的，每个变量都可以通过索引获取。
- 数组也可以作为静态字段、局部变量或方法的参数。
- 数组的大小需要用整型（int）变量指定，而不是长整型（long）变量或短整型（short）变量。
- 数组类型的直接超类是 Object 类。

- 每个数组类型都实现了 Cloneable 接口和 Serializable 接口。
- 数组中的元素类型可以是基本数据类型（如整型、字符型、浮点型等），也可以是引用类型（如对象），这取决于数组的定义。对于元素类型是基本数据类型的数组，其中的元素存储在连续的静态内存空间中。对于元素类型是对象的数组，实际对象存储在堆内存中。

1.2.1 一维数组

在实际开发中一定会用到一维数组，在笔试、面试中也常遇见一维数组，因此我们务必熟悉数组的基本操作和背后原理。

1. 数组的声明

数组的声明格式如下。

```
类型 数组名[];
类型[] 数组名;
```

数组的声明涉及两个关键词：**类型**和**数组名**，类型用于标明数组中所有元素的类型，数组名用于唯一地标识一个数组。**类型**可以是基本数据类型（整型、字符型、浮点型等），也可以是用户定义的引用类型（对象）。数组一旦声明，其中的元素类型就只能是声明的类型。

范例：声明一个数组。

```
// 这两种形式都可以
int intArray[];
int[] intArray;

byte byteArray[];                         //字节数组
short shortArray[];                       //短整型数组
boolean booleanArray[];                   //布尔类型数组
long longArray[];                         //长整型数组
float floatArray[];                       //单精度浮点型数组
double doubleArray[];                     //双精度浮点型数组
char charArray[];                         //字符数组

// 数组中的元素的类型也可以是引用类型（对象）
MyClass myClassAarry[];

Object[] objectArr;                       //对象数组
Collection[] cArr;                        //Collection 接口数组
```

尽管上面的第一个声明确定了 intArray 是一个数组变量，但是这个数组此时是不存在的，该声明只是告诉编译器 intArray 将保存一个整型数组。要将 intArray 链接到一个实际的整型数组，必须使用关键字 new 为 intArray 分配一段连续的静态内存空间。

谨记，数组属于引用数据类型，在使用数组之前一定要开辟空间（实例化）。若使用了没有开辟空间的数组，则会出现 NullPointerException 异常信息，就像如下代码。

```
public class ArrayTest {
    public static void main(String[] args){
        int intArray[] = null;
        System.out.println(intArray.length);
    }
}
```

2. 数组的实例化

在声明数组时，只会创建数组的引用。要实际创建数组或为数组提供内存空间，可以使用关键字 new 来实例化数组。一维数组的一般形式如下。

```
var-name = new type[size];
```

其中，type 用于指定要分配的元素类型：size 用于指定数组中的元素数量；var-name 是链接到数组的变量名称。也就是说，要使用关键字 new 分配内存空间，必须指定要分配的元素的类型和数量。

```
int intArray[];                         //声明一个整型数组
intArray = new int[10];                 //为数组 intArray 分配内存空间
```

或者：

```
int[] intArray = new int[10];           //结合了声明和实例化
```

需要注意如下几点。

- 由关键字 new 分配内存空间后的数组中的元素将默认初始化为 0（对于数值型数据）、false（对于布尔型数据）或 null（对于引用类型数据）。
- 获取数组包含两步：第一步，必须声明指定类型的数组变量；第二步，必须使用关键字 new 分配用于保存数组的内存空间，并将其分配给数组变量。因此，在 Java 中，所有数组都是动态分配的。

1）静态数组初始化

在某些情况下，只要数组的大小和数组中的元素已知，我们就可以用如下代码完成数组初始化。

```
int[] intArray = new int[]{1,2,3,4,5,6,7,8,9,10};
```

静态数组中的元素数量确定了创建的数组长度。上面代码中的数组包含 10 个元素，数组的长度为 10。

静态数组的初始化也可以简化成如下形式。

```
int[] intArray = {1,2,3,4,5,6,7,8,9,10};
```

在开发时，强烈建议使用完整语法模式对静态数组进行初始化，这样可以轻松地使用匿名数组这一概念。

```
public class ArrayTest {
    public static void main(String[] args){
        System.out.println(new int[]{1,2,3,4,5,6,7,8,9,10});
    }
}
```

2）使用for循环遍历数组

数组中的元素通过索引来获取，索引从 0 到 size－1，size 表示数组的长度。数组中的所有元素可以用 for 循环来获取。

```
for(int i = 0; i < arr.length; i++){
    System.out.println("arr[" + i + "] = " + arr[i]);
}
```

范例：for 循环遍历数组。

```
public class ArrayTest {
    public static void main(String[] args){
        int[] arr = new int[7];
        arr[0] = 2;
        arr[1] = 0;
        arr[2] = 2;
        arr[3] = 1;
        arr[4] = 5;
        arr[5] = 2;
        arr[6] = 0;

        for(int i = 0; i < arr.length; i++){
            System.out.print(arr[i] + " ");
        }
    }
}
```

3）一维数组的内存表示

一维数组的 arr 变量存储的是数组中第一个元素的地址，如图 1.3 所示。

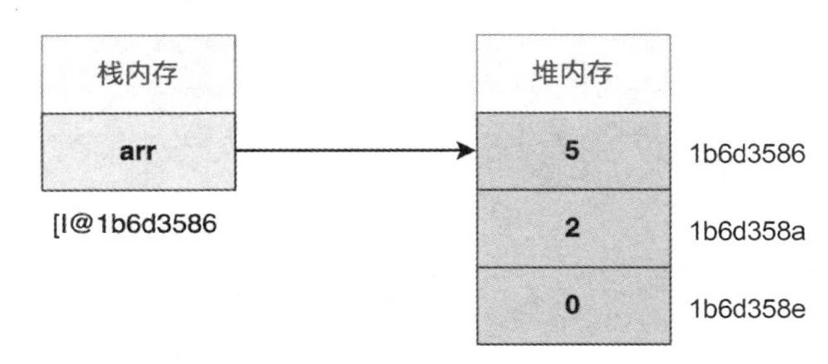

图 1.3

```
public class ArrayTest {
    public static void main(String[] args){
        int[] arr = new int[3];
        arr[0] = 5;
        arr[1] = 2;
        arr[2] = 0;
        System.out.println(arr); //输出 [I@1b6d3586，不同计算机的运行结果不同
    }
}
```

[I@1b6d3586 的含义如下。

- [：表示数组，有几个就表示数组是几维。
- I：表示整型。
- @：固定的分隔符号。
- 1b6d3586：表示 16 进制的地址，也就是数组的首地址，而数组名表示的就是整个数组第一个元素的地址。

3. 对象数组

对象数组和基本数据类型数组的创建方法一样。

```
Student[] arr = new Student[5];          //Student 是自定义的类
```

学生数组包含 5 个内存空间，每个内存空间可以容纳 1 个学生类的地址。必须使用学生类的构造函数实例化学生对象，并将其分配给数组中的元素。

范例：创建一个学生（对象）数组。

```
class Student {
    public int number;
```

```
    public int age;
    public String name;

    public Student(int number, int age, String name) {
        this.number = number;
        this.age = age;
        this.name = name;
    }
}

public class ArrayTest {
    public static void main(String[] args) {
        Student[] arr = new Student[3];
        arr[0] = new Student(1, 42, "Kobe");
        arr[1] = new Student(2, 36, "James");
        arr[2] = new Student(3, 32, "Curry");

        for (int i = 0; i < arr.length; i++) {
            System.out.println("Element is " + arr[i].number + " " +
                    arr[i].name + ":" + arr[i].age);
        }
    }
}
```

4. 数组越界问题

当我们访问的数组索引超出了数组索引的取值范围时，JVM 就会抛出 ArrayIndexOutOfBoundsException 异常，表明我们访问了不合法的索引。如果索引为负值或大于或等于数组的大小 n，就会抛出该异常。

```
class JY
{
    public static void main (String[] args)
    {
        int[] arr = new int[2];
        arr[0] = 10;
        arr[1] = 20;

        for (int i = 0; i <= arr.length; i++) //注意这里不能是 <= ,应该是 <
            System.out.println(arr[i]);
    }
}
```

1.2.2 多维数组

多维数组就是数组的数组，其元素为其他数组，又称交错数组。

```
int[][] intArray = new int[10][20];     //二维数组，又称矩阵
int[][][] intArray = new int[2][3][4]; //三维数组
```

在实际开发中使用得最多的多维数组是二维数组，又称为矩阵。

范例：多维数组的声明和遍历。

```
class multiDimensional
{
    public static void main(String[] args)
    {
        //声明并初始化二维数组
        int arr[][] = { {1,2,3},{3,6,9},{8,4,2} };

        //打印二维数组
        for (int i=0; i< 3 ; i++) {
            for (int j=0; j < 3 ; j++)
                System.out.print(arr[i][j] + " ");

            System.out.println();
        }
    }
}
```

数组 int arr[][] = { {1,2,3},{3,6,9},{8,4,2} }的内存结构如图 1.4 所示。

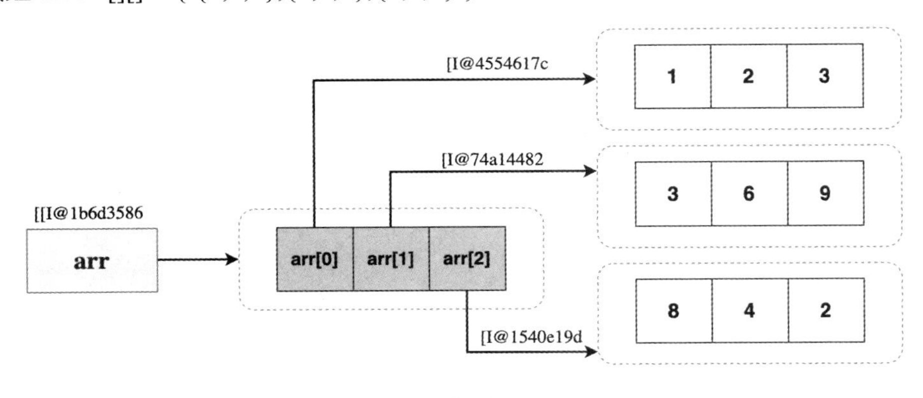

图 1.4

1.2.3 数组作为输入参数

与变量一样，我们可以将数组作为输入参数传入其他方法。

范例：数组作为输入参数。

```
class test{
    public static void main(String[] args){
        int[] arr = {1,2,3,4,5,6,7,8,9};
        sum(arr);
    }

    public static void sum(int[] arr){
        int sum = 0;
        for(int i = 0; i < arr.length; i++){
            sum += arr[i];
        }
        System.out.println(sum);
    }
}
```

1.2.4 数组作为返回值

数组可以作为返回值。

```
class test{
    public static void main(String[] args){
        int[] arr = fun();
        for(int i = 0; i< arr.length; i++){
            System.out.print(arr[i] + " ");
        }
    }

    public static int[] fun(){
        return new int[]{1,2,3,4,5,6,7,8,9};
    }
}
```

1.2.5 数组的复制

这部分内容主要介绍两个概念——“深拷贝”和“浅拷贝”，以便读者对其有较深的印象。

深拷贝：在复制引用类型成员变量时，为引用类型的数据成员开辟一段独立的内存空间，实现正在意义上的复制，复制数组和数组的存储位置不同。

```
class Test
{
    public static void main(String args[])
    {
        int intArr[] = {1,2,3};

        int cloneArr[] = intArr.clone();

        //输出 false，深拷贝创建了一个新的数组
        System.out.println(intArr == cloneArr);

        for (int i = 0; i < cloneArr.length; i++) {
            System.out.print(cloneArr[i]+" ");
        }
    }
}
```

图 1.5 表示深拷贝，数组 intArr 和复制数组 cloneArr 分别指向不同的地址。

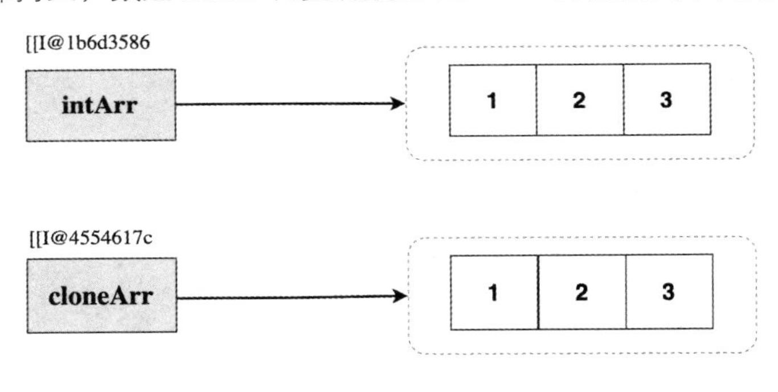

图 1.5

浅拷贝：对于引用类型，如数组或类对象，因为引用类型是引用传递的，所以浅拷贝只是把内存地址赋值给成员变量，它们指向同一内存空间。改变其中一个，另一个也会受到影响。

范例：多维数组的复制。

```
class Test12
{
    public static void main(String args[])
    {
        int intArr[][] = {{1,2,3},{4,5,6}};

        int cloneArr[][] = intArr.clone();
```

```
        //打印 false
        System.out.println(intArr == cloneArr);

        //打印 true，对子数组的复制属于浅拷贝
        System.out.println(intArr[0] == cloneArr[0]);
        System.out.println(intArr[1] == cloneArr[1]);

    }
}
```

浅拷贝的内存地址引用如图 1.6 所示。

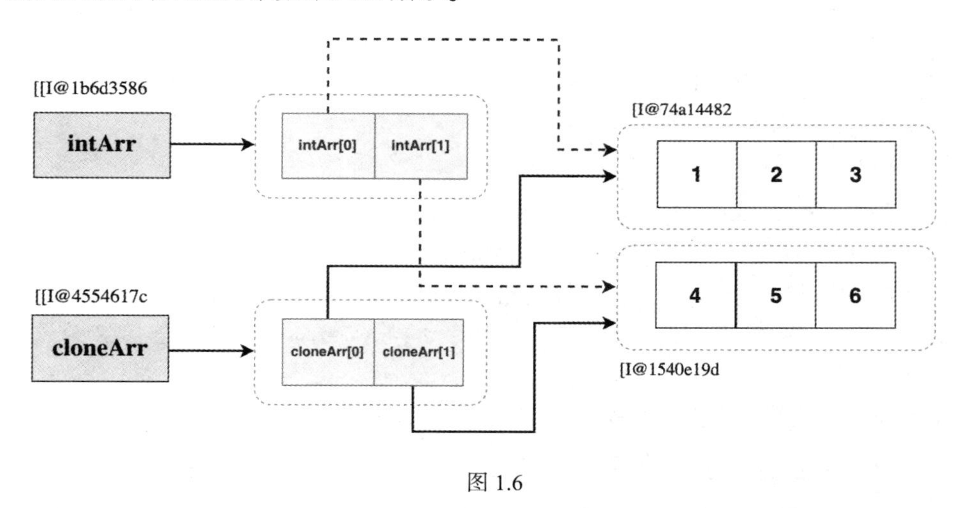

图 1.6

我们掌握了数组的基础概念及编程注意事项之后，可以通过练习一些经典的题目来巩固所学知识。

1.3 旋转数组

旋转数组分为左旋和右旋两类，我们以左旋为例进行说明。

给定一个数组，将数组中的元素左旋 k 个位置，其中 k 是非负数。

如图 1.7 所示，原数组为 arr[] = [1,2,3,4,5,6,7]，将其左旋 2 个位置，得到数组 arr[] = [3,4,5,6,7,1,2]。下面我们从多个角度来解决数组的左旋问题，并体会各解决方法的优劣。在

学习完左旋问题如何处理之后，我们可以自己动手处理右旋问题。

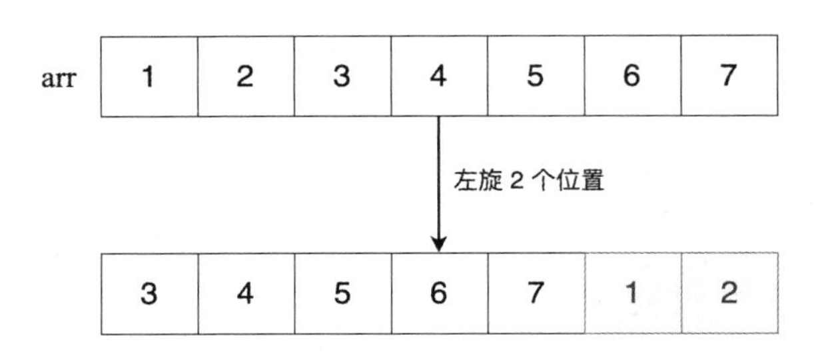

图 1.7

1.3.1 方法一（临时数组法）

1. 方法简介

临时数组法是最简单和直观的方法。例如，对于数组 arr[] = [1,2,3,4,5,6,7]，$k = 2$ 的情况，就是将数组中的前 2 个元素移动到数组的末尾，只需要先利用临时数组 temp 将前 2 个元素保存起来，temp[] = [1,2]；然后将数组 arr 中剩余的元素向左移动 2 个位置，此时 arr[] = [3,4,5,6,7,6,7]；最后将临时数组 temp 中的元素存回数组 arr，即可得到左旋 2 个位置后的数组 arr[] = [3,4,5,6,7,1,2]，如图 1.8 所示。

实现代码如下所示，在编写代码时需要注意索引的边界条件。

```
public void rotationArray(int[] arr, int k, int n) {
    int temp[k];                              //创建临时数组
    int i,j;
    //保存数组 arr 中的前 k 个元素到临时数组 temp 中
    for( i = 0;i < k;i++) {
        temp[i] = arr[i];
    }
    //将数组 arr 中的其余元素向前移动 k 个位置
    for( i = 0;i < n-k; i++) {
        arr[i] = arr[i+k];
    }
    //将临时数组 temp 中的元素存回数组 arr
    for( j = 0; j < k; j++) {
        arr[i++] = temp[j];
    }
}
```

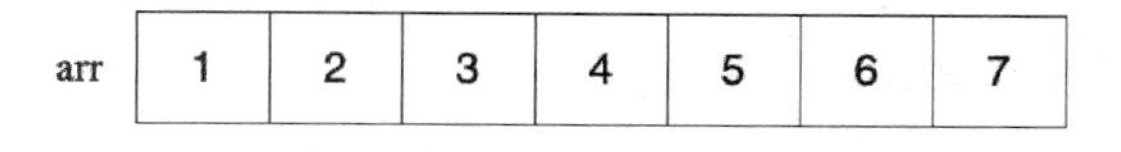

1. 保存数组arr中的前2个元素到临时数组temp中

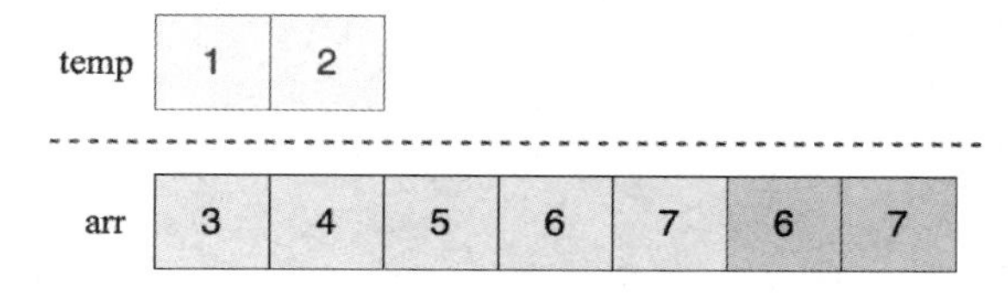

2. 将数组arr中剩余的元素向前移动2个位置

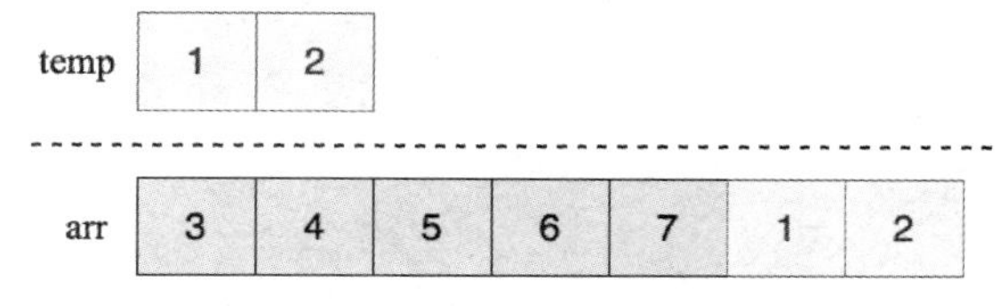

3. 将临时数组temp中的元素存回数组arr

图 1.8

2. 复杂度分析

时间复杂度：$O(n)$，n 表示数组的长度。

空间复杂度：$O(k)$，k 表示左旋的位置数。

1.3.2 方法二（按部就班移动法）

1. 方法简介

按部就班移动法就是按照左旋的定义一步一步地移动数组中的元素。

对于第一次旋转，先将 arr[0]保存到临时变量 temp 中；然后将 arr[1]移动到 arr[0]，将 arr[2]移动到 arr[1]，依次类推；最后将临时变量 temp 存入 arr[n−1]。

同样以数组 arr[] = {1,2,3,4,5,6,7}，$k = 2$ 为例进行介绍。将数组旋转了 2 次。第一次旋转后得到的数组为 arr[]={2,3,4,5,6,7,1}，第二次旋转后得到的数组为 arr[]={3,4,5,6,7,1,2}，具体步骤如图 1.9 所示。

实现代码如下所示。

```
class RotateArray {
    void leftRotate(int arr[], int k, int n) {
```

```
        for (int i = 0; i < k; i++) {
            leftRotateByOne(arr, n);
        }
    }

    void leftRotateByOne(int arr[], int n) {
        int temp = arr[0];
        for (int i = 0; i < n-1; i++){
            arr[i] = arr[i+1];
        }
        arr[n-1] = temp;
    }
}
```

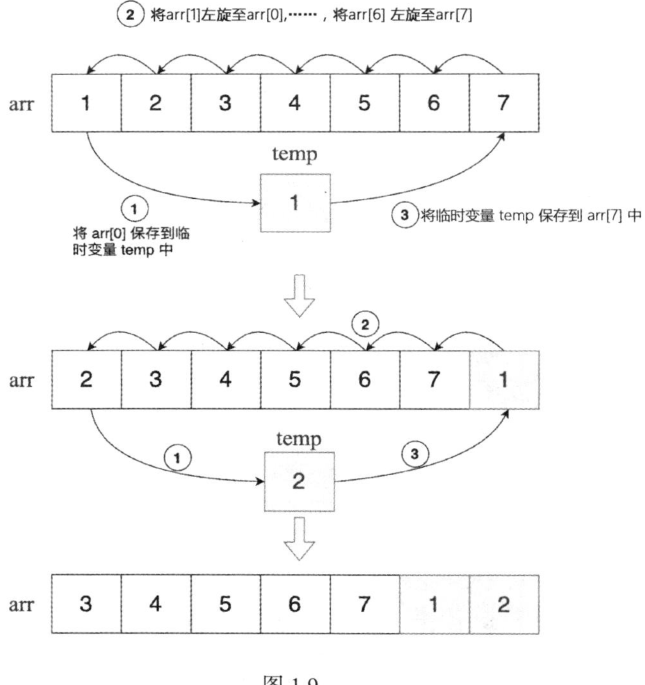

图 1.9

算法重要的不是实现，而是思想，但没有实现却是万万不能的。

2. 复杂度分析

时间复杂度：$O(kn)$。

空间复杂度：$O(1)$。

1.3.3 方法三（最大公约数旋转法）

1. 方法简介

最大公约数旋转法是对方法二的扩展，方法二是一步一步地移动元素，最大公约数旋转法则是按照 n 和 k 的最大公约数移动元素。

例如，arr[] = {1,2,3,4,5,6,7,8,9,10,11,12}，$k = 3$，$n = 12$。

计算 gcd(3,12) = 3，只需要移动 3 轮就能够得到数组中的元素左旋 3 个位置的结果。

第 1 轮：$i = 0$，temp = arr[i]= arr[0] = 1，将 arr[0]保存到临时变量 temp 中，依次移动 arr[j + 3]到 arr[j]，将临时变量 temp 存入 arr[9]，其中，$0 \leqslant j + 3 < 12$；i 表示移动轮数的计数器的值；j 表示数组中元素的索引，如图 1.10 所示。

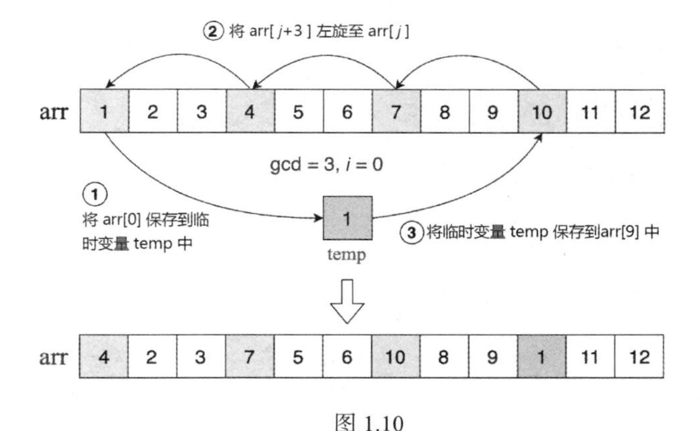

图 1.10

第 2 轮：$i = 1$，temp = arr[1] = 2，将 arr[1]保存到临时变量 temp 中，依次移动 arr[j + 3]到 arr[j]，最后将临时变量 temp 存入 arr[10]，其中，$1 \leqslant j \leqslant 7$，如图 1.11 所示。

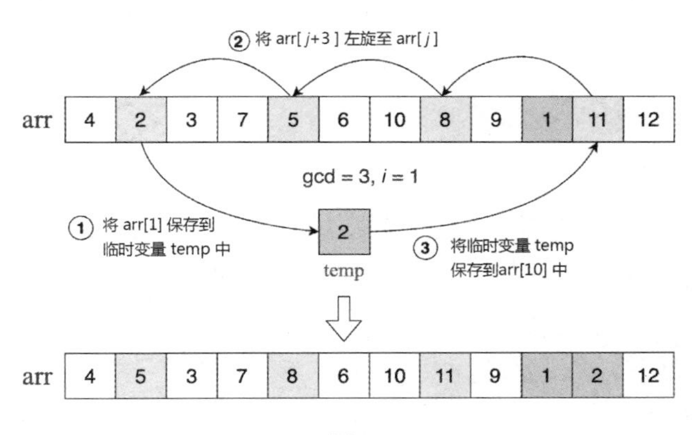

图 1.11

第 3 轮：$i=2$，temp = arr[2] = 3，将 arr[2]保存到临时变量 temp 中，依次移动 arr[$j+3$]到 arr[j]，最后将临时变量 temp 存入 arr[11]，其中，$2\leqslant j\leqslant 8$，如图 1.12 所示。

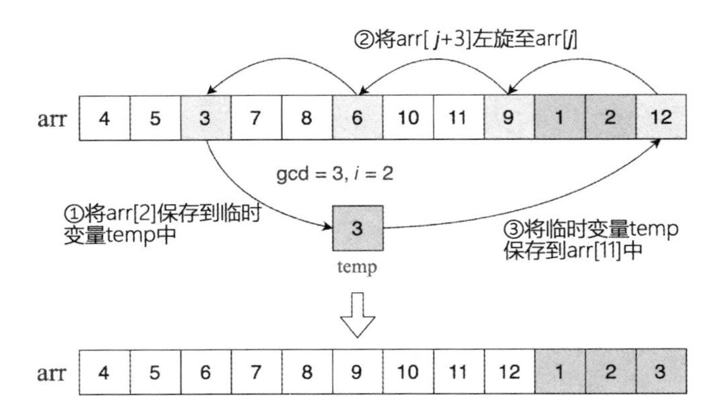

图 1.12

实现代码如下所示。

```
class RotateArray {
    //将数组 arr 左旋 k 个位置
    void leftRotate(int arr[], int k, int n) {
        //处理 k >= n 的情况，如 k = 13, n = 12
        k = k % n;
        int i, j, s, temp;                    //s = j + k
        int gcd = gcd(k, n);
        for (i = 0; i < gcd; i++) {
            //第 i 轮移动元素
            temp = arr[i];
            j = i;
            while (true) {
                s = j + k;
                if (s >= n) {
                    s = s - n;
                }
                if (s == i) {
                    break;
                }
                arr[j] = arr[s];
                j = s;
            }
            arr[j] = temp;
        }
```

```
    }

    int gcd(int a, int b) {
        if(b == 0) {
            return a;
        }
        else{
            return gcd(b, a % b);
        }


    }

    public static void main(String[] args) {
        int arr[] = {1, 2, 3, 4, 5, 6, 7, 8, 9, 10, 11, 12};
        RotateArray ra = new RotateArray();
        ra.leftRotate(arr, 8, 12);
        for (int i = 0; i < arr.length; i++) {
            System.out.print(arr[i] + " ");
        }
    }
}
```

while 循环执行的就是将 arr[j+k] 移动到 arr[j]的过程。例如，在第 1 轮移动中，s 的变化如图 1.13 所示。注意，s = j + k 越界时的处理方法：将 s 与数组索引的边界值 n 进行比较，当 s >= n 时，越界，则 s = s − n，继而判断 s == i 是否成立，如果成立，就退出 while 循环，将临时变量 temp 存入 arr[i]，一轮移动结束。

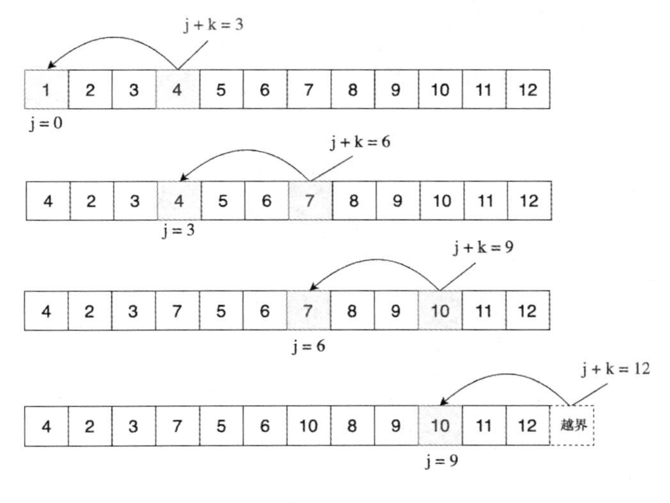

图 1.13

$n = 12, k = 8$ 情况下的最大公约数旋转法的执行过程如图 1.14 所示。

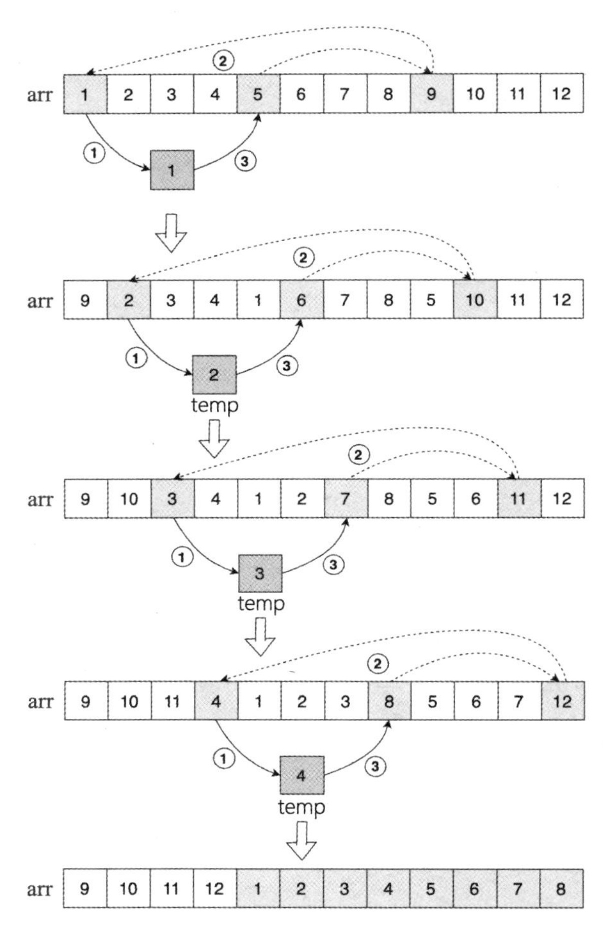

图 1.14

2. 复杂度分析

时间复杂度为 $O(n)$。

空间复杂度为 $O(1)$。

1.3.4 方法四（块交换法）

1. 方法简介

设数组 arr[0,...,n−1]包含两块，其中 A = arr[0,...,d −1]，B = arr[d,...,n −1]。

对于 arr[] = [1,2,3,4,5,6,7]，k = 2，n = 7，将数组 arr 左旋 2 个位置后的结果 arr[] = [3,4,5,6,7,1,2]就相当于将 A 块和 B 块进行交换，如图 1.15 所示。

第一步：判断 A 块和 B 块的大小，因为 A 块比 B 块短，所以将 B 块分割成 Bl 和 Br 两小块，其中 Br 块的长度等于 A 块的长度。A 块和 Br 块交换位置，原数组 ABlBr 变成 BrBlA。此时 A 块已经放到了正确位置，随后递归处理 B 块，如图 1.16 所示。

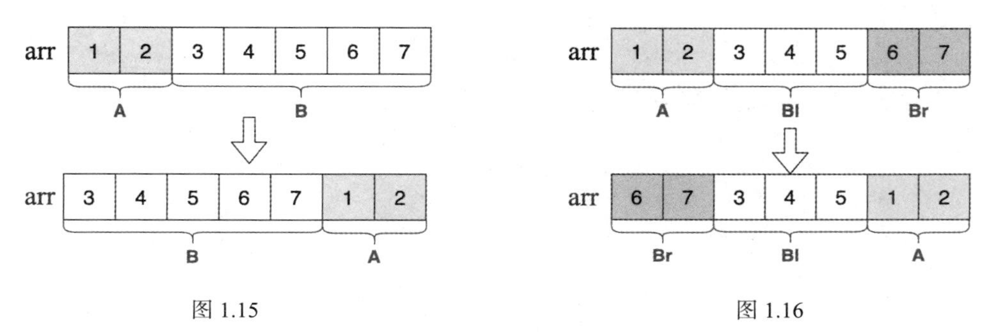

图 1.15 图 1.16

第二步：递归处理 B 块，此时图 1.16 中的 Br 块就是新的 A 块，Bl 块就是新的 B 块，判断 A 块和 B 块的大小。处理方法与第一步类似，如图 1.17 所示。

第三步：递归处理 B 块，图 1.17 中的 Br 块就是新的 A 块，Bl 块就是新的 B 块，判断 A 块和 B 块的大小，A 块比 B 块的长，将 A 块分割成 Al 块和 Ar 两小块，其中 Al 块的长度等于 B 块的长度。Al 块和 B 块交换位置，则 AlArB 变成 BArAl，此时 B 块已经放到了正确位置；递归处理 A 块，如图 1.18 所示。

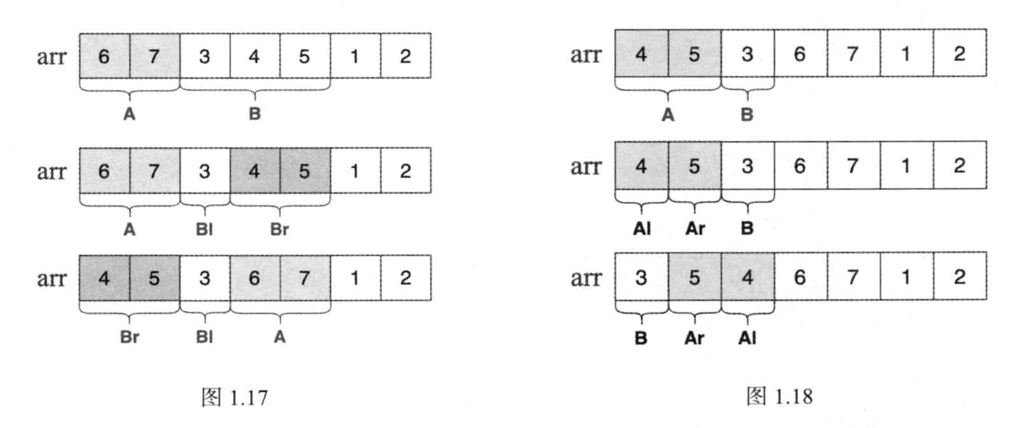

图 1.17 图 1.18

第四步：递归处理 A 块。图 1.18 中的 Al 块就是新的 B 块，Ar 块就是新的 A 块，此时 A 块与 B 块长度相等，A 块和 B 块直接交换位置即可，如图 1.19 所示。

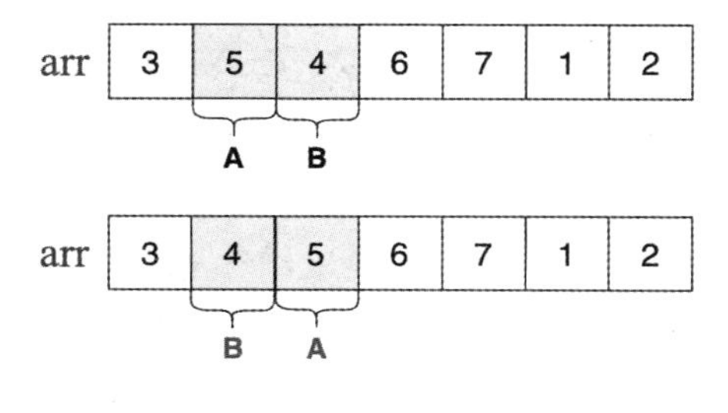

图 1.19

Java 递归实现代码如下所示。

```
class BockSwap {
    //对递归调用进行封装
    public static void leftRotate(int arr[], int k, int n)
    {
        leftRotateRec(arr, 0, k, n);
    }

    public static void leftRotateRec(int arr[], int i, int k, int n)
    {
        //如果被旋转的位置个数 k 为 0 或 n，则直接退出，无须旋转
        if(k == 0 || k == n)
            return;

        //若 A == B，则 swap(A,B)
        if(n - k == k) {
            swap(arr, i, n - k + i, k);
            return;
        }

        //若 A < B，则 swap(A,Br), ABlBr → BrBlA
        if(k < n - k) {
            swap(arr, i, n - k + i, k);
            leftRotateRec(arr, i, k, n - k);
        }
        // 若 A > B，则 swap(Al, B), AlArB → BArAl
        else {
            swap(arr, i, k, n - k);
            leftRotateRec(arr, n - k + i, 2 * k - n, k);
        }
    }
```

```
    //打印输出
    public static void printArray(int arr[])
    {
        for(int i = 0; i < arr.length; i++)
            System.out.print(arr[i] + " ");
        System.out.println();
    }

    //块交换位置
    public static void swap(int arr[], int la, int lb, int d)
    {
        int i, temp;
        for(i = 0; i < d; i++) {
            temp = arr[la+i];
            arr[la+i] = arr[lb+i];
            arr[lb+i] = temp;
        }
    }

    public static void main (String[] args)
    {
        int arr[] = {1, 2, 3, 4, 5, 6, 7};
        leftRotate(arr, 2, 7);
        printArray(arr);
    }
}
```

迭代实现代码如下。

```
public static void leftRotate(int arr[], int d, int n) {
    int i, j;
    if (d == 0 || d == n)
        return;
    i = d;
    j = n - d;
    while (i != j) {
        if (i < j) {
            swap(arr, d - i, d + j - i, i);
            j -= i;
        } else {
            swap(arr, d - i, d, j);
            i -= j;
        }
```

```
    }
    swap(arr, d - i, d, i);
}
```

2. 复杂度分析

时间复杂度为 $O(n)$。
空间复杂度为 $O(1)$。

1.3.5 方法五（反转法）

1. 方法简介

反转法也可以当作逆推法。已知原数组为 arr[] = [1,2,3,4,5,6,7]，左旋 2 个位置之后的数组为[3,4,5,6,7,1,2]，那么有没有什么方法由旋转后的数组得到原数组呢？

先将[3,4,5,6,7,1,2]反转，如图 1.20 所示。

然后将[2,1]反转，将[7,6,5,4,3]反转，得到如图 1.21 所示的结果。

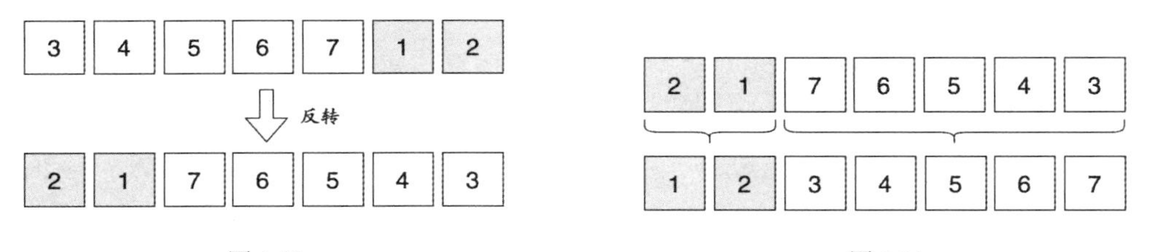

图 1.20　　图 1.21

数组左旋 k 个位置的算法如下，过程示意图如图 1.22 所示。

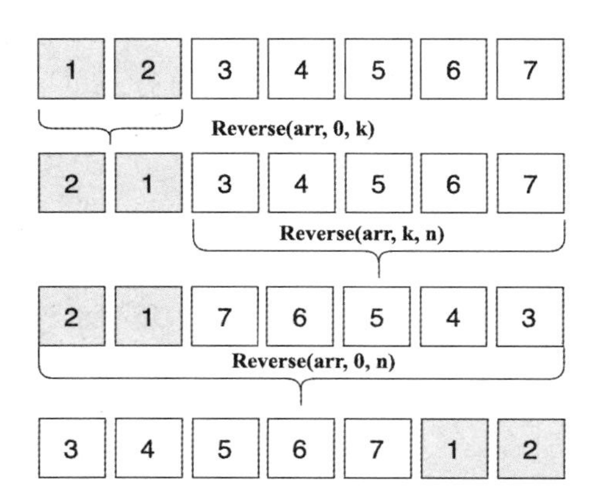

图 1.22

```
leftRotate(arr[], k, n)
```

```
reverse(arr[], 0, k);
reverse(arr[], k, n);
reverse(arr[], 0, n);
```

实现代码如下所示。

```
public class LeftRotation {

    //将数组左旋 k 个位置
    public static void leftRotate(int arr[], int k, int n)
    {

        if (k == 0 || k == n)
            return;
        //防止旋转参数 k 大于数组长度
        k = k % n;

        reverseArray(arr, 0, k - 1);
        reverseArray(arr, k, n - 1);
        reverseArray(arr, 0, n - 1);
    }

    //打印输出
    public static void printArray(int arr[], int size)
    {
        int i;
        for (i = 0; i < size; i++)
            System.out.print(arr[i] + " ");
    }

    //反转数组
    public static void reverseArray(int arr[], int start, int end)
    {
        while (start < end) {
            int temp = arr[start];
            arr[start] = arr[end];
            arr[end] = temp;
            start++;
            end--;
        }
    }
```

```
    //主函数
    public static void main(String[] args) {
        int arr[] = { 1, 2, 3, 4, 5, 6, 7 };
        int k = 2;

        leftRotate(arr, k, arr.length);
        printArray(arr, arr.length);
    }
}
```

2. 复杂度分析

时间复杂度：$O(n)$。

空间复杂度：$O(1)$。

算法就是解决问题的方法，而解决问题的方法有多种，适合自己的才是最好的。大家学好算法，慢慢地就会发现自己处理问题的方法变得更高效和完善了。

关于数组的基础我们就学到这里，这不是结束，而是一个开始，后面我们将会看到更多基于数组的数据结构和算法。接下来我们一起学习另一个重要的存储结构——链式存储结构。

链式存储结构

存储结构包含两类，即线性存储结构（数组）和链式存储结构（链表）。其中链表存在多种形态，本章主要介绍最常见的单链表、双向链表、循环链表和跳表。

2.1 单链表

在学习单链表之前，我们先思考一个问题，既然有线性存储结构，为什么还需要链式存储结构呢？

如图 2.1 所示，数组 arr 存储在连续的地址空间 108~127 内，链表 12→15→20 是存储在离散的内存空间中的，其中数字 128 表示的是链表元素 15 的存储地址，144 表示的是元素 20 的存储地址，相当于元素 12 通过地址 128 可以找到元素 15，元素 15 通过地址 144 可以找到元素 20。

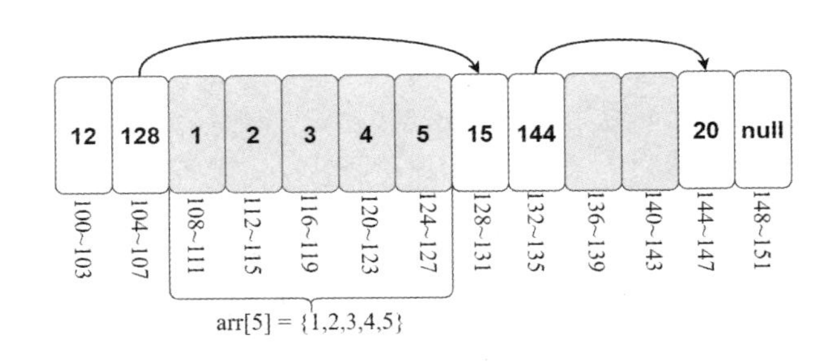

图 2.1

数组用于**存储数据类型相同**的线性数据，但是数组有如下两个缺点。

- 数组大小固定：在声明数组时会在内存中分配一段连续的静态内存空间，因此数组的大小无法更改，容易造成浪费，也可能产生溢出，存在扩容问题。
- 在有序数组中插入元素、删除元素的时间复杂度为 $O(n)$。

针对数组的缺点，链表的优点刚好可以与之互补。

- 链表大小不固定，可以动态调整。
- 链表易于插入元素和删除元素。

相对于数组的优点，链表存在如下缺点。

- 链表不支持随机访问。在查找链表中存储的元素时，需要从头节点开始顺序遍历。
- 链表中存储的元素需要用额外的存储空间来存储指针。

综上所述，链表与数组是两个相辅相成的存储结构，各自都有优点和缺点，但是两者可以完美地互补。

链表的表示如图 2.2 所示。

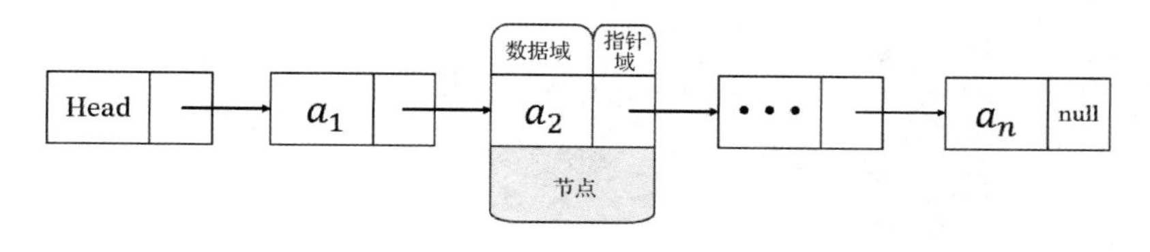

图 2.2

链表可用一个指向链表头节点的指针表示。若链表为空，则头节点为 null。每个节点包含至少两部分：数据域（data，用于存放数据）、指针域（next，用于存放其后继节点的地址）。

```
public class LinkedList {
    Node head;

    static class Node {
        int data;
        Node next;
        Node(int d) { data = d; }
    }
}
```

我们创建一个包含 3 个节点的简单单链表。

（1）新建 3 个节点，此时 3 个节点之间并未发生关联，如图 2.3 所示。

（2）通过 next 指针让 3 个节点连接起来，如图 2.4 所示。

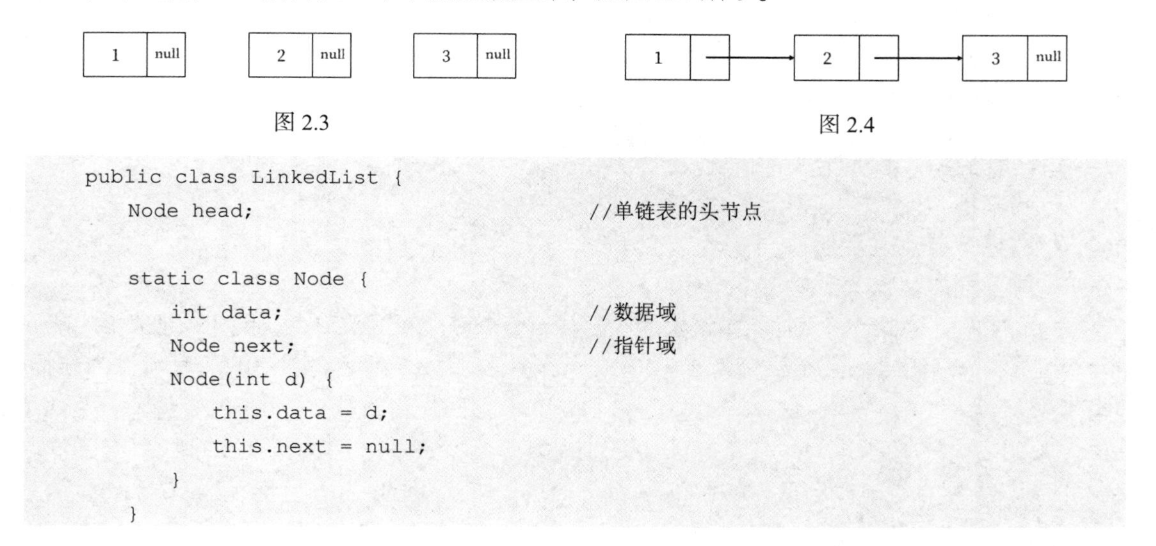

图 2.3

图 2.4

```
public class LinkedList {
    Node head;                              //单链表的头节点

    static class Node {
        int data;                           //数据域
        Node next;                          //指针域
        Node(int d) {
            this.data = d;
            this.next = null;
        }
    }
```

```
    public static void main(String[] args) {
        LinkedList llist = new LinkedList();
        //创建 3 个节点
        llist.head = new Node(1);
        Node second = new Node(2);
        Node third = new Node(3);
        //使用 next 指针连接 3 个节点
        llist.head.next = second;
        second.next = third;
    }
}
```

2.1.1 单链表的遍历

我们利用上一段代码创建了一个包含 3 个节点的简单单链表，利用下面这段代码可以实现单链表的遍历及输出。为了通用，我们编写一个函数 printList()，用于打印任何给定的单链表。

```
// 遍历并打印单链表
public void printList() {
    Node node = head;
    while (node != null) {
        System.out.print(node.data + " ");
        node = node.next;
    }
}
```

2.1.2 单链表的插入

单链表的插入有如下 3 种情况。

- 头部插入。
- 在指定节点之后插入。
- 尾部插入。

头部插入就是将新节点插入单链表的头部，新节点变成新的头节点。例如，链表 2→3→4→5，插入节点 1 之后，链表变为 1→2→3→4→5，如图 2.5 所示，图中的灰底节点为新插入的节点。

```
public void push(int newData)
{
```

```
        //创建新节点并进行初始化操作
        Node newNode = new Node(newData);
        //新节点的 next 指针指向 head
        newNode.next = head;
        //头指针指向 new Node
        head = newNode;
    }
```

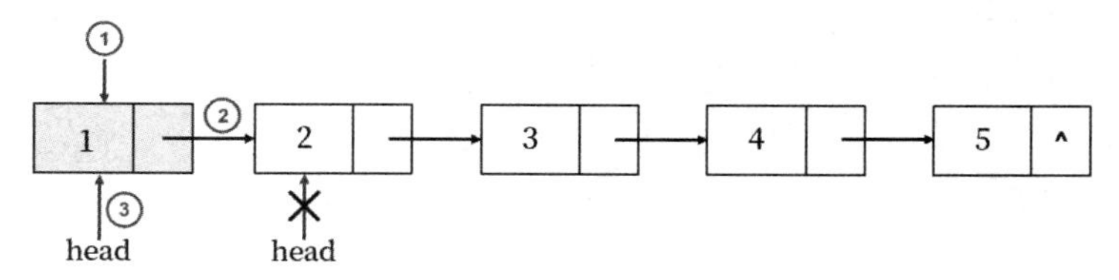

图 2.5

头部插入操作的时间复杂度为 $O(1)$。

在指定节点之后插入元素，需要进行四步处理。第一步，检查指定节点是否为空；第二步，创建新节点 newNode 并初始化；第三步，让 newNode.next 指向 prevNode.next；第四步，令 prevNode.next = newNode。第三步和第四步的顺序需要特别注意（与链表有关问题都需要注意指针的修改顺序）。如果第四步在前，就会导致第三步 newNode.next 指向自身，从而导致后续节点（节点 5）丢失，如图 2.6 所示。

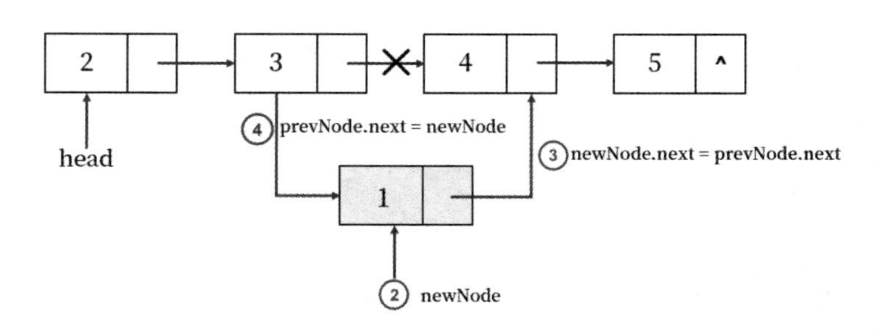

图 2.6

```
    /* 指定节点 prevNode，在 pre_node 后插入新节点*/
    public void insertAfter(Node prevNode, int newData) {
        //检查指定节点是否为空
        if (prevNode == null) {
            System.out.println("指定节点不能为空");
            return;
        }
        //创建新节点并初始化为 newData
        Node newNode = new Node(newData);
```

```
    //令 newNode.next 指向 preNode.next
    newNode.next = prevNode.next;
    //修改 preNode.next 为 newNode
    prevNode.next = newNode;
}
```

在指定节点之后插入操作的时间复杂度也为 $O(1)$。

最后一种情况就是尾部插入。相比于前两种情况，尾部插入要判断的情况有点多，但不复杂，我们对照代码注释和图 2.7 就可以轻松理解。

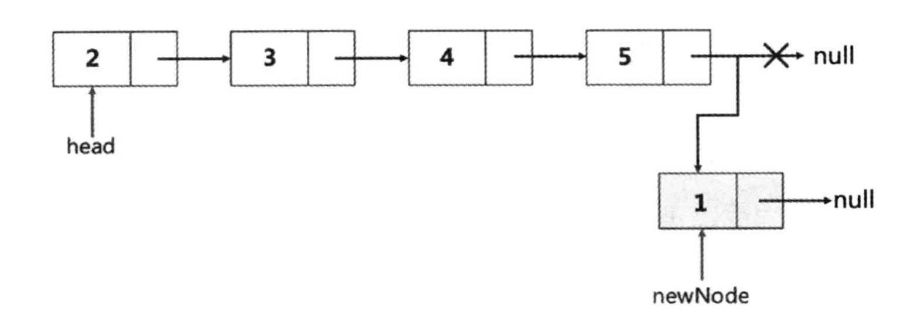

图 2.7

```
public void append(int newData)
{
    /*创建一个新节点
      初始化新节点的值为 newData
      将 next 指针设置为 null
    */
    Node newNode = new Node(newData);
    //若链表为空，则将头节点 head 指向 newNode
    if (head == null)
    {
        head = newNode;
        return;
    }
    newNode.next = null;                    //构造函数
    //遍历单链表，直到最后一个节点 last
    Node last = head;
    while (last.next != null)
        last = last.next;
    //将 last.next 指针指向 newNode
    last.next = newNode;
```

```
    return;
}
```

因为需要从头节点开始遍历单链表找到尾节点，所以尾部插入操作的时间复杂度为 $O(n)$。

2.1.3 单链表的删除

单链表中的删除操作，其实就是使被删除节点的前继节点的指针跳过自己，直接指向被删除节点的后继节点；具体可分为三步，如图 2.8 所示。

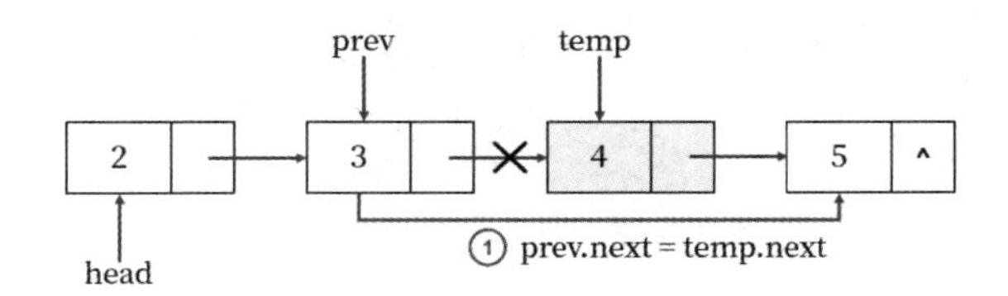

图 2.8

（1）找到待删除节点的前一个节点 prev。

（2）修改 prev 的 next 指针为要删除节点 temp 的指针 temp.next。

（3）释放待删除节点 temp 的空间。对于 Java 来讲，JVM 会自动完成垃圾回收；对于 C/C++来讲，我们一定要注意手动释放。

```
public void deleteNode(int key) {
    //保存头节点
    Node temp = head, prev = null;
    //如果头节点本身就是要删除的节点，就将它删除
    if (temp != null && temp.data == key) {
        head = temp.next;
        return;
    }

    //遍历链表，查找待删除节点的位置，并记录待删除节点的前继节点 prev
    while (temp != null && temp.data != key) {
        prev = temp;
        temp = temp.next;
    }
```

```
        //若节点 temp 为空，则说明待删除的节点不在链表中，直接返回
        if (temp == null) return;
        //从链表中删除节点 temp
        prev.next = temp.next;
    }
```

2.1.4 链表与数组的比较

1. 存取方式

数组可以顺序存取，也可以随机存取；链表只能从头节点顺序存储。例如，在第 i 个位置上执行存取操作，数组只需要访问 1 次 arr[i]，链表则需要从头节点开始依次访问 i 次。

2. 逻辑结构与物理结构

在采用数组存储数据时，逻辑上相邻的元素对应的物理存储位置也相邻。在采用链表存储数据时，逻辑上相邻的元素的物理存储位置不一定相邻，对应的逻辑关系通过指针链接表示。

3. 内存空间的分配

数组的内存空间在编译时分配，而链表的内存空间在运行时分配。

4. 大小的可变性

数组大小是固定不变的；链表可以动态地扩大和缩小，可长可短。

5. 查找、插入和删除

在进行按值查找时，若数组无序，则数组和链表的时间复杂度均为 $O(n)$；若数组有序，则可采用二分查找法，此时数组的时间复杂度为 $O(\log_2 n)$。

对于按索引查找，数组支持随机访问，时间复杂度为 $O(1)$，链表的平均时间复杂度为 $O(n)$。

数组的插入、删除操作平均需要移动数组中一半的元素。链表的插入、删除操作仅需要修改相关节点的指针域即可。

6. 空间分配

在静态内存分配的情况下，数组的存储空间一旦装满就不能再扩充了，此时若要向数组中加入新的元素，则会出现溢出。因此，需要预先为数组分配足够大的内存空间。若为

数组预先分配的内存空间过大，则可能导致大量的内存单元闲置；若为数组预先分配的内存空间过小，则会造成溢出。

在动态内存分配（如 C++的 Vector，Java 的 ArrayList）的情况下，数组虽然可以扩充（Vector 为 2 倍扩容，ArrayList 为 1.5 倍扩容），但是需要移动大量元素，因此操作效率较低，若内存中没有更大块的连续内存空间，则会导致分配失败。链表的节点空间只在需要时申请分配，只要内存有空间就可以分配，操作灵活且高效。

2.1.5 在实际应用中选取存储结构

1. 基于存储的考虑

当难以估计数组的长度和存储规模时，不宜采用数组。在采用链表进行存储时，不用事先估计存储规模，但链表的存储密度较低。

补充资料

存储密度，在计算机中是指节点数据本身所占存储量和整个节点结构所占存储量之比，计算公式为存储密度=节点数据本身所占存储量/节点结构所占存储总量。这里的结构一般是指数据结构。存储密度主要受计算机中的数据存储结构影响。数组的存储密度为 1，链表的存储密度=(数据域的大小)/(数据域的大小+指针域的大小)，显然链表的存储密度是小于 1 的。

2. 基于运算的考虑

数组按照索引查找的时间复杂度为 $O(1)$，而链表按照索引查找的时间复杂度为 $O(n)$。如果经常做按照索引查找数据元素的操作，那么数组优于链表。

在数组中进行插入、删除操作时，平均需要移动数组中一半的元素。当数据元素的信息量较大且表较长时，在数组中进行插入、删除操作的效率会降低。在链表中进行插入、删除操作时，虽然也要查找元素的位置，但是进行的主要是比较操作，比较数组移动元素位置效率要高很多，从这个角度考虑，链表优于数组。

3. 基于环境的考虑

任何高级语言都有数组类型，相对于链表基于指针，数组更易实现。

总之，任何一种数据结构均有优缺点，数组和链表也不例外，选择哪种数据结构根据实际问题的主要因素决定。通常稳定的线性表适合选择数组，而频繁进行插入和删除操作的线性表适合选择链表。

2.2 双向链表

不论单链表，还是单循环链表，查找某个节点的后继节点的时间复杂度均为 $O(1)$ ，而查找节点的直接前继节点的时间复杂度为 $O(n)$ 。为了克服单链表的单向性缺陷，出现了双向链表（Doubly Linked List）。

与单链表相比，双向链表除包含数据域和指向直接后继节点的指针域之外，还包含一个指向直接前继节点的指针域，如图 2.9 所示。

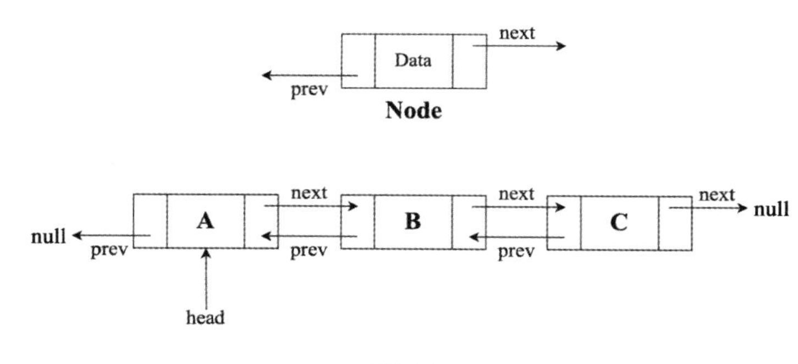

图 2.9

下面是双向链表的 Java 语言描述。

```
public class DoubleLinkedList {
    Node head;                              //双向链表的头部

    //双向链表节点
    class Node {
        int data;                           //数据
        Node prev;                          //前继指针
        Node next;                          //后继指针
        Node(int d) { data = d; }
    }
}
```

2.2.1 双向链表与单链表的优缺点对比

双向链表与单链表相比有如下优点。

- 双向链表可以向前、后两个方向遍历。
- 若给出要删除节点的指针，则双向链表删除操作的时间复杂度为 $O(1)$ 。
- 双向链表在指定节点之前插入一个节点的时间复杂度为 $O(1)$ 。

在单链表中，要删除一个节点，需要查找待删除节点的前一个节点，可能会遍历整个链表，时间复杂度为 $O(n)$ 。对于双向链表，我们可以使用指向前继节点的指针直接获取到前继节点，所以双向链表的插入和删除操作复杂度为 $O(1)$ 。

双向链表与单链表相比有如下缺点。

- 双向链表需要使用额外的空间来存储指向前继节点的指针。
- 双向链表的所有操作都需要维护指向前继节点的指针。例如，在插入时，与单链表相比，使用双向链表需要额外修改节点的 prev 指针。

2.2.2 在双向链表中插入节点

1. 在头部插入

在双向链表的头部插入一个新节点，新节点将成为双向链表的新头节点。如图 2.10 所示，一个给定的双向链表为 $3 \leftrightarrow 4 \leftrightarrow 5$ ，在双向链表的头部插入节点 2，则双向链表变为 $2 \leftrightarrow 3 \leftrightarrow 4 \leftrightarrow 5$ 。我们将在双向链表的头部插入一个节点定义为函数 push()。

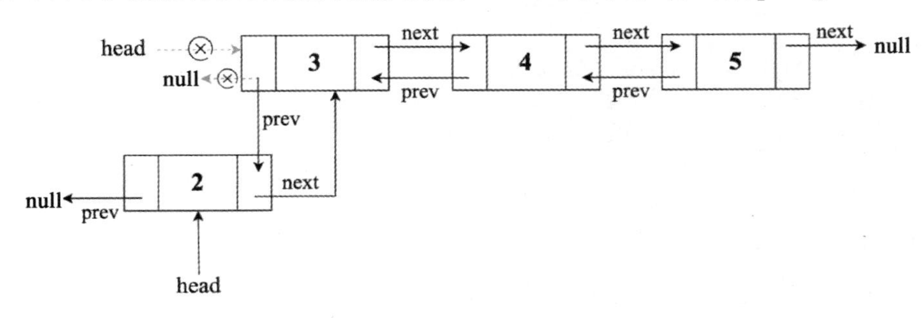

图 2.10

```
public void push(int new_data) {
    //创建新节点并初始化
    Node new_node = new Node(new_data);
    //为新节点的 next 指针和 prev 指针赋值
    new_node.next = head;
    new_node.prev = null;

    //若头节点不为空，则将头指针指向的节点的 prev 指针指向的节点设置为新节点
    if (head != null)
```

```
        head.prev = new_node;

    //head 指针指向新节点
    head = new_node;
}
```

2. 在指定节点之后插入

设指定节点为 prev_node，新节点插入 prev_node 后面。如图 2.11 所示，我们在节点 4 之后插入新节点 2。

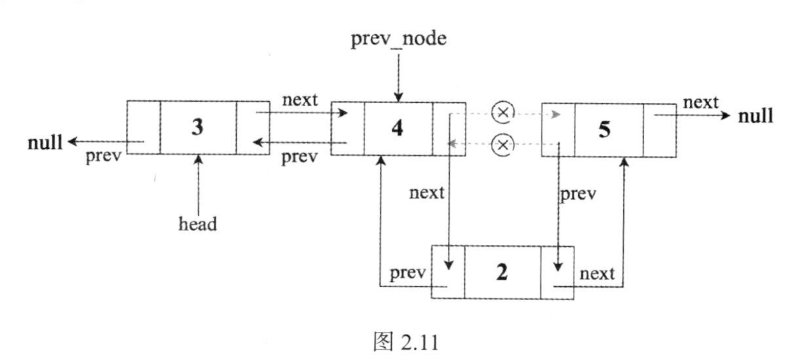

图 2.11

```
public void insertAfter(Node prev_node, int new_data) {
    //检查指定节点 prev_node 是否为 null
    if (prev_node == null) {
        System.out.println("指定节点为 NULL! ");
        return;
    }

    //创建新节点并初始化
    Node new_node = new Node(new_data);

    //将 new_node 节点的 next 指针赋值为 prev_node.next
    new_node.next = prev_node.next;

    //将 prev_node.next 赋值为 new_node
    prev_node.next = new_node;

    //将 new_node.prev 赋值为 prev_node
    new_node.prev = prev_node;

    //设置 new_node 的后继节点的前继节点
```

```
    if (new_node.next != null)
        new_node.next.prev = new_node;
}
```

3. 在尾部插入

在双向链表的尾部插入一个新节点，新节点将成为双向链表新的尾节点。例如，一个给定的双向链表为 $3 \leftrightarrow 4 \leftrightarrow 5$，在双向链表的尾部插入新节点 2，双向链表变为 $3 \leftrightarrow 4 \leftrightarrow 5 \leftrightarrow 2$，具体过程如图 2.12 所示。

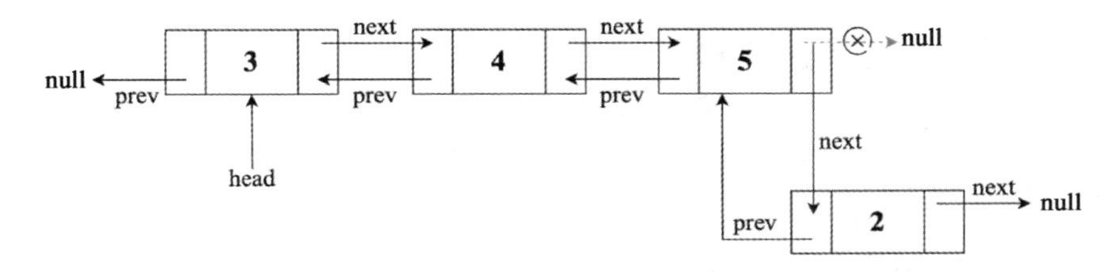

图 2.12

由于双向链表一般用指向头节点的指针表示，所以要想在尾部插入新节点，就需要从头节点开始，一直遍历到双向链表的尾节点，再插入新节点。

在双向链表尾部插入新节点的实现代码如下。

```
public void append(int new_data) {
    //分配节点并填充数据
    Node new_node = new Node(new_data);

    Node last = head; //查找尾节点
    //新插入节点将作为新的尾节点，将 next 指针域赋值为 null
    new_node.next = null;

    if (head == null) {
        new_node.prev = null;
        head = new_node;
        return;
    }

    while(last.next != null) {
        last = last.next;
    }

    last.next = new_node;
```

```
    new_node.prev = last;

}
```

4．在指定节点之前插入

设指定节点为 next_node，要插入的节点为 new_data，则在节点 next_node 之前插入新节点的示例如图 2.13 所示，next_node 是值为 4 的节点，new_data 是值为 2 的节点。

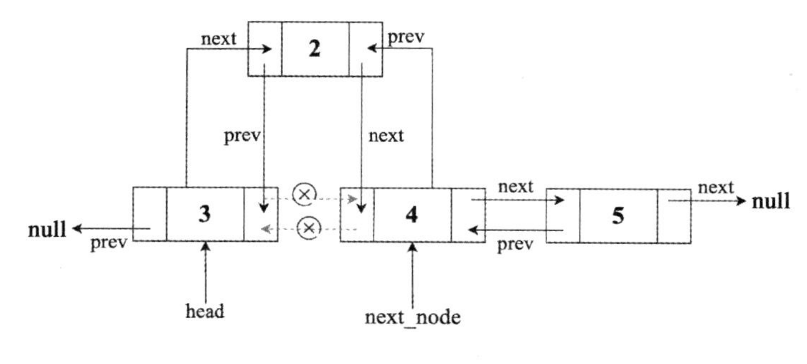

图 2.13

在指定节点之前插入新节点的实现代码如下。

```
public void insertBefore(Node next_node, int new_data) {
    //检查节点 next_node 是否为空
    if (next_node == null) {
        System.out.println("next_node 不能为 null");
        return;
    }
    //创建新节点并初始化
    Node new_node = new Node(new_data);

    //将 new_node.prev 设置为 next_node.prev
    new_node.prev = next_node.prev;
    //将 next_node.prev 设置为 new_node
    next_node.prev = new_node;
    //将 new_node.next 设置为 next_node
    new_node.next = next_node;

    //检查节点 new_node 是否是头节点
    if (new_node.prev != null)
        new_node.prev.next = new_node;
```

```
    else
        head = new_node;
}
```

2.2.3 双向链表的删除

假设当前有如图 2.14 所示的双向链表。

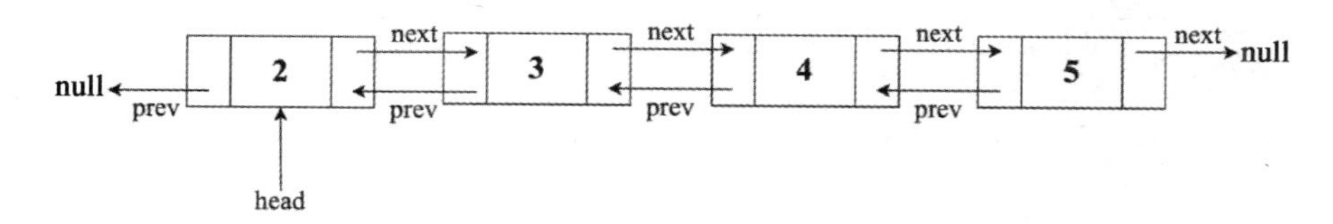

图 2.14

双向链表中的节点删除可大致分为 3 种情况。

（1）删除双向链表的头节点。图 2.14 所示的双向链表删除节点 2 之后如图 2.15 所示。

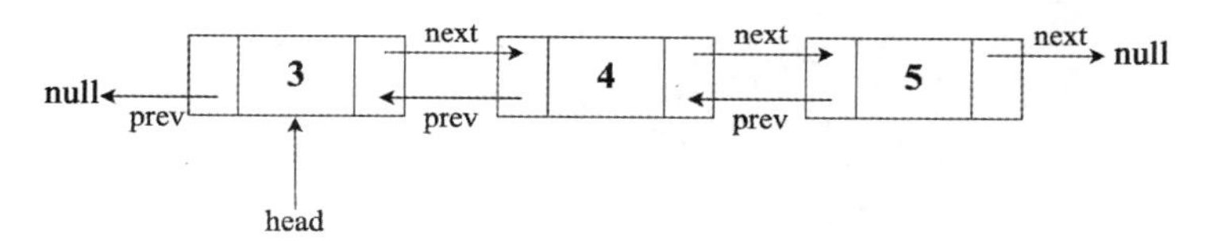

图 2.15

（2）删除双向链表的中间节点。图 2.15 所示的双向链表删除节点 4 之后如图 2.16 所示。

（3）删除双向链表的尾节点。图 2.16 所示的双向链表删除节点 5 之后如图 2.17 所示。

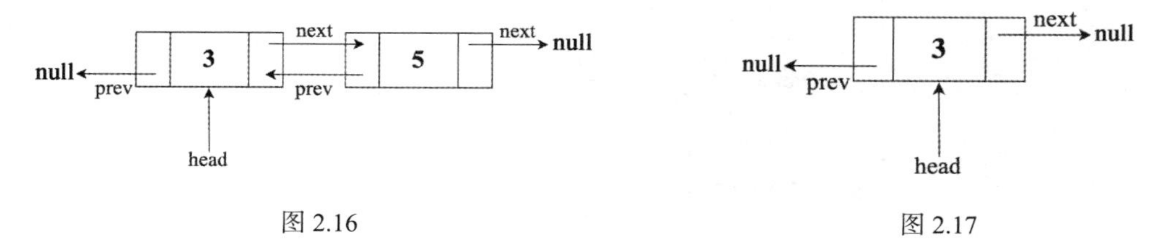

图 2.16　　　　图 2.17

在已知双向链表的头节点和待删除节点的指针时，上面提及的 3 种情况可以总结为以下两种情况。

（1）若待删除节点正好是头节点，则让头指针指向待删除节点的下一个节点。

（2）一个节点被删除，相当于将被删除节点前后两个节点连接起来。

如图 2.18 所示，删除节点 4 相当于将节点 3 和节点 5 连接起来。

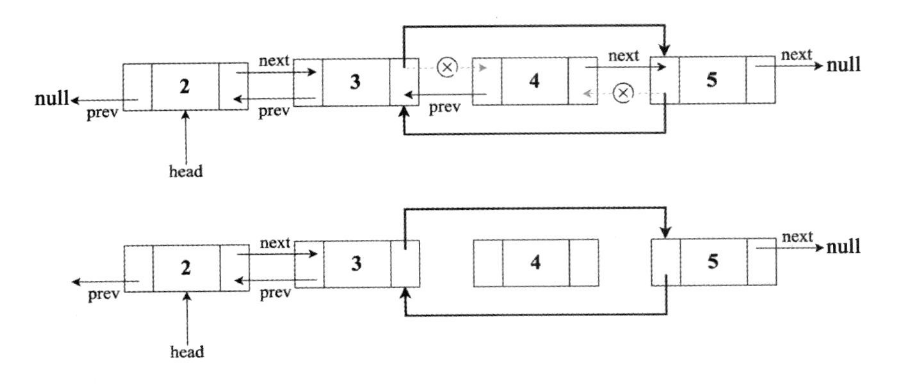

图 2.18

设删除节点为 del，双向链表的头节点为 head，则双向链表删除操作的流程图如图 2.19 所示。

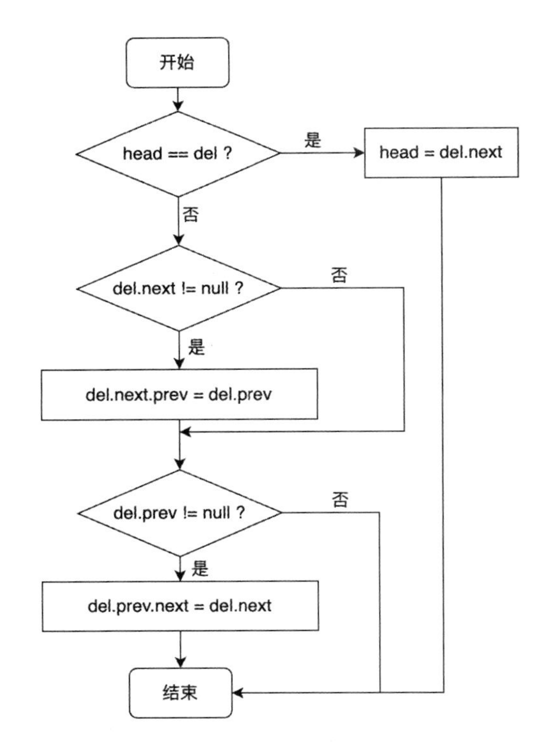

图 2.19

双向链表删除操作的实现代码如下。

```
public void deleteNode(Node head, Node del) {
    if (head == null || del == null) {
```

```
        return;
    }
    //如果头节点就是要删除的节点，就将 head 指针指向它的 next 指针
    if (head == del) {
        head = del.next;
    }
    //若 del.next 节点不为空，则将其前继节点设置为 del.prev
    if (del.next != null) {
        del.next.prev = del.prev;
    }
    //若 del.prev 节点不为空，则将其后继节点设置为 del.next
    if (del.prev != null) {
        del.prev.next = del.next;
    }

    return;
}
```

2.3 循环链表

循环链表，顾名思义就是链表中的所有节点形成一个环，尾节点的 next 指针不再指向 null，而是指向头节点，如图 2.20 所示。循环链表可以分为单循环链表（基于单链表的变体）和双向循环链表（基于双向链表）。

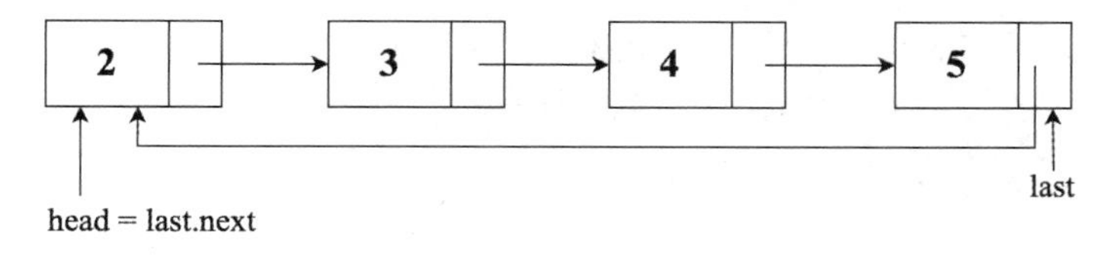

图 2.20

循环链表的优点如下。

- 任何一个节点均可作为遍历的起始节点。遍历循环链表可以从任意一个节点开始。需要注意的是，无论从哪一个节点开始，遍历循环链表一圈回到起点后一定要停止遍历，否则将陷入死循环。

- 循环链表通过尾指针 last 可同时表示链表的头节点 last.next 和尾指针 last。这样的结构对之后学习的队列的实现很有益处。
- 循环双向链表可以用于实现斐波那契堆等高级数据结构。

2.3.1 循环链表的遍历

对于普通的单链表，我们从头节点开始遍历，遇到 null 指针就意味着遍历结束。对于循环链表，在遇到起始节点时才终止遍历，因为循环链表中不存在 null 指针。下面是循环链表遍历的实现代码。

```
static void printList(Node node) {
    Node temp = head; //保存起始节点
    if (head != null) {
        //打印节点的值，直到遇到起始节点
        do {
            System.out.print(temp.data + " ");
            temp = temp.next;
        } while (temp != head);
    }
}
```

循环链表与单链表最大的区别在于尾指针的指向不同，单链表指向 null，而循环链表指向头节点。循环链表中的添加、删除操作与单链表中的添加、删除操作类似。我们以在循环链表中插入元素为例进行说明。

2.3.2 在循环链表中插入元素

1. 在空表中插入

设开始时，循环链表为空，尾指针 last 指向 null，如图 2.21 所示。

当插入一个新的节点 N 之后，节点 N 变成最后一个节点，所以 last 指针指向节点 N，同时节点 N 也是第一个节点（头节点），所以节点 N 的 next 指针指向自身，如图 2.22 所示，插入节点 2。

图 2.21　　　　图 2.22

```
static Node addToEmpty(Node last, int data)
{
    //该函数仅针对尾指针 last 指向 null 的情况
    if (last != null)
        return last;
    //创建一个新节点
    Node temp = new Node();

    //为新节点赋值
    temp.data = data;
    last = temp;
    //temp.next 指向自身
    temp.next = last;

    return last;
}
```

2. 在头部插入

在循环链表的头部插入一个节点的步骤如下。

（1）创建一个新节点 T 。

（2）令 T->next = last->next。

（3）last->next = T。

在头部插入新节点，插入前的循环链表如图 2.23 所示，创建一个值为 8 新节点 T。

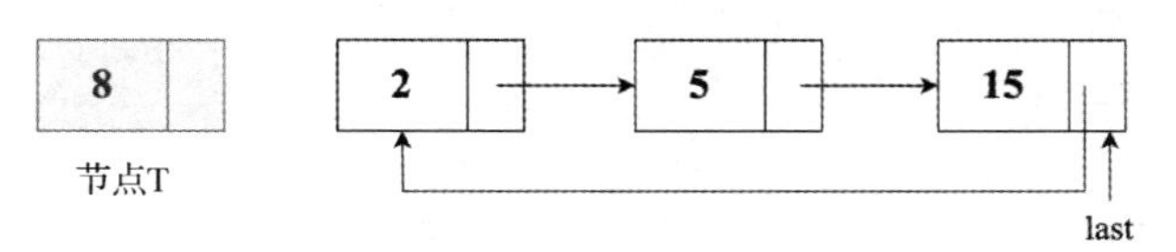

图 2.23

在头部插入新节点，插入后的循环链表如图 2.24 所示，其中①表示 T->next = last->next，②表示 last->next = T。

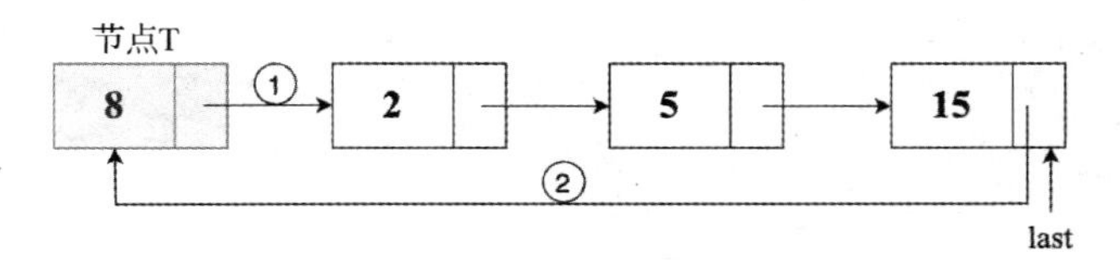

图 2.24

```
static Node addBegin(Node last, int data)
{
    if (last == null)
      return addToEmpty(last, data);

    //创建一个新的节点 T
    Node temp = new Node();
    temp.data = data;                         //为新节点赋值

    //调整指针的指向
    temp.next = last.next;
    last.next = temp;

    return last;                              //返回尾指针
}
```

3. 在尾部插入

在单循环链表的尾部插入一个节点的步骤如下。

（1）创建新节点 T。

（2）令 T->next = last->next。

（3）last->next = T。

（4）last = T。

在尾部插入新节点前的循环链表如图 2.25 所示，创建一个值为 15 的节点 T。

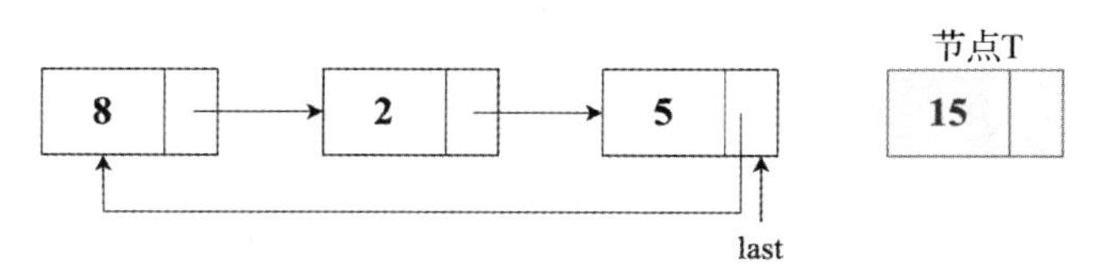

图 2.25

在尾部插入新节点后的循环链表如图 2.26 所示，其中①表示 T->next = last->next，②表示 last->next = T，③表示 last = T。

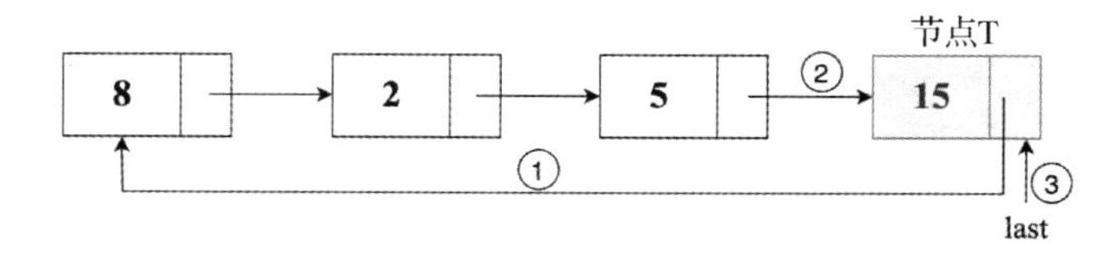

图 2.26

```
static Node addEnd(Node last, int data)
{
    if (last == null)
      return addToEmpty(last, data);

    //创建新节点并赋值
    Node temp = new Node();
    temp.data = data;

    //调整指针的指向
    temp.next = last.next;
    last.next = temp;
    last = temp;

    return last;
}
```

4. 在节点之间插入

在两个节点之间插入一个新节点的步骤如下。

（1）创建一个新节点 T。

（2）查找待插入节点 T 的前继节点 P。

（3）令 T->next = P->next。

（4）P->next = T。

假设节点 T 需要插到节点 P 之后，插入前的循环链表如图 2.27 所示，插入后的循环链表如图 2.28 所示。

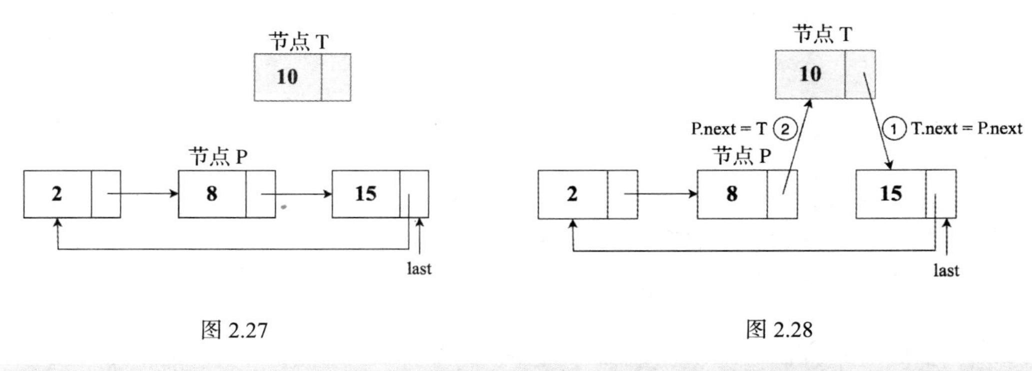

图 2.27　　　　图 2.28

```
static Node addAfter(Node last, int data, int item) {
    if (last == null) {
        return null;
    }
```

```
    Node temp, p;
    p = last.next;
    do {
        if (p.data == item) {    //循环遍历找到值为item的节点，并插入新节点
            temp = new Node();
            temp.data = data;
            temp.next = p.next;
            p.next = temp;

            if (p == last) {
                last = temp;
            }
            return last;
        }
        p = p.next;
    } while (p != last.next);

    System.out.println(item + "不在链表中");
    return last;
}
```

2.4 跳表

2.4.1 简介

对单链表层级进行提升的产物就是跳表。对于跳表，读者要重点掌握它的思想。对于下面提到的平衡二叉搜索树和二分查找法，若读者不了解，略过即可。

我们先思考一个问题：**排序单链表查找的时间复杂度能否比 $O(n)$ 更好呢？图 2.29 所示的排序单链表，如何采用二分查找法呢？**

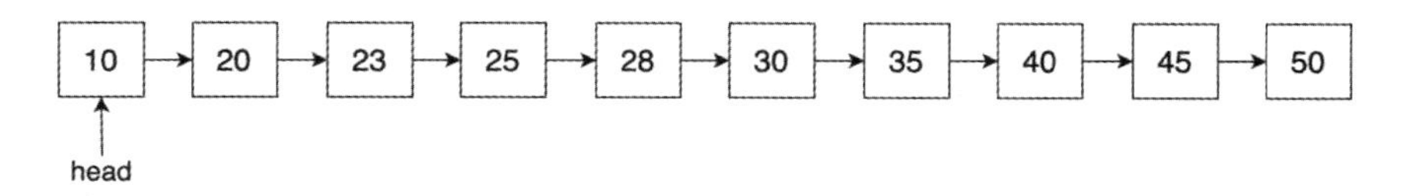

图 2.29

对于一个已经排好序的单链表来说，要想查找其中一个数据，只能从头部开始遍历链表，不能跳过节点（Skip Nodes）查找，这样效率很低，时间复杂度为$O(n)$。

但是对于一棵如图 2.30 所示的平衡二叉搜索树，在与根节点 30 进行一次比较后，我们就跳过了几乎一半的节点。

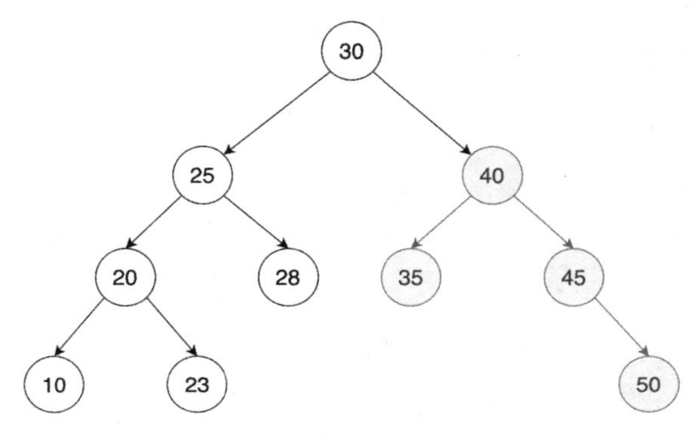

图 2.30

对于如图 2.31 所示的升序数组，我们可以通过二分查找法在$O(\log_2 n)$的时间内找到指定元素。

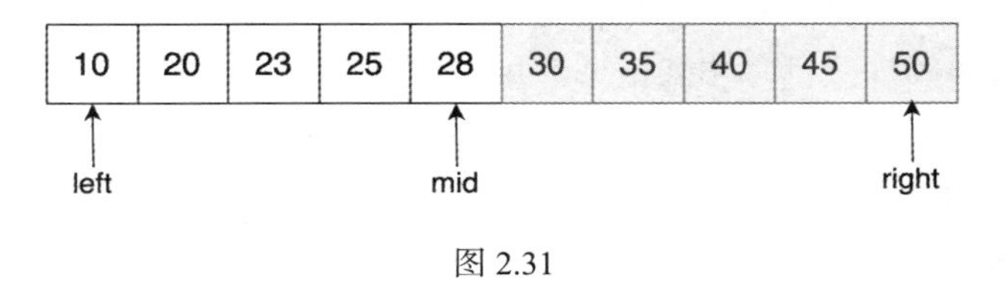

图 2.31

这启发我们可以对排序单链表进行增强（就像采用二分查找法），来提高查找速度。在原始单链表中抽取一部分节点作为索引，如图 2.32 所示，就是一个简单的**跳表**（Skip List）。

这个想法很容易实现，我们通过创建多层链表就可以跳过一些节点。

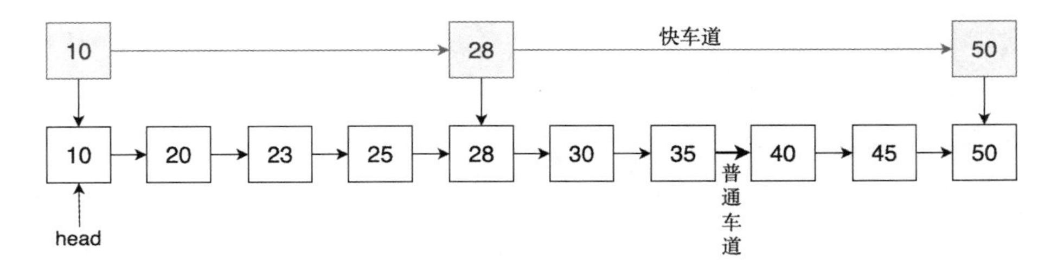

图 2.32

图 2.32 所示的链表有 2 层，包含 10 个节点。上层是只连接主要外站的“快车道”，下层是连接每个车站的“普通车道”。就像你从北京出发自驾到西藏，如果走“国道”，那么

要路过很多站点，速度会比较慢；但是如果走直达的高速公路（北京—拉萨高速公路），那么就可以更快地到达目的地。

假设要查找 key 为 35 的节点，从“快车道”的第一个节点开始，沿着“快车道”前进，直到找到下一个节点的 key 大于 35 的节点。一旦在“快车道”上找到这样的节点（key 为 28 的节点就是找到的节点，key 为 28 的节点下一个节点的 key 为 50，大于 35），将该节点的指针移动到“普通车道”，并在“普通车道”上线性查找 key 为 35 的节点。在如图 2.32 所示的例子中，从“普通车道”上的 key 为 28 的节点开始，通过线性搜索找到了 key 为 35 的节点。

原本需要 6 次才能查找到 key 为 35 的节点，现在仅查找了 4 次。

在最坏的情况下，查找如图 2.32 所示的两层链表的时间复杂度是多少?

最坏情况下的时间复杂度是“快车道”上的节点数加上“普通车道”上的一段的节点数（表示两个“快车道”节点之间的“普通车道”上节点的数目）。

因此，如果在“普通车道”上有 n 个节点，在“快车道”上有 $\sqrt{n}$ 个节点，并且“快车道”上的 $\sqrt{n}$ 个节点将“普通车道”均分，那么在“普通车道”的每一段中都有 $\sqrt{n}$ 个节点。$\sqrt{n}$ 实际上是具有两层跳表结构的最优除法。通过这种规则，遍历链表节点的时间复杂度将 $O\left(\sqrt{n}\right)$。因此，在空间复杂度为 $O\left(\sqrt{n}\right)$ 的情况下，可以将时间复杂度降低到 $O\left(\sqrt{n}\right)$。

那么我们能将跳表的时间复杂度降得更低吗?

通过增加更多的层可以进一步降低跳表的时间复杂度。实际上，在 $O(n)$ 个额外空间的情况下，查找、插入和删除的期望时间复杂度都可以降至 $O(\log_2 n)$。

2.4.2 跳表的插入

在深入理解跳表的插入操作前，一定要解决跳表的层数问题。

1. 层数的确定

链表中的每个元素都用一个节点表示，节点的层级是在插入链表时随机选择的。跳表中节点的层级不取决于其中的节点数，而是由下面的算法确定的。

```
private int randomLevel() {
    int level = 1;
    while (Math.random() < P && level < MaxLevel {
        level++;
    }
    return level;
}
```

其中，MaxLevel 是跳表层数的上限，表示为 $L(N)=\log_{P/2}N$ ，N 是链表中的节点总数，上述算法保证了随机层数永远不会大于 MaxLevel；P 是第 i+1 层节点的个数与第 i 层节点个数的比值，如 P = 0.5f ，就表示第 i 层的节点个数是第 i+1 层节点个数的两倍，在理论情况下跳表可以和平衡二叉搜索树达到几乎一样的效果，如图 2.33 所示。

从理论上讲，对于 P = 0.5f ，一级索引中的节点个数应占原始数据的 50%（原始数据 8 个，第一层索引 4 个），二级索引中的节点个数应占原始数据的 25%，三级索引中的节点个数应占原始数据的 12.5%，一直到顶层。

对于每一个新插入的节点，都需要调用 randomLevel()函数，以生成一个合理的层数。randomLevel()函数会随机生成介于 1 ~ MaxLevel 的数，且有 $\frac{1}{2}$ 的概率返回 1，有 $\frac{1}{4}$ 的概率返回 2，有 $\frac{1}{8}$ 的概率返回 3。

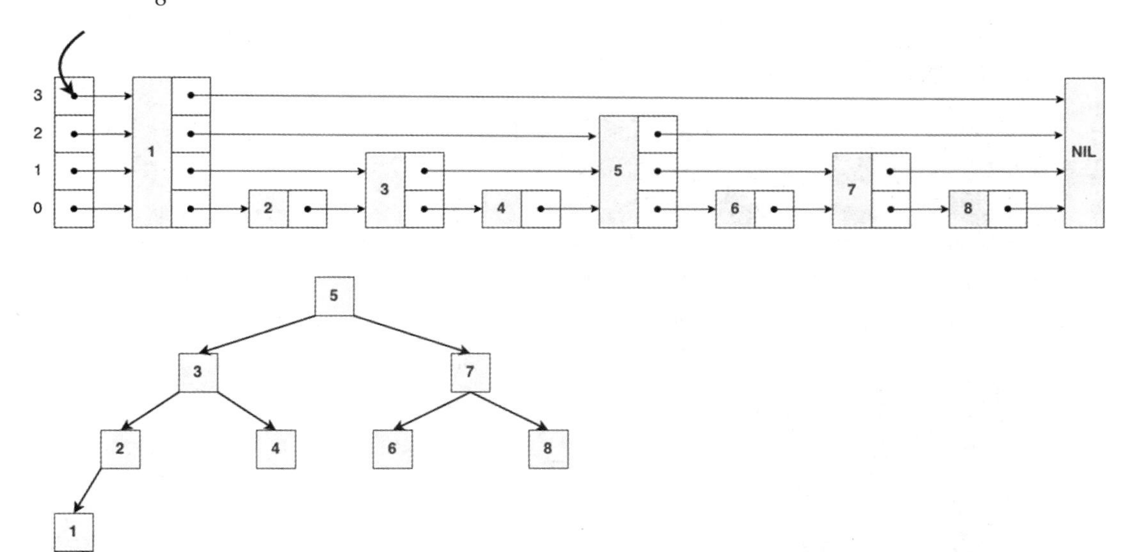

图 2.33

2. 节点结构

如图 2.34 所示，每个节点由一个关键字 key 和一个前向数组 forwards 组成。forwards 数组用于存储指向不同层的节点的指针。第 i 层的节点的 forwards 数组保存了从第 0 层到第 i 层前继节点的指针。

跳表节点的代码表示如下。

```
public class Node {
    private int key = -1;                                  //节点的 key
```

```
    private Node forwards[] = new Node[MAX_LEVEL];      //节点对应的数组
}
```

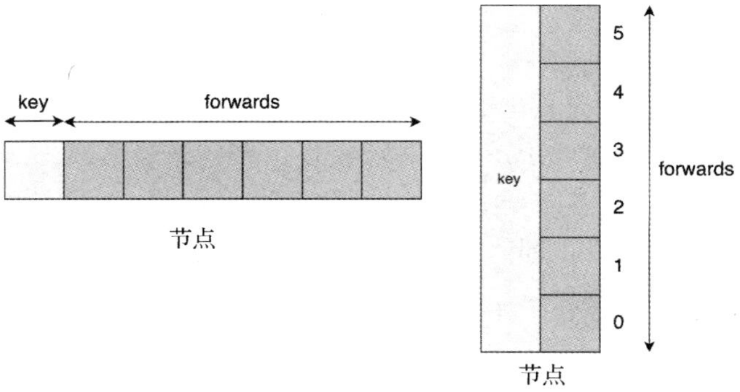

图 2.34

3. 插入操作

从列表的最高层开始，将当前节点的下一个节点的 key 与要插入节点的 key 进行比较。基本思想如下。

（1）如果下一个节点的 key 小于要插入节点的 key，那么在同一层继续前进查找。

（2）如果下一个节点的 key 大于要插入节点的 key，那么将指向当前节点 i 的指针存储在 update[i]处，并向下移动一层，继续搜索。

在第 0 层，我们一定会找到一个位置来插入给定的节点，以下是插入操作的实现代码。

```
public void insert(int key) {
    int level = randomLevel();
    Node newNode = new Node();
    newNode.key = key;
    newNode.maxLevel = level;
    //创建 update 数组并初始化
    Node update[] = new Node[level];
    for (int i = 0; i < level; ++i) {
        update[i] = head;
    }
    //将查找路径上的节点的前继节点设置为新插入节点
    Node current = head;
    for (int i = level - 1; i >= 0; --i) {
        while (current.forwards[i] != null && current.forwards[i].key < key) {
            current = current.forwards[i];
        }
        update[i] = current;                //第 i 层需要修改的节点为 p
    }
```

```
    current = current.forwards[0];
    if (current == null || current.key != key) {
        //在第 0 到 level 层插入新节点
        for (int i = 0; i < level; ++i) {
            newNode.forwards[i] = update[i].forwards[i];
            update[i].forwards[i] = newNode;
        }
    }
    //更新跳表的层数
    if (currentLevel < level) currentLevel = level;
}
```

其中，update[i]表示插入 key 节点时，第 i 层需要修改的节点为 p，也就是位于查找路径上的节点。如图 2.35 所示的示例，在原始跳表中插入 key 为 17 的节点，设随机层数为 **randomLevel() == 2**，**update** 数组存储了两个元素，**update[1]**存储的是 key 为 9 的节点的地址，**update[0]**存储的是 key 为 12 的节点的地址，当插入 key 为 17 的节点之后，key 为 9 的节点和 key 为 12 的节点的前继节点就变成 key 为 17 的节点，而 key 为 17 的节点的前继节点就变成 key 为 9 的节点和 key 为 12 的节点的原始前继节点，即 key 为 25 的节点和 key 为 19 的节点。

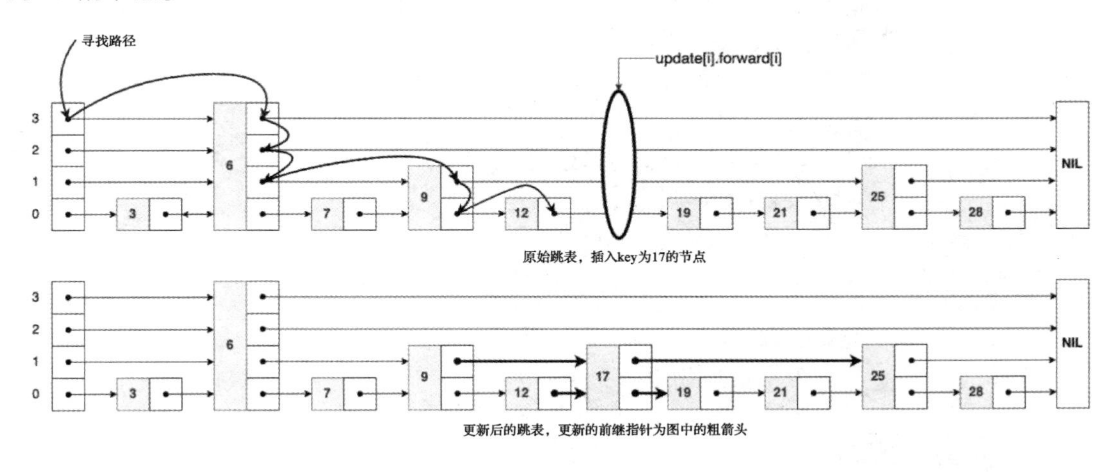

图 2.35

2.4.3 跳表的查找

跳表的查找与在跳表插入操作中查找插入节点的位置的方法非常类似，基本思想如下。

（1）若下一个节点的 key 小于查找的节点的 key，则在同一层继续前进查找。

（2）若下一个节点的 key 大于查找的节点的 key，则将指向当前节点的指针 i 存储在

update[i]中，并向下移动一层，继续查找。

在底层（第 0 层），如果最右边节点的前继指针指向的节点的 key 等于查找的节点的 key，就表明我们找到了，否则未找到。

如图 2.36 所示，查找 key 为 17 的节点，黑色粗线条的路线表示查找路径，其中虚线箭头表示最右边 key 为 12 的节点的前继指针，该指针指向 key 为 17 的节点与查找的节点的 key 相等，返回 key 为 17 的节点。

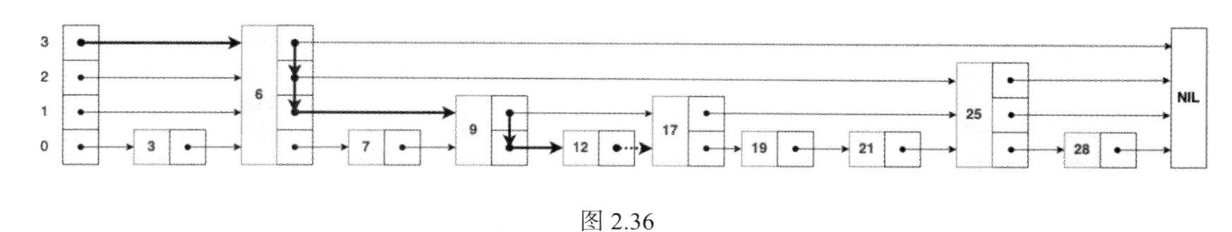

图 2.36

实现代码如下。

```
public Node search(int key) {
    Node current = head;
    for (int i = currentLevel - 1; i >= 0; --i) {
        while (current.forwards[i] != null && current.forwards[i].key < value) {
            current = current.forwards[i];
        }
    }
    //current.key = 12
    if (current.forwards[0] != null && current.forwards[0].key == key) {
        return current.forwards[0];
    } else {
        return null;
    }
}
```

其中，currentLevel 表示跳表的层数，对于图 2.36 而言，currentLevel = 4。

2.4.4 跳表的删除

在删除 key 节点之前，使用上述查找方法在跳表中定位该节点。如果找到了节点，就像我们在单链表中所做的那样，重新排列指针以删除链表中的节点。

从底层（第 0 层）开始向上重新排列，直到 update[i]的下一个节点不是 key。删除节点可能会导致跳表层数 currentLevel 降低，最后对其进行更新即可。

如图 2.37 所示，删除 key = 6 的节点之后，第 3 层没有元素（虚线箭头）了，所以我们将跳表的层数减 1。

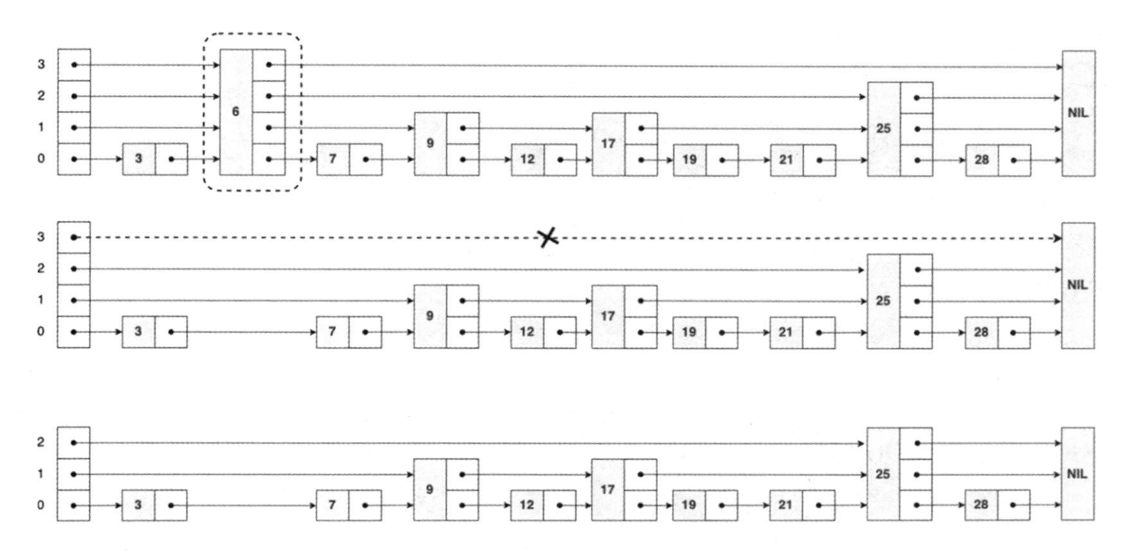

图 2.37

```
public void delete(int key) {
    Node[] update = new Node[currentLevel];
    Node current = head;
    //查找待删除节点的前继节点并保存至 update 数组中
    for (int i = currentLevel - 1; i >= 0; --i) {
        while (current.forwards[i] != null && current.forwards[i].key < key) {
            current = current.forwards[i];
        }
        update[i] = current;
    }
    //将 update 数组的前继节点设置为要删除节点的 forwards[i]
    if (current.forwards[0] != null && current.forwards[0].key == key) {
        for (int i = currentLevel - 1; i >= 0; --i) {
            if (update[i].forwards[i] != null && update[i].forwards[i].data == key) {
                update[i].forwards[i] = update[i].forwards[i].forwards[i];
            }
        }
    }
    //更新跳表的层数
    while (currentLevel > 1 && head.forwards[currentLevel] == null) {
        currentLevel--;
    }
}
```

2.4.5 复杂度分析

1. 空间复杂度

跳表的期望空间复杂度为 $O(n)$。

在最坏的情况下，每一层有序链表等于初始有序链表，即跳表的最差空间复杂度为 $O(n\log_2 n)$。

2. 时间复杂度

跳表的查找、插入和删除操作的时间复杂度均取决于查找操作的时间，查找操作的最差时间复杂度为 $O(n)$。

平均时间复杂度为 $O(\log_2 n)$，大家可以将其当作二分查找法来记忆。

栈

3.1 栈的定义

栈是一个**后进先出**（Last In Fist Out，LIFO）的线性表，它要求只在表尾进行删除和插入操作。

所谓栈，其实就是一个特殊的线性表（数组、链表），但是它在操作上有一些特殊要求和限制。

- 栈中的元素必须“后进先出”。
- 栈的操作只能在线性表的表尾进行。
- 对于栈来说，表尾称为栈顶（Top），相应的表头称为栈底（Bottom）。

栈包括以下四个基本操作。

- 入栈（Push）：向栈中添加元素。栈满后如果继续执行入栈操作将产生上溢出。
- 出栈（Pop）：移除栈中的元素，最后入栈的元素最先出栈。栈空后如果继续执行出栈操作将产生下溢出。
- 取栈顶元素（Peek）：返回栈顶元素。
- 判空（isEmpty）：判断栈是否为空，如果为空，就返回 true。

如图 3.1 所示，栈的插入（入栈）和删除（出栈）操作是在栈的同一端进行的。

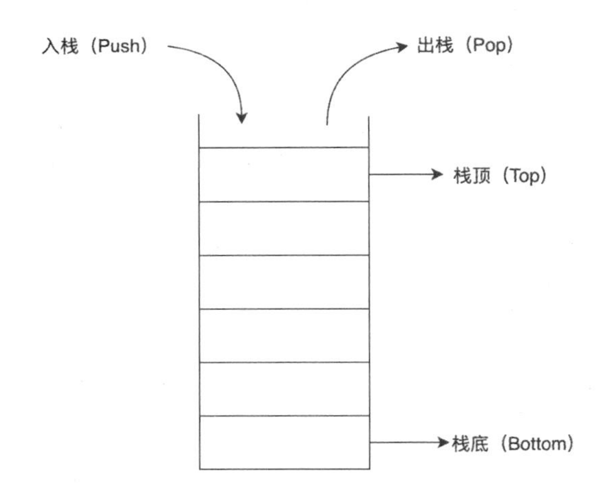

图 3.1

由于栈在本质上是一个线性表，因此栈的存储结构也分为顺序存储结构和链式存储结构两种。

初始时栈中不包含任何元素，叫作空栈，此时栈顶就是栈底。随着元素从栈顶进入，栈顶和栈底分离，整个栈的容量变大。在出栈时元素从栈顶弹出，栈顶下移，整个栈的容量变小。

3.2 栈的顺序存储结构

我们使用上文介绍的数组来实现栈的顺序存储。

```
/* 栈的基本操作的实现 */
class Stack {
    static final int MAX = 1000;            //栈的大小
    int top;                                //栈顶指针
    int[] arr = new int[MAX];

    boolean isEmpty()
    {
        return (top < 0);
    }
    Stack()
    {
        top = -1;
    }

    boolean push(int x)
    {
        if (top >= (MAX - 1)) {
            System.out.println("栈上溢出");
            return false;
        }
        else {
            arr[++top] = x;
            System.out.println(x + " 入栈");
            return true;
        }
    }
```

```
    int pop()
    {
        if (top < 0) {
            System.out.println("栈下溢出");
            return 0;
        }
        else {
            int x = arr[top--];
            return x;
        }
    }

    int peek()
    {
        if (top < 0) {
            System.out.println("栈下溢出");
            return 0;
        }
        else {
            int x = arr[top];
            return x;
        }
    }

    void print(){
        for(int i = top;i >= 0;i--){
            System.out.print(" "+ arr[i]);
        }
    }
}

class Main {
    public static void main(String args[])
    {
        Stack s = new Stack();
        s.push(10);
        s.push(20);
        s.push(30);
        System.out.println(s.pop() + " 出栈");
        System.out.println("栈顶元素为:" + s.peek());
        System.out.print("当前栈中的元素:");
        s.print();
```

```
    }
}
```

我们使用大小为 MAX 的 arr 数组来表示栈；用 top 表示栈顶指针，取值为 $[0, MAX-1]$。isEmpty()函数用于判断栈是否为空，当 $top < 0$ 时，说明栈为空；push(int x)函数用于向栈中添加新元素，注意判断是否发生了上溢出情况，即是否超出了栈的最大容量；pop()函数用于删除栈顶的元素，注意判断是否发生了下溢出情况，也就是判断是否发生栈中已经没有元素还继续删除的情况；peek()函数用于返回栈顶元素，区别于 pop()函数，该函数仅返回栈顶元素，不删除栈顶元素。

栈的顺序存储结构实现简单，不涉及指针，在一定程度上节省了内存。但是，顺序存储结构申请的是静态内存空间，在运行时不能按需变大或变小。

3.3 栈的链式存储结构

栈的链式存储结构（又称链栈）是对顺序存储结构的补足，两者相辅相成，各有优缺点。如图 3.2 所示，链栈的单个节点 StackNode 包含数据域和指针域，比栈的顺序存储结构需要的内存空间更多。但是链栈不需要一次申请固定大小的内存空间，其内存空间是随着栈的入栈和出栈操作动态调整的，不存在上溢出问题。

链栈的实现代码如下。

```
public class StackAsLinkedList {

    StackNode top;

    static class StackNode {
        int data;                          //数据
        StackNode next;                    //指针
        StackNode(int data) { this.data = data; }
    }

    public boolean isEmpty()
    {
        if (top == null) {
            return true;
        }
```

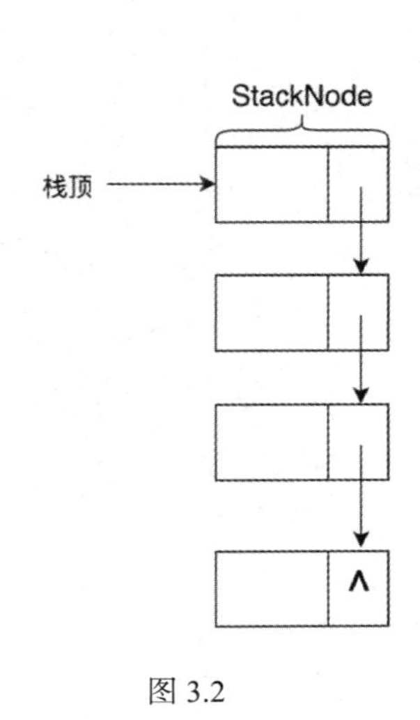

图 3.2

```
    else {
        return false;
    }
}
//入栈操作
public void push(int data)
{
    StackNode newNode = new StackNode(data);
    if (top == null) {
        top = newNode;
    } else {
        StackNode temp = top;
        top = newNode;
        newNode.next = temp;
    }
    System.out.println(data + " 已入栈");
}
//出栈操作
public int pop()
{
    int popped = Integer.MIN_VALUE;
    if (top == null) {
        System.out.println("栈为空");
    } else {
        popped = top.data;
        top = top.next;
    }
    return popped;
}
//返回栈顶元素
public int peek()
{
    if (root == null) {
        System.out.println("栈为空");
        return Integer.MIN_VALUE;
    }
    else {
        return top.data;
    }
}
```

```
    public static void main(String[] args)
    {
        StackAsLinkedList sll = new StackAsLinkedList();

        sll.push(10);
        sll.push(20);
        sll.push(30);

        System.out.println(sll.pop() + "出栈");

        System.out.println("栈顶元素是" + sll.peek());
    }
}
```

链栈在本质上是一个单链表，top 指针相当于单链表的头指针 head；链栈的入栈类似于单链表的头部插入，出栈相当于单链表的头指针向后移动。图 3.3 展示了链栈的入栈操作步骤和单链表的头部入栈操作步骤。

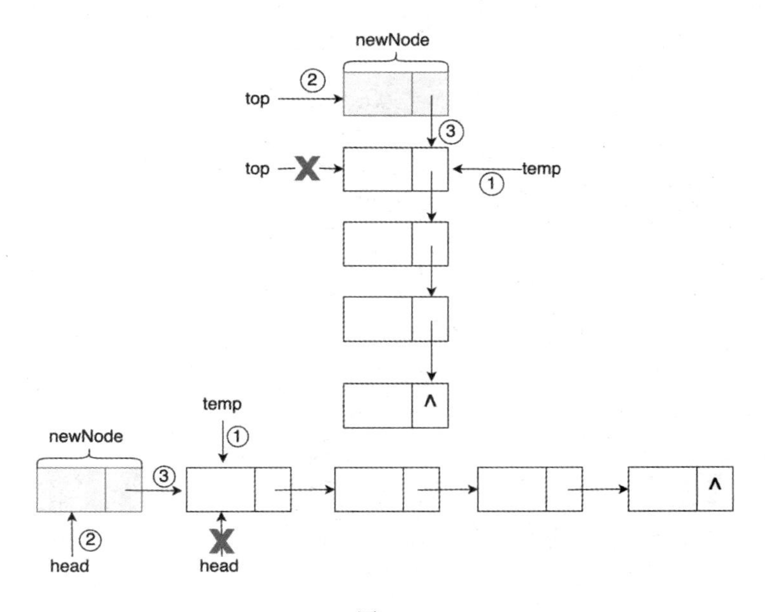

图 3.3

Java 中提供了现成的 Stack 类，该类继承自 Vector 类，直接使用如下代码可以创建一个空栈。

```
Stack<E> stack = new Stack<>();
```

该类提供了如下五个基本操作。

- push()：向栈中添加一个元素，入栈。
- pop()：删除栈顶元素，弹栈。
- peek()：返回栈顶元素。
- empty()：返回栈是否为空。
- search()：查找栈中是否包含指定元素。

在实际开发中，如有需要可以直接使用 Java 库中的 Stack 类。

4 队列

4.1 队列简介

4.1.1 队列的定义

队列（Queue）是只允许在一端（队尾）进行插入操作，而在另一端（队头）进行删除操作的线性表，如图 4.1 所示。

图 4.1

与栈相反，队列是一种先进先出（First In First Out，FIFO）的线性表，并且队列的插入（入队）和删除（出队）操作在队列的两端进行。

与栈相同的是，队列也是一种重要的线性结构，实现一个队列也可以使用数组和链表。

输入缓冲区接收键盘的输入就是按照队列的形式输入和输出的，否则很容易出问题。

4.1.2 队列的顺序存储结构

为了实现队列，需要跟踪队头索引（font）和队尾索引（rear），在队尾进行入队操作（添加元素），在队头进行出队操作（删除元素）。如果简单地增加队头索引 font 和队尾索引 rear 的值，那么 font 索引可能会到达队列的末尾。

我们以容量为 8 的数组为例，front 索引和 rear 索引分别指向队头和队尾，当 front = rear = 0 时，表示当前队列为空，如图 4.2 所示。

随着出队和入队操作的进行，front 索引和 rear 索引都会增加，font 索引和 rear 索引可能会都到达队列的末尾，如图 4.3 所示。

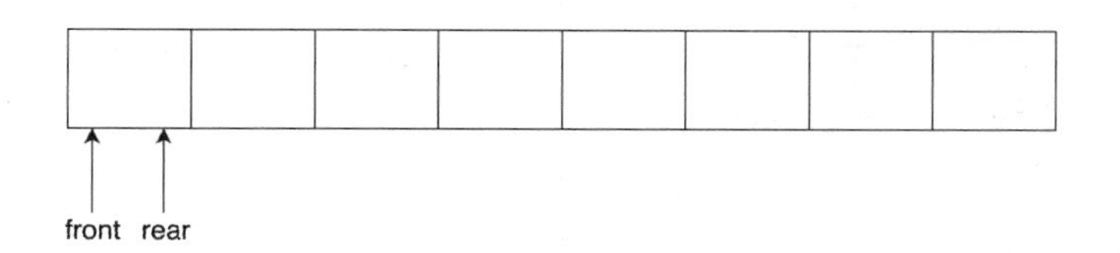

图 4.2

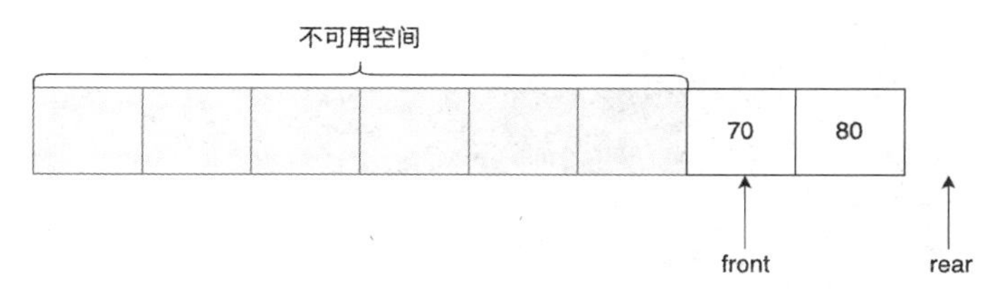

图 4.3

解决这个问题的办法是以循环的方式增加 font 索引和 rear 索引。如图 4.4 所示，我们用数组来表示队列，队列的容量为 3，初始时，front 索引为 0，rear 索引为 2。

然后我们添加元素 10，即将元素 10 入队，元素 10 的位置我们使用 $rear=(rear+1)\%capacity$ 计算获得，其中 capacity 表示队列容量，为 3。元素 10 的位置为 $(rear+1)\%capacity=(2+1)\%3=0$，同时 rear 索引更新成 0，如图 4.5 所示。

图 4.4　　图 4.5

然后添加元素 20，元素 20 的位置为 $rear=(0+1)\%3=1$，如图 4.6 所示。

最后添加元素 30，元素 30 的位置为 $rear=(0+2)\%3=2$，此时队列满了，再不能添加元素了，如图 4.7 所示。

图 4.6　　图 4.7

我们执行出队操作，此时 front 索引指向的元素最先出队，也就是元素 10 出队，front 索引更新为 $front=(front+1)\%capacity=1$，如图 4.8 所示。

继续执行出队操作，第二个入队的元素 20 出队，front 索引更新为 $front=(front+1)\%capacity=2$，如图 4.9 所示。

图 4.8

图 4.9

通过上面介绍的循环方法，可以有效地解决队列的 front 索引和 rear 索引的有效性，从而保证队列“先进先出”的特性。

基于数组的队列实现代码如下所示。

```
class Queue {
    int front, rear, size;
    int capacity;
    int[] array;
    //构造方法，初始化一个大小为 capacity 的队列
    public Queue(int capacity)
    {
        this.capacity = capacity;
        front = this.size = 0;
        rear = capacity - 1;
        array = new int[this.capacity];
    }

    //当 size 等于 capacity 时，队列为满
    boolean isFull(Queue queue)
    {
        return (queue.size == queue.capacity);
    }

    //当 size=0 时，队列为空
    boolean isEmpty(Queue queue)
    {
        return (queue.size == 0);
    }
```

```
//入队操作，改变 rear 索引和队列大小
void enqueue(int item)
{
    if (isFull(this))
        return;
    this.rear = (this.rear + 1)
              % this.capacity;
    this.array[this.rear] = item;
    this.size = this.size + 1;
    System.out.println(item
                 + " enqueued to queue");
}

//出队操作，改变 front 索引和队列大小
int dequeue()
{
    if (isEmpty(this)) {
        return Integer.MIN_VALUE;
    }
    int item = this.array[this.front];
    this.front = (this.front + 1) % this.capacity;
    this.size = this.size - 1;
    return item;
}

//返回 front 索引处的元素
int front()
{
    if (isEmpty(this)) {
        return Integer.MIN_VALUE;
    }
    return this.array[this.front];
}

//返回 rear 索引处的元素
int rear()
{
    if (isEmpty(this)) {
        return Integer.MIN_VALUE;
    }
    return this.array[this.rear];
```

```
    }
}

public class Test {
    public static void main(String[] args)
    {
        Queue queue = new Queue(1000);

        queue.enqueue(10);
        queue.enqueue(20);
        queue.enqueue(30);
        queue.enqueue(40);

        System.out.println(queue.dequeue() + " 出队\n");

        System.out.println("队头元素为: " + queue.front());

        System.out.println("队尾元素为: " + queue.rear());
    }
}
```

上述代码中的入队操作 enqueue、出队操作 dequeue、返回队头元素操作 front、返回队尾元素操作 rear 的时间复杂度均为 $O(1)$，空间复杂度均为 $O(n)$，其中，n 表示数组（队列）大小。

但是，基于数组实现的顺序队列属于静态数据结构，数组大小固定（基于链表实现的顺序队列可以解决）。如果队列有大量的入队和出队操作，在某些情况下（如 front 索引和 rear 索引线性递增），即使队列是空的，我们也可能无法在队列中插入新元素，这就是常说的假溢出情况。上述代码的实现并不存在假溢出情况，其原因是我们增加了一个变量 size 来保存当前队列中的元素个数，并且在适当的时候与队列的容量进行比较，以判断队满和队空。实际上，上述代码实现的是基于计数变量 size 来判断队满和队空的循环队列。

4.1.3 队列的链式存储结构

队列既可以用数组来实现，也可以用链表来实现。与栈不同的是，栈通常用数组来实现。用链表实现的队列简称链队列，实现代码如下所示。

```
class QNode {
    int key;                                //值
    QNode next;                             //指向下一个节点的指针
```

```
    //构造器，创建一个新的链表节点
    public QNode(int key)
    {
        this.key = key;
        this.next = null;
    }
}
```

队列节点和单链表节点定义除命名外，几乎是一样的。

```
// 队列实现，front 指针存储单链表的头节点
// rear 指针存储单链表的尾节点
class Queue {
    QNode front, rear;
    public Queue()
    {
        this.front = this.rear = null;
    }
    //入队操作
    void enqueue(int key)
    {
        //创建链表节点
        QNode temp = new QNode(key);

        //如果队列为空，则 front 指针和 rear 指针均指向新节点
        if (this.rear == null) {
            this.front = this.rear = temp;
            return;
        }

        //将新节点添加到队列的尾部，修改 rear 指针
        this.rear.next = temp;
        this.rear = temp;
    }

    //出队操作，删除元素
    void dequeue()
    {
        //若队列为空，则返回
        if (this.front == null)
            return;

        //保存 front 指针，并将 front 指针指向 front.next
        QNode temp = this.front;
```

```
        this.front = this.front.next;

        //若 front 指针为 null，则将 rear 指针也置为 null
        if (this.front == null)
            this.rear = null;
    }
}
public class Test {
    public static void main(String[] args)
    {
        Queue q = new Queue();
        q.enqueue(10);
        q.enqueue(20);
        q.dequeue();
        q.dequeue();
        q.enqueue(30);
        q.enqueue(40);
        q.enqueue(50);
        q.dequeue();
        System.out.println("队头元素为： " + q.front.key);
        System.out.println("队尾元素为： " + q.rear.key);
    }
}
```

Queue q = new Queue()语句将调用 Queue 类的构造函数，创建 front 指针和 rear 指针，二者均指向空队列 null。

紧接着执行 q.enqueue(10)操作，将值为 10 的节点加入队列，先创建一个值为 10 的新节点 temp，入队操作是在队列的尾部进行的，rear 指针为 null，表示当前队列为空，将 front 指针和 rear 指针均指向新节点，如图 4.10 所示。

接着执行 q.enqueue(20)操作，当前队列已经不为空，rear 指针不为 null，将新节点添加到 rear 指针所指节点的后面，并将 rear 指针后移，如图 4.11 所示。

对于 q.dequeue()操作就是对队列的 front 指针进行操作，将 front 指针向后移动，指向下一个值为 20 的节点，如图 4.12 所示。

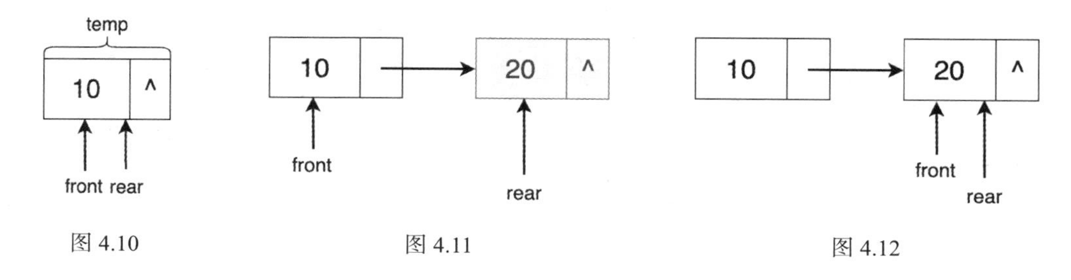

图 4.10　　图 4.11　　图 4.12

在此我们注意到，我们并没有手动清理值为 10 的节点，而是由 JVM 自动回收的。

链队列的入队操作和出队操作的时间复杂度均为 $O(1)$，但是链队列是动态数据结构，不必一次性申请固定的内存空间，其空间可以随着入队操作和出队操作进行动态调整。

4.2 循环队列

4.2.1 循环队列简介

循环队列是一种按照先进先出原则进行操作的特殊队列，队列的最后一个位置与第一个位置相连，形成一个圆环，如图 4.13 所示。

对于普通队列，在进行大量入队操作和出队操作时，虽然队列前面有空闲空间，但是不能插入下一个元素，如图 4.14 所示。

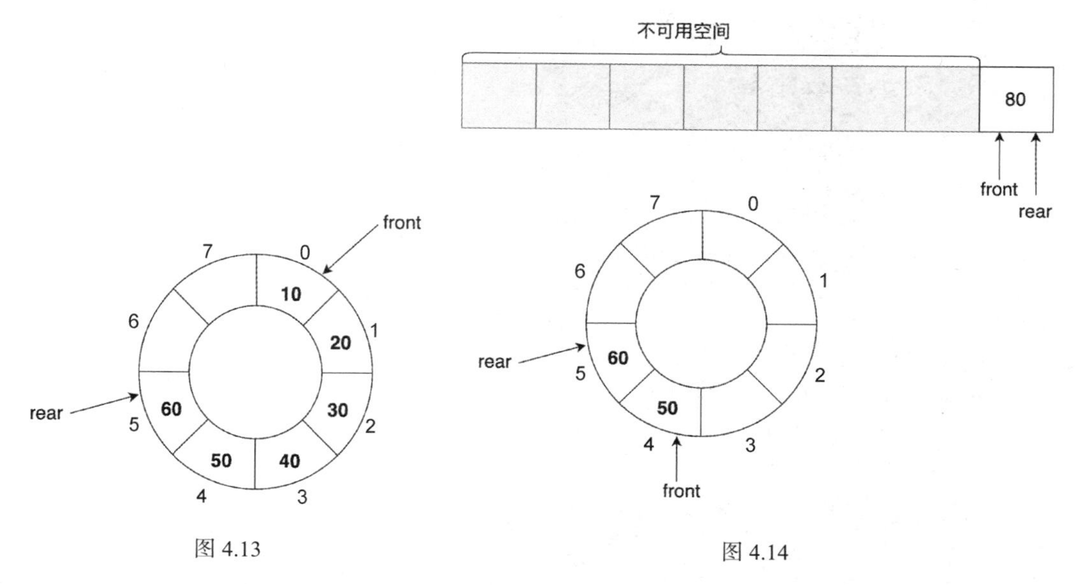

图 4.13

图 4.14

循环队列同样包含如下两个基本操作。

（1）enQueue(value)：该函数用于将新元素插入循环队列，新元素总是插入 rear 指针指向的下一个位置。

检查队列是否已满，(rear==n−1 && front == 0) || (rear == (front−1)%(size−1)。

若队列已满，则提示队列满；若队列未满，则检查(rear == size−1 && front != 0)是否为真。如果为真，就设置 rear = 0 并插入新元素。

（2）deQueue()：该函数用于删除循环队列中的元素，front 指针指向的元素被删除。

检查队列是否为空，front == −1。若队列为空，则提示队列为空；若队列不为空，则检查 front == rear 是否为真。若为真，则设置 front = rear = −1；若为假，则检查 front == size−1 是否为真。若为真，则设置 front = 0 并返回元素；否则，移动 front 指针，front = front + 1，并返回 temp。

循环队列的实现代码如下。

```
//循环队列入队操作和出队操作的实现
import java.util.ArrayList;

class CircularQueue{

    /* size 表示队列容量
     * front 表示队头指针
     * rear 表示队尾指针
    */
    private int size, front, rear;
    //用于模拟队列的数组
    private ArrayList<Integer> queue = new ArrayList<Integer>();

    //构造函数初始化
    CircularQueue(int size) {
        this.size = size;
        this.front = this.rear = -1;
    }

    //入队操作
    public void enQueue(int data) {
        //判断队列是否已满
        if((front == 0 && rear == size - 1) ||
            (rear == (front - 1) % (size - 1))) {
            System.out.print("Queue is Full");
        } else if(front == -1) { //队列为空
            front = 0;
            rear = 0;
            queue.add(rear, data);
        } else if(rear == size - 1 && front != 0) {
            rear = 0;
            queue.set(rear, data);
```

```
        } else {
            rear = rear + 1;
            if(front <= rear) {
                queue.add(rear, data);
            } else {
                queue.set(rear, data);
            }
        }
    }

    //出队操作
    public int deQueue() {
        int temp;

        //队列为空
        if(front == -1) {
            System.out.print("Queue is Empty");
            return -1;
        }

        temp = queue.get(front);

        //仅包含一个元素
        if(front == rear) {
            front = -1;
            rear = -1;
        } else if(front == size - 1) {
            front = 0;
        } else {
            front = front + 1;
        }
        return temp;
    }

    //遍历并打印队列中的元素
    public void displayQueue()
    {

        //队列为空
        if(front == -1) {
            System.out.print("Queue is Empty");
            return;
```

```
        }

        //如果 rear < size 或 rear >= front
        System.out.print("循环队列中的元素为：");
        if(rear >= front) {
            for(int i = front; i <= rear; i++) {
                System.out.print(queue.get(i));
                System.out.print(" ");
            }
            System.out.println();
        } else { //rear >= size

            //打印 front 到 size-1 的元素
            for(int i = front; i < size; i++)
            {
                System.out.print(queue.get(i));
                System.out.print(" ");
            }

            //打印 0 到 rear 的元素
            for(int i = 0; i <= rear; i++)
            {
                System.out.print(queue.get(i));
                System.out.print(" ");
            }
            System.out.println();
        }
    }

    //主函数
    public static void main(String[] args) {
        CircularQueue q = new CircularQueue(5);

        q.enQueue(10);
        q.enQueue(20);
        q.enQueue(30);
        q.enQueue(40);

        q.displayQueue();

        int x = q.deQueue();
        //检查队列是否为空
        if(x != -1)
        {
```

```
            System.out.print("出队元素为：");
            System.out.println(x);
        }

        x = q.deQueue();
        if(x != -1)
        {
            System.out.print("出队元素为：");
            System.out.println(x);
        }

        q.displayQueue();

        q.enQueue(9);
        q.enQueue(25);
        q.enQueue(56);

        q.displayQueue();

        q.enQueue(25);
    }
}
```

初始时，队列为空，front = rear = -1，我们将队列的大小设置为 8。

对于**入队操作**，队满有两种特殊情况。

一种情况为队满，判断 front == 0 && rear == size-1 是否为真，如图 4.15 所示。若 front != 0 为真，则判断 rear == (front-1)%(size-1)是否为真，如图 4.16 所示。当 front = 3，rear = 2 时，队列刚好为满，此时 rear == (front - 1) % (size - 1) = (3-1)%(8-1)=2。

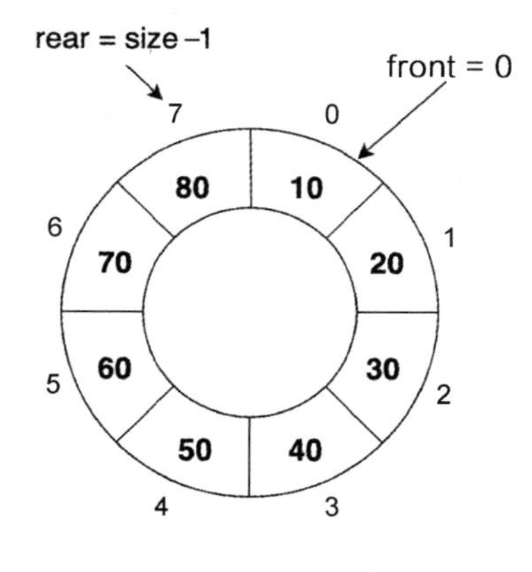

图 4.15

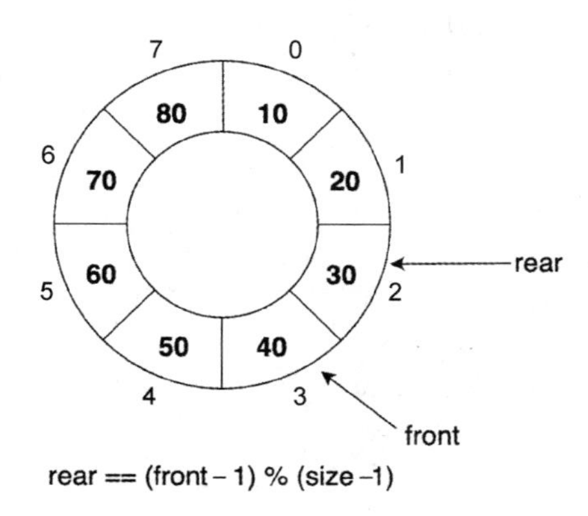

图 4.16

另一种情况为队空，即 front 的值为-1，此时将 rear 指针和 front 指针均设置为 0，并添加新元素，表示队列中仅包含一个元素。

判断索引 size-1 和索引 0 的边界情况。如果 rear = size -1 && front != 0 为真，如图 4.17 所示，rear 指针指向索引为 7 的元素 80，front 指针指向索引为 2 的元素 30，满足条件，因此将 rear 指针指向索引 0，并在索引 0 的位置添加新元素 90，如图 4.17 所示。

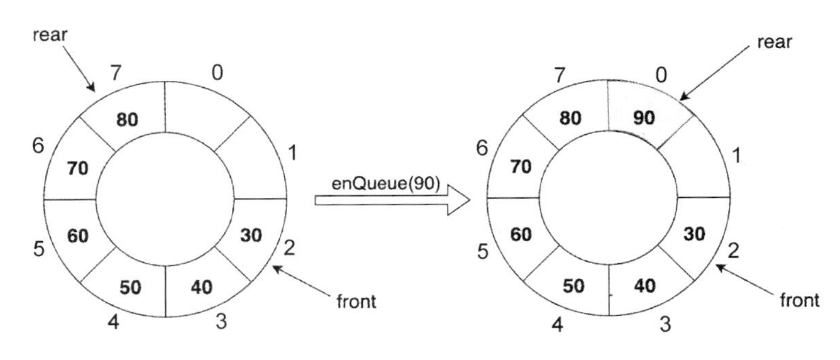

图 4.17

其他情况正常添加新元素即可。需要注意的是，Java ArrayList 类提供的 add 方法与 set 方法的区别，add 方法是将新元素添加到数组中，而 set 方法是用新元素替换已经出队的旧元素。

对于**出队操作**，在判断队列是否为空时，只需要判断 front 指针的值是否为-1。如果 front==-1，就无法进行出队操作；否则，将待出队元素保存到临时变量 temp 中即可。需要特别注意队列中仅包含一个元素（front == rear）的情况，以及当 front 指针指向数组的末尾 size-1 时，front 指针的变化情况。

上述实现充分利用了申请的数组空间，另一种常见实现是，通过少用一个元素空间来区别队满和队空。图 4.18（a）所示为队列已满，$(rear+1)\%size = front$，图 4.18（b）所示为队列为空，$front = rear$。大家可以自行完成该实现，此处不再赘述。

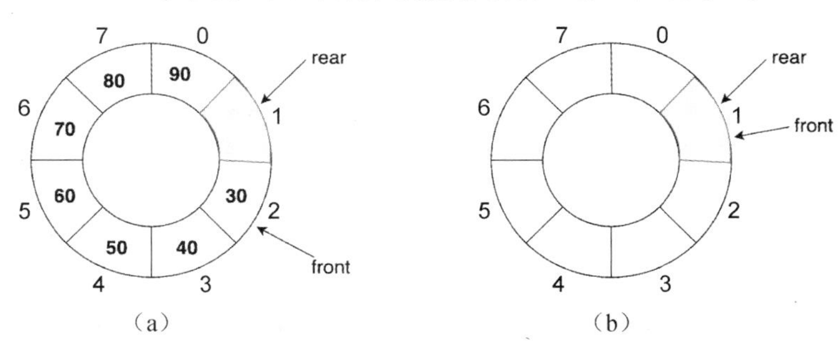

图 4.18

4.2.2 循环队列的链式实现

除了使用数组来实现循环队列，还可以使用循环单链表来实现循环队列。

入队操作中的新元素总是添加到 rear 指针指向的位置。

（1）动态创建一个新节点 newNode 并插入。

（2）检查 front == null 是否为真，若为真，则 front = rear = newNode；若为假，则 rear.next = newNode，更新 rear 指针及 rear.next 指针。

出队操作删除的是 front 指针指向的元素。

（1）检查队列是否为空，即 front == null 是否为真。

（2）如果为真，则说明队列为空，无法进行删除操作。

（3）若为假，则说明队列不为空，检查 front == rear 是否为真。若为真，则设置 front = rear = null；若为假，则向前移动 front 指针，更新 rear.next 指针并返回出队元素。

```
import java.util.*;

class LinkedCirQueue {
    static class Node {
        int data;
        Node next;
    }

    static class Queue {
        Node front, rear;
    }

    //创建循环队列并入队
    static void enQueue(Queue q, int value)
    {
        Node temp = new Node();
        temp.data = value;
        if (q.front == null) {
            q.front = temp;
        } else {
            q.rear.next = temp;
        }
        q.rear = temp;
        q.rear.next = q.front;
    }

    //出队操作
```

```
static int deQueue(Queue q)
{
    if (q.front == null) {
        System.out.printf("Queue is empty");
        return Integer.MIN_VALUE;
    }

    int value;                          //保存出队元素
    if (q.front == q.rear) {            //仅包含一个节点
        value = q.front.data;
        q.front = null;
        q.rear = null;
    } else {                            //不止一个节点
        Node temp = q.front;
        value = temp.data;
        q.front = q.front.next;
        q.rear.next = q.front;
    }
    return value;
}

//打印循环队列中的元素
static void displayQueue(Queue q)
{
    Node temp = q.front;
    System.out.printf("\nElements in Circular Queue are: ");
    while (temp.next != q.front) {
        System.out.printf("%d ", temp.data);
        temp = temp.next;
    }
    System.out.printf("%d", temp.data);
}

public static void main(String args[])
{
    Queue q = new Queue();
    q.front = q.rear = null;
    enQueue(q, 10);
    enQueue(q, 20);
    enQueue(q, 30);
    displayQueue(q);
    System.out.printf("\nDeQueue value = %d", deQueue(q));
```

```
        System.out.printf("\nDeQueue value = %d", deQueue(q));
        displayQueue(q);
        enQueue(q, 15);
        enQueue(q, 25);
        displayQueue(q);
    }
}
```

循环队列的节点定义和单链表的节点定义一样，包含一个数据域和一个指针域。初始时，循环队列为空，front 指针和 rear 指针均为 null。然后将值为 10 的节点加入队列，如图 4.19 所示，front 指针和 rear 指针均指向新节点，rear.next 指针指向 front 指针所指节点，这样就构成了仅包含一个节点的循环队列。

将值为 20 的节点加入队列，先创建一个值为 20 的新节点 temp，然后将 rear.next 指针设置为新节点，rear 指针指向新节点，rear.next 指针重新指向 front 指针所指节点，如图 4.20 所示。

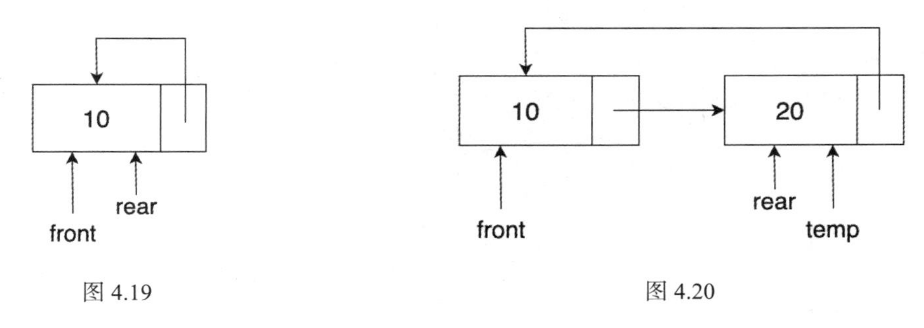

图 4.19　　图 4.20

以同样的方式将值为 30 的节点加入队列，如图 4.21 所示。

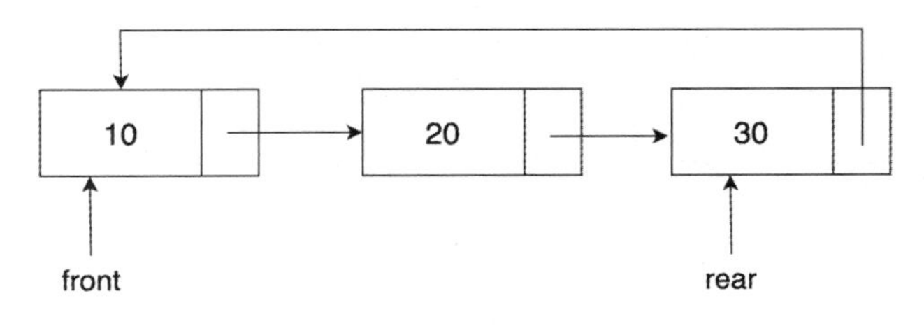

图 4.21

紧接着，进行出队操作，先将 front 指针向后移动指向 front.next 指针所指节点，然后将 rear.next 指针设置为新的 front 指针，值为 10 的节点出队，如图 4.22 所示。

对于出队操作，我们需要注意，当队列中仅包含一个节点，也就是 front 指针和 rear 指针指向同一个节点时，队头节点 front 出队后，需要将 front 指针和 rear 指针设为 null。

不论是基于数组的循环队列，还是链队列的出队操作和入队操作的时间复杂度都为 $O(1)$。

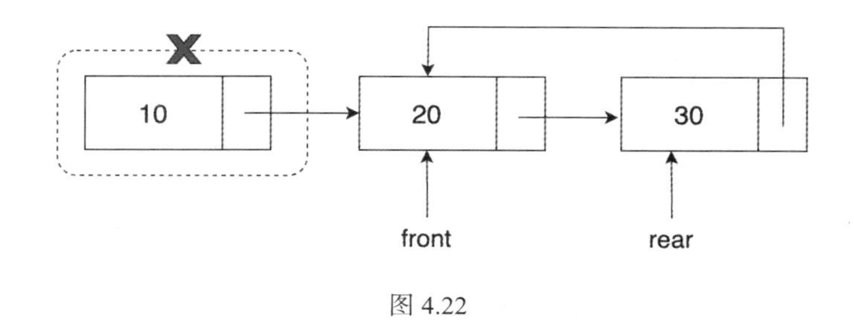

图 4.22

4.3 优先级队列

优先级队列（Priority Queue）是指元素具有优先级的普通队列。元素的优先级用于确定元素出队顺序，优先级队列中的所有元素以优先级升序或降序排列。

优先级队列与普通队列相比具有如下几个属性。

- 每个元素都有一个优先级与之关联。
- 优先级高的元素比优先级低的元素先出队。
- 如果两个元素的优先级相同，那么它们将按照入队顺序依次出队。

如表 4.1 所示，insert 表示插入操作，remove max 表示从优先级队列中移除优先级最高的元素。由表 4.1 可知第一次执行 remove max 操作时，删除的并不是队头元素 C，而是元素 O，这是因为在 ASCII 表中元素从 A 到 Z 的优先级是依次递增的，元素 O 对应的十进制数大于元素 C，优先级更高。

表 4.1

操作	返回值	队列顺序
insert(C)	—	C
insert(O)	—	C O
insert(D)	—	C O D
remove max	O	C D
insert(E)	—	C D E
insert(N)	—	C D E N
remove max	N	C D E
insert(H)	—	C D E H

优先级队列包含以下三个基本操作。

- enqueue 操作：将一个带优先级的元素插入队列。
- dequeue 操作：将优先级最高的元素从队列中移除。
- peek 操作：返回优先级最高的元素，但不修改队列本身。

优先级队列常见的四种实现方式如下。

- 数组。
- 链表。
- 堆。
- 二叉树。

其中，常用的实现方式是堆和二叉树，而基于数组和链表的优先级队列有助于我们理解优先级队列本身。

情况一：我们可以将优先级队列中的元素存储在一个**无序数组**中，入队操作可以在 $O(1)$ 的时间直接将新元素追加到队列的末尾，不用关心数组的有序性。对于出队操作，我们不能像普通队列那样简单地将队头元素直接删除，而是需要先遍历整个无序数组，找到优先级最高的元素，然后执行出队操作，时间复杂度为 $O(n)$。

采用无序数组的实现方式，入队操作可以简单地描述为如下形式。

```
enqueue(node) {
   list.append(node);
}
```

出队操作需要遍历整个列表，伪代码如下所示。

```
dequeue() {
   highest = list.getFirstElement()
   foreach node in list {
      if heighest.priority < node.priority {
         highest = node;
      }
   }
   list.remove(highest)
   return highest
}
```

情况二：我们使用**有序数组**存储优先级队列，队头元素永远是优先级最高的元素，所有出队操作的时间复杂度将为 $O(1)$。对于入队操作，我们需要将新入队的元素放在有序数组的恰当位置上，以保证数组的有序性，时间复杂度为 $O(n)$。

相应地，入队操作和出队操作的伪代码如下。

```
enqueue(node) {
    foreach (index, element) in list {
        if node.priority < element.priority {
            list.insertAtIndex(node, index)
        }
    }
}
dequeue() {
    highest = list.getAtIndex(list.length-1)
    list.remove(highest)
    return highest
}
```

以上两种情况同样适用于基于链表的优先级队列，针对有序链表，入队操作的时间复杂度为 $O(n)$，出队操作的时间复杂度为 $O(1)$；针对无序链表，入队操作的时间复杂度为 $O(1)$，出队操作的时间复杂度为 $O(n)$。

接下来详细介绍一下基于有序链表的优先级队列。

初始时，队列为空，假设新元素 $(4,1)$ 入队，其中4表示元素的值，1表示元素的优先级值，头指针指向队头元素，如图 4.23 所示。

然后依次将元素 $(5,2)$、$(6,3)$、$(7,0)$ 加入队列，优先级值越小，优先级越高。所以元素 $(7,0)$ 位于队头，之后的元素的优先级依次降低，如图 4.24 所示。

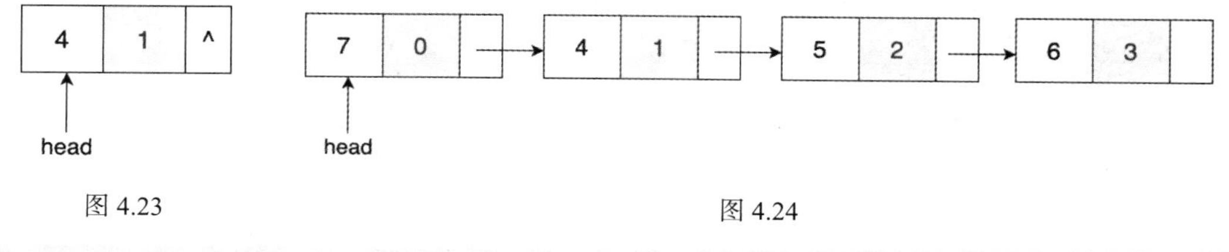

图 4.23　　　　图 4.24

```
class PriorityQueue
{   //优先级队列节点
    static class Node {
        int data;                        //数据
        int priority;                    //优先级值越小，优先级越高
        Node next;
    }

    static Node node = new Node();

    //创建一个新节点
    static Node newNode(int d, int p)
```

```
{
    Node temp = new Node();
    temp.data = d;
    temp.priority = p;
    temp.next = null;

    return temp;
}

//返回头指针指向的值
static int peek(Node head)
{
    return (head).data;
}

//移除具有最高优先级的节点，即头节点
static Node pop(Node head)
{
    Node temp = head;
    (head) = (head).next;
    return head;
}

//根据优先级将新元素加入队列
static Node push(Node head, int d, int p)
{
    Node start = (head);

    //创建一个值为d，优先级为p的新节点
    Node temp = newNode(d, p);

    //如果新节点p比头节点的优先级高
    //就将新节点p插到头节点之前作为新的头节点
    if ((head).priority > p) {
        temp.next = head;
        (head) = temp;
    }
    else {
        //遍历单链表将新节点按照优先级插到正确位置
        while (start.next != null &&
            start.next.priority < p) {
            start = start.next;
```

```
            }
            temp.next = start.next;
            start.next = temp;
        }
        return head;
    }

    //检查单链表是否为空
    static int isEmpty(Node head)
    {
        return ((head) == null) ? 1: 0;
    }
}
```

基于堆和二叉树的优先级队列实现方式我们将在后续章节中进行介绍。

5

树

数组、链表、栈和队列都是线性数据结构，树是层次数据结构。

5.1 树的基本概念

树的标准定义如下。

树（Tree）是$n(n \geqslant 0)$个节点的有限集，当$n=0$时，称为空树。在任意一棵非空树中：

- 有且仅有一个特定的节点称为根节点。
- 当$n>1$时，其余节点可以被分为$m(m>0)$个互不相交的有限集合$T_1,T_2,\cdots,T_m$，其中每一个集合本身是一棵树，被称为根节点的子树。

如图 5.1 所示，位于顶层的节点 A，没有父节点，称为**根节点**（Root），节点 B 和节点 C 称为节点 A 的**子节点**（Child），节点 A 称为节点 B 和节点 C 的**父节点**（Parent），节点 B 和节点 C 称为**兄弟节点**，因为他们有一个共同的父节点 A。以节点 B 为根节点的集合$\{B,D,E,F\}$和以节点 C 为根节点的集合$\{C,G,H\}$称为根节点 A 的**子树**（SubTree），没有子节点的节点 D、节点 E、节点 F、节点 G、节点 H 称为**叶子节点**或**叶节点**。节点拥有的子树数称为节点的度（Degree），节点 A 的度为 2，节点 B 的度为 3，节点 D 的度为 0。度为 0 的节点就是叶子节点。

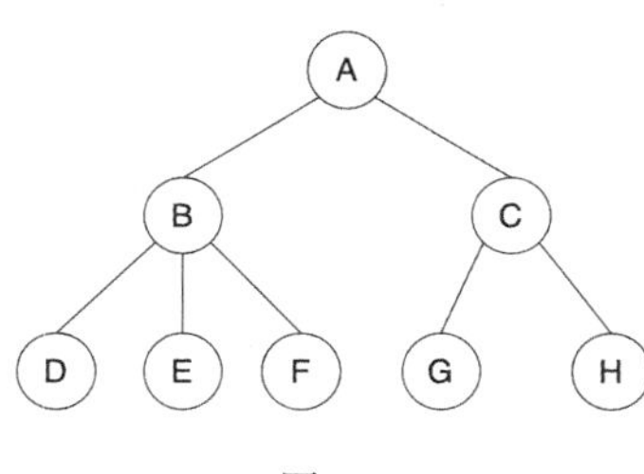

图 5.1

除以上基本概念外，关于树还有三个比较相似的概念：高度（Height）、深度（Depth）和层（Level）。

节点 X 的高度表示节点 X 到叶子节点的最长路径（边数），深度表示从根节点到节点 X 经历的边数，节点所在的层等于节点的深度加 1，树的高度等于根节点的高度，树的深度等于树中节点的最大层次。

如图 5.2 所示，节点 A 的高度为节点 A 到所有叶子节点$\{J,K,E,F,L,H\}$的最长路径（边数），节点 A 到叶子节点$\{J,K,L\}$的边数都为 3，也是最长路径，所以节点 A 的高度为 3；节点 C 的高度为节点 C 到节点 L 的边数，为 2；节点 L 和节点 H 的高度均为 0。节点 A 为根节点，所以节点 A 的深度为 0，节点 C 的深度为从节点 A 到节点 C 经历的边数，为 1；节点 H 的深度为节点 A 到节点 H 经历的边数，为 2。同理，节点 L 的深度为 3。节点所在层等于节点的深度加 1；树的高度等于根节点的高度，为 3；树的深度为树中节点的最大层，为 4。

只需要记住树的高度是从上（节点 X）往下（叶子节点）进行度量的，树的深度是从下（节点 X）往上（根节点）进行度量的。从水平方向看，根节点的层为第 1 层，其余节点依次计数即可，或根据深度进行计算。

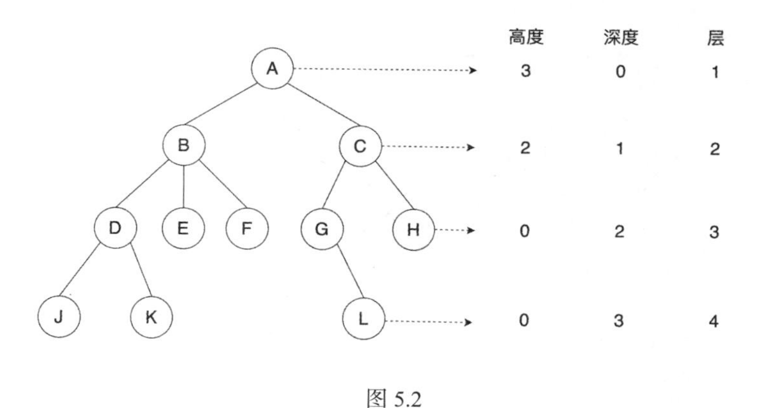

图 5.2

5.2 树的存储结构

前面的章节介绍了顺序存储结构与链式存储结构，在介绍栈与队列的时候也介绍了这两种存储结构。树的存储结构同样离不开这两种存储结构。

存储树仅使用顺序存储结构或链式存储结构是不行的。只有充分利用二者各自的优点，结合使用两种存储结构，才可以间接地实现树的存储。

5.2.1 双亲表示法

双亲表示法就是将双亲节点作为索引的关键字的一种存储结构。假设用一段连续存储空间存储树中的节点，同时在每个节点中附设一个指示其双亲节点在数组中的位置的索引，每个节点既知道自己是谁，又知道自己的双亲节点的索引。

根节点没有双亲节点，其索引 Parent 用-1 表示，如图 5.3 所示，可以根据某节点的索引 Parent 找到它的双亲节点，时间复杂度为 $O(1)$。当索引 Parent 的值为 –1 时，表示找到了树的根节点。

对于用双亲表示法表示的树，若想知道某节点的子节点需要遍历整棵树，因此考虑将每一个节点的子节点的索引直接存储下来，如果为 –1，就表示该节点没有子节点，如图 5.4 所示。

兄弟节点之间的关系当然也可以用双亲表示法表示，如图 5.5 所示。

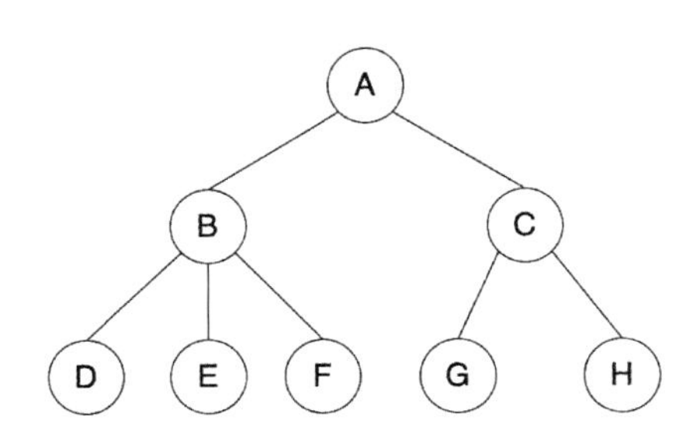

双亲表示法		
index	data	Parent
0	A	−1
1	B	0
2	C	0
3	D	1
4	E	1
5	F	1
6	G	2
7	H	2

图 5.3

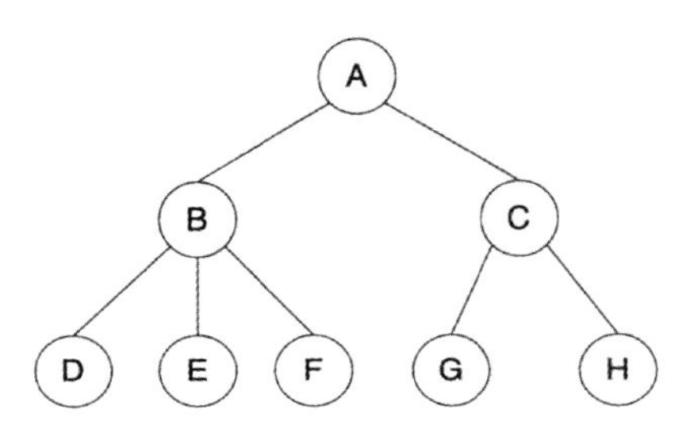

双亲表示法					
index	data	Parent	Child1	Child2	Child3
0	A	−1	1	2	−1
1	B	0	3	4	5
2	C	0	6	7	−1
3	D	1	−1	−1	−1
4	E	1	−1	−1	−1
5	F	1	−1	−1	−1
6	G	2	−1	−1	−1
7	H	2	−1	−1	−1

图 5.4

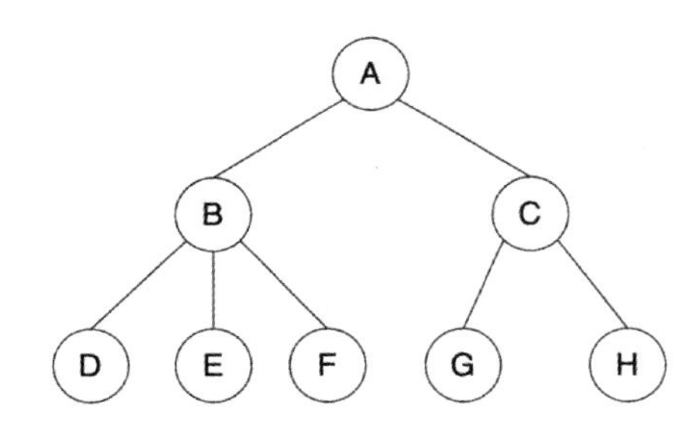

双亲表示法						
index	data	Parent	Child1	Child2	Child3	RigSib
0	A	−1	1	2	−1	−1
1	B	0	3	4	5	2
2	C	0	6	7	−1	−1
3	D	1	−1	−1	−1	4
4	E	1	−1	−1	−1	5
5	F	1	−1	−1	−1	−1
6	G	2	−1	−1	−1	7
7	H	2	−1	−1	−1	−1

图 5.5

图 5.5 所示的表格中存在大量 −1，也就是说这样的存储结构浪费了大量存储空间，这并不是我们期望看到的。接下来看一种更高效的树的存储结构——孩子表示法。

5.2.2 孩子表示法

将树中的每个节点的子节点用单链表存储起来。对于含有 n 个节点的树来说，会有 n 个单链表，将 n 个单链表的头指针存储在一个线性表中，这样的表示方法就是孩子表示法，如图 5.6 所示。

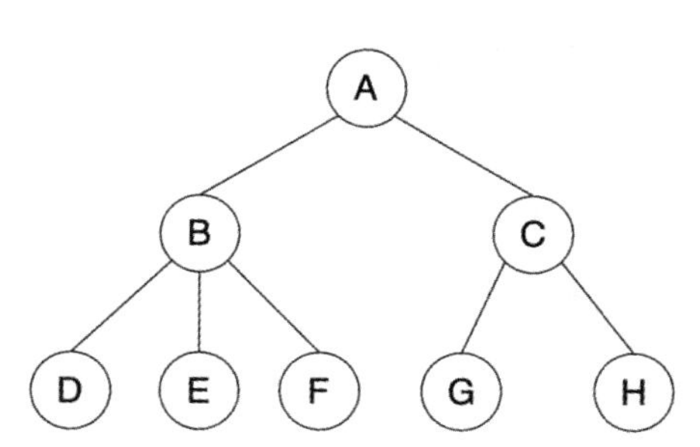

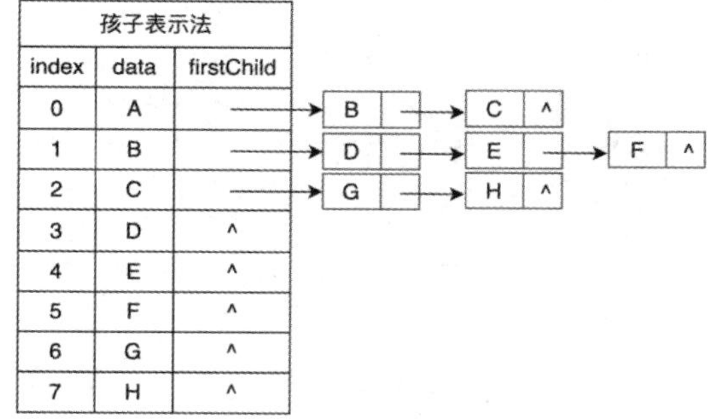

孩子表示法		
index	data	firstChild
0	A	
1	B	
2	C	
3	D	^
4	E	^
5	F	^
6	G	^
7	H	^

图 5.6

观察图 5.6 可知，孩子表示法比双亲表示法简洁。与双亲表示法不同，孩子表示法适用于查找某节点的子节点，不适用于查找其父节点。将两种表示方法组合可以得到孩子-双亲表示法，其存储效果如图 5.7 所示。

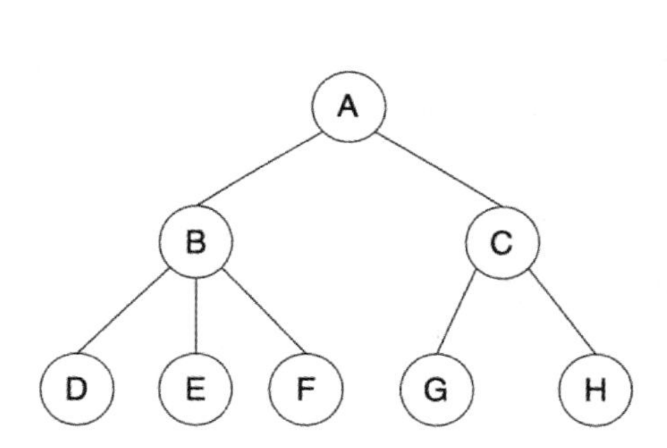

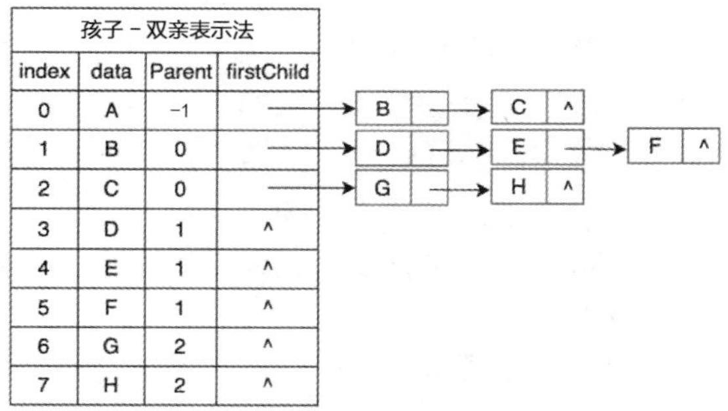

孩子 - 双亲表示法			
index	data	Parent	firstChild
0	A	-1	
1	B	0	
2	C	0	
3	D	1	^
4	E	1	^
5	F	1	^
6	G	2	^
7	H	2	^

图 5.7

5.2.3 孩子兄弟表示法

使用链式存储结构存储普通树。链表中的每个节点由 3 部分组成，如图 5.8 所示。

孩子指针域	数据域	兄弟节点指针域

图 5.8

孩子兄弟表示法可以将一棵普通树转化为二叉树，因此孩子兄弟表示法又被称为“二叉树表示法”或“二叉链表表示法”，如图 5.9 所示。

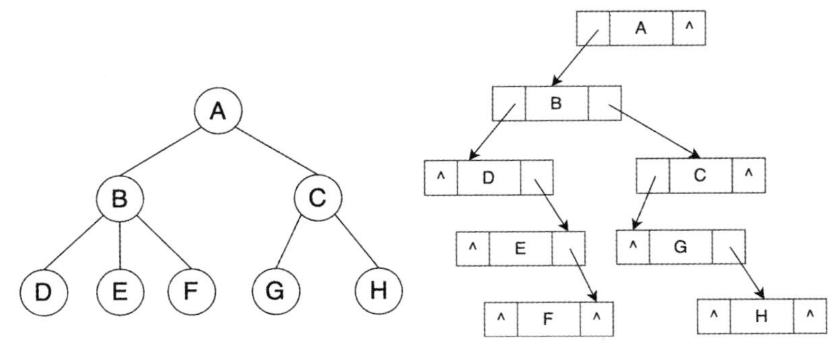

图 5.9

5.3 二叉树

二叉树是一种特殊的树形结构，它的特点是每个节点至多有两棵子树（二叉树中不存在度大于 2 的节点），并且二叉树的子树有左右之分，次序不能随意颠倒。

由二叉树的定义可以将二叉树的特点总结为如下 3 条。

- 每个节点至多有两棵子树，所以二叉树中不存在度大于 2 的节点。**注意**：不是所有二叉树都需要两棵子树，而是最多可以有两棵子树，没有子树或有一棵子树也都是可以的。
- 左子树和右子树是有顺序的，不能随意颠倒。
- 即使树中某节点只有一棵子树，也要区分它是左子树还是右子树，如图 5.10 所示的两棵二叉树是完全不同的。

图 5.11 所示的二叉树中所有节点的度都不大于 2，节点 A 的度为 2，节点 C 的度为 1，节点 F 的度为 0；节点 B 是节点 A 的左子节点，节点 C 是节点 A 的右子节点，而节点 F 是节点 C 的左子节点，节点 C 的右子节点为空。

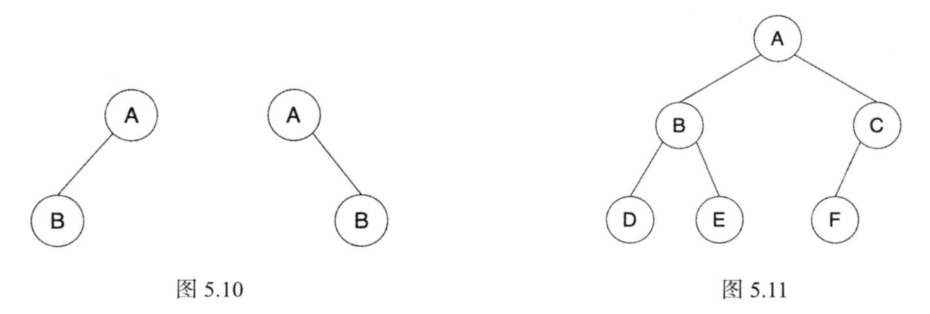

图 5.10　　　　图 5.11

根据二叉树的定义可知，二叉树有五种基本形态，如图 5.12 所示。图 5.12（a）表示空二叉树；图 5.12（b）表示只有一个根节点的二叉树；图 5.12（c）表示根节点只有左子树，右子树为空的二叉树；图 5.12（d）表示根节点只有右子树，左子树为空的二叉树；图 5.12（e）表示根节点既有左子树，又有右子树的二叉树。

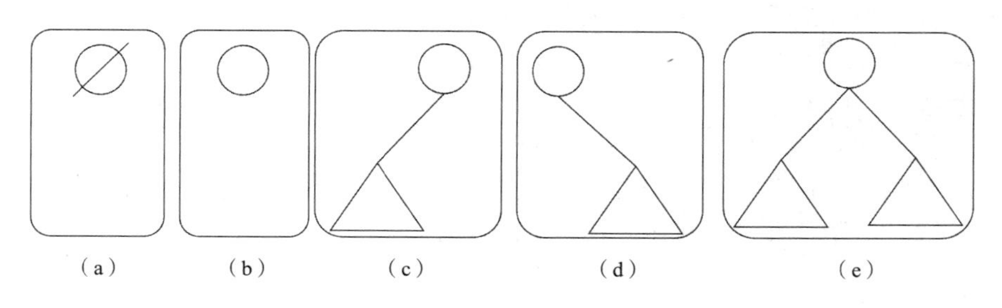

图 5.12

以包含 3 个节点的二叉树为例，其可能的形态如图 5.13 所示。

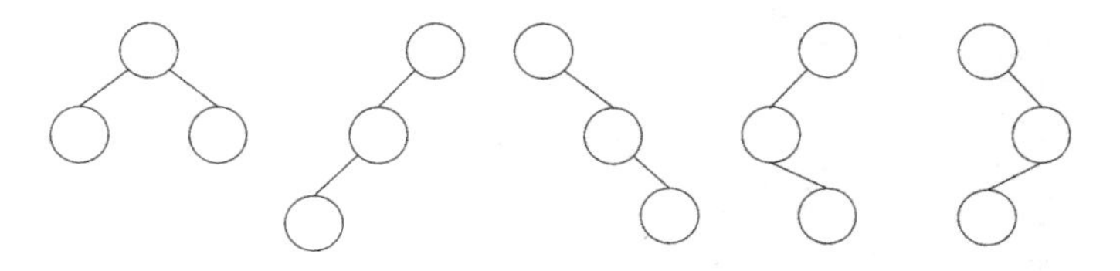

图 5.13

二叉树还可以分为满二叉树和完全二叉树。

5.3.1 满二叉树

如果二叉树中除叶子节点外的每个节点的度都等于 2，那么称此二叉树为满二叉树。

我们以一棵 3 层的满二叉树为例进行说明，如图 5.14 所示，该二叉树包含的节点数为 $2^3-1=7$，叶子节点数为 $2^{3-1}=4$；满二叉树中不存在度为 1 的节点，且每一层的节点数都是最大节点数。例如，第 2 层的节点数为 $2^{2-1}=2$，第 3 层的节点数为 $2^{3-1}=4$，叶子节点 D、叶子节点 E、叶子节点 F、叶子节点 G 均在底层；具有 7 个节点的满二叉树的深度为 $\log_2(n+1)=\log_2(7+1)=3$。

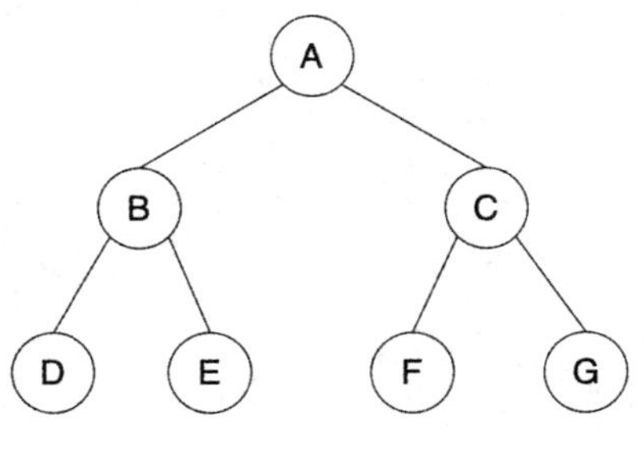

图 5.14

满二叉树除了满足普通二叉树的基本性质，还具有如下几个性质。

- 满二叉树中第 n 层的节点数为 2^{n-1} 。
- 深度为 k 的满二叉树必有 2^k-1 个节点，叶子节点数为 2^{k-1} 。
- 满二叉树中不存在度为 1 的节点，每一个分支节点中都有两棵深度相同的子树，且叶子节点都在底层。
- 具有 n 个节点的满二叉树的深度为 $\log_2(n+1)$ 。

5.3.2 完全二叉树

如果二叉树除去底层节点为满二叉树，且**底层节点依次从左至右分布**，就称此二叉树为完全二叉树，如图 5.15 所示。

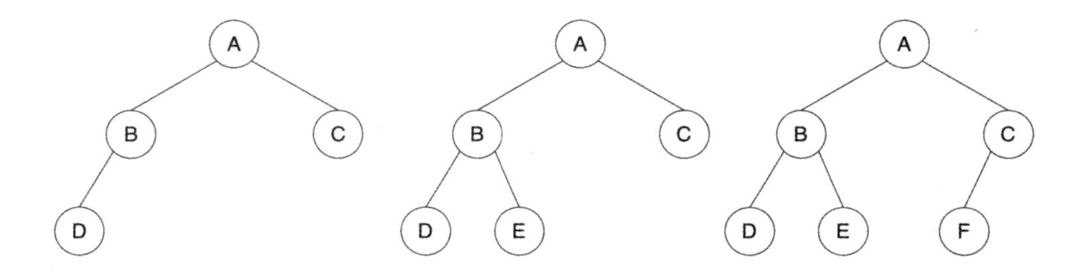

图 5.15

完全二叉树除了具有普通二叉树的性质，它自身还具有一些其他独特的性质。例如，n 个节点的完全二叉树的深度为 $\lfloor\log_2 n\rfloor+1$（下文会有证明），完全二叉树的叶子节点只出现在倒数两层。

$\lfloor\log_2 n\rfloor$ 表示向下取整，取小于 $\lfloor\log_2 n\rfloor$ 的最大整数。例如，$\lfloor\log_2 8\rfloor=3$，$\lfloor\log_2 10\rfloor$=3。

对任意一棵完全二叉树来说，若将含有的节点按照层次从左到右依次编号(见图 5.16)，则对于任意一个节点 i，完全二叉树还有以下几个结论成立。

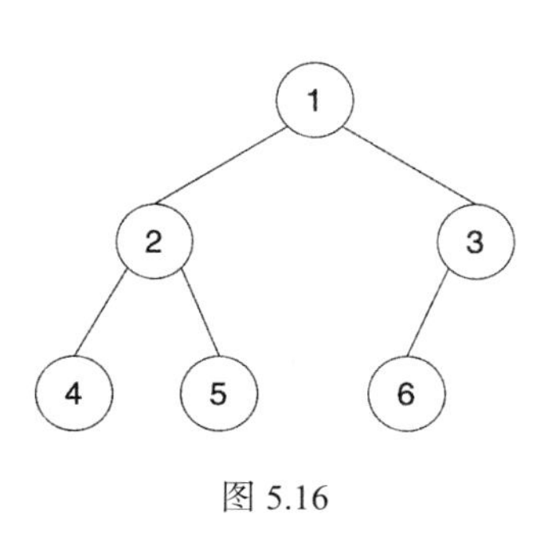

图 5.16

- 当 $i>1$ 时，父节点为 $\lfloor i/2\rfloor$（当 $i=1$ 时，表示该节点是根节点，无父节点）。例如，当 $i=5$ 时，其父节点的编号为 $\lfloor 5/2\rfloor=2$ 。
- 若 $2i>n$（n 表示节点的总数），则节点 i 肯定没有左子节点（节点 i 为叶子节点）；若 $2i\leqslant n$，则其左子节点的编号是 $2i$ 。例如，当 $i=1$ 时，左子节点的编号为 $2i=2$，当 $i=2$ 时，左子节点的编号为 4；当 $i=3$ 时，左子节点的编号为 6；当 $i=4$ 时，$2i>6$，节点 4 没有左子节点。
- 若 $2i+1>n$，则节点 i 没有右子节点；若 $2i+1\leqslant n$，则节点 i 的右子节点的编号为

$2i+1$。例如，当 $i=2$ 时，其右子节点编号为 $2i+1=2\times2+1=5$；当 $i=3$ 时，$2i+1=7>6$，节点 3 没有右子节点。

5.3.3 二叉树的表示

若要表示一棵树，只需要知道根节点即可。若根节点为空，则表示该树为空。二叉树的节点由 3 部分组成：数据域（data）、左子指针域（left）和右子指针域（right）。下面是用 Java 描述的一棵存储整型数据的二叉树节点的示例代码。

```
class Node {
    int data;
    Node left, right;
    public Node(int item) {
        data = item;
        left = right = null;
    }
}
```

我们可以用代码创建一个包含 4 个节点的二叉树，如图 5.17 所示。

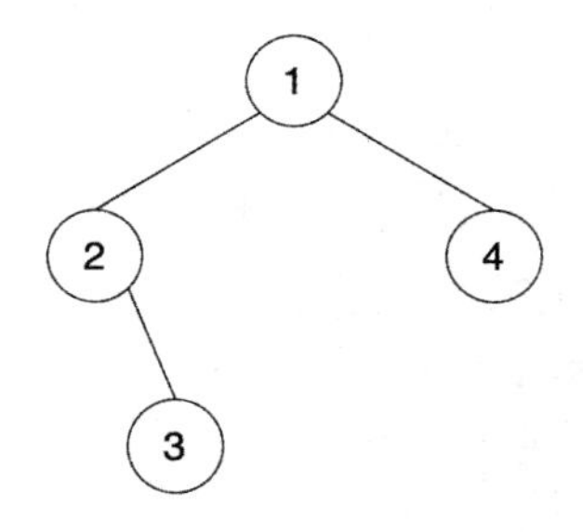

图 5.17

```
class Node {
    int data;
    Node left, right;
    public Node(int item) {
        data = item;
        left = right = null;
    }
}

class BinaryTree {
    Node root;                                  //二叉树根节点
    BinaryTree(int data) {
```

```
            root = new Node(data);
        }
        BinaryTree() {
            root = null;
        }
        public static void main(String[] args) {
            BinaryTree bt = new BinaryTree();
            bt.root = new Node(1);                      //根节点 1
            bt.root.left = new Node(2);                 //根节点的左子节点 2
            bt.root.right = new Node(4);                //根节点的右子节点 4

            bt.root.left.right = new Node(3);           //根节点的左子节点 2 的右子节点 3
        }
    }
```

5.3.4 二叉树的性质

二叉树具有如下几个重要特性。

性质 1：在二叉树的第i层上至多有2^{i-1}个节点（$i \geqslant 1$）。

这里的层表示从根节点到节点 X 的路径上包含的节点数，根节点的层为 1。

对于根节点，$i=1$，节点数目为$2^{i-1}=2^0=1$。

现假定第j层上至多包含2^{j-1}个节点，由于二叉树中的每个节点至多有两个子节点，因此第$j+1$层最多包含的节点数是第j层的 2 倍，即$2^{j-1}\times 2$。

如图 5.18 所示，第1层最多包含$2^{1-1}=1$个节点，第 2 层最多包含$2^{2-1}=2$个节点，第3层最多包含$2^{3-1}=4$个节点。整棵二叉树最多包含的节点数为$1+2+4=2^3-1=7$个，这也是下面的性质 2。

性质 2：深度为k的二叉树至多有2^k-1个节点（$k \geqslant 1$）。

深度表示从根节点到叶子节点的路径上包含的最大节点数，仅包含一个节点的树的深度为 1。

若一棵二叉树的每一层都包含最多节点，则整棵二叉树中会包含最多节点。因此对于一个深度为h的二叉树，至多包含的节点数为$1+2+4+\cdots+2^{h-1}=2^h-1$。

性质 3：对于任何一棵二叉树 T，若其度为 0 的叶子节点数为n_0，度为 2 的节点数为n_2，则$n_0=n_2+1$。

先假定度为 1 的节点数为n_1，则二叉树 T 的节点总数$n=n_0+n_1+n_2$。我们发现对于任意一棵二叉树，连接数等于总节点数减 1（如图 5.19 所示的二叉树的**连接数为 5，节点总数为 6**），并且连接数等于n_1+2n_2（$3+2\times1=5$）。因此$n-1=n_1+2n_2$，$n_0+n_1+n_2=n_1+2n_2+1$，两侧同时消元，可以得到$n_0=n_2+1$。

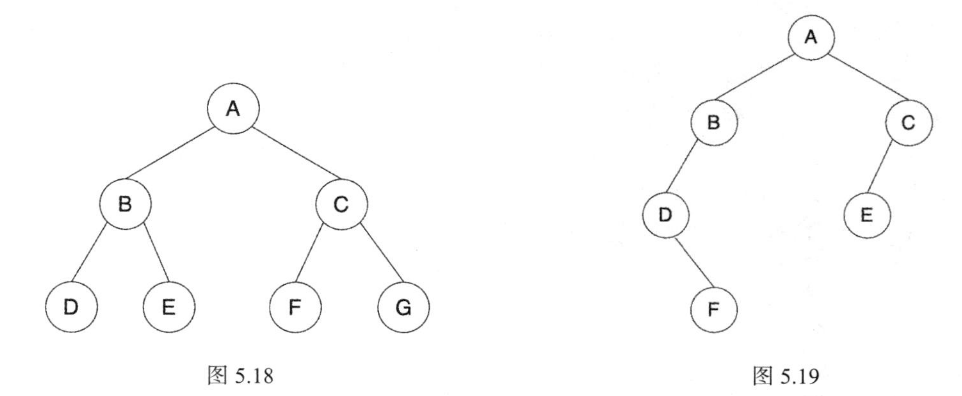

图 5.18　　图 5.19

性质 4：具有 n 个节点的完全二叉树的深度为 $\lfloor \log_2 n \rfloor + 1$。

已知深度为 k 的满二叉树包含的节点数为 $n = 2^k - 1$。由于完全二叉树的叶子节点只会出现在下面两层，因此我们做出如下推导。

对于倒数第二层的满二叉树，我们很容易推出其节点数为 $n = 2^{k-1} - 1$。

因此完全二叉树的节点数的取值范围为

$$2^{k-1} - 1 < n \leqslant 2^k - 1$$

由于 n 是整数，$n \leqslant 2^k - 1$ 可以看作 $n < 2^k$，同理 $2^{k-1} - 1 < n$ 可以看作 $2^{k-1} \leqslant n$，则有 $2^{k-1} \leqslant n < 2^k$，不等式两边同时取对数，得到 $k - 1 \leqslant \log_2 n < k$。由于 k 是深度，必须取整，因此 $k = \lfloor \log_2 n \rfloor + 1$。

5.3.5 二叉树的转换

掌握了树、二叉树的一些基础概念，接下来以图 5.20 为例，介绍一下考试中常出现的树、二叉树和森林之间的相互转化问题。

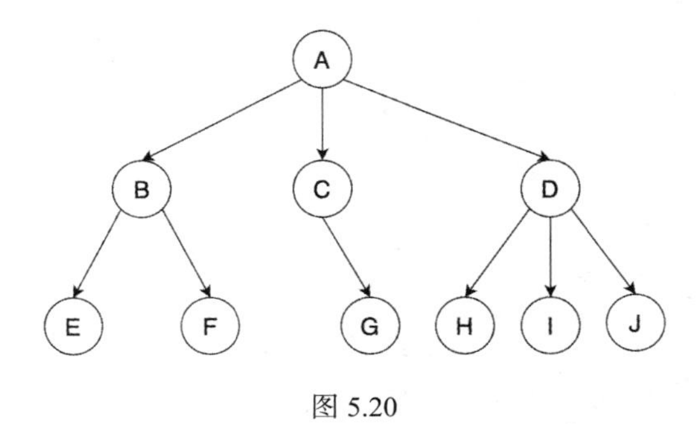

图 5.20

1. 普通树转换为二叉树

普通树转换为二叉树的步骤如下。

（1）加线。在所有兄弟节点之间加一条连线，如图 5.21 所示，在兄弟节点 B、兄弟节点 C、兄弟节点 D 之间添加线，在兄弟节点 E 和兄弟节点 F 之间添加线，在兄弟节点 H、兄弟节点 I、兄弟节点 J 之间添加线。

（2）去线。对树中每个节点，仅保留它与第一子节点间的连线，删除与其他子节点之间的连线，如图 5.22 所示，节点 A 只保留了它与第一个节点 B 的连线，删除了与节点 C 和节点 D 的连线，对节点 B 与节点 D 的操作与此相同。

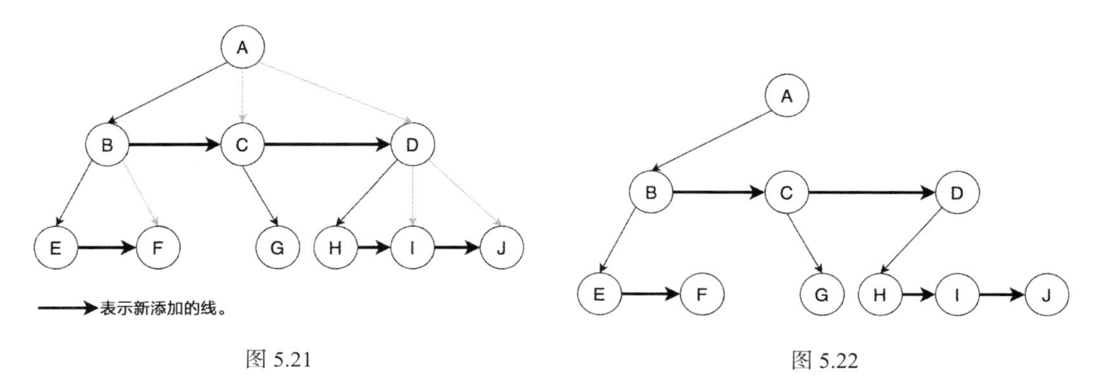

图 5.21　　　　图 5.22

（3）调整层次。以树的根节点为轴心，将整棵树顺时针旋转一定角度，使转换后得到的二叉树结构层次分明，如图 5.23 所示。

2. 森林转换为二叉树

将如图 5.24 所示的森林转化为二叉树的步骤如下。

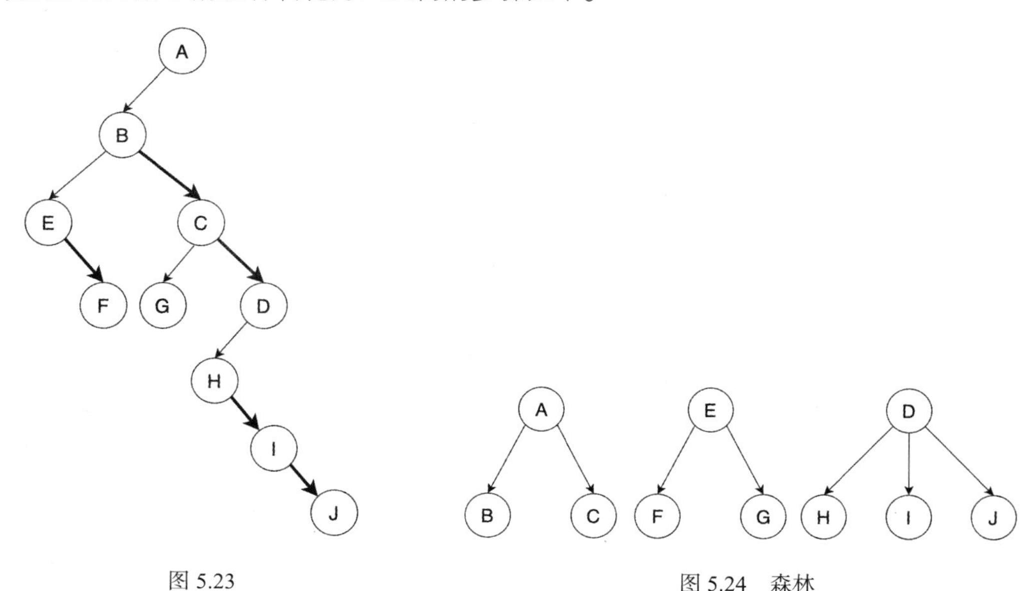

图 5.23　　　　图 5.24　森林

（1）把每棵树转换为二叉树，套用前面的普通树转换为二叉树的步骤即可，如图 5.25 所示。

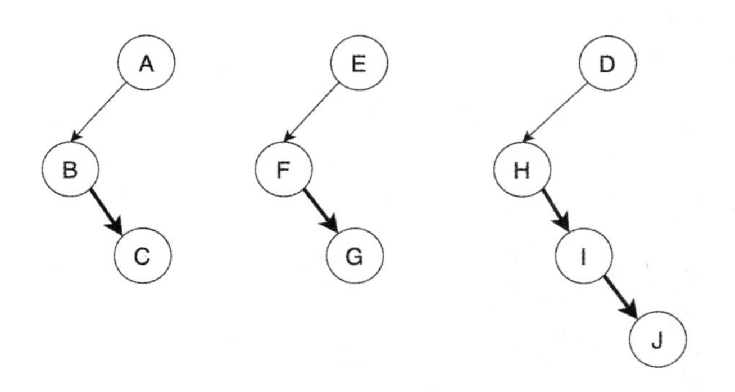

图 5.25

（2）第一棵二叉树保持不动，从第二棵二叉树开始，依次把后一棵二叉树的根节点作为前一棵二叉树的根节点的右子节点，用线连接起来，如图 5.26 所示。

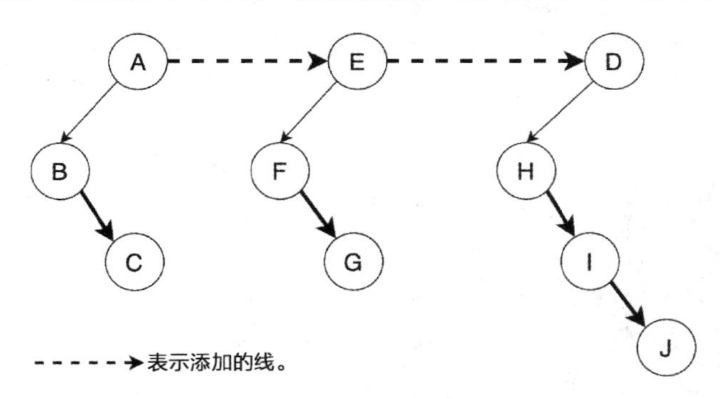

图 5.26

（3）层次调整。以树的根节点为轴心，将整棵树顺时针旋转一定角度，使之结构层次分明，如图 5.27 所示。

3. 二叉树转换为树、森林

图 5.28 所示为两棵二叉树。判断一棵二叉树能够转换成一棵树还是森林的标准就是看这棵二叉树的根节点有没有右子节点，若二叉树的根节点有右子节点，则该树转换后是森林；若二叉树的根节点没有右子节点，则该树转换后是一棵树。图 5.28（a）的根节点 A 没有右子节点，其转化后是一棵树；图 5.28（b）的根节点 A 的右子节点不为空，其转化后是森林。

二叉树转换为普通树或森林是普通树或森林转换为二叉树的逆过程。

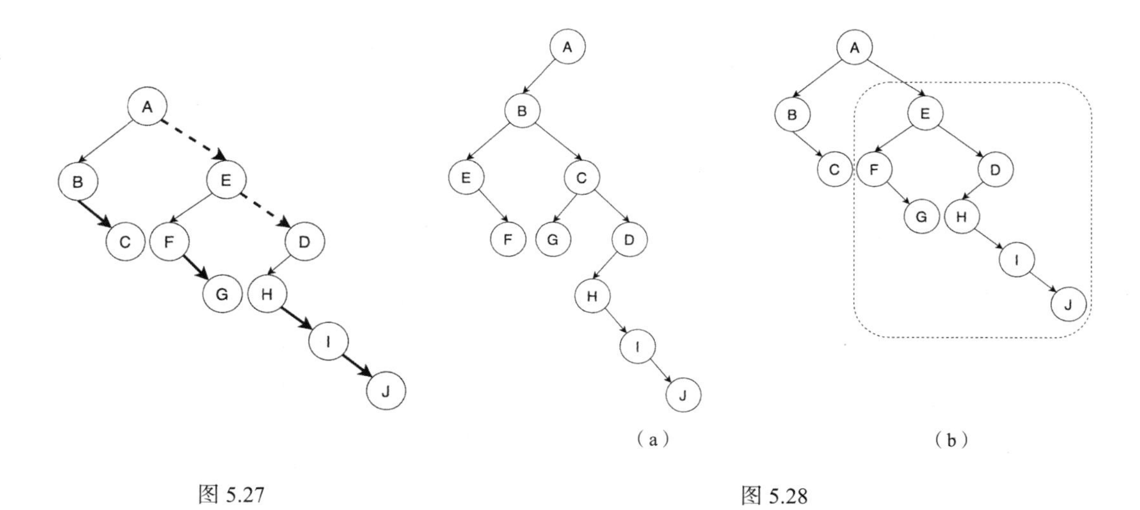

（a）　　（b）

图 5.27　　图 5.28

（1）若节点 x 是其父节点 y 的左子节点，则把节点 x 的右子节点、节点 x 右子节点的右子节点……都与节点 y 用线连起来。例如，图 5.29（a）中的节点 B 是节点 A 的左子节点，节点 C 是节点 B 的右子节点，节点 D 是节点 C 的右子节点，所以将节点 A 与节点 C 和节点 D 之间用线连接起来，其他节点的处理方式与此相同。图 5.29（b）也是这样处理。

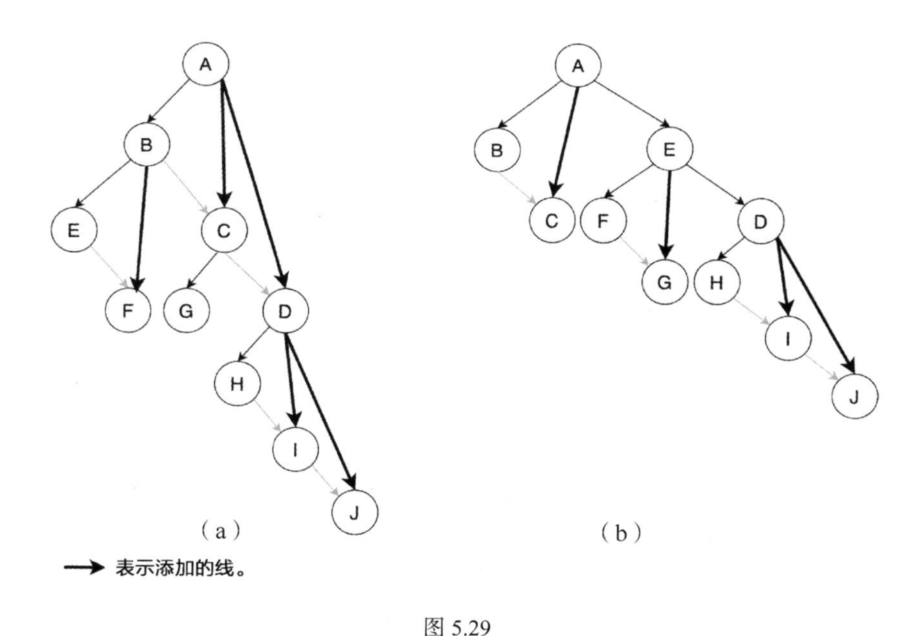

（a）　　（b）

图 5.29

（2）去掉所有父节点和右子节点之间的连线。例如，图 5.30（a）中去掉了节点 B 与其右子节点 C 之间的连线，节点 C 与其右子节点 D 之间的连线；图 5.30（b）中去掉了节点

A 与其右子节点 E 之间的连线，节点 E 与其右子节点 D 之间的连线，等等。

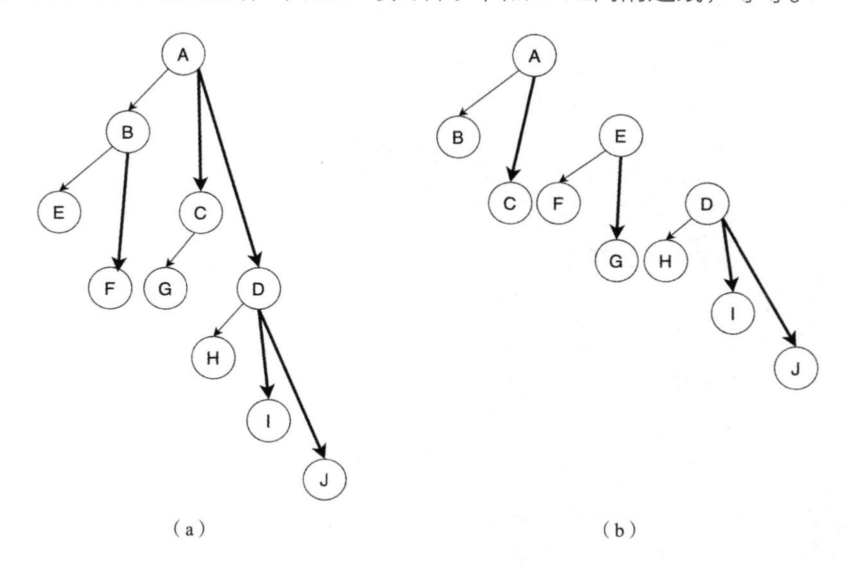

图 5.30

（3）调整位置，使树的结构层次分明，如图 5.31 所示。

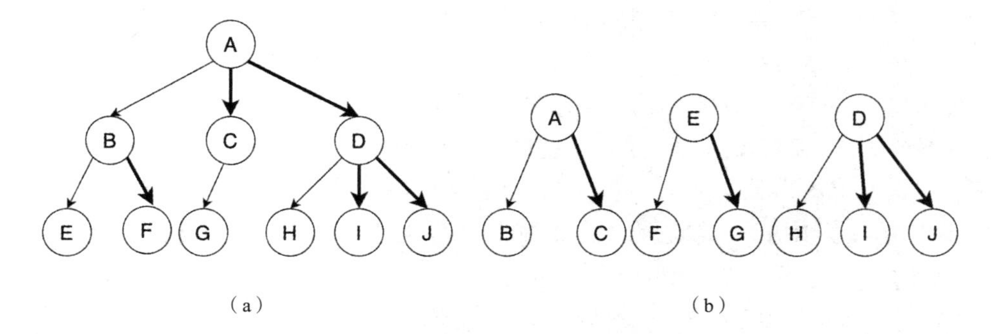

图 5.31

5.4 树的遍历

树的遍历方式包含先根遍历和后根遍历。图 5.32 展示了树先根遍历和后根遍历结果。

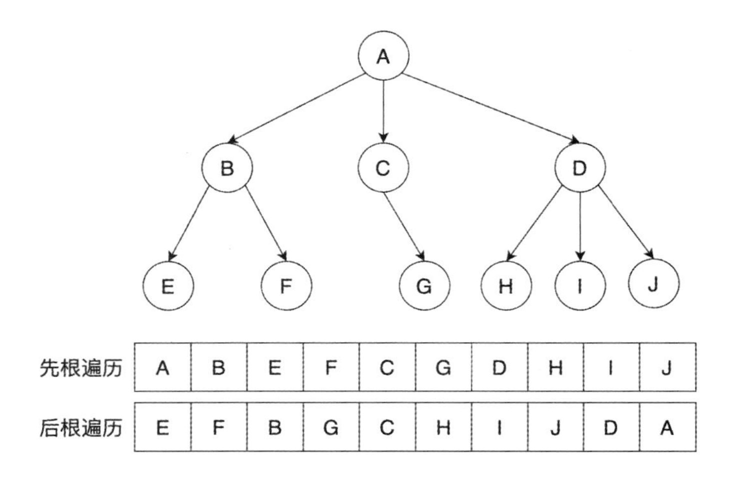

先根遍历	A	B	E	F	C	G	D	H	I	J
后根遍历	E	F	B	G	C	H	I	J	D	A

图 5.32

先根遍历：先访问树的根节点，再从左至右依次遍历根的每棵子树。

后根遍历：先依次遍历每棵子树，再访问根节点。

森林的遍历分为前序遍历和后序遍历，其实就是按照树的先根遍历和后根遍历依次访问森林中的每一棵树。

我们的发现：树、森林的先根遍历和二叉树的前序遍历结果相同，树、森林的后序遍历和二叉树的中序遍历结果相同。例如，图 5.20 所示的树的先根遍历结果和其对应的二叉树（见图 5.23）的前序遍历结果都是 ABEFCGDHIJ；图 5.24 所示的森林的先根遍历和其对应的二叉树（见图 5.27）的前序遍历结果也相同，都是 ABCEFGDHIJ；图 5.20 所示的树的后根遍历结果和其对应的二叉树（见图 5.23）的中序遍历结果都是 EFBGCHIJDA；图 5.24 所示的森林的后根遍历和其对应的二叉树（见图 5.27）的中序遍历结果也相同，都是 BCAFGEHIJD。

这也就说，对树和森林遍历这种复杂问题的简单解决方案可以按照二叉树进行处理，这也是学习二叉树的重要原因！

遍历树意味着访问树中的每个节点。例如，将树中的所有节点的值相加，或者找到值最大的节点，这些操作都需要访问树中的每个节点。

数组、链表、栈和队列等线性数据结构只有一种遍历数据的方法，即顺序遍历。但是像树这样的层次数据结构有多种遍历方式。

让我们思考一下如何读取如图 5.33 所示的树中的所有元素。

如果从上向下，从左至右进行遍历，我们得到序列 4→12→9→7→8。如果自下而上，从左至右进行遍历，我们得到序列 7→8→12→9→4。尽管这个过程很简单，但它没有考虑树的层次结构，只利用了节点的深度，是我们常见的层序遍历方式。我们使用的遍历树的方法要考虑树的基本结构。

```
class Node {
    int data;
    Node left, right;
    public Node(int item) {
        data = item;
        left = right = null;
    }
}
```

由于根节点的 left 指针和 right 指针可能包含其他左子节点和右子节点，因此我们应该将它们视为节点的左子树、右子树而不是左子节点、右子节点。根据这个结构，二叉树可以表示为如图 5.34 所示的结构，即根节点和它的左子树、右子树。

因此，要访问树中的每个节点就需要访问根节点并递归访问它的左子树、右子树中的所有节点。根据根节点、左子树和右子树之间的关系，我们总结出二叉树的三种遍历方式。

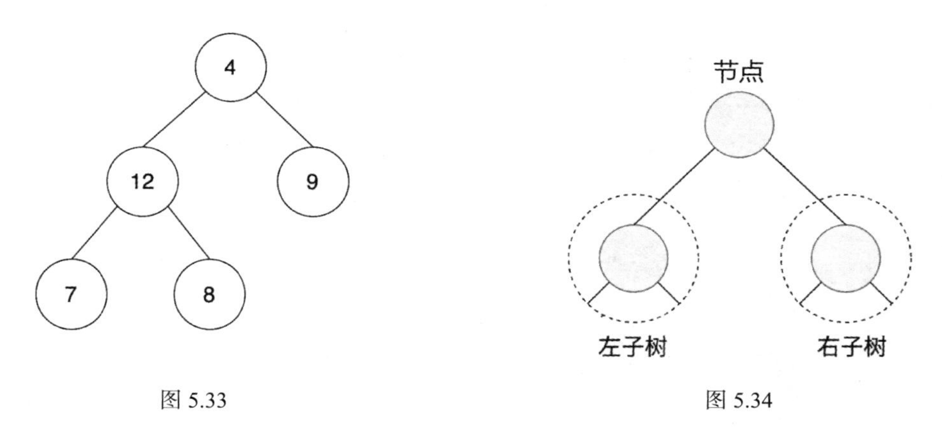

图 5.33

图 5.34

1. 前序遍历

（1）根节点：display(root.data)。

（2）左子树：preorder(root.left)。

（3）右子树：preorder(root.right)。

其中，preorder 函数表示前序遍历，display 函数表示打印根节点的值。我们可以将前序遍历简记为“中→左→右”，“中”表示根节点（中间节点），“左”表示左子树，“右”表示右子树。

2. 中序遍历

（1）左子树：inorder(root.left)。

（2）根节点：display(root.data)。

（3）右子树：inorder(root.right)。

其中，inorder 函数表示中序遍历，我们将中序遍历简记为“左→中→右”。

3. 后序遍历

（1）左子树：postorder(root.left)。

（2）右子树：postorder(root.right)。

（3）根节点：display(root.data)。

其中，postorder 函数表示后序遍历，我们将后序遍历简记为“左→右→中”。

以图 5.35 为例，来说明中序遍历过程。我们从根节点 4 开始遍历。

先遍历左子树，同时需要记住在遍历完左子树之后访问根节点和右子树。根据栈“先进后出”的特性，我们依次将右子树、根节点和左子树放到栈中，结果如图 5.36 所示。

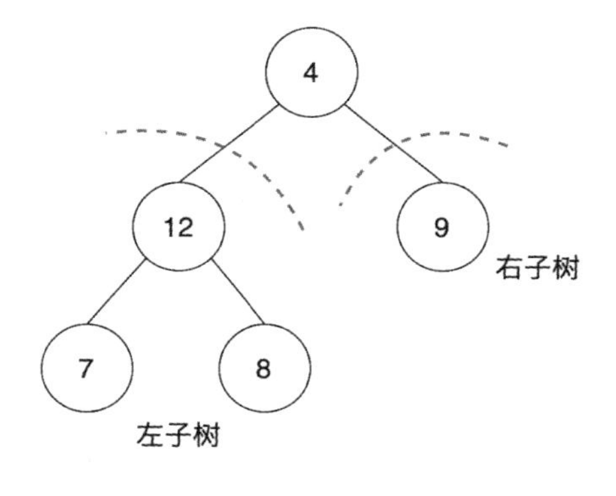

图 5.35

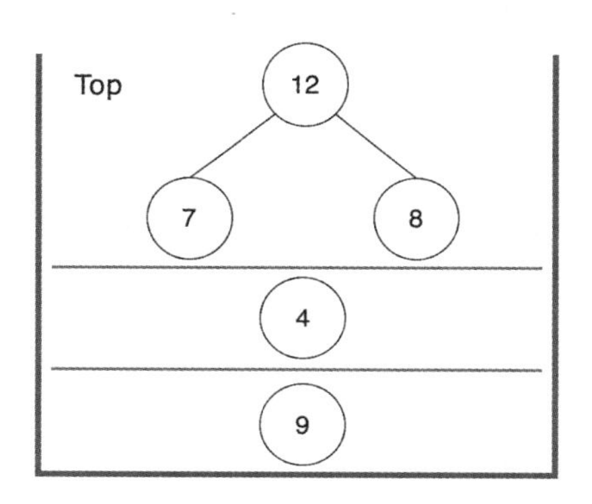

图 5.36

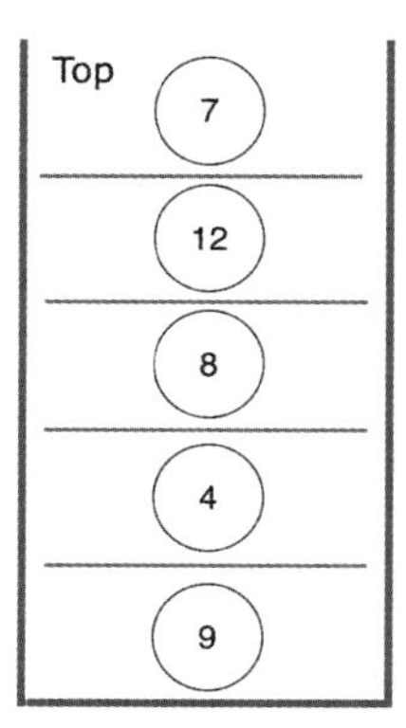

图 5.37

现在我们就可以先遍历栈顶指针指向的左子树了，对左子树依旧按照中序遍历（左→中→右）顺序进行遍历，依次将节点 8、节点 12 和节点 7 放到栈中，得到如图 5.37 所示的栈。

因为节点 7 没有子树，所以直接打印它，然后打印节点 7 的父节点 12，最后打印节点 12 的右子节点 8。

我们将二叉树的所有内容放到栈中，是因为二叉树的遍历操作是递归进行的，递归的本质是不断地入栈和出栈的过程。利用栈，我们遍历了根节点的左子树，之后可以输出左子树和根节点，轻松转到右子树。遍历所有元素后，我们得到的中序遍历结果为[7,12,8,4,9]。

二叉树的前序遍历、中序遍历和后序遍历的实现代码如下所示。

```
class BinaryTree {
    //二叉树的根节点
    Node root;

    BinaryTree() {
        root = null;
    }
    //前序遍历顺序为“中→左→右”
    void preorder(Node node) {
        if (node == null) {
            return;
        }

        //遍历根节点
        System.out.print(node.item + "->");
        //遍历左子树
        preorder(node.left);
        //遍历右子树
        preorder(node.right);
    }
    //中序遍历顺序为“左→中→右”
    void inorder(Node node) {
        if (node == null) {
            return;
        }

        //遍历左子树
        inorder(node.left);
        //遍历根节点
        System.out.print(node.item + "->");
        //遍历右子树
        inorder(node.right);
    }

    //后序遍历顺序为“左→右→中”
    void postorder(Node node) {
        if (node == null) {
            return;
        }
        //遍历左子树
        postorder(node.left);
        //遍历右子树
        postorder(node.right);
        //遍历根节点
```

```
        System.out.print(node.item + "->");
    }
}
```

5.5 堆

在正式开始学习堆之前，先简单回顾一下完全二叉树的基本概念，因为它和堆数据结构息息相关。

若二叉树中除叶子节点外，每个节点的度都为 2，则称此二叉树为满二叉树。若二叉树中除去最后一层节点后为满二叉树，且最后一层节点依次从左到右分布，则称此二叉树为完全二叉树。因此满二叉树必然是完全二叉树。图 5.38 给出了满二叉树和完全二叉树的示例。

对于任意一棵完全二叉树来说，将其含有的节点按照层次从左到右依次标号（见图 5.39），对于任意一个节点i，完全二叉树满足以下结论。

- 当$i>1$时，父节点为节点$\lfloor i/2 \rfloor$。当$i=1$时，该节点是根节点，无父节点。例如，节点 D 的编号为 4，其父节点 B 的编号为 2，而$2=4/2$。
- 若$2\times i>n$（n为总节点数），则节点i肯定没有左子节点（为叶子节点）。若$2\times i\leqslant n$，则节点 i 的左子节点的编号为$2\times i$。例如，节点 B 的编号为 2，其左子节点 D 的编号为 4。
- 若$2\times i+1>n$，则节点i肯定没有右子节点；若$2\times i+1\leqslant n$，则节点i的右子节点的编号为$2\times i+1$。

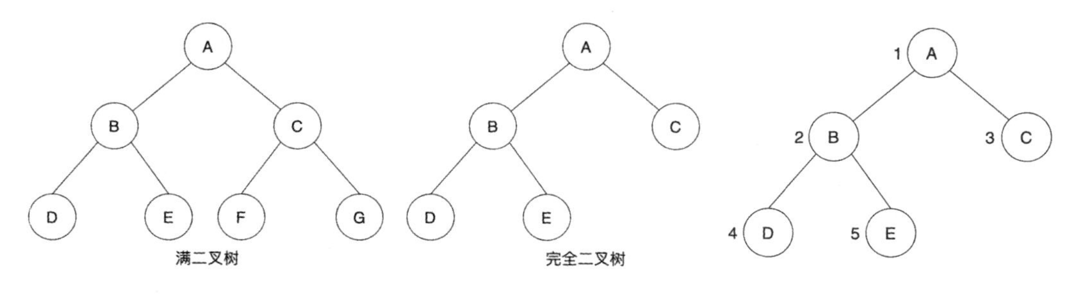

图 5.38 图 5.39

堆（Heap）是一类基于完全二叉树的特殊数据结构。堆通常分为两类。

- 大顶堆（Max Heap）：在大顶堆中，根节点的值必须大于它的子节点的值，二叉树中的所有子树也应递归地满足这一特性。

- 小顶堆（Min Heap）：在小顶堆中，根节点的值必须小于它的子节点的值，二叉树中的所有子树也均递归地满足同一特性。

小顶堆［见图 5.40（a）］就是以任意一个节点作为根，其左子节点、右子节点都大于或等于该节点的值，所以整棵树中中值最小的节点是根节点，而大顶堆［见图 5.40（b）］的特征与此特性相反。

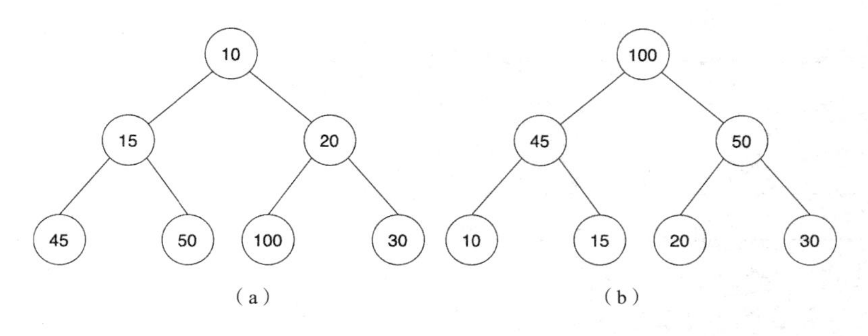

图 5.40

介绍了大顶堆和小顶堆的概念，下面着重介绍一下二叉堆。

5.5.1 二叉堆的定义

二叉堆是满足如下属性的一棵二叉树。

- 二叉堆必定是一棵完全二叉树。二叉堆的此属性决定了它们适合存储在数组中。
- 二叉堆要么是小顶堆，要么是大顶堆。小顶堆中根节点的值是整棵树中的最小值，而且二叉树中的所有节点的值均小于其子树节点的值。大顶堆与小顶堆类似，大顶堆的根节点的值是整棵树中的最大值，而且二叉树中所有节点的值均大于其子树节点的值。

小顶堆和大顶堆虽然在节点的值的大小关系方面不一致，但是两者均是一棵完全二叉树。图 5.41 所示为两个典型的小顶堆。

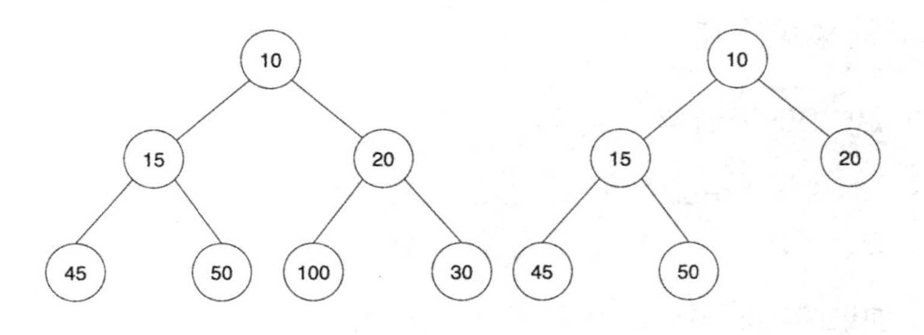

图 5.41

5.5.2 二叉堆的存储结构

二叉堆是一棵完全二叉树，一般用数组表示。其中根节点用 arr[0]表示，其他节点（第 i 个节点在数组中的索引）满足如表 5.1 所示的特性。

表 5.1

数组表示形式	含义
$\text{arr}[(i-1)/2]$	第 i 个节点的父节点
$\text{arr}[(2\times i)+1]$	第 i 个节点的左子节点
$\text{arr}[(2\times i)+2]$	第 i 个节点的右子节点

二叉堆的这种表示形式和性质与完全二叉树的特性一一对应。如图 5.42 所示，根节点的索引为 0，存储在数组中索引为 0 的位置；对应左子节点（值为 15）的索引为 $2\times i+1=1$，对应右子节点（值为 20）的索引为 $2\times i+2=2$。

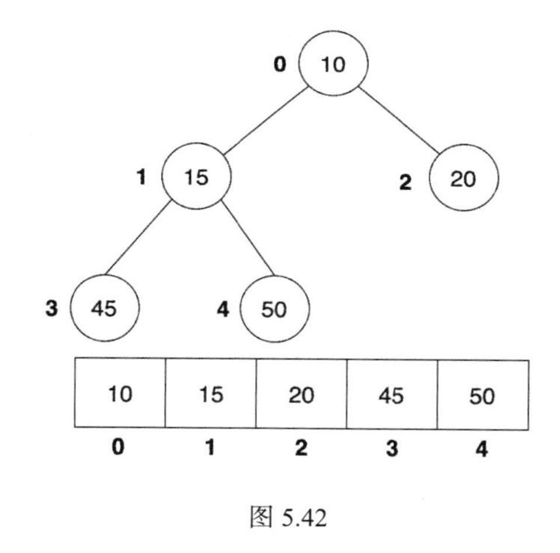

图 5.42

5.5.3 小顶堆的常见操作

1. 获取小顶堆中的根节点 getMin()

getMin()操作的时间复杂度为 $O(1)$；按照上面的存储结构，根节点 **arr[0]**为小顶堆中值最小的节点，返回即可。

2. 移除小顶堆中的值最小的节点 removeMin()

removeMin()操作的时间复杂度为 $O(\log_2 n)$。在移除小顶堆中的值最小的节点（堆顶）

之后需要对堆进行调整，以保证堆的基本属性。一般将调整的过程称为**堆化**（Heapify）。

我们以图 5.43 为例进行说明。

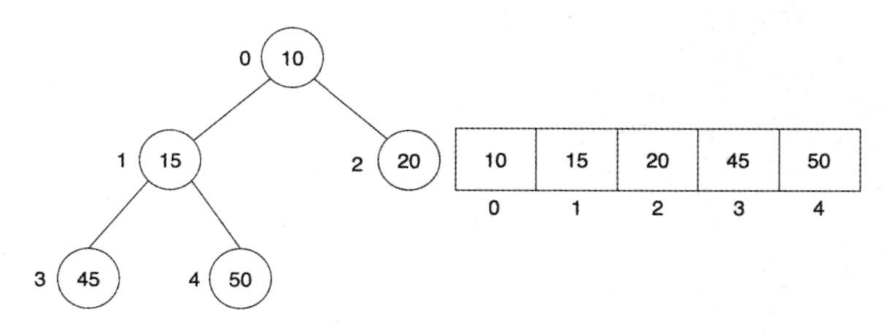

图 5.43

先删除堆顶（值为 10 的节点），将数组中最后一个元素 50 对应的节点作为小顶堆的堆顶，如图 5.44 所示。

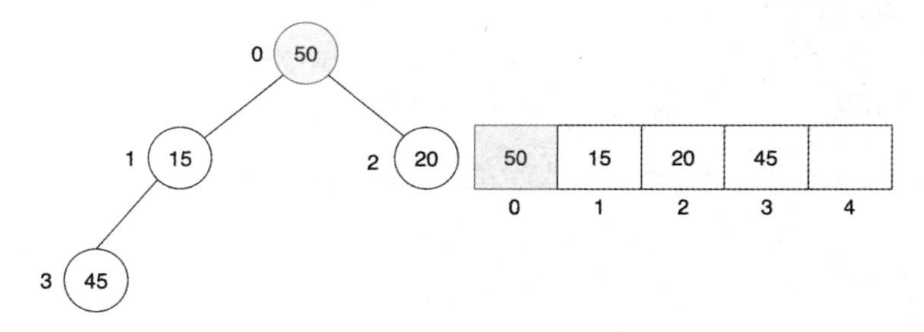

图 5.44

然后从堆顶开始进行堆化。

第一步：计算当前堆顶（值为 50 的节点）（ $i=0$ ）的左子节点 l 的值，$\text{arr}[2\times i+1]=\text{arr}[1]=15$ ，以及右子节点 r 的值，$\text{arr}[2\times i+2]=\text{arr}[2]=20$ ，比较三者，选出三者中的最小值 15，将值为 15 节点和值为 50 节点进行交换，继续对值为 50 的节点（ $i=1$ ）的子树进行堆化，如图 5.45 所示。

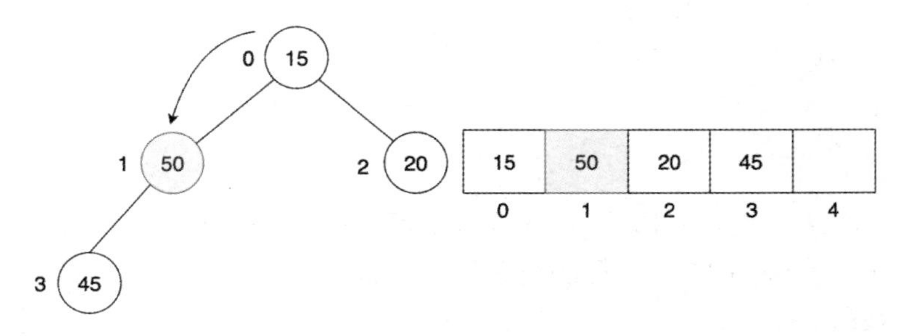

图 5.45

第二步：计算当前要进行堆化的节点（值为 50）（$i=1$）的左子节点、右子节点，左子节点 1 的值为 $arr[3]=45$，右子节点不存在，故比较 50 和 45，发现 $50>45$，交换两个节点，然后继续对值为 50 的节点（$i=3$）的子树进行堆化，如图 5.46 所示。

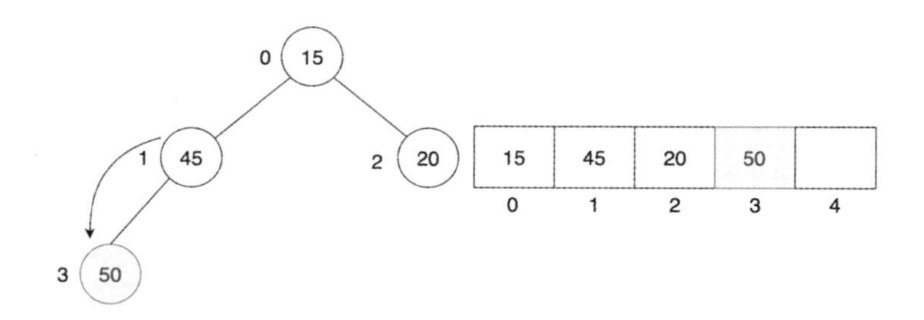

图 5.46

第三步：计算要进行堆化的节点（值为 50）（$i=3$）的左子节点、右子节点，发现该节点不存在子节点，所以值为 50 的节点已经是叶子节点，整棵树堆化完成。其实这个堆化过程还是挺简单的，之后的删除等操作还会涉及堆化操作。

3. 更新给定索引的节点的值 updateKey(int i，int new_val)

对于小顶堆，当 new_val 的值小于 Heap[i]（堆中索引的 i 的节点）的值时，需要从被更新的节点开始向上回溯，直到节点的值大于父节点的值或到达根节点为止。当 new_val 的值大于 Heap[i]的值时，不需要进行向上回溯，直接更新节点的值即可。

我们将索引为 4 的节点的值更新为 8，如图 5.47 所示。

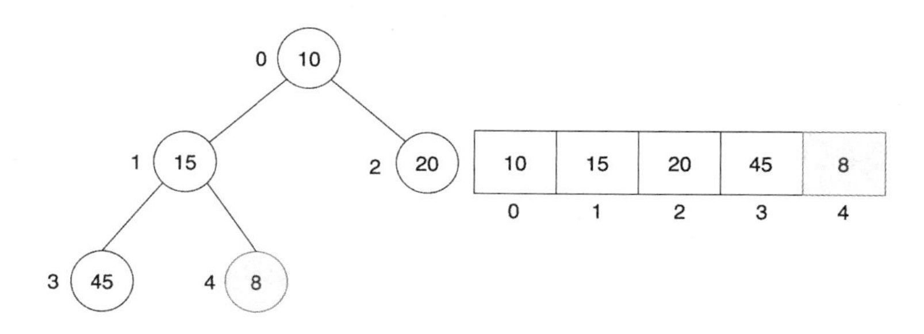

图 5.47

第一步：判断 8（$i=4$）与父节点的值（为 15）（$i=(4-1)/2=1$）的大小关系，$8<15$，交换值为 8 的节点和值为 15 的节点的位置，如图 5.48 所示。

第二步：判断 8（$i=1$）与父节点的值（为 10）（$i=(i-1)/2=0$）的大小关系，$8<10$，交换值为 8 的节点和值为 10 的节点的位置，如图 5.49 所示。

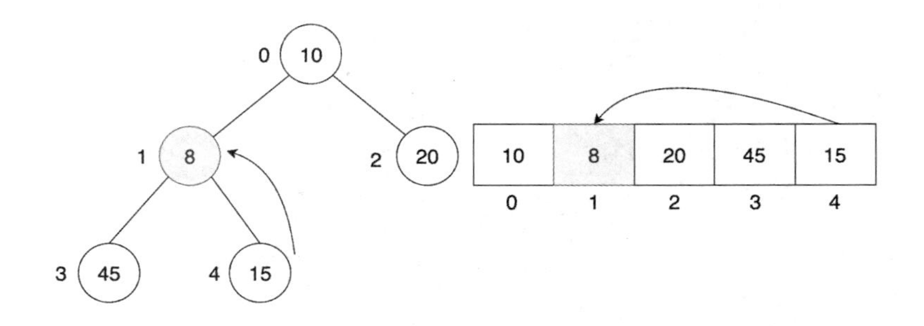

图 5.48

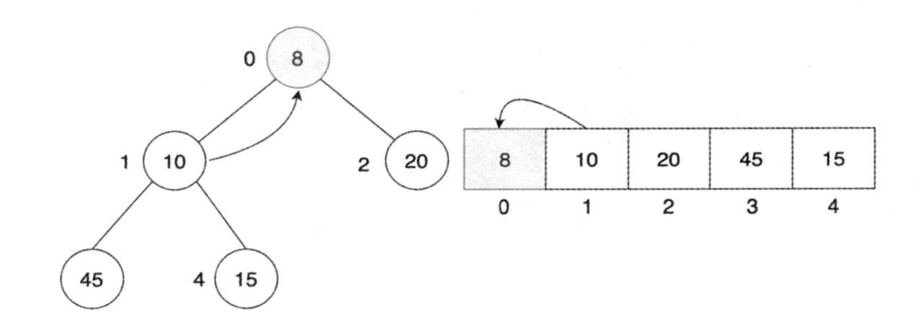

图 5.49

第三步：发现值为 8 的节点已为根节点，没有父节点，更新结束。

updateKey()操作的时间复杂度为 $O(\log_2 n)$，即树高。

4. 插入节点 insert()

insert()操作的时间复杂度为 $O(\log_2 n)$。将一个新节点插入树的末尾，若新节点的值大于其父节点的值，则直接插入；否则，类似于 **updateKey()**操作，向上回溯修正堆结构。

例如，插入值为 30 的节点（$i=5$），由于 30 大于父节点的值 20，并没有违反堆的属性，因此直接插入即可，如图 5.50 所示。

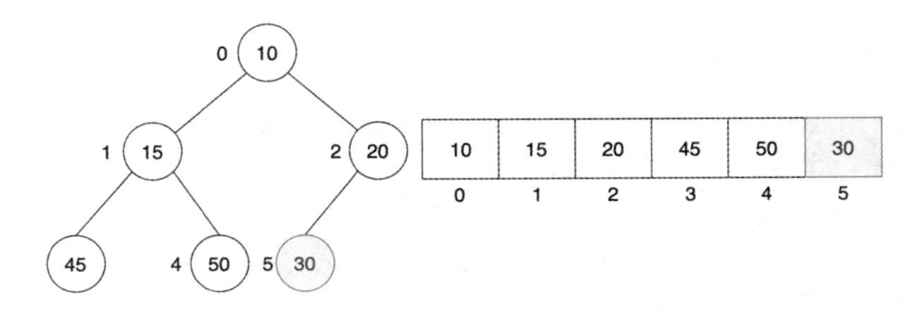

图 5.50

在插入值为 30 的节点的基础上，再插入值为 9 的节点（ $i=6$ ），如图 5.51 所示。

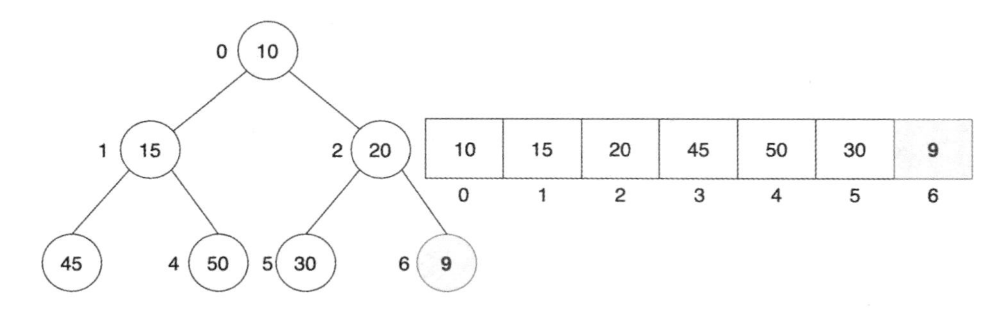

图 5.51

新插入节点的值（9）（ $i=6$ ）小于父节点的值（20）（ $i=2$ ），故两个节点交换位置，如图 5.52 所示。

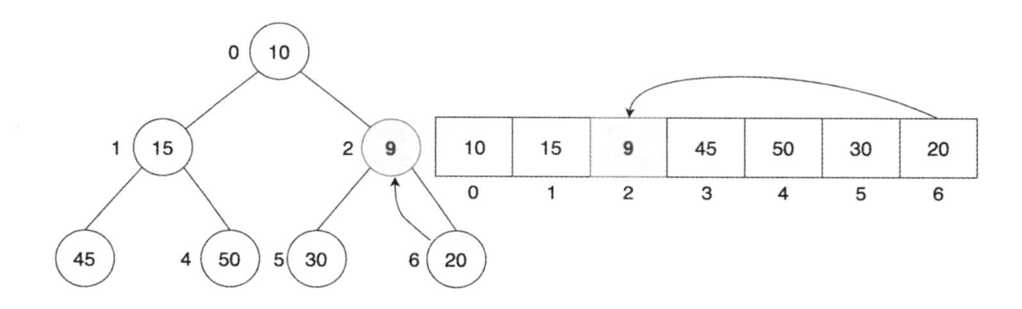

图 5.52

判断值为 9 的节点（ $i=2$ ）与其父节点（ $i=0$ ）的值（10）的关系，9 < 10，两个节点交换位置，如图 5.53 所示。

继续判断值为 9 的节点与其父节点的值的关系，发现值为 9 的节点（ $i=0$ ）已经是根节点，插入完成。

5. 删除节点 deleteKey(int i)

deleteKey(int i)操作的时间复杂度为 $O(\log_2 n)$ 。先将要删除的节点用整数的最小值 Integer.MIN_VALUE 替换，即调用 updateKey(i, Integer.MIN_VALUE)将该节点移动到堆顶；然后删除堆顶元素 Integer.MIN_VALUE，即调用 removeMin()。

例如，删除值 15 的节点（ $i=1$ ）。第一步：调用 update(1, Integer.MIN_VALUE)将该节点的值替换为 MIN_VALUE，如图 5.54 所示。

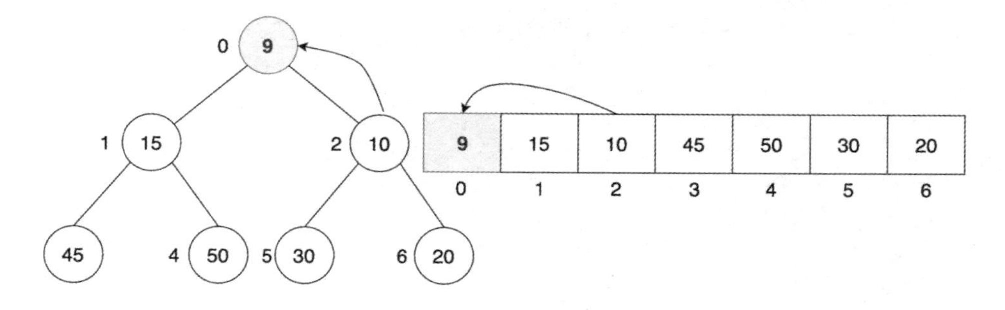

图 5.53

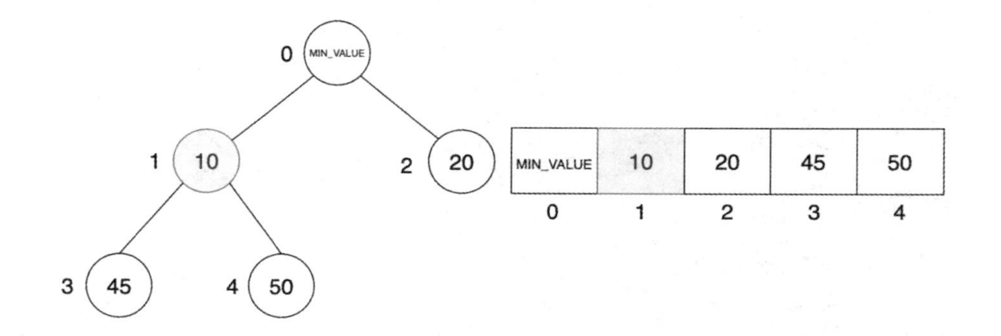

图 5.54

第二步：调用 removeMin()将 MIN_VALUE 移除，移除值为 15 的节点后的结果如图 5.55 所示。

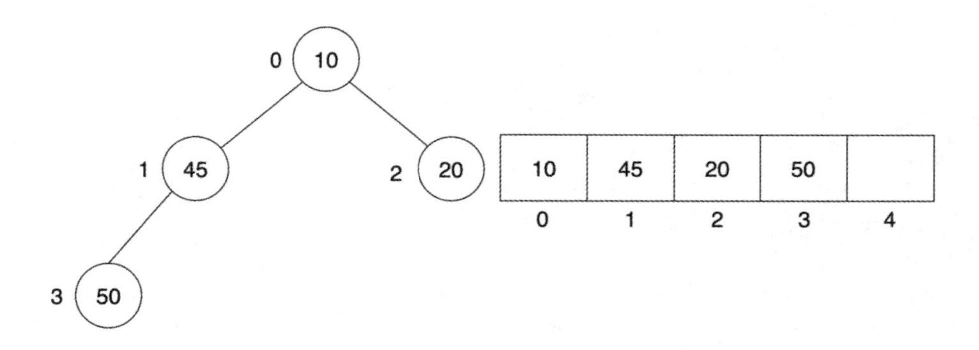

图 5.55

此处省去了 updateKey()操作和 removeMin()操作。

关于二叉堆的基本操作到这里就介绍完了，我们在考试和面试中经常会遇到二叉堆，因此一定要将它弄清楚。下面是上文提到的小顶堆的实现代码，供大家参考学习。

```
class MinHeap {
    private int[] Heap;
    private int size;
    private int capacity;

    /**
     * 构造器
     */
    public MinHeap(int capacity) {
        this.capacity = capacity;
        this.size = 0;
        Heap = new int[this.capacity];
    }

    /**
     * 返回当前节点的父节点
     */
    private int parent(int i) {
        return (i - 1) / 2;
    }

    /**
     * 返回当前节点的左子节点
     */
    private int leftChild(int i) {
        return (2 * i) + 1;
    }

    /**
     * 返回当前节点的右子节点
     */
    private int rightChild(int i) {
        return (2 * i) + 2;
    }

    /**
     * 交换堆中两个节点的位置
     */
    private void swap(int i, int j) {
        int tmp = Heap[i];
```

```
    Heap[i] = Heap[j];
    Heap[j] = tmp;
}

/**
 * 堆化
 */
private void minHeapify(int i) {
    int left = leftChild(i);
    int right = rightChild(i);
    int smallest = i;
    if (left < size && Heap[left] < Heap[i]) {
        smallest = left;
    }
    if (right < size && Heap[right] < Heap[smallest]) {
        smallest = right;
    }
    if (smallest != i) {
        swap(i, smallest);
        minHeapify(smallest);
    }
}

/**
 * 在堆中插入节点
 */
public void insert(int element) {
    if (size == capacity) {
        System.out.println("Overflow");
        return;
    }
    size++;
    int i = size - 1;
    Heap[i] = element;

    while (i != 0 && Heap[i] < Heap[parent(i)]) {
        swap(i, parent(i));
        i = parent(i);
    }
}

public void updateKey(int i, int new_val) {
```

```
        Heap[i] = new_val;
        while (i != 0 && Heap[parent(i)] > Heap[i]) {
            swap(i, parent(i));
            i = parent(i);
        }
    }

    public  void deleteKey(int i) {
        updateKey(i, Integer.MIN_VALUE);
        removeMin();
    }

    /**
     * 打印堆中的节点的值
     */
    public void print() {
        for (int i = 0; i <= size / 2; i++) {

            //打印父节点、左子节点、右子节点
            System.out.print(
                    " PARENT: " + Heap[i]
                            + " LEFT CHILD: " + Heap[2 * i + 1]
                            + " RIGHT CHILD :" + Heap[2 * i + 2]);
            System.out.println();
        }
    }

    /**
     * 移除堆顶
     */
    public int removeMin() {
        if (size <= 0) {
            return Integer.MAX_VALUE;
        }
        if (size == 1) {
            size--;
            return Heap[0];
        }
        int root = Heap[0];
        Heap[0] = Heap[size-1];
        size--;
        minHeapify(0);
```

```
        return root;
    }

    /**
     * 返回最小值
     */
    public int getMin() {
        return Heap[0];
    }
}
```

大家可以先为该类添加 main 方法，然后依次尝试实现上面各个操作所列举的例子。

5.5.4 堆的应用

堆的应用如下所示。

- 堆排序（Heap Sort）：使用二叉堆可以在 $O(n\log_2 n)$ 的时间内对数组完成排序。
- 优先级队列（Priority Queue）：使用二叉堆可以实现一个高效的优先级队列，因为二叉堆的各类操作的时间复杂度均为 $O(\log_2 n)$。
- 图算法（Graph Algorithms）：优先级队列被广泛应用于 Dijkstra 算法、Prim 算法等图算法。

关于堆的应用不止于此，合并 K 个有序数组及查找数组中第 K 大元素等都可以用堆来解决。此处我们着重介绍一下优先级队列的二叉堆的实现。

优先级队列与二叉堆

优先级队列和二叉堆是如何对应的呢？优先级队列包含入队操作和出队操作，二叉堆包含插入操作和删除操作，入队操作与插入操作对应，出队操作与删除操作对应。已知优先级队列区别于普通队列的是，优先级队列最先出队的元素是队列中优先级最高的元素，而不是队头元素。若我们想用正整数表示元素的优先级，正整数越大表示优先级越高，则可以考虑选择大顶堆来实现优先级队列。反之，若我们想用较小的数值表示较高的优先级，那么可以考虑选择小顶堆来实现优先级队列。

接下来基于如图 5.56 所示的大顶堆来介绍优先级队列与二叉堆之间的关系，图中的节点旁的值表示优先级，值越大优先级越高。

图 5.56 所示的大顶堆对应的优先级队列如图 5.57 所示。

我们发现优先级队列和堆对应的数组存储结构相同，而且队头元素就是索引为 0 的元素，也是大顶堆的堆顶，即值最大的节点的值。

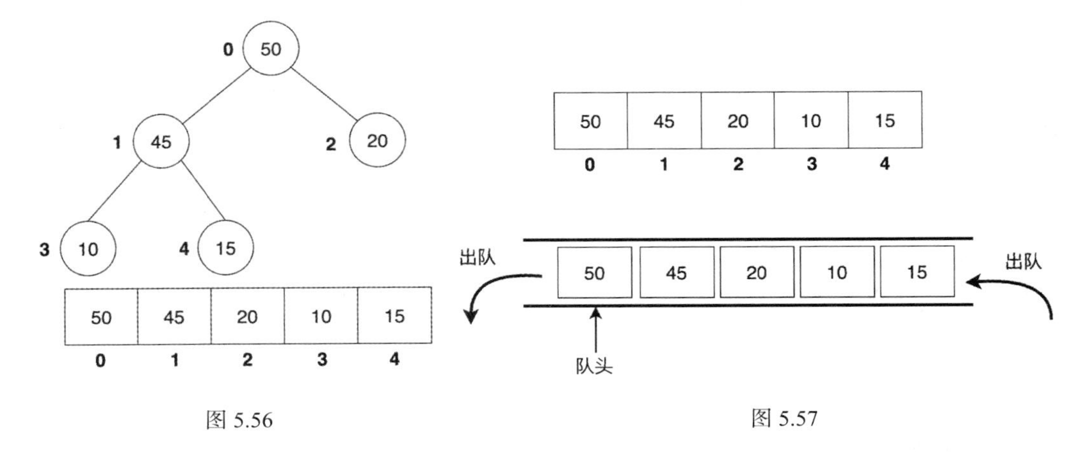

图 5.56　　图 5.57

接下来我们向堆中插入值为 65 的节点，相当于优先级队列的入队操作。

第一步：将节点插入堆的末尾（对应数组的队尾），如图 5.58 所示。

第二步：对值为 65 的节点向上回溯，即判断 65 和对应父节点（ $i=(5-i)/2=2$ ）的值的大小。若 65 小于对应父节点的值，则停止向上回溯；若 65 大于对应父节点的值，则与父节点交换位置，继续向上回溯。因为 65 > 20，所以交换值为 65 的节点和值为 20 的节点的位置，值为 65 的节点向上层移动，如图 5.59 所示。

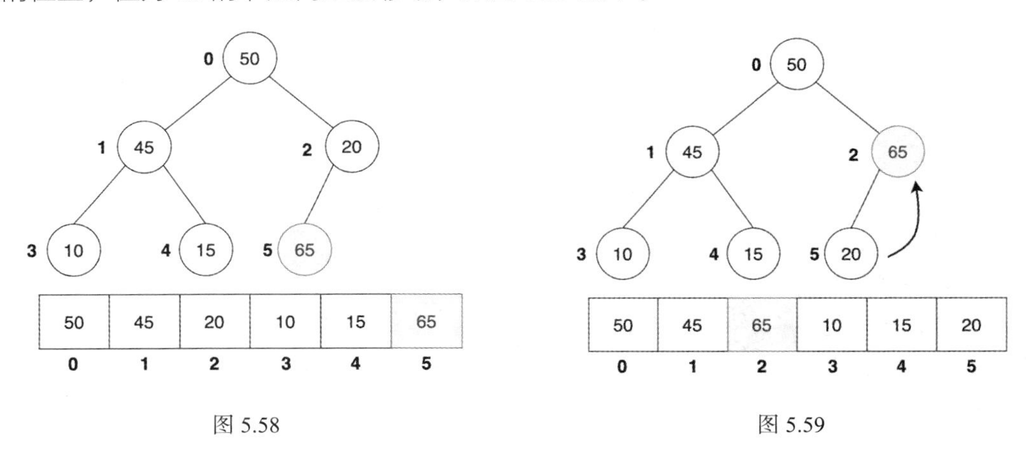

图 5.58　　图 5.59

第三步：比较值为 65 的节点与其父节点的值（50）的大小。由于 65 > 50，因此交换值为 65 的节点和值为 50 的节点的位置，值为 65 的节点向上层移动，如图 5.60 所示。

第四步：发现值为 65 的节点已成为根节点，无父节点，插入完成。此时，优先级最高的元素位于队头。

大顶堆的插入原理和小顶堆并无差异，大家可以将此过程与小顶堆插入值为 9 的节点的过程进行对比。

下面我们在刚才得到的大顶堆上模拟删除操作，即优先级队列的出队操作。

对元素 65 执行出队操作，出队元素就是队头元素，是队列中优先级最高的元素。

第一步：用队尾（数组末尾）元素 20 替换队头（数组头部）元素 65，并将元素个数减 1，如图 5.61 所示。

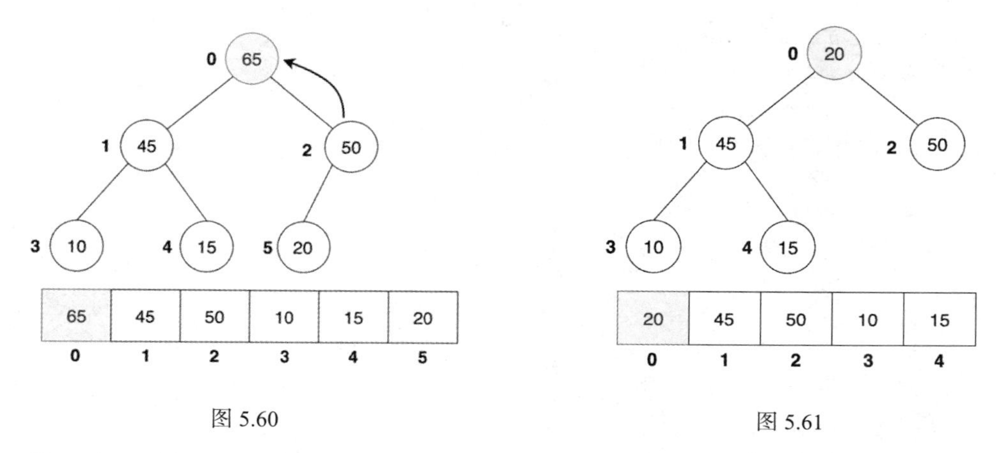

图 5.60　　图 5.61

第二步：对值为 20 的节点进行 ShiftDown 操作。先计算值为 20 的节点的左子节点和右子节点（对应值为 45 和 50），比较三者，选出最大值 50，然后交换值为 20 的节点和值为 50 的节点的位置，值为 20 的节点下沉，如图 5.62 所示。

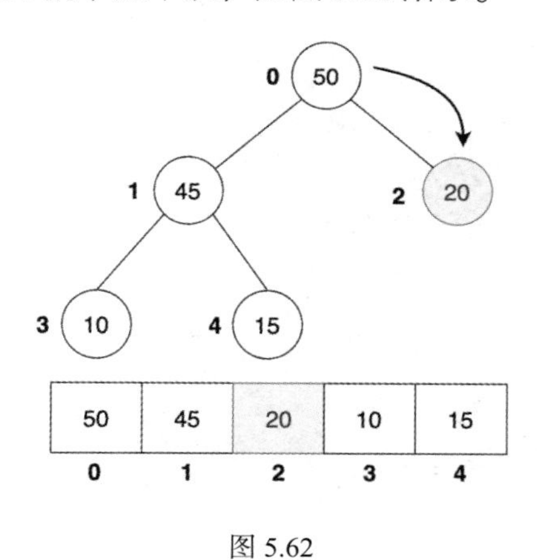

图 5.62

第三步：判断值为 20 的节点的左子节点和右子节点对应值的大小关系，发现值为 20 的节点的左子节点和右子节点为空，插入完成。此时，堆顶是整个二叉堆中优先级最高的元素，也是优先级队列的队头元素，保证了高优先级元素先出队。该操作过程与小顶堆中删除堆顶的过程相似，可以对照着进行学习。

上述基于大顶堆的优先级队列实现代码如下。

```
class PriorityQueueHeap {

    static int[] Heap = new int[100];
    static int size = -1;

    /**计算指定节点的父节点索引*/
    static int parent(int i) {
        return (i - 1) / 2;
    }

    /**返回指定节点的左子节点的索引*/
    static int leftChild(int i) {
        return ((2 * i) + 1);
    }

    /**返回指定节点的左子节点的索引*/
    static int rightChild(int i) {
        return ((2 * i) + 2);
    }

    /**高优先级节点的索引 */
    static void shiftUp(int i) {
        while (i > 0 && Heap[parent(i)] < Heap[i]) {
            //交换当前节点和其父节点的位置
            swap(parent(i), i);
            //更新当前节点为parent(i)
            i = parent(i);
        }
    }

    /** 低优先级节点下沉 */
    static void shiftDown(int i) {
        int maxIndex = i;

        int l = leftChild(i);

        if (l <= size && Heap[l] > Heap[maxIndex]) {
            maxIndex = l;
        }
```

```
    int r = rightChild(i);

    if (r <= size && Heap[r] > Heap[maxIndex]) {
        maxIndex = r;
    }
    //当前节点优先级较低，需要下沉
    if (i != maxIndex) {
        swap(i, maxIndex);
        shiftDown(maxIndex);
    }
}

/**插入操作*/
static void insert(int p) {
    size = size + 1;
    Heap[size] = p;
    shiftUp(size);
}

/**提取优先级最高的元素*/
static int extractMax() {
    int result = Heap[0];

    //将堆顶用数组最末尾的元素替换
    Heap[0] = Heap[size];
    size = size - 1;
    //调整 Heap[0] 的位置
    shiftDown(0);
    return result;
}

/** 更改元素的优先级 */
static void changePriority(int i, int p) {
    int oldp = Heap[i];
    Heap[i] = p;
    if (p > oldp) {
        shiftUp(i);
    } else {
        shiftDown(i);
    }
```

```
    }

    /** 返回堆中优先级最高的元素*/
    static int getMax() {
        return Heap[0];
    }

    /** 移除索引 i 处的元素 */
    static void remove(int i) {
        Heap[i] = getMax() + 1;
        //将当前节点交换至堆顶
        shiftUp(i);
        //删除堆顶
        extractMax();
    }

    static void swap(int i, int j) {
        int temp = Heap[i];
        Heap[i] = Heap[j];
        Heap[j] = temp;
    }
}
```

基于大顶堆的优先级队列实现方式的时间复杂度取决于大顶堆各类操作的时间复杂度，故优先级队列的入队操作和出队操作的时间复杂度均为 $O(\log_2 n)$。

5.6 二叉排序树

二叉排序树（Binary Sort Tree）或是一棵空树，或是具有如下性质的二叉树。

- 若它的左子树不为空，则**左子树**上所有节点的值**均**小于它的根节点的值。
- 若它的右子树不为空，则**右子树**上所有节点的值**均大于**它的根节点的值。
- 它的左子树、右子树均为二叉排序树。

显然二叉排序树的定义是一个递归形式的定义，因此后面介绍的插入、查找和删除操作都是基于递归形式的。

图 5.63 所示的二叉树就是一棵典型的二叉排序树。

二叉排序树与普通二叉树相比多了“**排序**”二字，下面建立如图 5.63 所示的二叉树来说明排序是如何实现的。

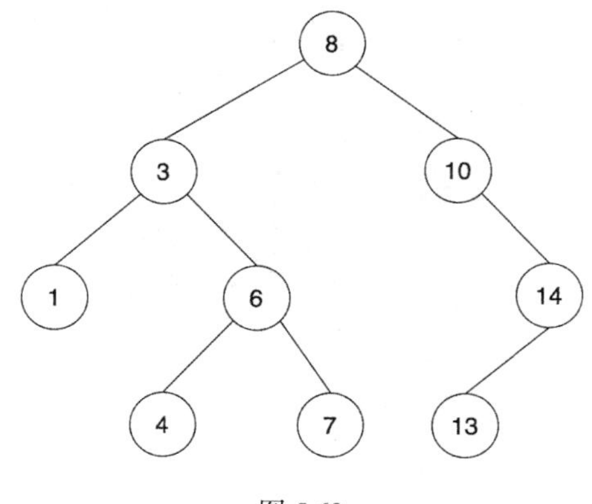

图 5.63

假设我们初始时有如图 5.64 所示的**无序序列**。

第一步：插入值为 8 的节点作为根节点，如图 5.65 所示。

8	3	10	1	6	14	4	7	13

图 5.64

8

图 5.65

第二步：插入值为 3 的节点。先将该节点与值为 8 的根节点比较，由于 3 < 8，因此将值为 3 的节点插入根节点的左子树。由于根节点的左子树为空，因此将值为 3 的节点作为根节点左子节点，如图 5.66 所示。

第三步：插入值为 10 的节点。先将该节点与值为 8 的根节点比较，由于 10 > 8，因此将值为 10 的节点插入根节点的右子树。由于根节点的右子树为空，因此将值为 10 的节点作为根节点的右子节点，如图 5.67 所示。

图 5.66　　　图 5.67

第四步：插入值为 1 的节点。先将该节点与根节点比较，由于 1 < 8，因此将值为 1 的节点插入根节点的左子树。再将该节点与根节点的左子节点比较，由于 1 < 3，因此将值为 1 的节点插入为值为 3 的节点的左子树。由于值为 3 的节点的左子树为空，因此将值为 1

的节点作为值为 3 的节点的左子节点，如图 5.68 所示。

第五步：插入值为 6 的节点。先将该节点与根节点比较，由于 6 < 8，因此将值为 6 的节点插入根节点的左子树。再将该节点与值为 3 的节点比较，由于 6 > 3，因此将值为 6 的节点插入值为 3 的节点的右子树。由于右子树为空，因此将值为 6 的节点作为值为 3 的节点的右子节点，如图 5.69 所示。

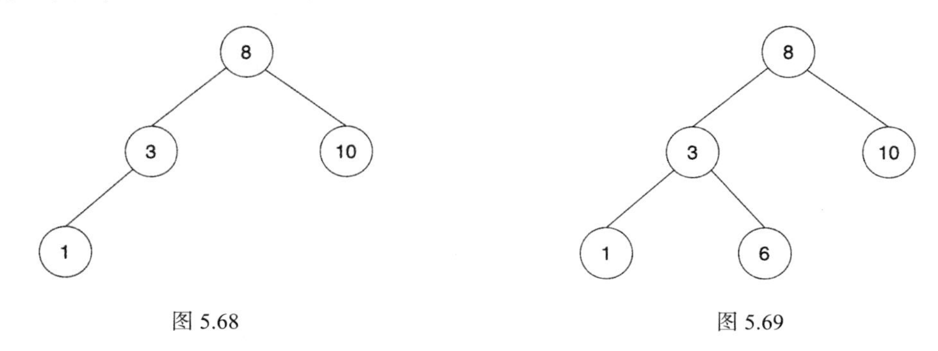

图 5.68　　图 5.69

第六步：插入值为 14 的节点。先将该节点与根节点比较，由于 14 > 8，因此将值为 14 的节点插入根节点的右子树。再将与该节点根节点的右子节点比较，由于 14 > 10，因此将值为 14 的节点插入值为 10 的节点的右子树。由于值为 10 的节点的右子树为空，因此将值为 14 的节点作为值为 10 的节点的右子节点，如图 5.70 所示。

第七步：插入值为 4 的节点。先将该节点与根节点比较，由于 4 < 8，因此将值为 4 的节点插入根节点的左子树。再将该节点与根节点的左子节点比较，由于 4 > 3，因此将值为 4 的节点插入值为 3 的节点的右子树。再将该节点与值为 3 的节点的右子节点比较，由于 4 < 6，且值为 6 的节点没有左子节点，因此将值为 4 的节点作为值为 6 的节点的左子节点，如图 5.71 所示。

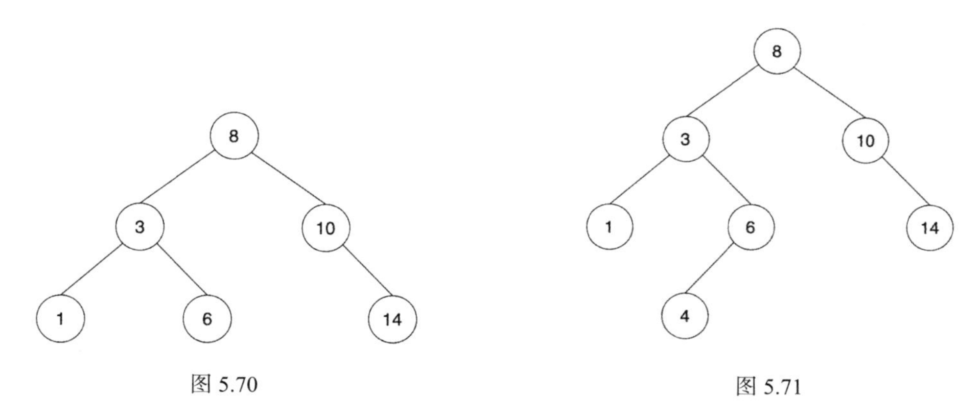

图 5.70　　图 5.71

第八步：插入值为 7 的节点。先将该节点与根节点比较，由于 7 < 8，因此将值为 7 的节点插入根节点的左子树。再将该节点与根节点的左子节点比较，由于 7 > 3，因此将值为

7 的节点插入值为 3 的节点的右子树。再将该节点与值为 3 的节点的右子节点比较，由于 7 > 6，且值为 6 的节点没有右子节点，因此将值为 7 的节点作为值为 6 的节点的右子节点，如图 5.72 所示。

第九步：插入值为 13 的节点。先将该节点与根节点比较，由于 13 > 8，因此将值为 13 的节点插入根节点的右子树。再将该节点与根节点的右子节点比较，由于 13 > 10，因此将值为 13 的节点插入值为 10 的节点的右子树。再将该节点与值为 10 的右子节点比较，由于 13 < 14，且值为 14 的节点没有左子节点，因此将值为 13 的节点作为值为 14 的节点的左子节点，如图 5.73 所示。

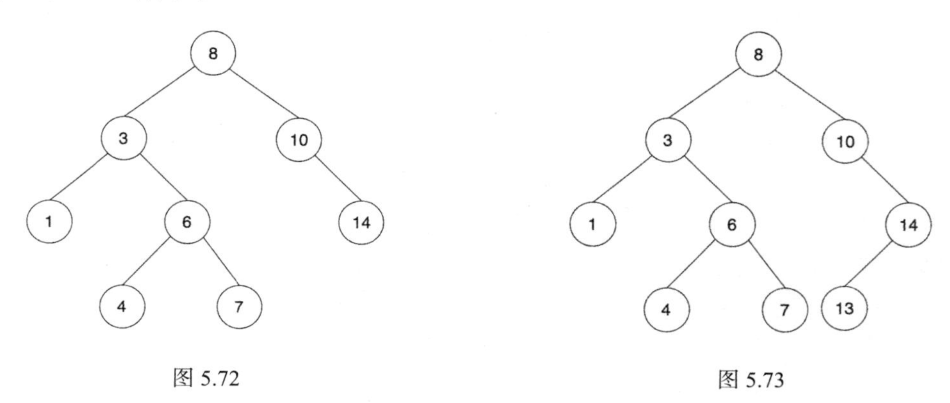

图 5.72

图 5.73

上面构造二叉排序树的过程似乎有些烦琐，虽然不能体现出二叉排序树的优势，但是一定要耐心地自己做一遍。

接下来我们来对上面构造的二叉排序树进行**中序遍历**，其结果如图 5.74 所示。

图 5.74

数组有序了，我们可以考虑用二分查找法在 $O(\log_2 n)$ 的时间内查找一个元素。不过直接在二叉排序树中进行即可，不必先得到二叉排序树的中序遍历结果再进行二分查找。

5.6.1 二叉排序树的查找操作

二分查找是在有序数组上进行的，就像前面我们通过对二叉排序树进行中序遍历得到的结果一样，初始时将整个有序数组当作搜索空间，然后计算搜索空间的中间元素，并与查找元素进行比较，从而将整个搜索空间缩减一半。重复上面的步骤，直到找到待查找元素或返回查找失败的信息。

二叉排序树的查找操作与二分查找法非常相似，下面以查找值为 13 的节点为例。

第一步：访问根节点，由于 13 > 8，因此值为 13 的节点可能在根节点的右子树中，这样就一次性排除了根节点左子树中的所有节点，如图 5.75 所示。

第二步：查看根节点的右子节点，将 13 与右子节点的值 10 进行比较，根据二叉排序树的左子树上所有节点的值均小于根节点的值，右子树上所有节点的值均大于根节点的值可知，值为 13 的节点在值为 10 的节点的右子树中，如图 5.76 所示。

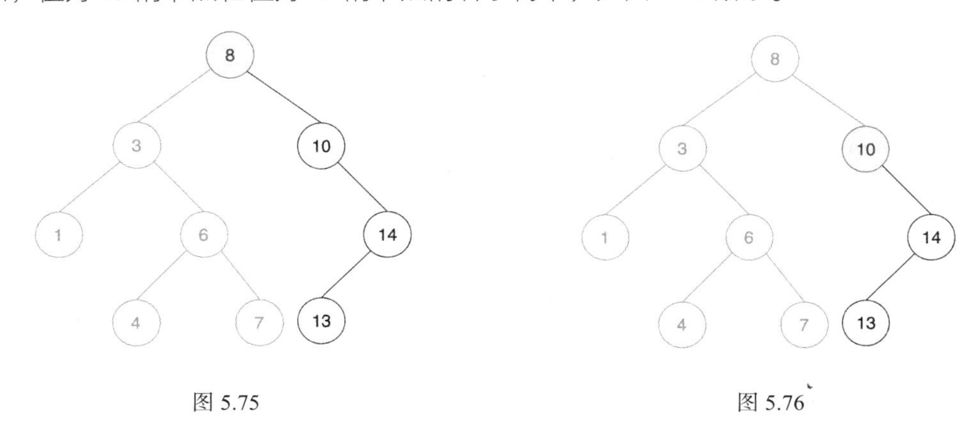

图 5.75　　图 5.76

第三步：将值为 10 的节点的右子节点的值与 13 进行比较，根据二叉排序树的左子树上所有的节点的值均小于根节点的值，右子树上所有节点的值均大于根节点的值可知，值为 13 的节点可能在值为 14 的节点的左子树中，如图 5.77 所示。

第四步：将值为 14 的节点的左子节点的值与 13 进行比较，发现二者相等，如图 5.78 所示。

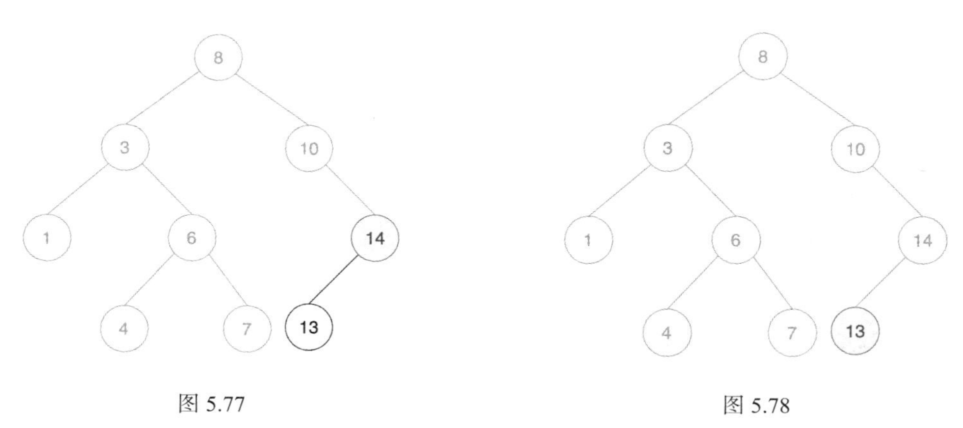

图 5.77　　图 5.78

二叉排序树查找操作的实现代码如下。

```
public Node search(Node root, int key)
{
    //如果根节点为空或者根节点的值和待查找的值相同，则返回根节点
    if (root == null || root.key == key)
        return root;

    //若待查找的值大于根节点的值，则递归查找根节点右子树中的节点
    if (root.key < key)
        return search(root.right, key);

    //若待查找的值小于根节点的值，则递归查找根节点左子树中的节点
    return search(root.left, key);
}
```

5.6.2 二叉排序树的插入操作

二叉排序树的插入操作会将待插入节点插入二叉排序树的叶子节点，问题的关键是确定节点插入的叶子节点的位置，原理和查找操作一样，从根节点开始进行判断，直到到达叶子节点，将待插入的节点作为一个叶子节点插入即可。

在如图 5.73 所示的二叉排序树中插入值为 9 的节点，该怎么做呢？

第一步：访问根节点，**如图 5.79** 所示。

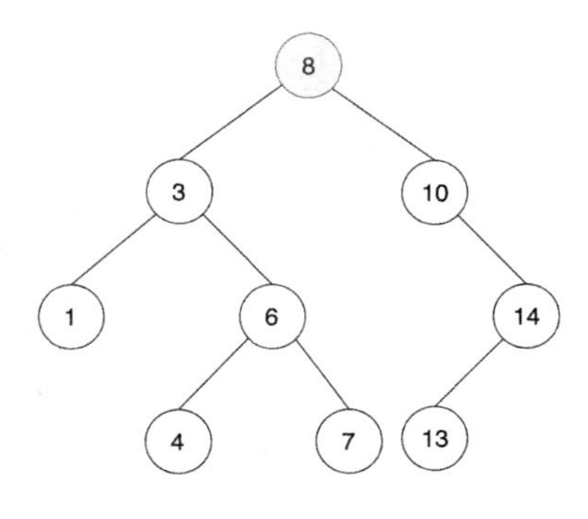

图 5.79

第二步：由于二叉排序树的左子树上所有节点的值均小于根节点的值，右子树上所有节点的值均大于根节点的值，且 9 > 8，因此值为 9 的节点应该插入根节点的右子树中，如图 5.80 所示。

第三步：查看根节点的右子节点的值为 10，由于二叉排序树的左子树上所有节点的值均小于根节点的值，右子树上所有节点的值均大于根节点的值，由于 9 < 10，因此值为 9 的节点应该插入值为 10 的节点的左子树，访问值为 10 的节点的左子节点，发现为空，因此将值为 9 的节点作为值为 10 的节点的左子节点（值为 9 的节点是作为一个叶子节点插入的），如图 5.81 所示。

二叉排序的插入操作的实现代码如下。

```
public Node insert(Node root, int key)
{
    /*若树为空，则返回一个新的节点，相当于上例中值为10 的节点的左子树为空，将值为 9 的节点作为值为
```

```
10 的节点的左子节点 */
        if (root == null) {
            root = new Node(key);
            return root;
        }

        /*若插入的节点的值小于当前节点的值，则递归判断左子树中的节点*/
        if (key < root.key)
            root.left  = insert(root.left, key);
        /*若插入的节点的值大于当前节点的值，则递归判断右子树中的节点*/
        else if (key > root.key)
            root.right = insert(root.right, key);

        /*返回节点指针*/
        return root;
    }
```

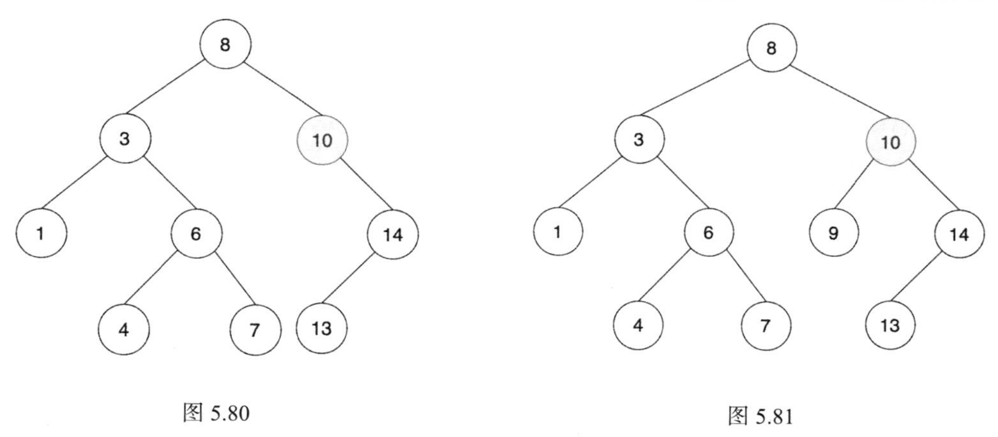

图 5.80　　　　图 5.81

与二叉排序树的查找操作对比可以发现，插入操作和查找操作的实现基本一致，这是因为插入的本质是先查找到要插入的位置再插入。

5.6.3　二叉排序树的删除操作

删除操作与查找、插入操作不同，需要分为以下 3 种情况进行处理。

1. 待删除节点是叶子节点

若待删除节点是叶子节点，则直接从二叉排序树中移除待删除节点即可，不会影响树的结构，如图 5.82 所示。

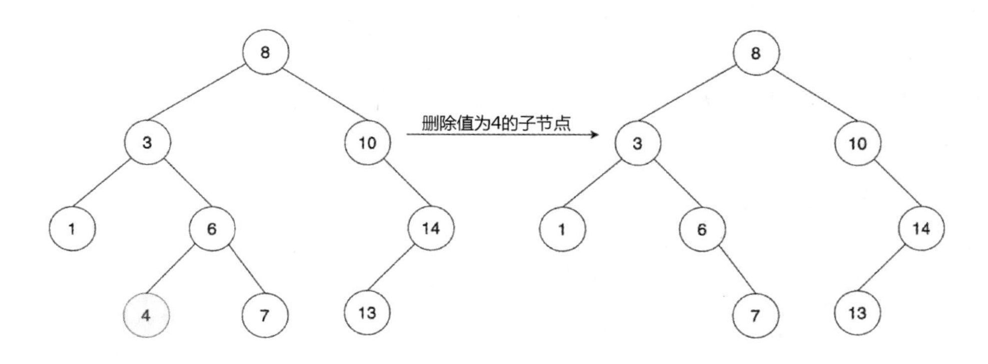

图 5.82

2. 待删除节点仅有一个子节点

若待删除节点只有左子节点，没有右子节点，那么需要先把待删除节点的左子节点连接到待删除节点的父节点，然后删除待删除节点。若待删除节点只有右子节点，没有左子节点，那么需要先将待删除节点的右子节点连接到待删除节点的父节点，然后删除待删除节点。

假设要删除值为 **14** 的节点，该节点只有一个左子节点 **13**，没有右子节点。

第一步：保存待删除节点 **14** 的**左子节点的值**到临时变量 temp，并删除值为 **14** 的节点，如图 **5.83** 所示。

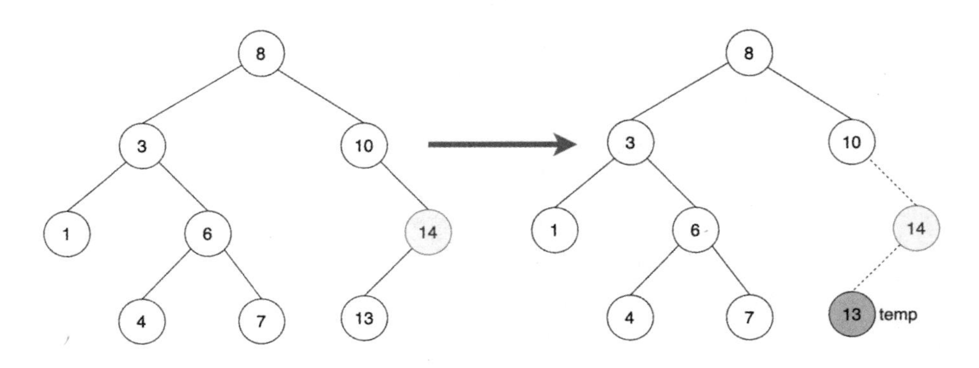

图 5.83

第二步：将待删除节点的父节点的**右子节点**设置为临时变量 temp，即值为 **13** 的节点，如图 **5.84** 所示。

我们以删除值为 **10** 的节点为例，看一下待删除节点没有左子节点，只有一个右子节点的情况。

第一步：保存待删除节点的**右子节点的值**到临时变量 temp，并删除值为 **10** 的节点，如图 5.85 所示。

第二步：将待删除节点的父节点的**右子节点**设置为临时变量 temp，即值为 **14** 的节点，如图 5.86 所示。

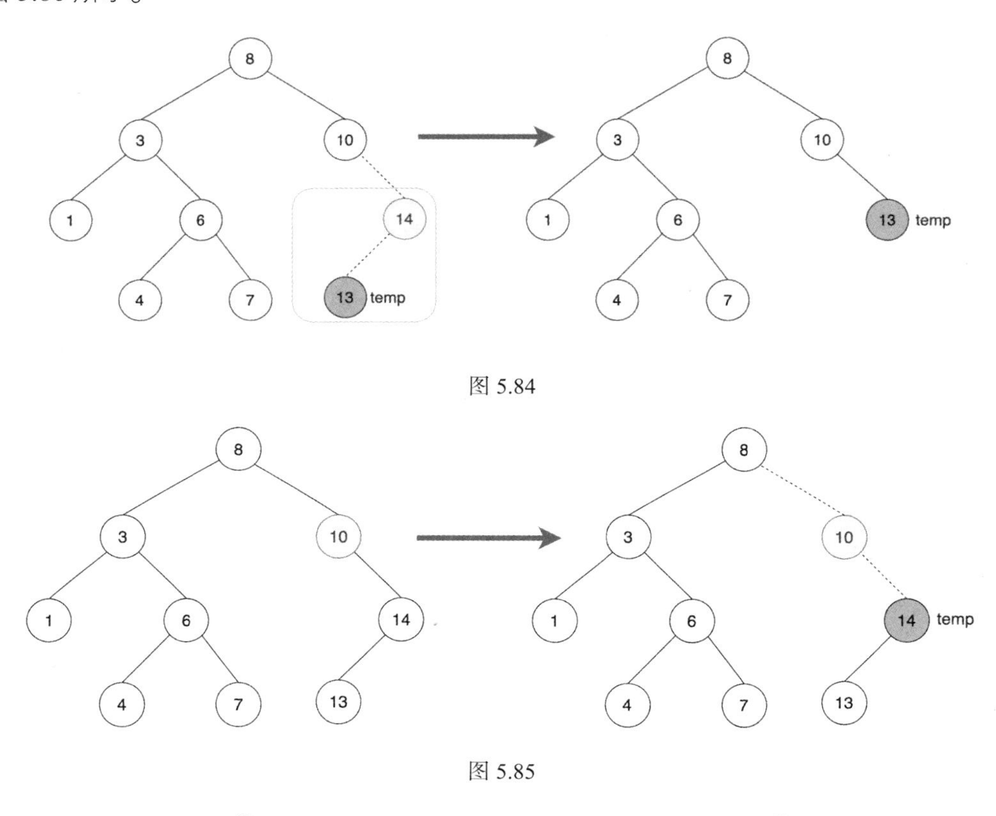

图 5.84

图 5.85

图 5.86

3. 待删除节点的左子节点、右子节点都存在

这种情况稍微复杂一些，但是只要耐心看下去，就一定会有收获。这一次我们将图变得复杂一点儿，为原来的值为 10 的节点增加一个左子节点，该节点值为 9，如图 5.87 所示。

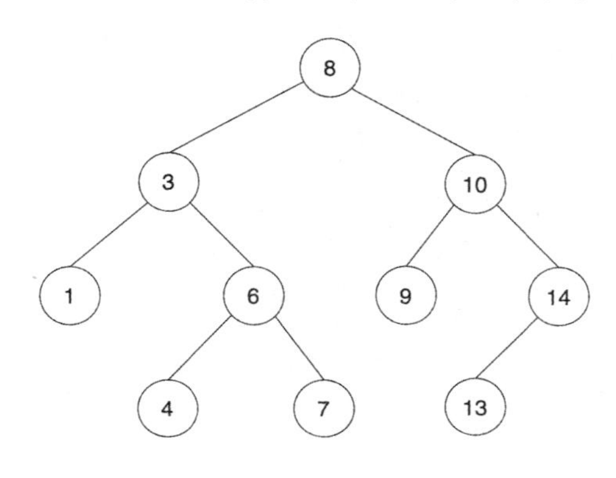

图 5.87

图 5.87 所示的二叉排序树的中序遍历结果如图 5.88 所示。

1	3	4	6	7	8	9	10	13	14

图 5.88

暂且不考虑二叉排序树上的删除操作，仅对二叉排序树的中序遍历结果进行删除。以删除中序遍历结果中的元素 8 为例进行说明，如图 5.89 所示。

1	3	4	6	7		9	10	13	14

图 5.89

在删除中序遍历结果中的元素 8 之后，使用元素 7 或元素 9 来填充元素 8 的位置，都不会影响整个数组的有序性。把对二叉排序树中序遍历结果的操作对应到二叉排序树上，相当于删除根节点之后，用根节点左子树中的最大值 7 对应的节点，或者根节点右子树中的最小值 9 对应的节点填充根节点的位置。

下面我们来看删除左子节点、右子节点都存在的节点是如何实现的，依旧以删除根节点为例进行说明。首先考虑用根节点的左子树中的最大值 7 对应的节点来替换根节点的情况。

第一步：查找待删除节点的左子树中值最大的节点（值为 7 的节点）。该节点可以从待删除节点的左子节点（值为 3 的节点）开始，不断访问右子节点，直到获得叶子节点为止。将该值保存在临时变量 temp 中，如图 5.90 所示。

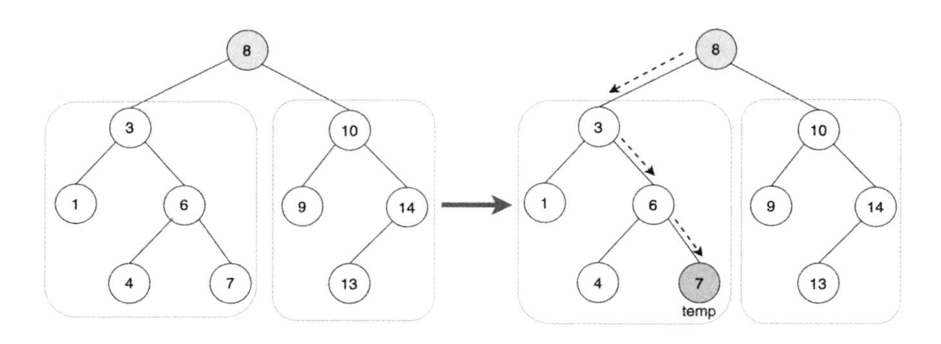

图 5.90

第二步：将待删除节点的值（8）替换为临时变量 temp 保存的值（7），如图 5.91 所示。

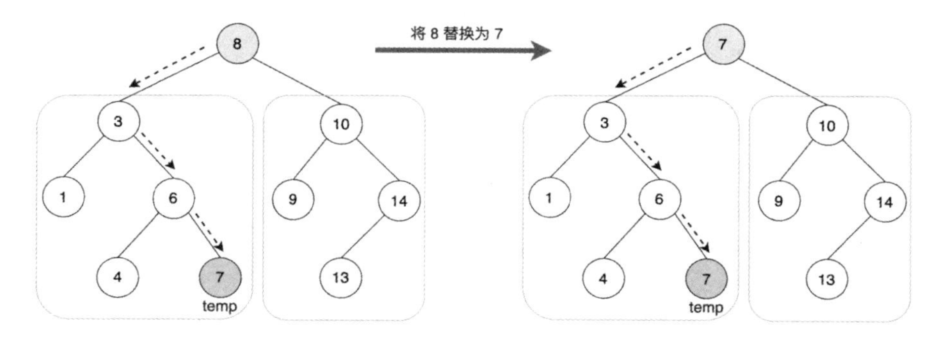

图 5.91

第三步：删除根节点左子树中值最大的节点（如果左子树中值最大的节点存在左子节点，没有右子节点，这就退化成了第二种情况，递归调用即可），如图 5.92 所示。

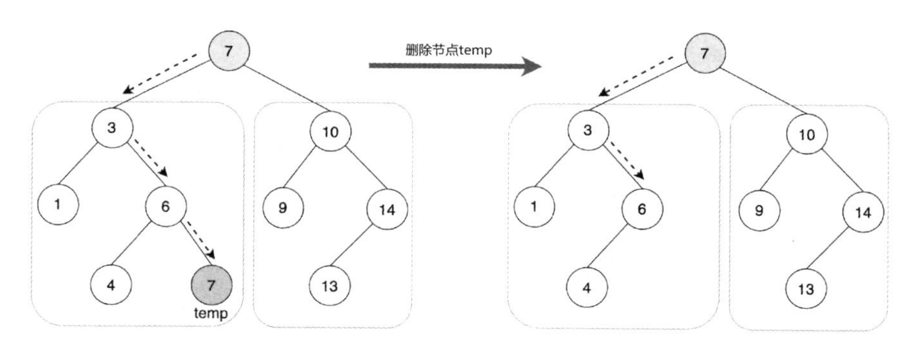

图 5.92

再来一起看一下使用待删除节点的右子树中值最小的节点替换待删除节点的情况。

第一步：查找待删除节点的右子树中值最小的节点，即值为 9 的节点。先访问待删除节点的右子节点（值为 10 的节点），然后一直向访问左子节点，直到左子节点为空，即可得到右子树中值最小的节点。将该节点对应的值保存在临时变量 temp 中，如图 5.93 所示。

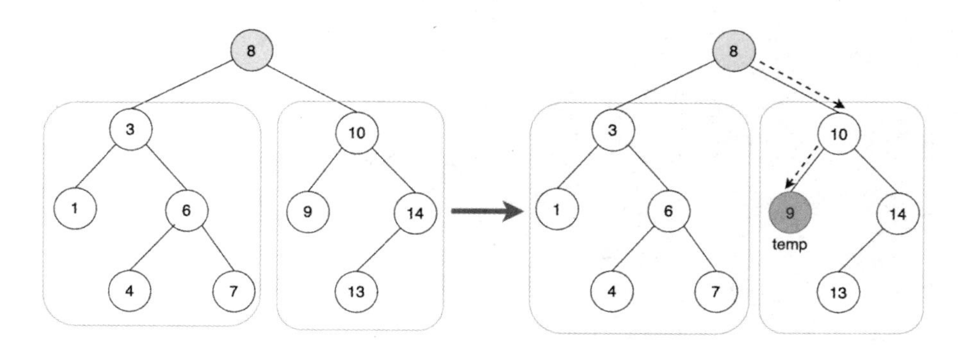

图 5.93

第二步：将待删除节点的值（8）替换为临时变量 temp 保存的值（9），如图 5.94 所示。

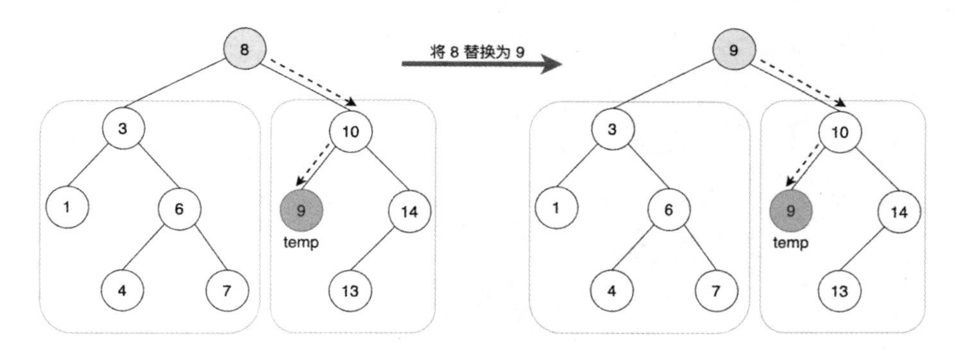

图 5.94

第三步：删除根节点右子树中值最小的节点，如图 5.95 所示。

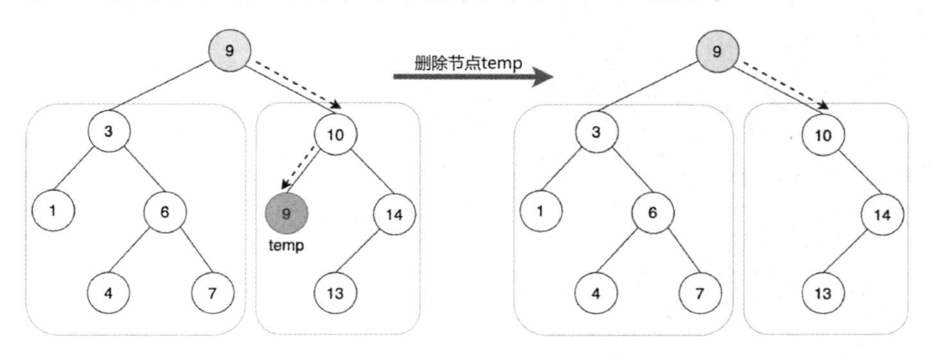

图 5.95

以上就是删除二叉排序树中的节点的 3 种情况。删除操作的实现代码如下。

```
public Node deleteNode(Node root, int key)
{
    //若根节点为空，则直接返回
    if (root == null) return root;

    //若待删除节点的值小于根节点的值，则待删除节点位于左子树中
    //递归遍历根节点的左子树
    if (key < root.key) {
        root.left = deleteNode(root.left, key);
        return root;
    }
    //若待删除的节点的值大于根节点的值，则待删除节点位于右子树中
    //递归遍历根节点的右子树
    else if (key > root.key)
        root.right = deleteNode(root.right, key);
    //若两个节点的值相等，则删除该节点
    else
    {
        /*第一种情况可以包含在第二种情况中，所以不进行处理
         这里处理第二种情况*/

        //待删除节点的左子节点为空
        if (root.left == null) {
            return root.right;
        }
        else if (root.right == null) {//待删除节点的右子节点为空
            return root.left;
        }

        //待删除节点的左子节点、右子节点均不为空，获取待删除节点中序遍历的直接后继节点
        //即右子树中值最小的节点
        //并将待删除节点的值替换为右子树中值最小的节点的值
        root.key = minValue(root.right);

        //待删除直接后继节点
        root.right = deleteNode(root.right, root.key);
    }
    return root;
}
public int minValue(Node root)
```

```
{
    int minv = root.key;
    while (root.left != null)
    {
        minv = root.left.key;
        root = root.left;
    }
    return minv;
}
```

5.6.4 时间复杂度分析

二叉排序树的插入、查找、删除操作的时间复杂度均为$O(h)$，其中，h是二叉排序树的高度。在极端情况下，二叉排序树是一棵斜树，树的高度为 n，插入和删除操作的时间复杂度可能变为$O(n)$。图 5.96 所示为两棵斜二叉排序树（相当于单链表）。斜树就是一棵不平衡的二叉排序树，这也是二叉排序树的缺陷所在，接下来我们学习平衡二叉树。

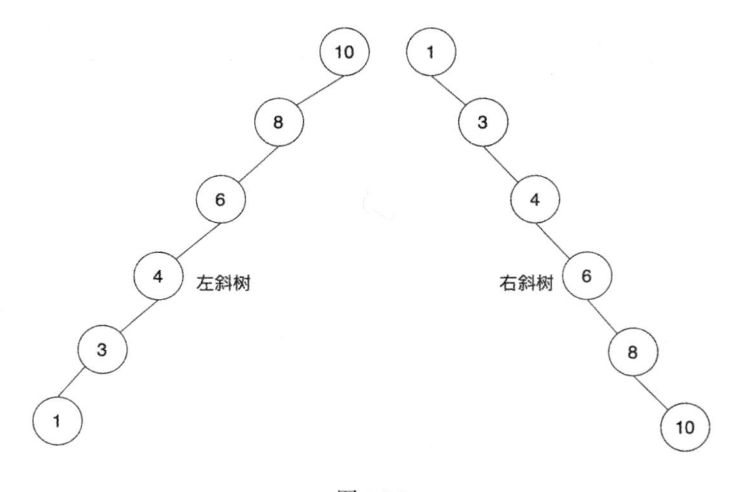

图 5.96

5.7 平衡二叉树

5.6 节已经介绍了二叉排序树，以及二叉排序树的缺陷，本节要介绍的**平衡二叉树**就是为解决二叉排序树的缺陷衍生的。接下来我们将从平衡二叉树的基础知识、插入操作、删除操作、特点等方面进行介绍。

5.7.1 平衡二叉树的基础知识

平衡二叉树（Balanced Binary Tree 或 Height-Balanced Tree）又称 **AVL** 树，其实就是一棵**平衡的二叉排序树**，解决了二叉排序树的不平衡问题，即斜树。平衡二叉树或是一棵空树，或是一棵具有如下性质的二叉排序树：它的左子树和右子树都是平衡二叉树，且左子树和右子树的高度之差的绝对值不超过 1。

平衡二叉树上的节点的**平衡因子**（Balanced Factor，BF）的定义：该节点的左子树高度减去它的右子树的高度。平衡二叉树上所有节点的平衡因子只可能是-1、0、1。

图 5.97 所示的两棵树就是典型的平衡二叉树，首先它是一棵二叉排序树，其次每一个节点的平衡因子都是−1、0、1三个数中的一个。如图 5.97（a）所示，节点左侧的数字为节点的平衡因子。对于任意一个叶子节点而言，其左子节点、右子节点都为空，左子树的高度为 0，右子树的高度也为 0，所以**平衡二叉树中的叶子节点的平衡因子都是 0**。其他节点的平衡因子同样通过左子树高度减去右子树高度求得。在如图 5.97（a）所示的平衡二叉树中，值为 3 的节点的**左子树的高度为 2**，**右子树的高度为 1**，所以值为 3 的节点的平衡因子为1。在如图 5.97（b）所示的平衡二叉树中，值为 3 的节点的左子树高度为 2，右子树高度为 3，所以值为 3 的节点的平衡因子为 2 − 3 = −1。

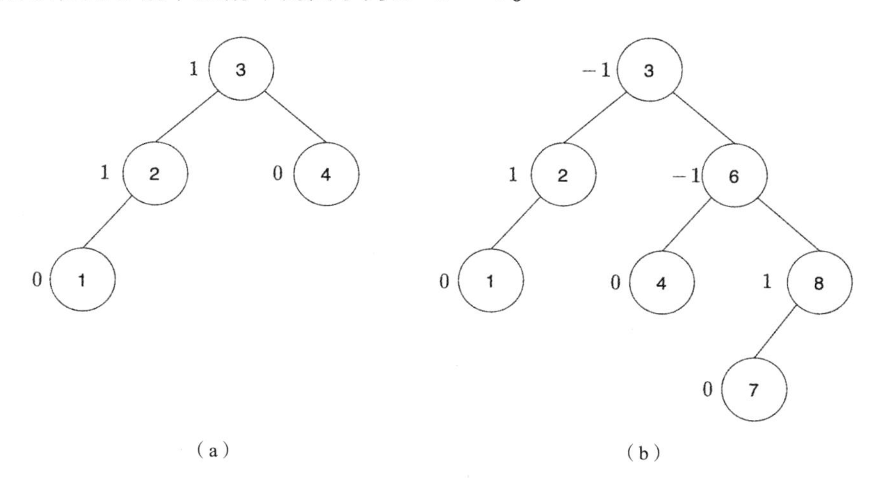

图 5.97

再来看看不平衡的情况。

图 5.98 所示为两棵不平衡的二叉排序树，即**非平衡二叉树**。在如图 5.98（a）所示的二叉排序树中，值为 6 的节点的平衡因子为 2，该平衡因子是值为 6 的节点的左子树高度 3

减去值为 6 的节点的右子树高度1的值；在如图 5.98（b）所示的二叉排序树中，值为 6 的节点的平衡因子为值为 6 的节点的左子树高度0减去值为 6 的节点的右子树高度2，为 –2，所以这两棵树都不是平衡二叉树。

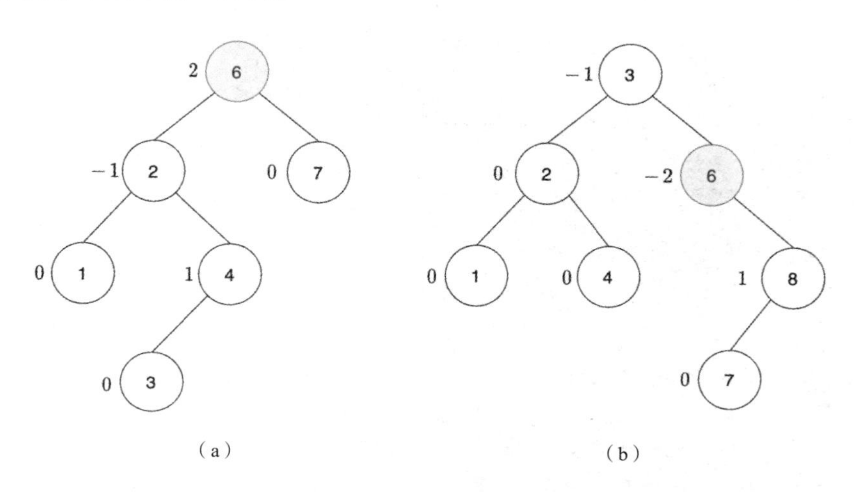

图 5.98

要将一棵非平衡二叉树转化为平衡二叉树，我们需要学习以下几个基本概念。

什么是左旋？什么又是右旋？

为了确保每一次插入操作后，树仍然是一棵平衡二叉树，我们需要对上文介绍的二叉排序树的插入操作进行平衡操作，而左旋和右旋操作就是在保证二叉排序树特性的基础上，使树在每一次插入操作后一直保持平衡二叉树的基本操作。

T_1、T_2 和 T_3 分别表示节点 x 或 y 的子树。**右旋操作**：节点 x 的右子树 T_2 作为节点 y 的左子树，将节点 y 作为节点 x 的右子树。这样做的原因何在？平衡二叉树的特性是，对于树中的每一个节点，其左子树中的节点的值均比它的根节点的值小，右子树中的节点的值均比它的根节点的值大，那么对于图 5.99 中的左侧的树而言，节点 x 的右子树 T_2 中的节点的值一定比节点 x 的值大且一定比根节点 y 的值小，所以将节点 x 的右子树 T_2 作为根节点 y 的左子树并不会破坏二叉排序树的特性。此外，节点 y 的值大于其左子节点 x 的值，将节点 x 作为根节点，将节点 y 作为根节点的右子节点也不会破坏二叉排序树的特性。所谓右旋，是因为节点变化有向右的动作。**左旋操作是右旋操作的逆向过程。**无论如何，图 5.99 中的两棵树的中序遍历结果是一致的——T_1 中的节点的值 < 节点 x 的值 < T_2 中的节点的值 < 节点 y 的值 < T_3 中的节点的值，也就是任何时候都满足二叉排序树的特性。

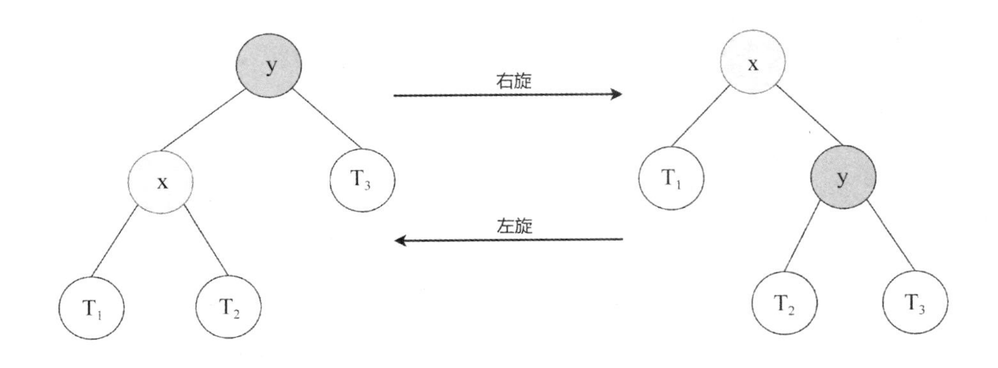

图 5.99

5.7.2 平衡二叉树的插入操作

与二叉排序树的插入操作相比，平衡二叉树的插入操作多了一个平衡操作，解决了二叉排序树在插入操作后可能出现的不平衡问题。

5.7.2.1 平衡二叉树的插入操作的四种情况

以插入一个节点 w 为例来说明平衡二叉树插入操作的具体算法步骤。

（1）对节点 w 执行标准的二叉排序树的插入操作。

（2）从节点 w 开始，向上回溯，找到第一个不平衡的节点 z（平衡因子不是 −1、0 或 1 的节点）；节点 y 为从节点 w 到节点 z 的路径上节点 z 的子节点（**这里强调路径，是为了排除节点 z 的另一个子节点**）；节点 x 是从节点 w 到节点 z 的路径上节点 z 的孙子节点（孙子节点表示节点 z 的子节点 y 的子节点 x）。

（3）对以节点 z 为根节点的子树进行平衡操作，其中节点 x、节点 y、节点 z 可能的位置排布情况有 4 种，平衡操作就是对这 4 种情况进行处理。

- Left Left，**LL**：节点 y 是节点 z 的左子节点，节点 x 是节点 y 的左子节点。
- Left Right，**LR**：节点 y 是节点 z 的左子节点，节点 x 是节点 y 的右子节点。
- Right Right，**RR**：节点 y 是节点 z 的右子节点，节点 x 是节点 y 的右子节点。
- Right Left，**RL**：节点 y 是节点 z 的右子节点，节点 x 是节点 y 的左子节点。

在这 4 种情况下，我们需要重新平衡以节点 z 为根节点的子树，并且保证以节点 z 为根节点的子树的高度（在适当旋转之后）与插入节点 w 前的高度相同，整棵树就变得平衡了。

第一种情况：**LL**，如图 **5.100** 所示。

第二种情况：**LR**，如图 **5.101** 所示。

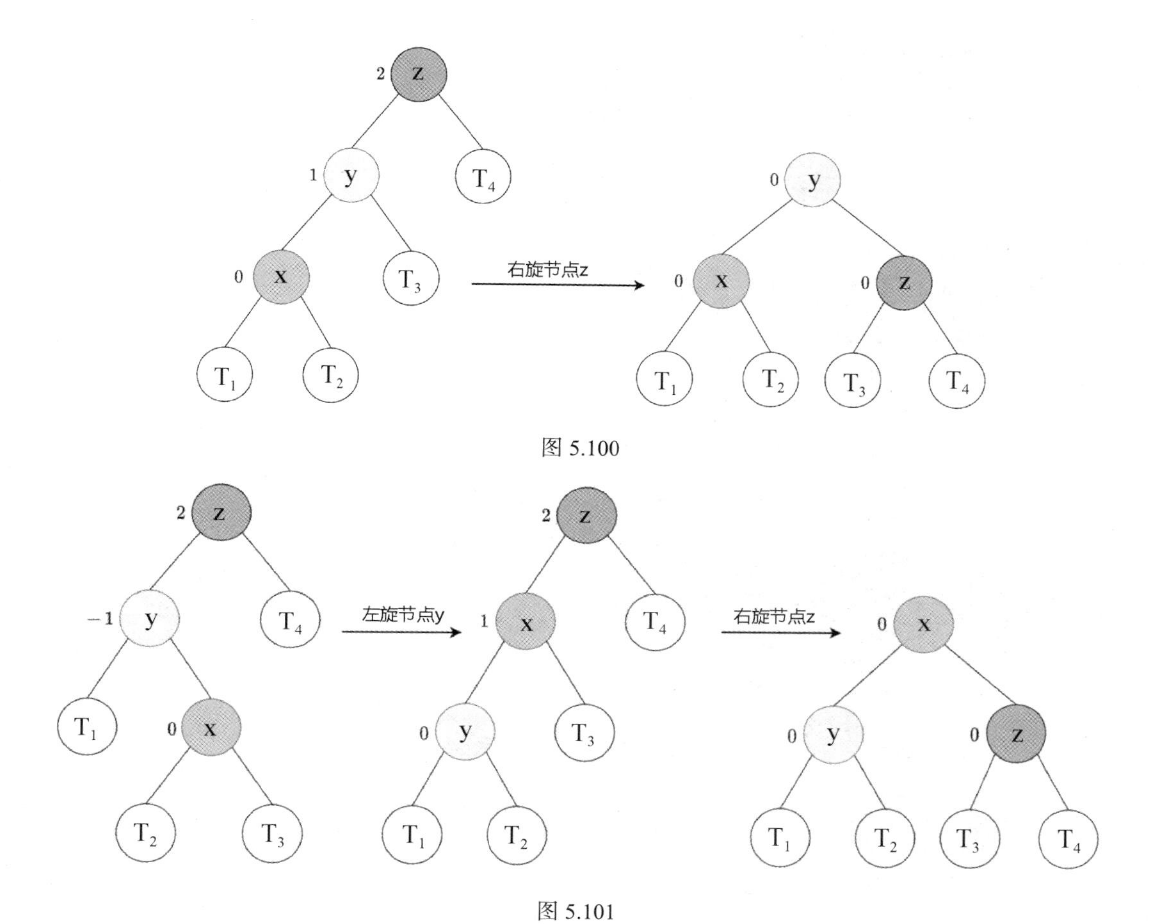

图 5.100

图 5.101

第三种情况：**RR**，如图 **5.102** 所示。

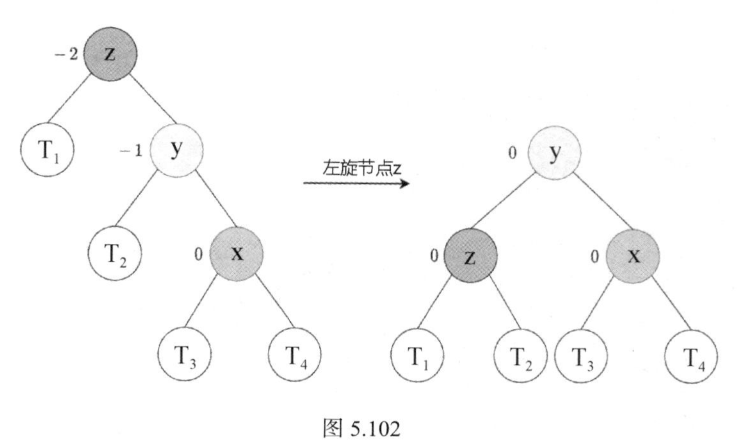

图 5.102

第四种情况：**RL**，如图 **5.103** 所示。

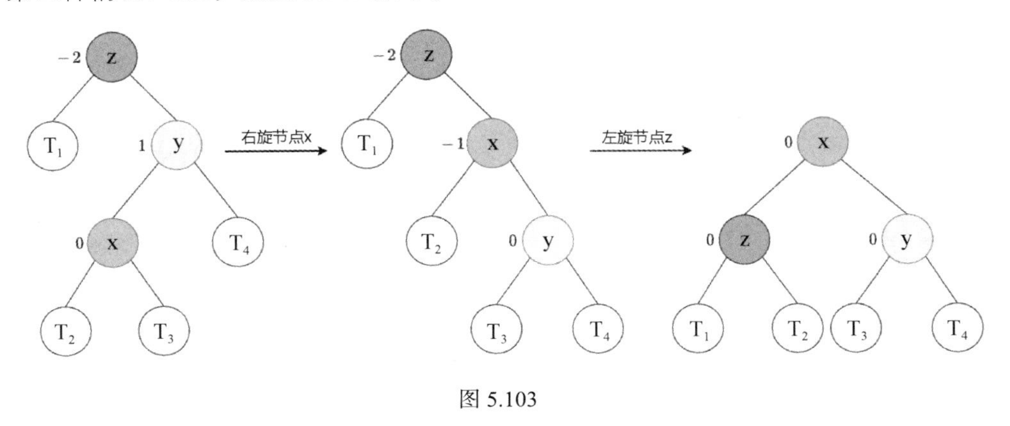

图 5.103

1. RR

以一种极端情况为例（二叉排序树中的右斜树）来说明上文提到的平衡操作。

图 5.104 所示为二叉排序树的极端情况，现在我们以**右斜树**为例，来对平衡二叉树进行插入操作。

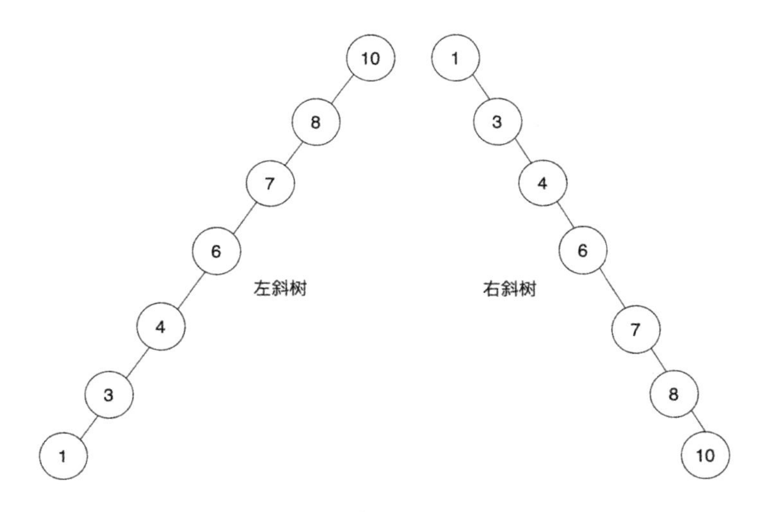

图 5.104

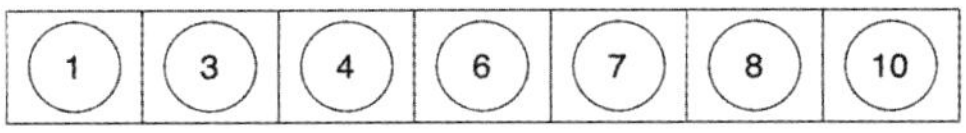

1	3	4	6	7	8	10

图 5.105

初始的待插入序列如图 5.105 所示。

第一步：插入值为 1 的节点，显然一棵空树或者只包含一个节点的树，为平衡二叉树，什么都不用做。值为 1 的节点的左子树和右子树都为空，因此平衡因子为 0，如图 5.106 所示。

第二步：插入值为 3 的节点。先执行**标准的二叉排序树插入操作**，因为 3 > 1，所以将值为 3 的节点插入值为 1 的节点的右子树，又因为值为 1 的节点的右子树为空，所以直接将值为 3 的节点作为值为 1 的节点的右子节点。**由于二叉排序树的插入操作在 5.6.2 节已经讲得很清楚了，此处不再啰唆。**值为 3 的节点为叶子节点，平衡因子为 0。此时，值为 1 的节点的左子树高度为 0，右子树高度为 1，平衡因子为 −1，整棵树依旧平衡，如图 5.107 所示。

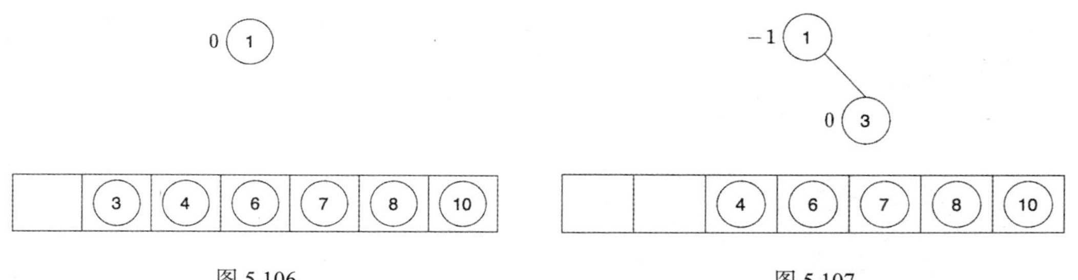

图 5.106　　图 5.107

第三步：插入值为 4 的节点。先执行**标准的二叉排序树插入操作**，然后更新节点的平衡因子。从值为 4 的节点向上回溯，找到第一个不平衡节点，即值为 1 的节点（相当于算法步骤描述中的节点 z），其平衡因子为 −2，并不满足平衡二叉树的特性。找到从值为 4 的节点到值为 1 的节点的路径上的值为 1 的节点的子节点，即值为 3 的节点（相当于算法步骤描述中的节点 y）。值为 4 的节点相当于算法描述中的节点 x。显然，这就是 **RR** 情况；对值为 1 的节点进行**左旋**，如图 5.108 所示。

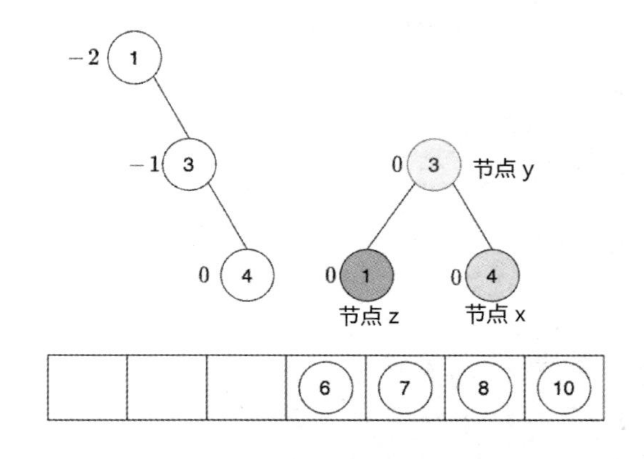

图 5.108

第四步：插入值为 6 的节点，并更新节点的平衡因子。此时，为平衡二叉树，什么都不用做，如图 5.109 所示。

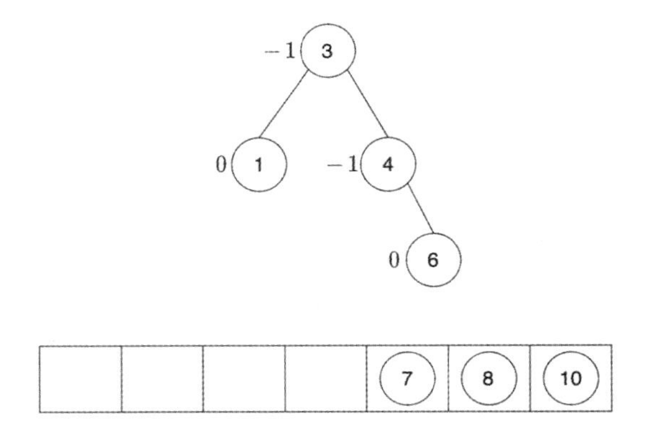

图 5.109

第五步：插入值为 7 的节点，并更新节点的平衡因子。从值为 7 的节点向上回溯，先找到相应的节点 z、节点 y、节点 x，分别为值为 4 的节点、值为 6 的节点、值为 7 的节点，然后对值为 4 的节点进行左旋，如图 5.110 所示。

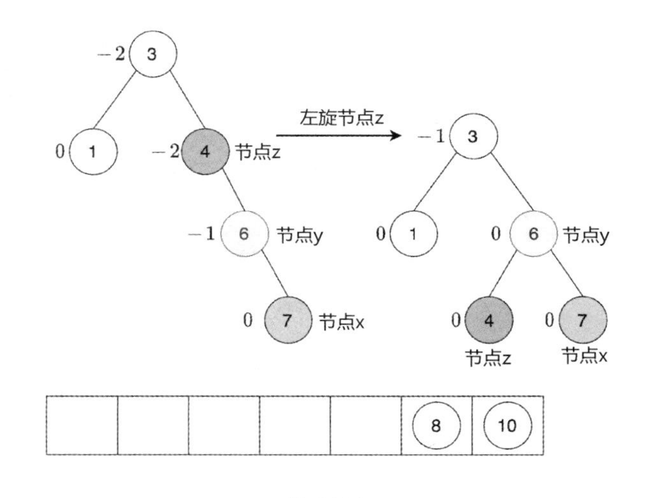

图 5.110

第六步：插入值为 8 的节点，并更新节点平衡因子。从值为 8 的节点向上回溯，先找到相应的节点 z、节点 y、节点 x，分别为值为 3 的节点、值为 6 的节点、值为 7 的节点，然后对值为 3 的节点进行左旋，如图 5.111 所示。

第七步：插入值为 10 的节点，并更新节点的平衡因子。从值为 10 的节点向上回溯，先找到第一个不平衡的值为 7 的节点，以及值为 7 的节点对应的子节点（值为 8）和孙子节点（值为 10），并对值为 7 的节点进行左旋，如图 5.112 所示。

上面的操作都属于 **RR** 情况，一步一步解释似乎有些啰唆，但是对我们理解二叉排序树和平衡二叉树之间的差异很有帮助，大家也可以通过左斜树来熟悉 **LL** 情况。

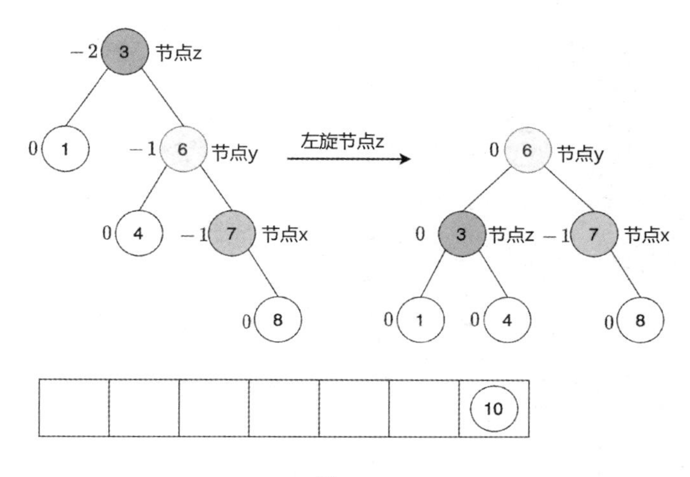

图 5.111

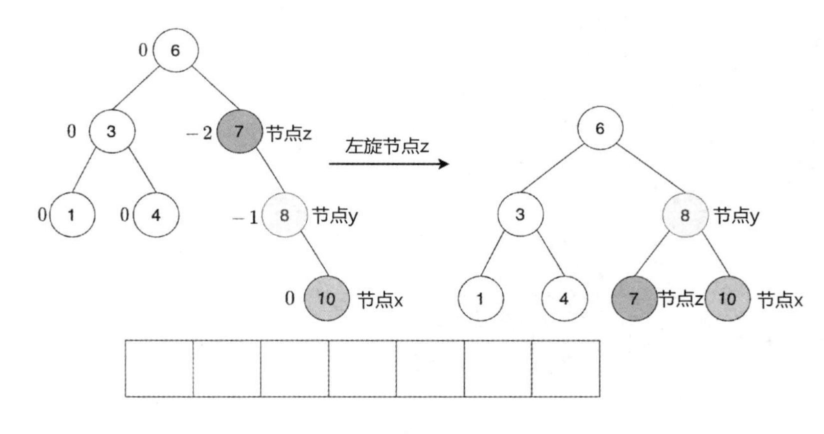

图 5.112

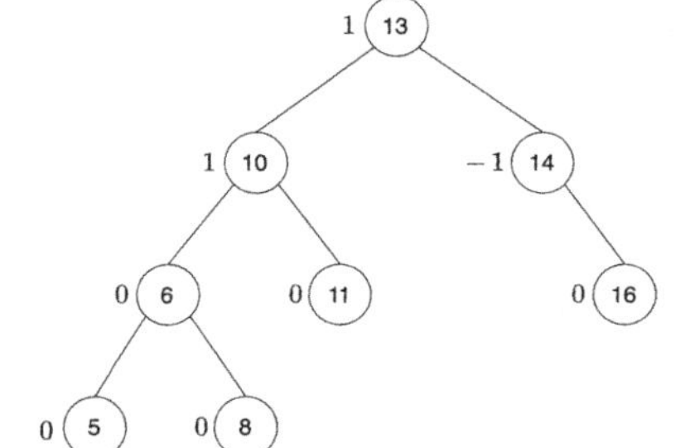

图 5.113

接下来我们以如图 5.113 所示的平衡二叉树为例来说明另外三种情况。

2. LL

向如图 5.113 所示的平衡二叉树中插入值为 4 的节点，进行标准的二叉排序树插入操作。从值为 4 的节点开始向上回溯，先找到相应的节点 z、节点 y、节点 x，即值为 10 的节点、值为 6 的节点、值为 5 的节点，然后对值为 10 的节点进行右旋，如图 5.114 所示。

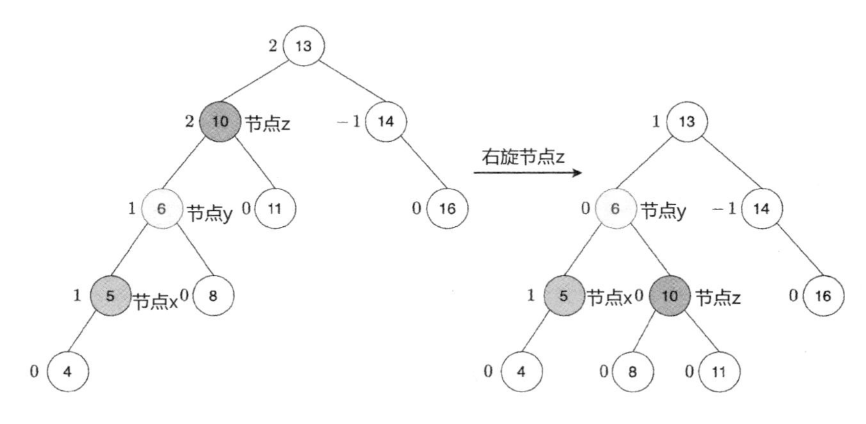

图 5.114

3. LR

向如图 5.113 所示的平衡二叉树中插入值为 **7** 的节点。从值为 7 的节点向上回溯，找到相应的节点 z、节点 y、节点 x，即值为 10 的节点、值为 6 的节点、值为 8 的节点，为 **LR** 情况。先对节点 y（值为 6）进行左旋，然后对节点 z（值为 10）进行右旋，如图 5.115 所示。

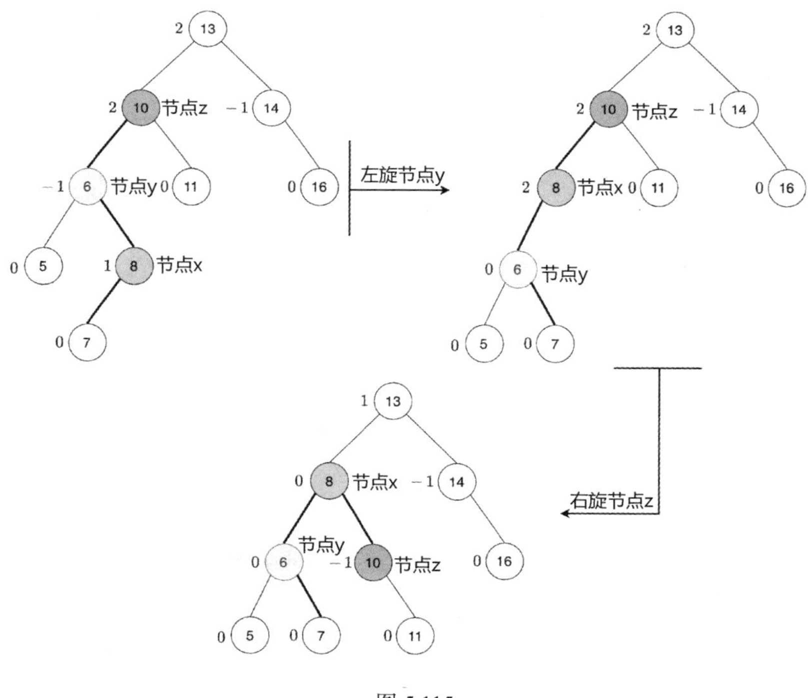

图 5.115

4. RL

向如图 5.113 所示的平衡二叉树中插入值为 15 的节点，插入过程就是标准的二叉排序树插入操作。从值为 15 的节点向上回溯，找到相应的节点 z、节点 y、节点 x，即值为 14 的节点、值为 16 的节点、值为 15 的节点，属于 **RL** 情况。先对节点 x（值为 15）进行右旋，再对节点 z（值为 14）进行左旋，如图 5.116 所示，整个过程和图 5.103 一致，只不过对应的子树 T_1、子树 T_2、子树 T_3、子树 T_4 均为空。

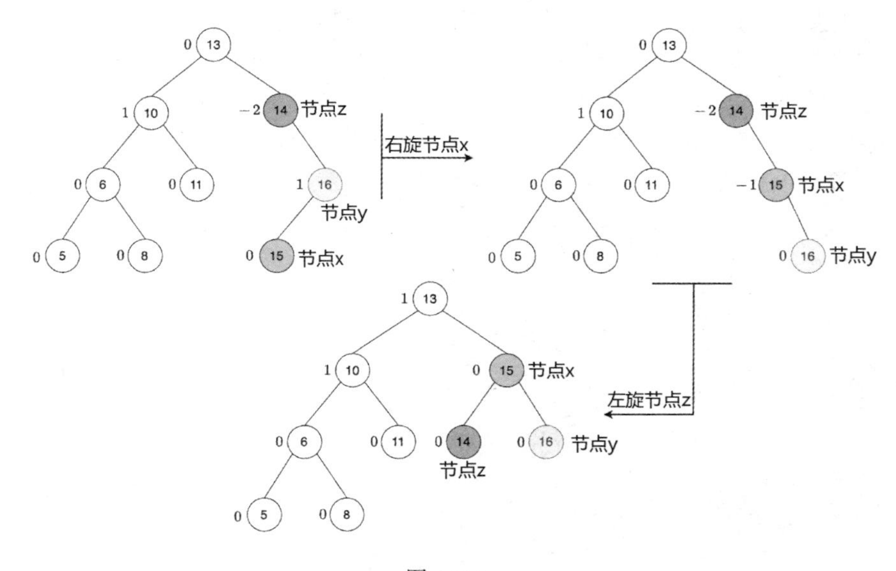

图 5.116

到这里，我们已经对平衡二叉树的插入操作了如指掌了。接下来分析一下平衡二叉树插入操作的时间复杂度。

5.7.2.2 时间复杂度分析

因为平衡二叉树上的任何节点的左子树、右子树的高度之差的绝对值都不大于 1，也就是取值只能是−1、0 或 1，因此平衡二叉树的高度和 $\log_2 n$ 是同数量级的（n为节点数）。平衡二叉树的平均查找长度和 $\log_2 n$ 也是同数量级的，平衡二叉排序树的插入操作和查找操作的时间复杂度就是 $O(\log_2 n)$。

5.7.2.3 平衡二叉树插入操作的实现

在实现平衡二叉树的插入操作时，会用到二叉排序树的插入操作的递归实现。在二叉排序树的递归实现中，插入节点后，采用自插入节点向上回溯的方式逐一获得指向祖先节点的指针（用栈来理解递归过程更加清楚，从根节点开始进行判断，一直到插入节点的位置为止，将从插入节点到根节点的路径压栈，因此在回溯时，从插入节点自然可以回溯到根节点)。因此，我们不需要专门设置一个用来保存父节点的指针。递归代码本身会向上回溯并访问从根节点到插入节点的路径上的所有节点的祖先。

(1)执行标准的平衡二叉树的插入操作。

(2)更新当前节点(从根节点到新插入节点的路径上的节点)的高度，获取当前节点的平衡因子(左子树的高度减去右子树的高度)。

(3)若平衡因子大于1，则表明当前节点是不平衡节点，且当前节点的子树存在 **LL** 或 **LR** 情况。判断是否属于 **LL** 情况：将新插入节点的值与当节点的左子节点的值进行比较，若新插入节点的值与当节点的左子节点的值是小于关系，则属于 **LL** 情况；否则属于 **LR** 情况。

(4)若平衡因子小于–1，则当前节点是不平衡节点，且当前节点的子树存在 **RR** 或 **RL** 情况。判断是否属于 **RR** 情况：判断新插入节点的值是否大于当前节点的右子节点的值，若大于，则属于 **RR** 情况；否则属于 **RL** 情况。

平衡二叉树插入操作的实现代码如下，我们可以对照图 5.99 学习左旋和右旋的实现代码。

```
class Node {
    int key, height;
    Node left, right;

    Node(int d) {
        key = d;
        height = 1;
    }
}

class AVLTree {
    Node root;

    /** 获取节点的高度 */
    int height(Node N) {
        if (N == null) {
            return 0;
        }
        return N.height;
    }

    /** 获取两个整数中的较大值 */
    int max(int a, int b) {
        return Math.max(a, b);
    }
```

```
/** 对以节点 y 为根节点的子树进行右旋操作 */
Node rightRotate(Node y) {
    Node x = y.left;
    Node T2 = x.right;

    //进行旋转操作
    x.right = y;
    y.left = T2;

    //更新节点的高度
    y.height = max(height(y.left), height(y.right)) + 1;
    x.height = max(height(x.left), height(x.right)) + 1;

    //返回新的根节点
    return x;
}

/** 对以节点 x 为根节点的子树进行左旋操作 */
Node leftRotate(Node x) {
    Node y = x.right;
    Node T2 = y.left;

    //左旋操作
    y.left = x;
    x.right = T2;

    //更新节点高度
    x.height = max(height(x.left), height(x.right)) + 1;
    y.height = max(height(y.left), height(y.right)) + 1;

    //返回新的根节点
    return y;
}

/** 返回节点 N 的平衡因子 */
int getBalance(Node N) {
    if (N == null) {
        return 0;
    }

    return height(N.left) - height(N.right);
```

```
}
/** 平衡二叉树插入操作 */
Node insert(Node node, int key) {

    /* 1. 向普通的二叉排序树中插入节点 */
    if (node == null) {
        return (new Node(key));
    }

    if (key < node.key) {
        node.left = insert(node.left, key);
    } else if (key > node.key) {
        node.right = insert(node.right, key);
    } else { //不允许出现重复的值
        return node;
    }

    /* 2. 更新祖先节点的高度 */
    node.height = 1 + max(height(node.left),
           height(node.right));

    /* 3. 获取祖先节点的平衡因子，检查这个节点是否平衡 */
    int balance = getBalance(node);

    //如果这个节点不平衡，那么就有以下四种情况
    //3.1 LL
    if (balance > 1 && key < node.left.key) {
        return rightRotate(node);
    }

    //3.2 RR
    if (balance < -1 && key > node.right.key) {
        return leftRotate(node);
    }

    //3.3 LR
    if (balance > 1 && key > node.left.key) {
        node.left = leftRotate(node.left);
        return rightRotate(node);
    }

    //3.4 RL
```

```
        if (balance < -1 && key < node.right.key) {
            node.right = rightRotate(node.right);
            return leftRotate(node);
        }

        /* 返回节点 */
        return node;
    }
}
```

5.7.3 平衡二叉树的删除操作

平衡二叉树的删除操作与插入操作类似，先执行标准的二叉排序树删除操作，再进行相应的平衡操作。平衡操作最基本的两个步骤就是左旋和右旋。

我们以删除节点 w 为例来说明平衡二叉树删除操作的具体算法步骤。

（1）对节点 w 执行标准的二叉排序树的删除操作。

（2）从节点 w 开始，向上回溯，找到第一个不平衡的节点（平衡因子不是 −1 、0 或 1 的节点），即节点 z；节点 y 是节点 z 的高度最高的子节点；节点 x 是节点 y 的高度最高的子节点。**这里一定要注意和平衡二叉树插入操作区分开来，节点 y 不再是从节点 w 回溯到节点 z 的路径上节点 z 的子节点，节点 x 也不一定是节点 z 路径上的孙子节点。**

（3）然后对以节点 z 为根节点的子树进行平衡操作。其中节点 x、节点 y、节点 z 可能的位置有如下 4 种情况，二叉排序树在执行删除操作之后的平衡操作就处理这 4 种情况。

- LL：节点 y 是节点 z 的**左子节点**，节点 x 是节点 y 的**左子节点**。
- LR：节点 y 是节点 z 的**左子节点**，节点 x 是节点 y 的**右子节点**。
- RR：节点 y 是节点 z 的**右子节点**，节点 x 是节点 y 的**右子节点**。
- RL：节点 y 是节点 z 的**右子节点**，节点 x 是节点 y 的**左子节点**。

这 4 种情况与插入操作一样。需要注意的是，插入操作仅需要对以节点 z 为根节点的子树进行平衡操作；而平衡二叉树的删除操作需要先对以节点 z 为根节点的子树进行平衡操作，之后可能需要对节点 z 的祖先节点进行平衡操作，向上回溯直至根节点。

1. 示例一

以删除如图 5.117 所示的二叉树中的值为 **32** 的节点为例进行说明。

第一步：由于值为 **32** 的节点为叶子节点，因此可以直接删除，并保存删除节点的父节点（值为 **17** 的节点），如图 5.118 所示。

第二步：从值为 17 的节点开始向上回溯，找到第一个不平衡节点（值为 44 的节点），即节点 z，并找到不平衡节点的左子节点、右子节点中高度最高的节点（值为 78 的节点），即节点 y；以及节点 y 的子节点中高度最高的节点（值为 50 的节点），即节点 x。发现节点

z、节点 y 和节点 x 属于 **RL** 情况，如图 5.119 所示。

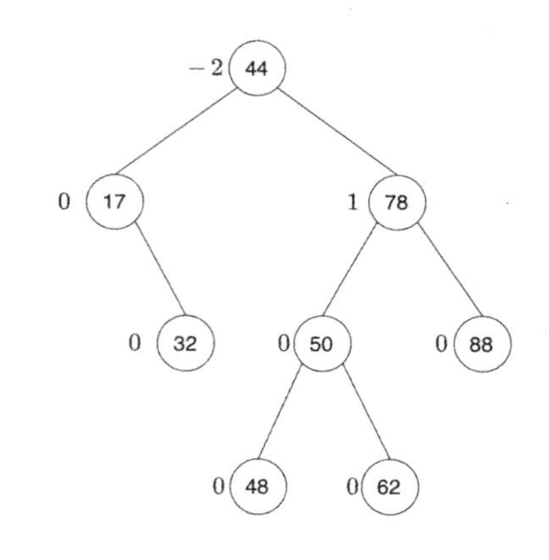

图 5.117

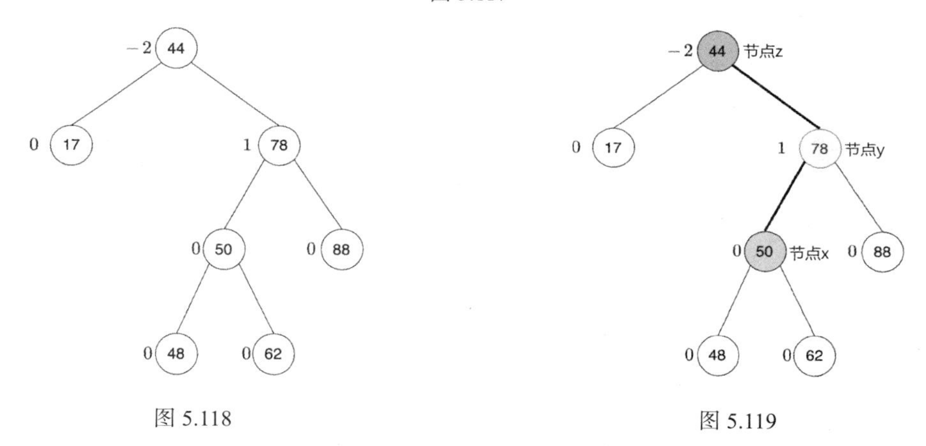

图 5.118

图 5.119

第三步：对节点 y（值为 **78** 的节点）进行右旋，如图 5.120 所示。

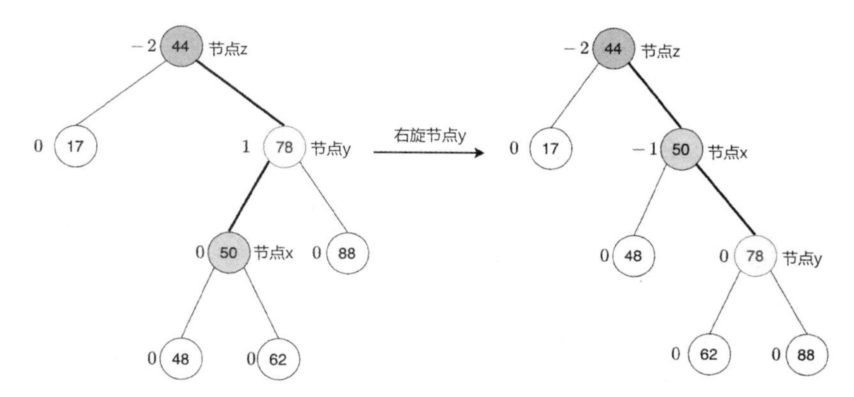

图 5.120

第四步：对节点 z（值为 **44** 的节点）进行左旋，如图 5.121 所示。

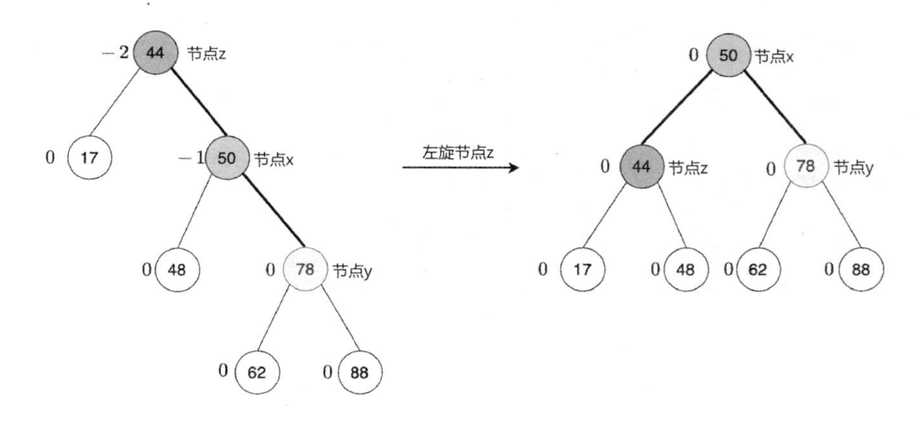

图 5.121

2．示例二

以删除如图 5.122 所示的二叉树中的值为 **80** 的节点为例进行说明。

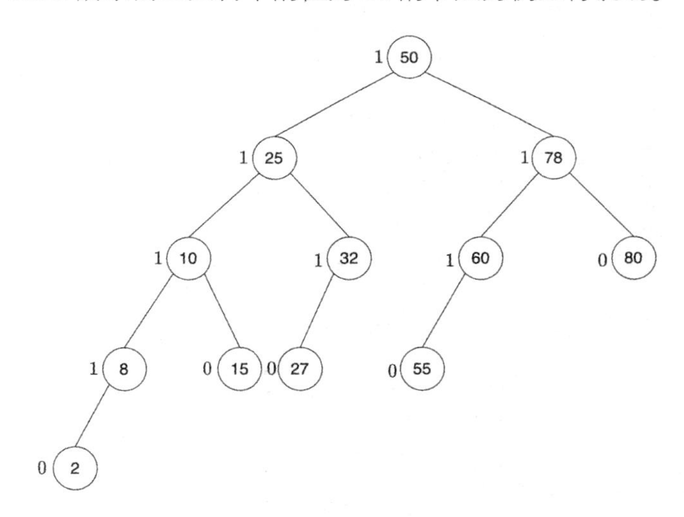

图 5.122

第一步：由于值为 80 的节点为叶子节点，因此直接删除，并保存值为 80 的节点的父节点（值为 **78** 的节点），如图 5.123 所示。

第二步：从值为 **78** 的节点开始向上回溯，寻找第一个不平衡节点，值为 **78** 的节点自身就是不平衡节点（节点 z），找到值为 **78** 的节点的高度最高的节点（值为 **60** 的节点），即节点 y，以及节点 y 的高度最高的节点（值为 **55** 的节点），即节点 x。发现节点 z、节点

y、节点 x 属于 **LL** 情况，如图 5.124 所示。

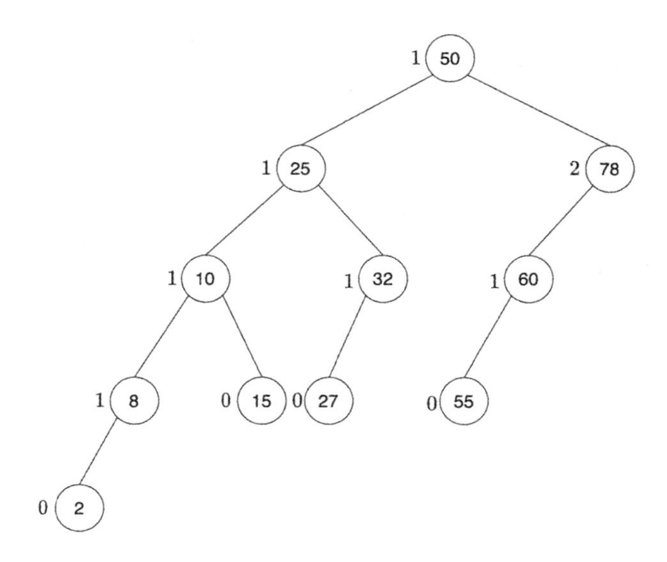

图 5.123

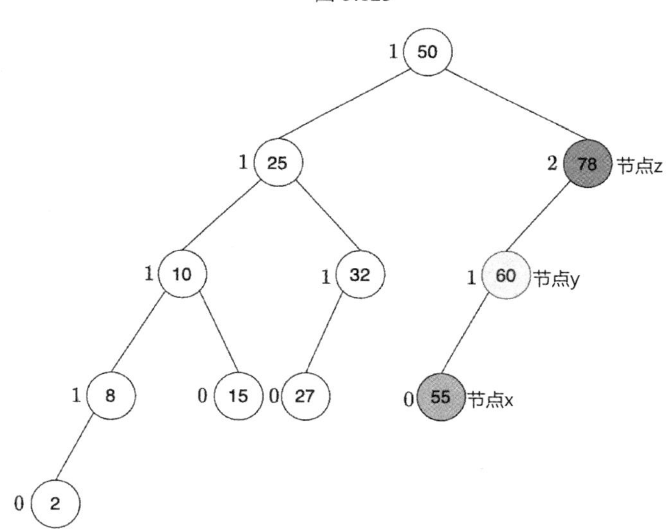

图 5.124

第三步：对值为 **78** 的节点执行右旋操作，**如图 5.125** 所示。

第四步：从右旋后的返回的新的根节点（值为 **60** 的节点）向上回溯（**这里和平衡二叉树的插入操作有所区别，平衡二叉树的插入操作仅对第一个不平衡节点的子树进行平衡操作，而平衡二叉树的删除操作需要不断地回溯，直到根节点平衡为止**），判断是否还有不平衡节点。发现整棵树的根节点（值为 **50** 的节点）为第一个不平衡节点，找到对应的节点 y

（值为 **25** 的节点）和节点 x（值为 **10** 的节点）。发现节点 z、节点 y、节点 x 属于 **LL** 情况，因此对节点 z（值为 **50** 的节点）进行右旋操作，如图 5.126 所示。

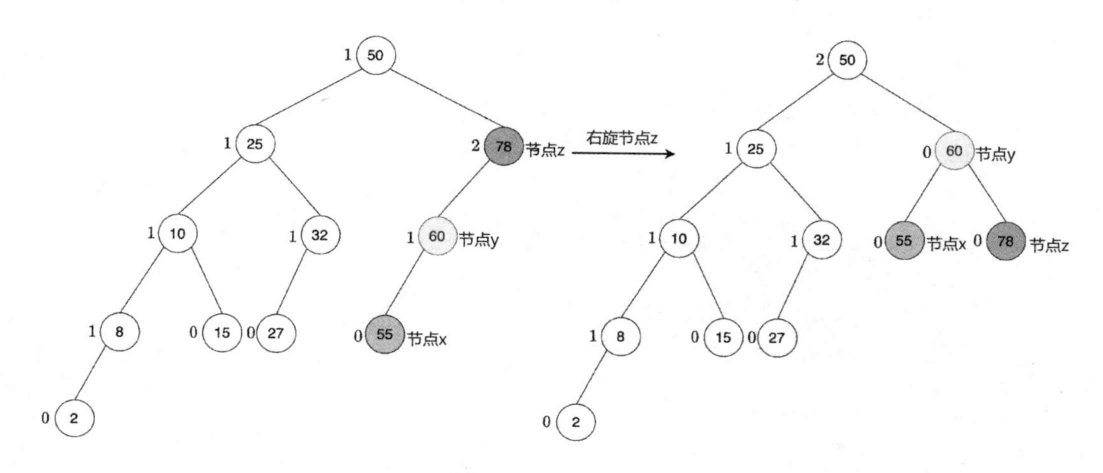

图 5.125

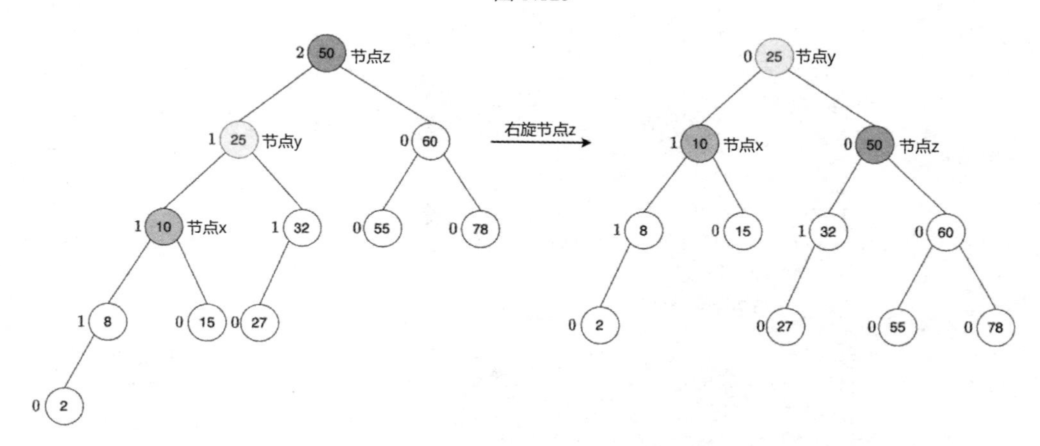

图 5.126

总结一下，平衡二叉树的删除操作的平衡操作可能需要执行多次，而平衡二叉树插入操作的平衡操作仅需要执行一次。平衡二叉树删除操作的实现代码如下所示。

```
Node deleteNode(Node root, int key) {
    //1. 执行标准的二叉排序树删除操作
    if (root == null) {
        return root;
    }
```

```
//若待删除的节点的值小于根节点的值
//则待删除节点在根节点的左子树中
if (key < root.key) {
   root.left = deleteNode(root.left, key);
}
//否则待删除节点在根节点的右子树中
else if (key > root.key) {
   root.right = deleteNode(root.right, key);
}
//若 root.key == key，则根节点为待删除节点
else {
   //根节点只有左子节点或右子节点或为叶子节点
   if ((root.left == null) || (root.right == null)) {
      Node temp = null;
      if (root.left == null) {
         temp = root.right;
      } else {
         temp = root.left;
      }

      //叶子节点情况
      if (temp == null) {
         temp = root;
         root = null;
      } else {    //仅包含一个子节点的情况
         //复制临时变量 temp 中的内容
         root = temp;
      }
   } else {    //左子节点、右子节点均不为空

      //获得根节点右子树中值最小的节点
      //即中序遍历根节点的直接前继节点
      Node temp = minValueNode(root.right);

      //将中序遍历的直接前继节点的值复制给根节点
      root.key = temp.key;

      //删除节点 temp
      root.right = deleteNode(root.right, temp.key);
   }
}
```

```
    //若树中仅包含一个节点，则直接返回
    if (root == null) {
        return root;
    }

    //2. 更新当前节点的高度
    root.height = max(height(root.left), height(root.right)) + 1;

    //3. 获取当前节点的平衡因子，判断树的平衡性
    int balance = getBalance(root);

    //若当前节点不平衡，则分以下四种情况进行处理
    //3.1 LL
    if (balance > 1 && getBalance(root.left) >= 0) {
        return rightRotate(root);
    }

    //3.2 LR
    if (balance > 1 && getBalance(root.left) < 0) {
        root.left = leftRotate(root.left);
        return rightRotate(root);
    }

    //3.3 RR
    if (balance < -1 && getBalance(root.right) <= 0) {
        return leftRotate(root);
    }

    //3.4 RL
    if (balance < -1 && getBalance(root.right) > 0) {
        root.right = rightRotate(root.right);
        return leftRotate(root);
    }

    return root;
}
```

关于左旋、右旋操作，以及平衡因子和节点高度的计算与平衡二叉树插入操作的实现代码是一致的。先查找待删除节点中序遍历的直接前继节点，并用直接前继节点的值替换待删除节点的值，然后删除直接前继节点。其中查找操作 minValueNode 的实现代码如下，本质上利用了二叉排序树的特性。

```
Node minValueNode(Node node) {
    Node current = node;
    /* 查找最左侧的节点 */
    while (current.left != null) {
        current = current.left;
    }
    return current;
}
```

左旋操作和右旋操作仅需要修改几个指针的指向，时间复杂度为$O(1)$，更新节点的深度及计算机节点的平衡因子仅需要常数时间，所以平衡二叉树的删除操作的时间复杂度与二叉排序树的删除操作一样，为$O(h)$，其中h为树的高度。由于平衡二叉树是平衡的，因此$h=\log_2 n$，平衡二叉树删除操作的时间复杂度为$O(\log_2 n)$。

5.7.4 平衡二叉树的特点分析

1. 优点

相比于二叉排序树，平衡二叉树避免了二叉排序树可能出现的极端情况（斜树问题），其查找的平均时间复杂度为$O(\log_2 n)$。

2. 缺点

平衡二叉树为了保持平衡，动态进行插入、删除操作的代价会增大。基于此，衍生了红黑树。

5.8 红黑树

红黑树（Red-Black Tree）是一棵自平衡（Self-Balancing）的二叉搜索树（Binary Search Tree），其中每个节点包含额外的 1 比特，用于标识节点的颜色——红色或黑色。

一棵红黑树具有如下属性。

- **红/黑属性**：每个节点都有颜色，或为红色，或为黑色。
- **根属性**：树的根节点为黑色。
- **叶属性**：每一个 NIL 都为黑色。与之前的树结构相比，红黑树的叶子节点不包含任何数据，只充当树在此结束的标识，用 NIL 表示。

- **红属性**：树中不存在两个相邻的红色节点（红色节点的父节点和子节点均不能是红色）。若一个红色节点有子节点，则子节点必须是黑色的。
- **深度属性**：从任意一个节点（包括根节点）到其任何后代 NIL（默认是黑色的）的每条简单路径都具有相同数量的黑色节点，也称为黑色节点的深度相同，简称黑深相同。

图 5.127 所示为一棵红黑树，对于值为 13 的红色节点而言，其父节点（值为 33 的节点）和子节点（值为 11 的节点和值为 21 的节点）均为黑色节点，其他红色节点也都满足红属性。从根节点出发，值为 33 的节点→值为 13 的节点→值为 11 的节点→NIL 路径中的黑色节点有 3 个，值为 33 的节点→值为 13 的节点→值为 21 的节点→值为 15 的节点→NIL 路径中的黑色节点也有 3 个。从根节点到每一个 NIL 的简单路径都包含 3 个黑色节点，即黑深为 3。从值为 21 的节点出发，到达每一个 NIL 的简单路径都包含 2 个黑色节点，即黑深为 2。红黑树中的任一节点均满足深度属性。

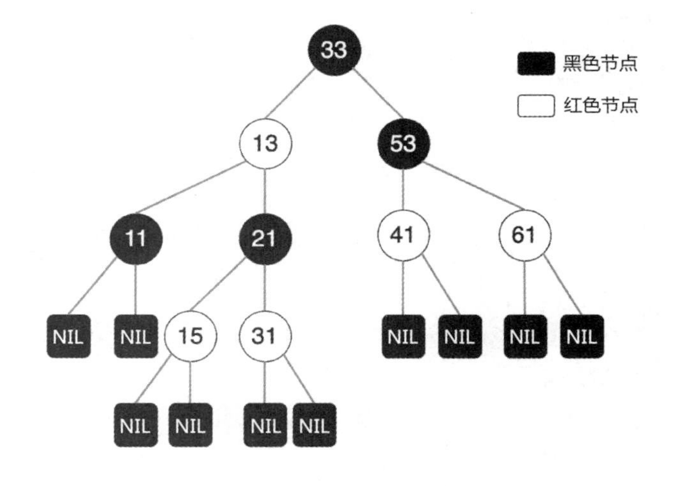

图 5.127

红黑树中的每个节点都具有如下属性。

- 颜色（Color）：红色或黑色，如值为 31 的节点是红色的，值为 21 的节点是黑色的。
- 数据（Data）：节点保存的值，21、31 等就是数据。
- 左子节点（Left）：如值为 21 的节点的左子节点是值为 15 的节点。
- 右子节点（Right）：如值为 21 的节点的右子节点是值为 31 的节点。
- 父节点（Parent）：如值为 21 的节点的父节点是值为 13 的节点。

这些约束确保了红黑树从根节点到叶子节点最长的简单路径的长度不超过最短的简单路径长度的两倍。这导致红黑树是一棵大致平衡的二叉树。因为二叉树操作（如插入、删除、查找）在最坏情况下的时间复杂度与树的高度成比例，且红黑树是一棵大致平衡的二叉树，所以其所有操作的时间复杂度在最坏情况下也与树的高度成正比。

导致上述结果的原因：**红属性**保证路径中不存在两个相邻的红色节点，最短的可能路径仅包含黑色节点，最长的可能路径是红色节点和黑色节点交替的路径；同时，**深度属性**规定从根节点出发到任何后代 NIL（默认是黑色的）的每条简单路径包含相同数量的黑色节点，因此没有哪条路径的长度能超过任何其他路径的两倍长。

与平衡二叉树类似，红黑树也可以执行各种旋转操作，用于在执行插入和删除等操作后调整红黑树，以符合红黑树属性。

基本旋转类型有两种：**左旋**和**右旋**。

左旋操作的执行步骤如下。

设初始时的树如图 5.128 所示，其中 T_1 表示节点 x 的左子树，T_2 表示节点 y 的左子树，T_3 表示节点 y 的右子树，P 表示节点 x 的父节点。

（1）若节点 y 的左子树 T_2 不为空，则将 T_2 的父节点修改为节点 x ，即将节点 x 的右子树设置为 T_2 ，如图 5.129 所示。

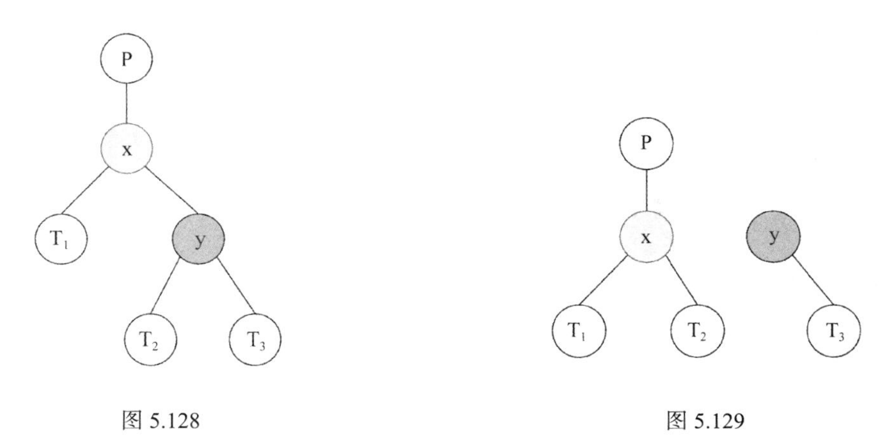

图 5.128　　图 5.129

（2）若节点 x 的父节点 P 为空，则将节点 y 设置为树的根节点。

（3）若节点 x 的父节点 P 不为空，且节点 x 是节点 P 的左子节点，则将节点 y 设置为节点 P 的左子节点。

（4）若节点 x 的父节点 P 不为空，且节点 x 是节点 P 的右子节点，则将节点 y 设置为节点 P 的右子节点。如图 5.130 所示，将节点 x 的父节点 P 设置为节点 y 的父节点。

（5）将节点 x 的父节点设置为节点 y ，将节点 x 作为节点 y 的左子节点，如图 5.131 所示。

右旋操作是左旋操作的逆过程，具体步骤如下。

设初始时的树如图 5.131 所示，也就是左旋所得到的图，其中 T_1 表示节点 x 的左子树，T_2 表示节点 x 的右子树，T_3 表示节点 y 的右子树，P 表示节点 y 的父节点。

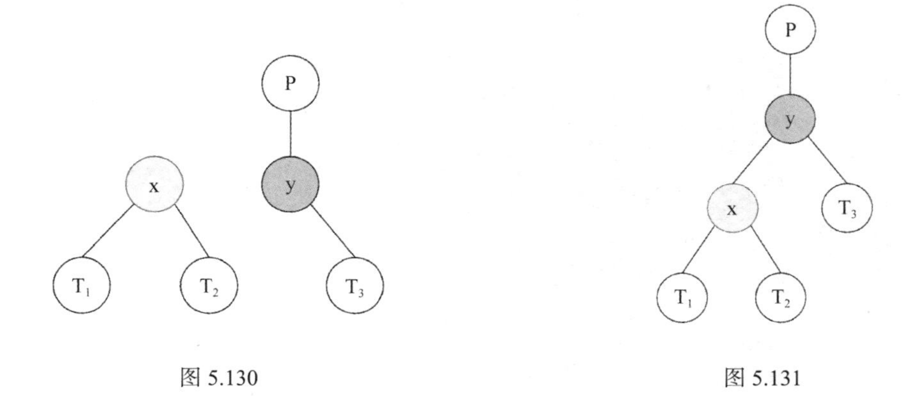

图 5.130　　　　图 5.131

（1）若节点 x 的右子树 T_2 不为空，则将 T_2 的父节点修改为节点 y，即将节点 y 的左子树设置为 T_2，如图 5.132 所示。

（2）如果节点 y 的父节点 P 为空，则将节点 x 设置为树的根节点。

（3）如果节点 y 的父节点 P 不为空，且节点 y 是节点 P 的左子节点，则将节点 x 设置为节点 P 的左子节点。

（4）如果节点 y 的父节点 P 不为空，且节点 y 是节点 P 的右子节点，则将节点 x 设置为节点 P 的右子节点。如图 5.133 所示，将节点 y 的父节点 P 设置为节点 x 的父节点。

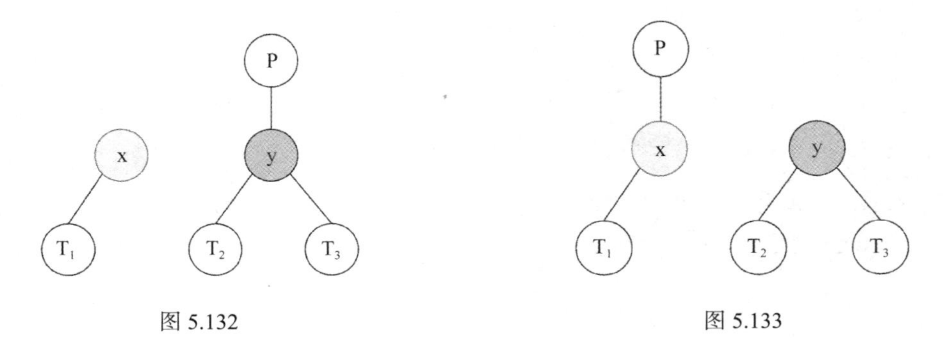

图 5.132　　　　图 5.133

（5）将节点 y 的父节点设置为节点 x，将节点 y 作为节点 x 的右子节点，结果如左旋操作的起始图所示（见图 5.128）。

如图 5.134 所示，将图 5.128 和图 5.131 合并到一张图中，可以清晰地看出左旋操作和右旋操作之间的关系。

通过组合左旋操作和右旋操作这两个基本操作，可以分为 4 种情况旋转情况：LR、RL、RR 和 LL。其中 LL 属于 LR 的一个中间转化过程，RR 属于 RL 的一个中间转化过程，因此主要介绍 LR 和 RL 两种情况。

LR 表示先进行左旋操作，再进行右旋操作，步骤如下。

（1）如图 5.135 所示，先对节点 x 进行左旋。

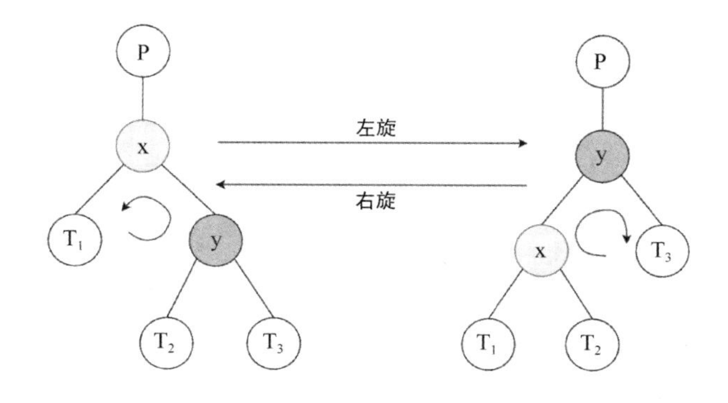

图 5.134

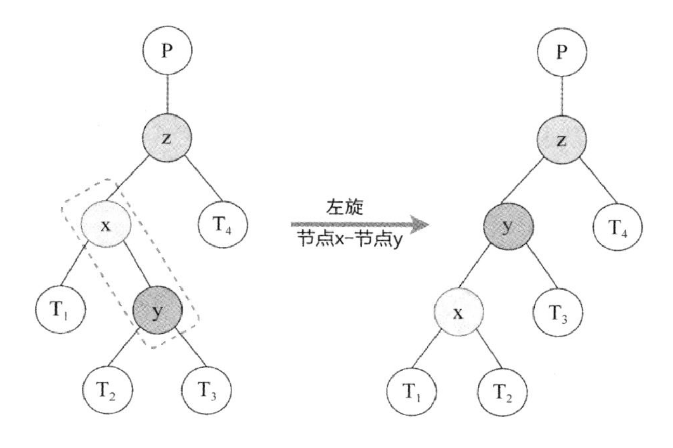

图 5.135

（2）如图 5.136 所示，再对节点 z 进行右旋。这一步骤中的节点 z、节点 y、节点 x 之间属于 LL 情况，对节点 z 进行右旋即可。

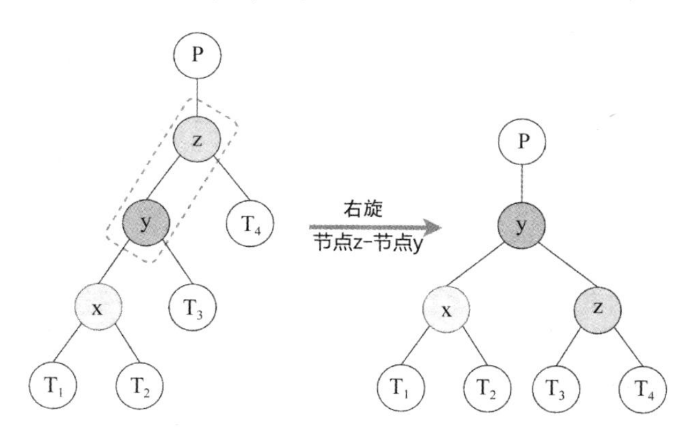

图 5.136

RL 表示先进行右旋操作，再进行左旋操作，步骤如下。

（1）如图 5.137 所示，先对节点 x 进行右旋，将节点 z 、节点 y 、节点 z 转化为 RR 情况。

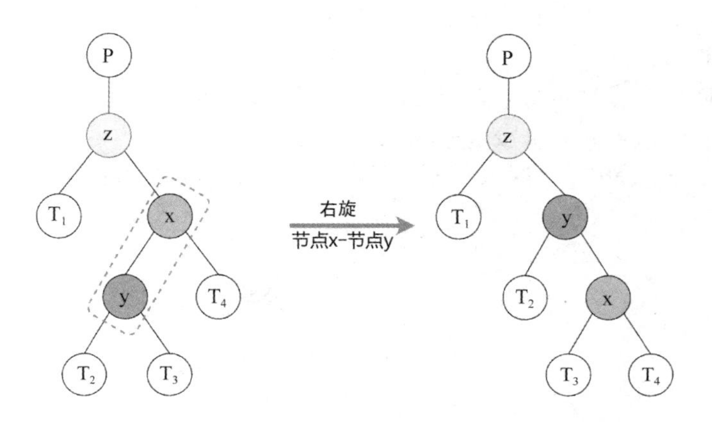

图 5.137

（2）如图 5.138 所示，再对节点 z 进行左旋，将 RR 情况转化为一棵平衡树。

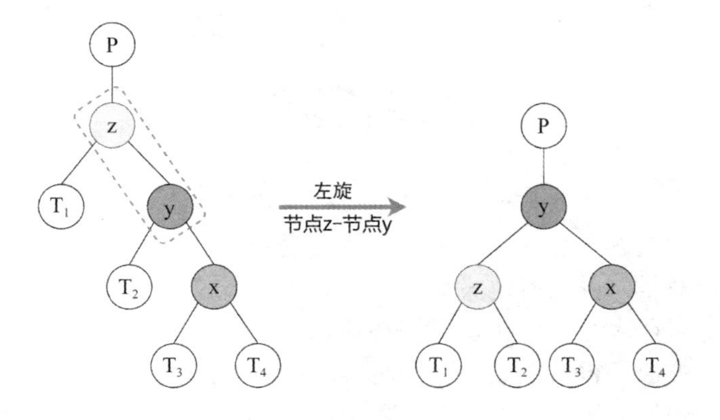

图 5.138

5.8.1 红黑树的插入操作

我们先通过二叉搜索树插入操作增加新节点，并将新节点标记为红色。如果将新节点标记为黑色，就会导致根节点到 NIL 的某一条简单路径上多一个黑色节点，这是很难调整的。将新节点标记为红色，就可能出现两个相邻红色节点的情况，这可以通过颜色调换和树的旋转操作进行调整。

需要注意如下几点。

- 性质 1（红/黑属性）和性质 3（叶属性）总是满足的。
- 性质 4（红属性）只在增加红色节点、重绘黑色节点为红色，或者做旋转操作时存在被违反的可能。
- 性质 5（深度属性）只在增加黑色节点、重绘红色节点为黑色，或者做旋转操作时存在被违反的可能。

下面通过简单示例来讲解红黑树插入操作的具体步骤。

（1）设插入的节点 newNode 的值为 20，如图 5.139 所示。

（2）设节点 y 是 NIL，节点 x 是树的根节点。节点 newNode 将插入如图 5.140 所示的红黑树中。

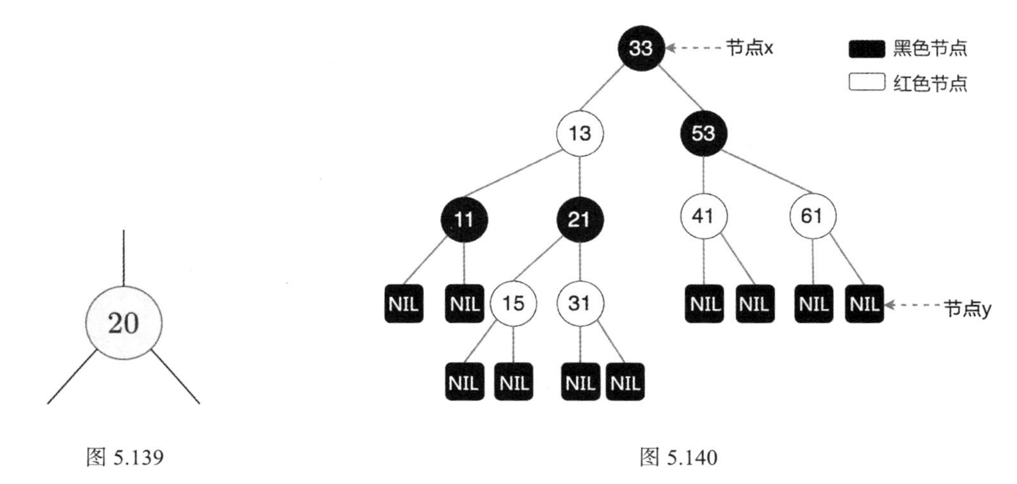

图 5.139　　　　图 5.140

（3）检查红黑树的根节点是否为空（节点 x 是否是 NIL）。若根节点为空，则将节点 newNode 作为根节点插入并将颜色设置为黑色。本例不属于此情况。若根节点不为空，则重复以下步骤，直到到达 NIL 为止，找到待插入节点的父节点 z 。

- 将插入节点的值和根节点的值进行比较。
- 若插入节点的值大于根节点的值，则遍历右子树；否则遍历左子树。

本例中节点 newNode 的插入路径如图 5.141 所示，节点 newNode 的父节点的值为 15。

（4）将 NIL 的父节点 z 分配为节点 newNode 的父节点，即将节点 newNode 的父节点的值设置为值为 15 的节点。

（5）若节点 newNode 的值大于父节点 z 的值，则将节点 newNode 设置为节点 z 的右子节点。否则，将节点 newNode 设置为节点 z 的左子节点。

本例中节点 newNode 的值大于 15，将它添加为值为 15 的节点的右子节点，如图 5.142 所示。

（6）将 NIL 赋给节点 newNode 的左子节点和右子节点。

（7）将节点 newNode 设置为红色。

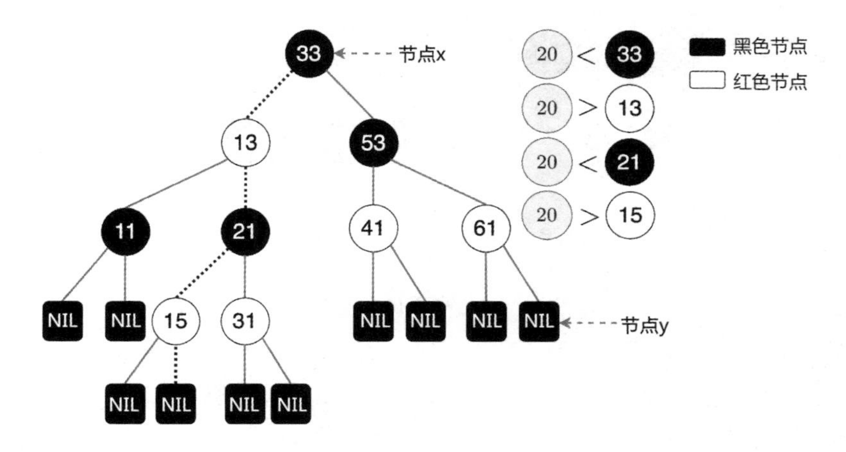

图 5.141

如图 5.143 所示，将新插入的节点 newNode 的颜色设置为红色，并将其左子节点和右子节点设置为 NIL。

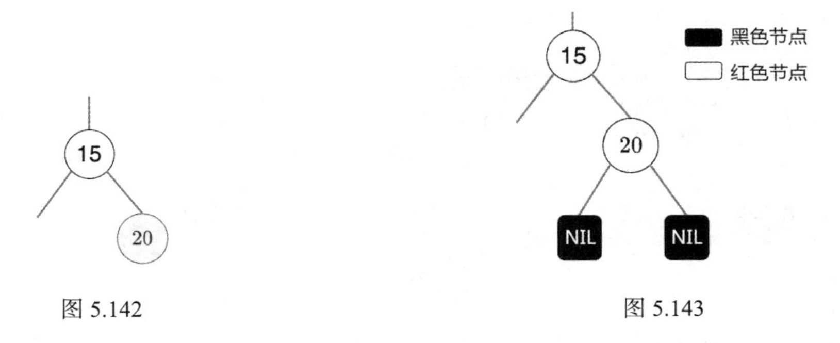

图 5.142

图 5.143

（8）由于值为 15 的节点和值为 20 的节点都为红色节点，两个红色节点相邻，违反了红黑树的红属性，因此调用 fixInsert()函数来调整红黑树。

接下来，我们看一下调用 fixInsert()函数的具体细节。

（1）执行如下操作（While 循环），直到节点 newNode 的父节点 p 是红色节点为止。

- 若新插入节点 newNode 的父节点 p 是其祖父节点 gP 的左子节点，则执行以下操作。
  - ✧情况一：如果节点 newNode 的祖父节点 gP 的右子节点（又称为节点 newNode 的父节点的兄弟节点）的颜色是红色，就把祖父节点 gP 的子节点的颜色设为黑色，把祖父节点 gP 的颜色设为红色。如图 5.144 所示，新插入节点 newNode 的祖父节点 gP 的右子节点（值为 31 的节点）是红色节点，把祖父节点 gP（值为 21 的节点）的两个子节点（值为 15 的节点和值为 31 的节点）的颜色设置为黑色，将祖父节点 gP（值为 21 的节点）的颜色设置为红色。

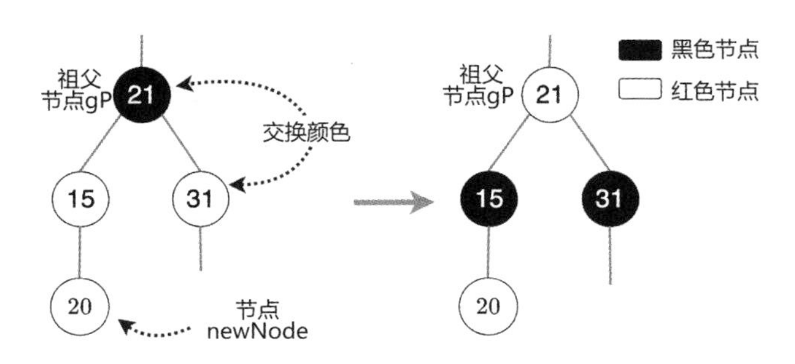

图 5.144

将祖父节点 gP 的值赋给节点 newNode。如图 5.145 所示，newNode 指针指向祖父节点 gP，作为新的节点 newNode，继续后续调整操作。

✧ 情况二：如果节点 newNode 是其父节点 p 的右子节点，就将父节点 p 的值赋给节点 newNode（在执行此步骤之前，检查 while 循环，若不满足循环条件，则循环中断）。如图 5.146 所示，节点 newNode（值为 21 的节点）是其父节点（值为 13 的节点）的右子节点，将 newNode 指针指向父节点，使之成为新的节点 newNode。

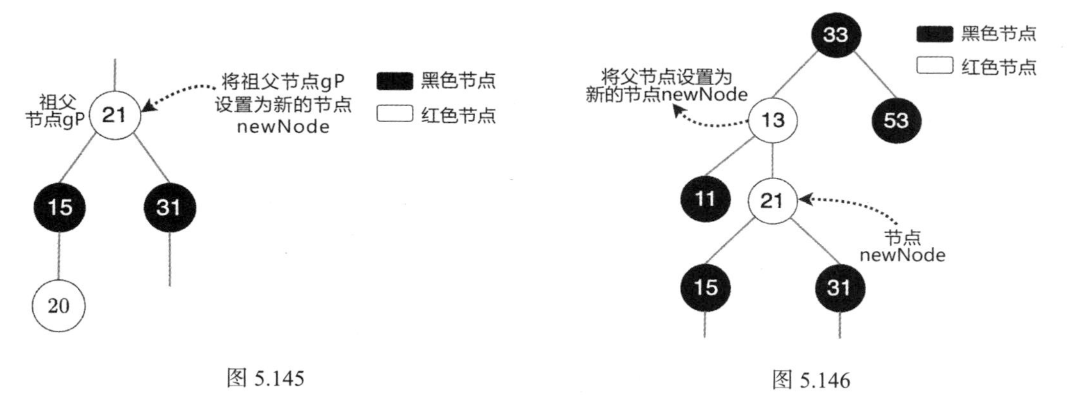

图 5.145　　　　图 5.146

对节点 newNode 进行左旋操作。如图 5.147 所示，对值为 13 的节点进行左旋操作。

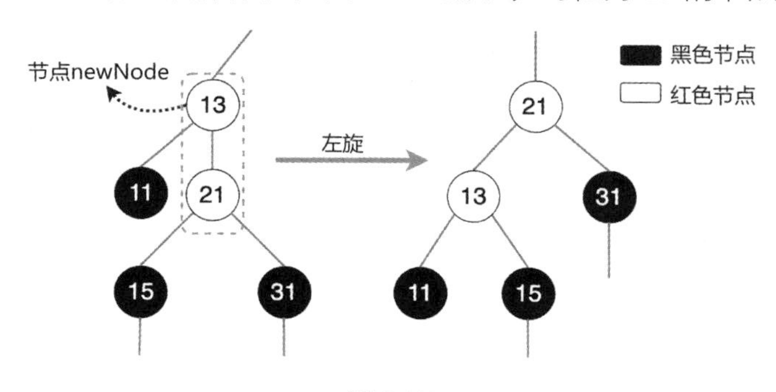

图 5.147

✧ 情况三：将节点 newNode 的父节点 p 的颜色设置为黑色，将祖父节点 gP 的颜色设置为红色。如图 5.148 所示，将节点 newNode（值为 13 的节点）的父节点 p（值为 21 的节点）的颜色设置为黑色，祖父节点 gP（值为 33 的节点）的颜色设置为红色。

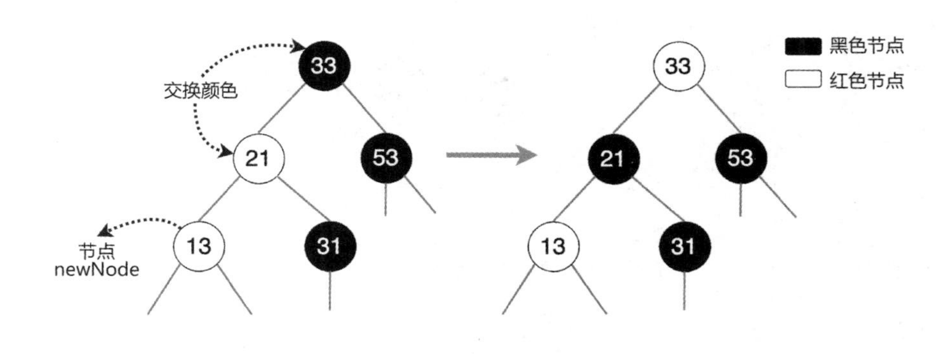

图 5.148

对祖父节点 gP 进行右旋操作。如图 5.149 所示，对值为 13 的节点的祖父节点（值为 33 的节点）进行右旋操作。

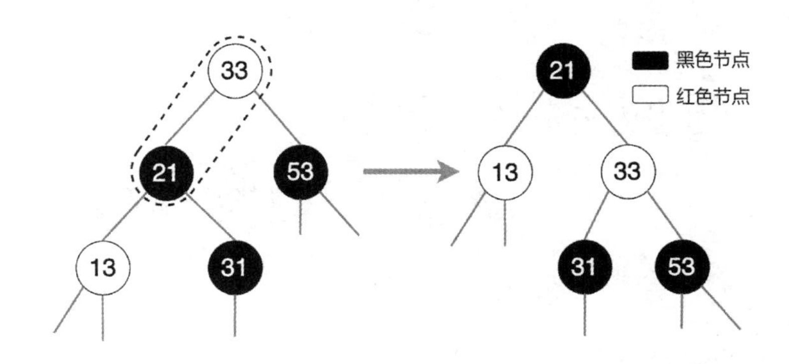

图 5.149

- 否则，执行如下步骤。
  ✧ 如果节点 z 的祖父节点 gP 的左子节点的颜色是红色，就把祖父节点 gP 的子节点的颜色设为黑色，把祖父节点 gP 的颜色设为红色，将祖父节点 gP 的值赋给节点 newNode。如果节点 newNode 是父节点 p 的左子节点，就将父节点 p 分配的值赋给节点 newNode，并对新的节点 newNode 进行右旋操作，将父节点 p 的颜色设为黑色，将祖父节点 gP 的颜色设为红色，并对祖父节点 gP 进行左旋操作。

（2）将树的根节点的颜色设置为黑色（此步骤在结束 while 循环之后执行）。如图 5.150 所示，将根节点（值为 21 的节点）的颜色设置为黑色。

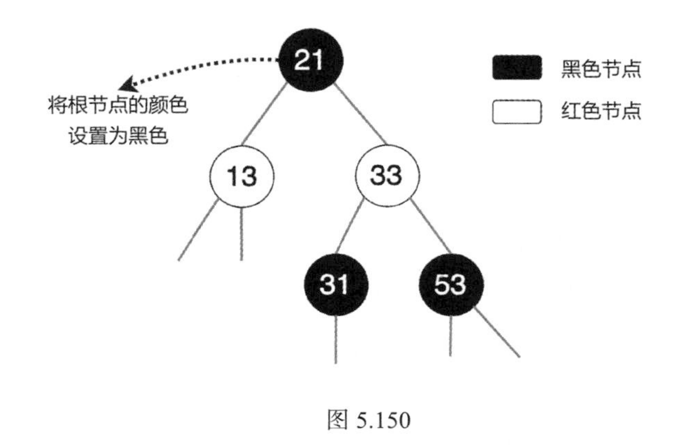

图 5.150

插入值为 20 的节点后，最终的红黑树如图 5.151 所示。

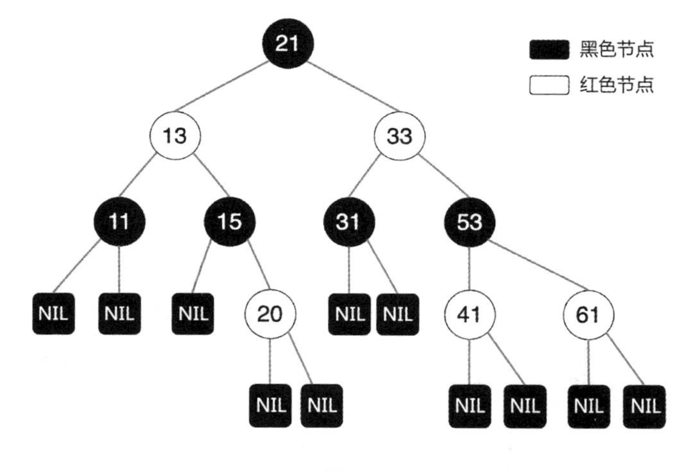

图 5.151

5.8.2 红黑树的删除操作

我们再来看一下红黑树删除操作的具体执行过程。

（1）如图 5.152 所示，设待删除节点 nodeToBeDeleted 的值为 40。

（2）在 OriginalColor 变量中保存待删除节点 nodeToBeDeleted 的颜色，即 OriginalColor = Black。

（3）对于待删除节点 nodeToBeDeleted，若其左子节点为 NIL，则执行如下操作。

- 将待删除的节点 nodeToBeDeleted 的右子节点的值赋给变量 x。如图 5.153 所示，将待删除节点 nodeToBeDeleted（值为 40 的节点）的右子节点 NIL 的值赋给变量 x。

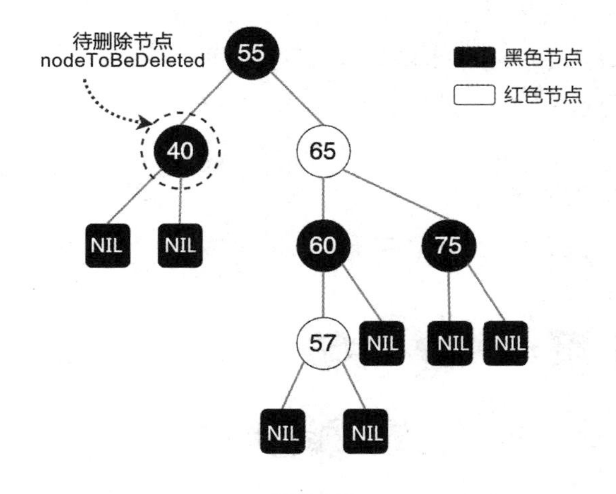

图 5.152

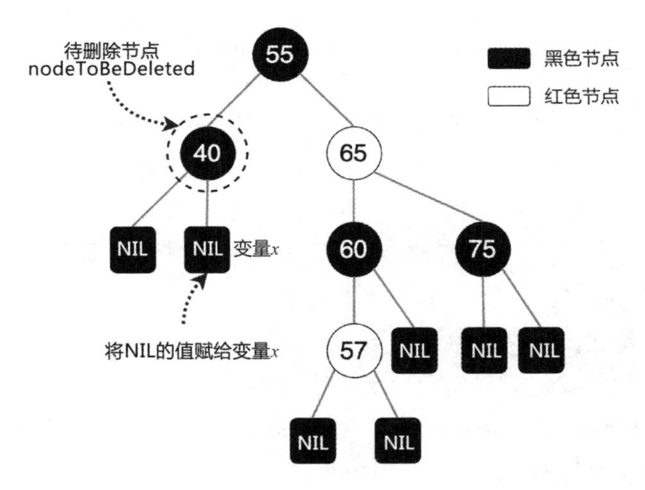

图 5.153

- 用变量 x 替换待删除节点 nodeToBeDeleted，如图 5.154 所示。

若待删除节点 nodeToBeDeleted 的右子节点为 NIL，则执行如下操作。

- 将待删除节点 nodeToBeDeleted 的左子节点的值赋值给变量 x。
- 用 x 替换待删除节点 nodeToBeDeleted。

否则，执行如下操作。

- 将待删除节点 nodeToBeDeleted 的右子树中的值最小的节点的值赋给节点 y。
- 在 OriginalColor 变量中保存节点 y 的颜色。
- 将节点 y 的右子节点 rightChild 的值赋值给变量 x。
- 如果节点 y 是待删除节点 nodeToBeDeleted 的子节点，就将变量 x 的父节点设置为节点 y；否则，节点 y 的右子节点和节点 y 互换位置。

- 待删除节点 nodeToBeDeleted 和节点 y 互换位置。
- 将节点 y 的颜色设置为 OriginalColor 变量中的值。

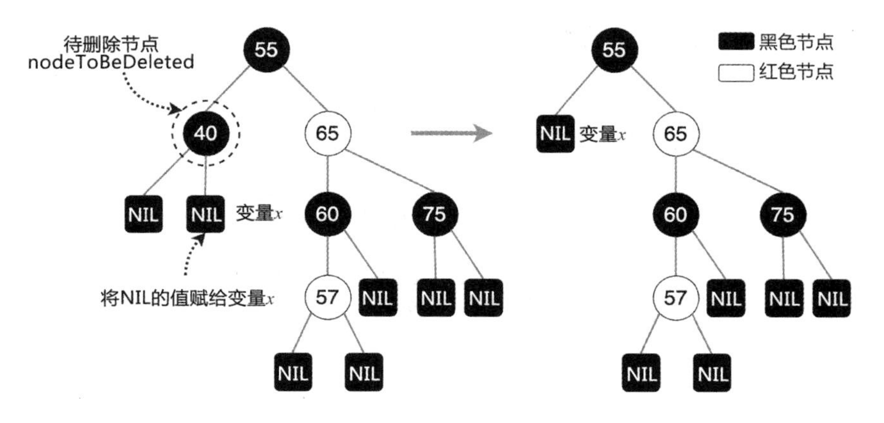

图 5.154

（4）若 OriginalColor 变量中的值是黑色，则调用 fixDelete(x)函数。

若待删除节点是黑色节点，则会导致红黑树的深度属性被违反。通过假定节点 x（占据了节点 y 的原始位置的节点）有一个额外的黑色来纠正这种冲突，因此节点 x 既不是红色节点，也不是黑色节点。而一个节点要么是红色节点，要么是黑色节点，这违反了节点的红/黑属性。事实上，节点 x 的颜色属性并没有改变，而是在节点 x 的指针指向的节点上额外增加一个黑色属性，也称之为双黑节点。

FixDelete(x)函数的操作就是将双黑节点变成单黑节点，具体实现细节如下。

（1）如果节点 x 不是树的根节点且节点 x 的颜色为黑色，就执行 while 循环，直到节点 x 是树的根节点或者节点 x 的颜色是红色为止。

（2）对于节点 x，如果它是它的父节点的左子节点，就将节点 x 的兄弟节点赋值给节点 w。如图 5.155 所示，将节点 x 的兄弟节点（值为 65 的节点）赋值给节点 w。

当节点 x 的兄弟节点是红色节点时（情况一），执行如下步骤。在示例中，节点 x 的兄弟节点（值为 65 的节点）是红色节点。

- 将节点 x 的父节点的右子节点（兄弟节点）的颜色设置为黑色。
- 将节点 x 的父节点的颜色设置为红色。如图 5.156 所示，将节点 w 和节点 w 的父节点的颜色交换即节点 w（值为 65 的节点）的颜色设置为黑色，将其父节点（值为 55 的节点）的颜色设置为红色。
- 对节点 x 的父节点（值为 55 的节点）进行左旋操作，如图 5.157 所示。

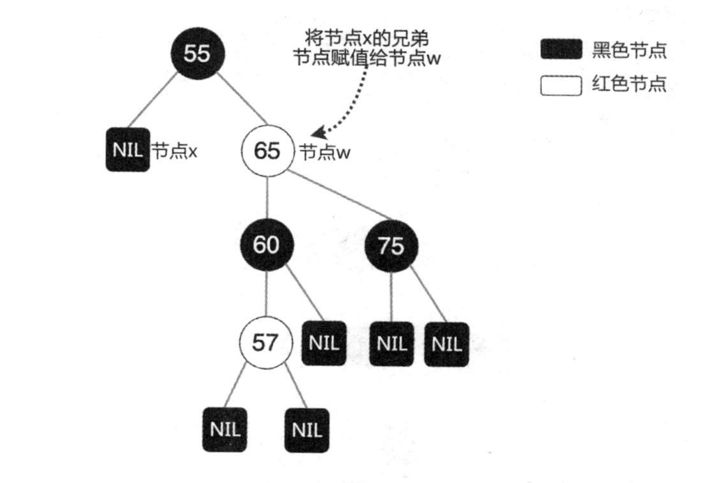

图 5.155

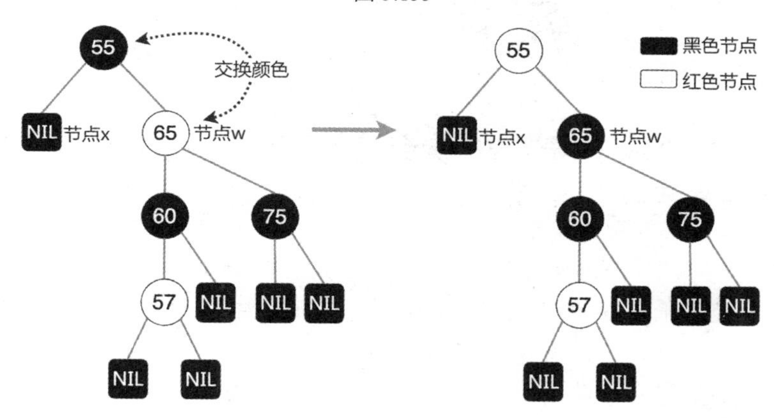

图 5.156

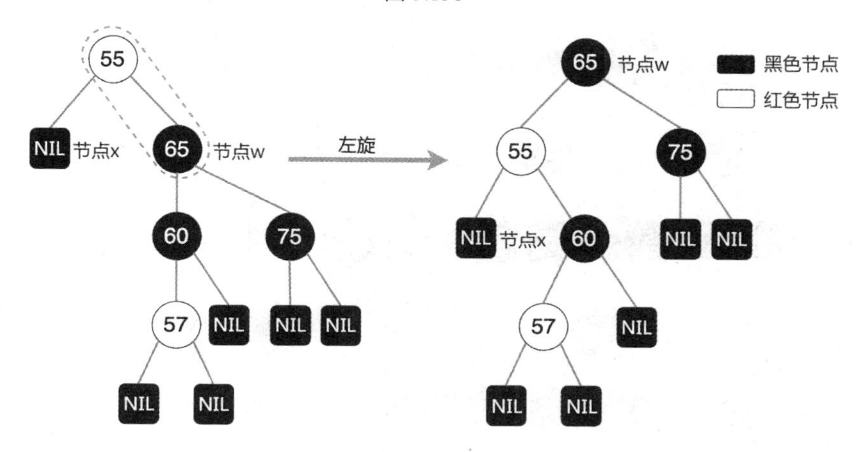

图 5.157

- 将节点 x 的父节点的右子节点（节点 x 的兄弟节点）赋值给节点 w。如图 5.158 所示，将节点 x 的父节点的右子节点（值为 60 的节点）赋值给节点 w。

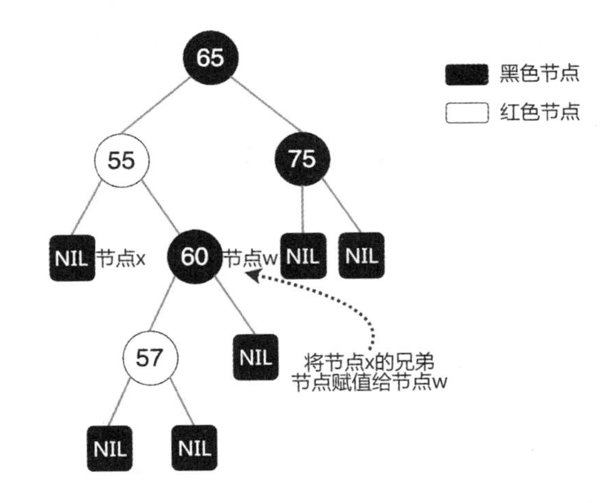

图 5.158

若节点 w 的左子节点、右子节点的颜色是黑色（情况二），则执行如下步骤。

- 将节点 w 的颜色设置为红色。
- 将节点 x 的父节点赋值给节点 x。

若节点 w 的右子节点的颜色是黑色（情况三），则执行如下步骤。值为 60 的节点的右子节点的颜色是黑色。

- 将节点 w 的左子节点的颜色设置为黑色。
- 将节点 w 的颜色设置为红色。

如图 5.159 所示，交换值为 60 的节点和值为 57 的节点的颜色。

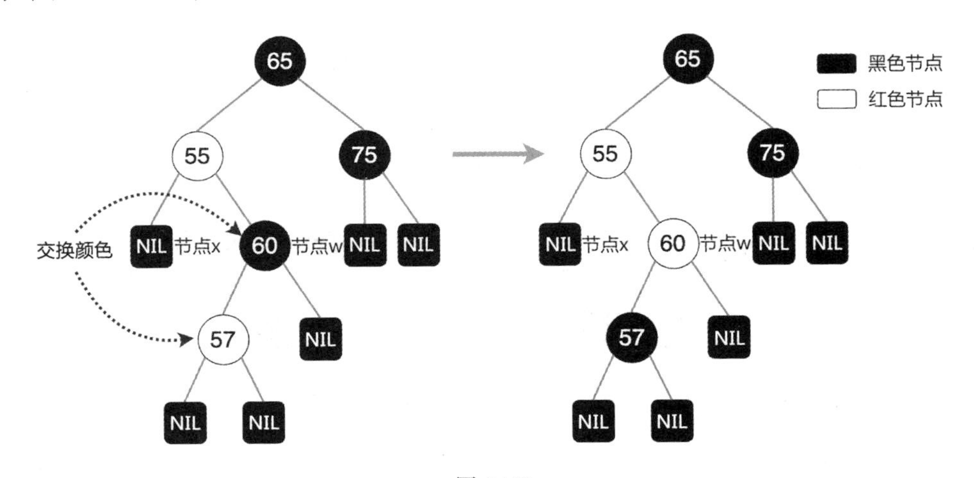

图 5.159

- 对节点 w 进行右旋操作。如图 5.160 所示，对值为 60 的节点进行右旋操作。

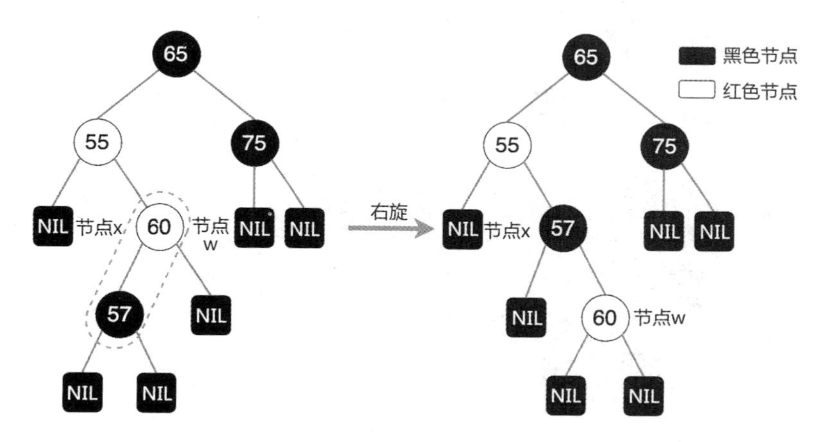

图 5.160

- 将节点 x 的父节点的右子节点赋值给节点 w。如图 5.161 所示，将节点 x 的兄弟节点（值为 57 的节点）赋值给节点 w。

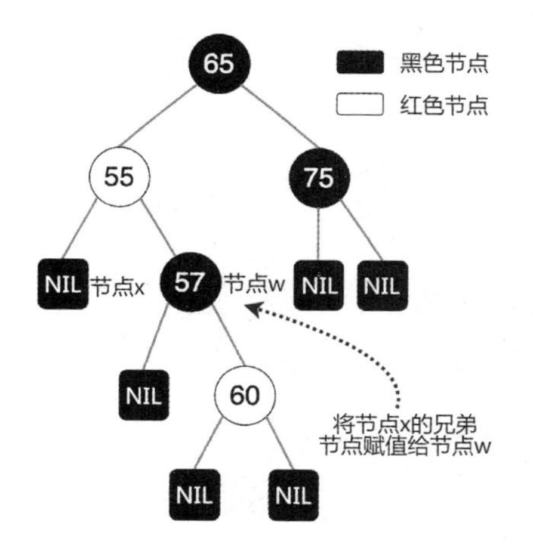

图 5.161

最后执行如下步骤（情况四）。

- 将节点 w 的颜色设置为节点 x 的父节点的颜色。将值为 57 的节点的颜色设置为节点 x 的父节点（值为 55 的节点）的颜色，即红色。
- 将节点 x 的祖父节点的颜色设置为黑色。将节点 x 的祖父节点（值为 65 的节点）的颜色设置为黑色。
- 将节点 w 的右子节点的颜色设置为黑色。将值为 57 的节点的右子节点（值为 60 的节点）的颜色设置为黑色，如图 5.162 所示。

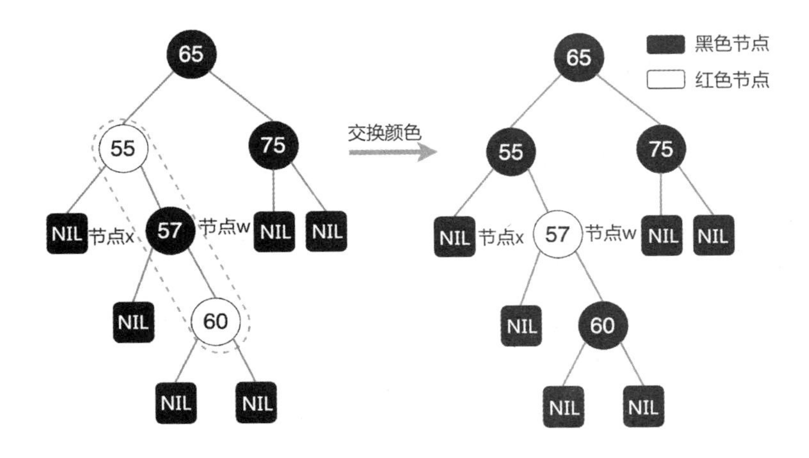

图 5.162

- 对节点 x 的父节点进行左旋操作。如图 5.163 所示，对值为 55 的节点进行左旋操作。

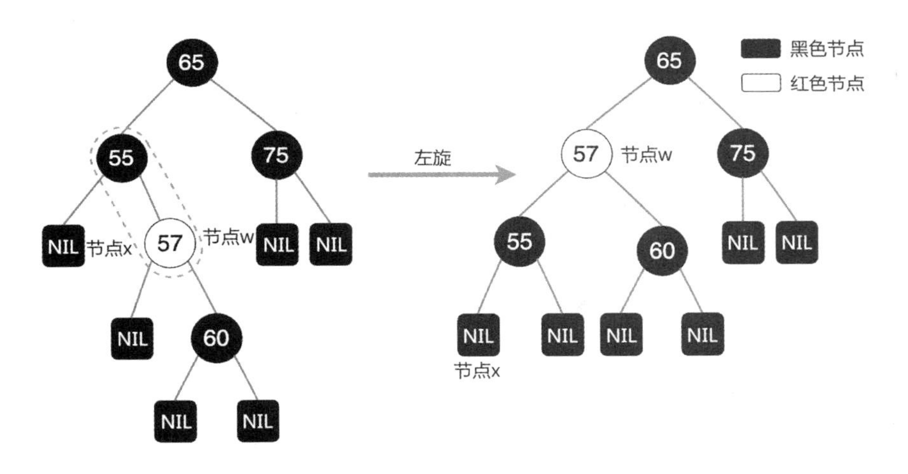

图 5.163

- 将节点 x 设置为树的根节点，即让节点 x 的指针指向根节点（值为 65 的节点），如图 5.164 所示。此时节点 x 已经指向根节点了，并且节点颜色是黑色，退出 while 循环，修正过程完成。

（3）如果节点 x 是其父节点的右子节点，与步骤（2）相同，由右向左改变。

（4）退出 while 循环之后，将节点 x 的颜色设置为黑色。

上述 fixDelete(x)函数的修正工作流程可以通过如图 5.165 所示的流程图来理解。

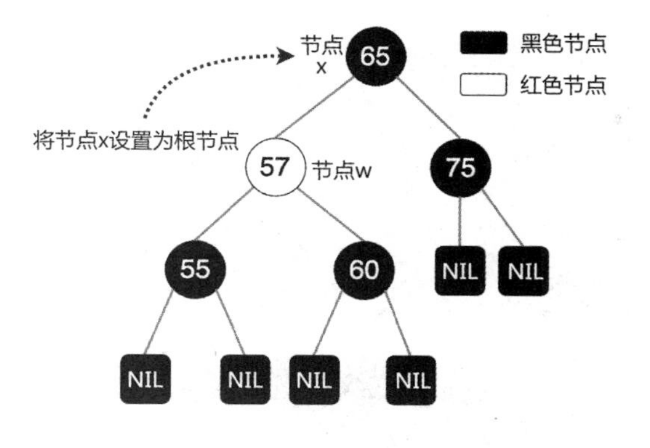

图 5.164

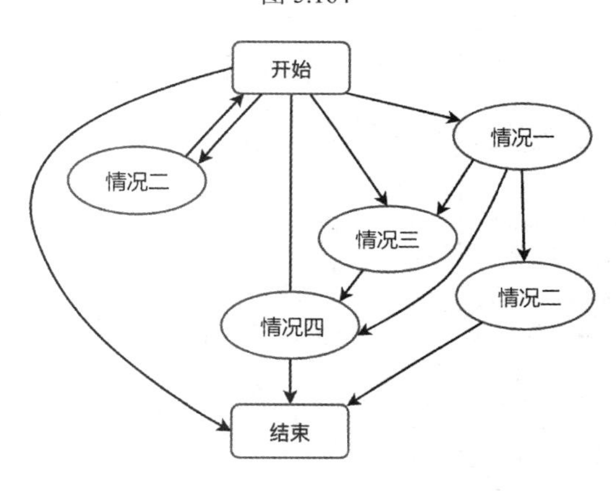

图 5.165

红黑树的实现代码如下。

```
/**
 * 红黑树节点
 */
class Node {
    int data;                                   //数据
    Node parent;                                //父节点
    Node left;                                  //左子节点
    Node right;                                 //右子节点
    //节点的颜色：0 表示黑色，1 表示红色
    int color;
}

public class RedBlackTree {
    private Node root;
```

```
private Node TNULL;

/**
 * 在红黑树中查找值为 key 的节点
 *
 * @param node 根节点
 * @param key  待查找的值
 * @return 若找到节点，则返回节点指针；否则，返回 TNULL
 */
private Node searchTreeHelper(Node node, int key) {
    if (node == TNULL || key == node.data) {
        return node;
    }

    if (key < node.data) {
        return searchTreeHelper(node.left, key);
    }
    return searchTreeHelper(node.right, key);
}

 /**
 * 删除节点之后对红黑树进行修正
 *
 * @param x 修正的起始节点
 */
private void fixDelete(Node x) {
    Node s;
    //1. 若节点 x 不是根节点且节点 x 的颜色是黑色，则执行 while 循环
    while (x != root && x.color == 0) {
        //2. 节点 x 是它的父节点的左子节点
        if (x == x.parent.left) {
            //2.a 节点 x 的兄弟节点 s
            s = x.parent.right;
            //2.b 情况一：节点 x 的兄弟节点 s 的颜色是红色
            if (s.color == 1) {
                //2.b.a 将兄弟节点 s 的颜色设置为黑色
                s.color = 0;
                //2.b.b 将节点 x 的父节点的颜色设置为红色
                x.parent.color = 1;
                //2.b.c 对节点 x 的父节点进行左旋操作
                leftRotate(x.parent);
                //2.b.d 将节点 x 的兄弟节点赋值给兄弟节点 s
```

```
            s = x.parent.right;
        }
        //2.c 情况二：兄弟节点 s 的左子节点、右子节点的颜色都是黑色的
        if (s.left.color == 0 && s.right.color == 0) {
            //2.c.a 将兄弟节点 s 的颜色设置为红色
            s.color = 1;
            //2.c.b 节点 x 的指针指向节点 x 的父节点
            x = x.parent;
        } else {
            //2.d 情况三：兄弟节点 s 的右子节点的颜色是黑色
            if (s.right.color == 0) {
                //2.d.a 将兄弟节点 s 的左子节点的颜色设置为黑色
                s.left.color = 0;
                //2.d.b 将兄弟节点 s 的颜色设置为红色
                s.color = 1;
                //2.d.c 对兄弟节点 s 执行右旋操作
                rightRotate(s);
                //2.d.d 将节点 x 的兄弟节点赋值给兄弟节点 s
                s = x.parent.right;
            }
            //2.e 情况四
            //2.e.a 将兄弟节点 s 的颜色设置为节点 x 的父节点的颜色
            s.color = x.parent.color;
            //2.e.b 将节点 x 的父节点的颜色设置为黑色
            x.parent.color = 0;
            //2.e.c 将兄弟节点 s 的右子节点的颜色设置为黑色
            s.right.color = 0;
            //2.e.d 对节点 x 的父节点执行左旋操作
            leftRotate(x.parent);
            //2.e.e 将根节点赋值给节点 x
            x = root;
        }
    } else {  //3. 节点 x 是其父节点的右子节点
        s = x.parent.left;
        if (s.color == 1) {
            s.color = 0;
            x.parent.color = 1;
            rightRotate(x.parent);
            s = x.parent.left;
        }

        if (s.right.color == 0 && s.left.color == 0) {
```

```
                    s.color = 1;
                    x = x.parent;
                } else {
                    if (s.left.color == 0) {
                        s.right.color = 0;
                        s.color = 1;
                        leftRotate(s);
                        s = x.parent.left;
                    }

                    s.color = x.parent.color;
                    x.parent.color = 0;
                    s.left.color = 0;
                    rightRotate(x.parent);
                    x = root;
                }
            }
        }
        //4. 将节点 x 的颜色设置为黑色
        x.color = 0;
    }

    /**
     * 使用节点 v 替换节点 u
     *
     * @param u 被替换节点
     * @param v 要替换节点
     */
    private void rbTransplant(Node u, Node v) {
        if (u.parent == null) {
            root = v;
        } else if (u == u.parent.left) {
            u.parent.left = v;
        } else {
            u.parent.right = v;
        }
        v.parent = u.parent;
    }

    /**
     * 删除一个红黑树节点
     *
```

```
 * @param node 树的根节点
 * @param key  待删除节点的 key
 */
private void deleteNodeHelper(Node node, int key) {
    Node z = TNULL;
    Node x, y;
    while (node != TNULL) {
        if (node.data == key) {
            z = node;
        }

        if (node.data <= key) {
            node = node.right;
        } else {
            node = node.left;
        }
    }

    if (z == TNULL) {
        System.out.println("树中未找到节点" + key);
        return;
    }

    y = z;
    //1. 在 OriginalColor 变量中保存待删除节点的颜色
    int yOriginalColor = y.color;
    //2. 如果待删除节点的左子节点为 NULL
    if (z.left == TNULL) {
        //2.a 将待删除节点的右子节点赋值给节点 x
        x = z.right;
        //2.b 使用节点 x 替换待删除节点
        rbTransplant(z, x);
    }
    //3. 待删除节点的右子节点为 NULL
    else if (z.right == TNULL) {
        //3.a 将待删除节点的左子节点赋值给节点 x
        x = z.left;
        //3.b 用节点 x 替换待删除节点
        rbTransplant(z, x);
    } else { //4. 待删除节点的左子节点、右子节点均不为空
        //4.a 将待删除节点的右子树中的最小值赋值给节点 y
        y = minimum(z.right);
```

```
        //4.b 保存节点 y 的颜色
        yOriginalColor = y.color;
        //4.c 将节点 y 的右子节点赋值给节点 x
        x = y.right;
        //4.d 如果节点 y 的父节点是待删除节点,就将节点 x 的父节点设置为节点 y
        if (y.parent == z) {
            x.parent = y;
        //4.e 如果节点 y 的父节点不是待删除节点
        } else {
            //使用节点 y 的右子节点替换节点 y
            rbTransplant(y, y.right);
            y.right = z.right;
            y.right.parent = y;
        }
        //4.f 节点 y 替换待删除节点
        rbTransplant(z, y);
        y.left = z.left;
        y.left.parent = y;
        y.color = z.color;
    }
    if (yOriginalColor == 0) {
        fixDelete(x);
    }
}

/**
 * 插入新节点后调整红黑树
 *
 * @param k 导致不平衡节点
 */
private void fixInsert(Node k) {
    Node u;
    //若新插入节点的父节点为红色，则违反红属性
    while (k.parent.color == 1) {
        //新插入节点的父节点是新插入节点的祖父节点的右子节点
        if (k.parent == k.parent.parent.right) {
            //变量 u 保存新插入节点的父节点的兄弟节点
            u = k.parent.parent.left;
            if (u.color == 1) {
                u.color = 0;
                k.parent.color = 0;
                k.parent.parent.color = 1;
```

```
                k = k.parent.parent;
            } else {
                if (k == k.parent.left) {
                    k = k.parent;
                    rightRotate(k);
                }
                k.parent.color = 0;
                k.parent.parent.color = 1;
                leftRotate(k.parent.parent);
            }
        } else { //新插入节点的父节点是新插入节点的祖父节点的左子节点
            u = k.parent.parent.right;
            //新插入节点的父节点 p 的兄弟节点 u 的颜色为红色
            if (u.color == 1) {
                u.color = 0;                    //将右子节点的颜色设置为黑色
                k.parent.color = 0;             //将左子节点的颜色设置为黑色
                k.parent.parent.color = 1;  //将祖父节点的颜色设置为红色
                k = k.parent.parent;            //指针 k 指向祖父节点
            } else {                            //节点 u 的颜色为黑色
                //新插入节点是父节点的右子节点
                if (k == k.parent.right) {
                    k = k.parent;
                    leftRotate(k);
                }
                k.parent.color = 0;
                k.parent.parent.color = 1;
                rightRotate(k.parent.parent);
            }
        }
        if (k == root) {
            break;
        }
    }
    //将树的根节点的颜色设置为黑色
    root.color = 0;
}

private void printHelper(Node root, String indent, boolean last) {
    if (root != TNULL) {
        System.out.print(indent);
        if (last) {
            System.out.print("R----");
```

```
            indent += "    ";
        } else {
            System.out.print("L----");
            indent += "|   ";
        }

        String sColor = root.color == 1 ? "RED": "BLACK";
        System.out.println(root.data + "(" + sColor + ")");
        printHelper(root.left, indent, false);
        printHelper(root.right, indent, true);
    }
}

public RedBlackTree() {
    TNULL = new Node();
    TNULL.color = 0;                  //NIL 为黑色
    TNULL.left = null;
    TNULL.right = null;
    root = TNULL;                     //初始化一棵空树
}

public Node searchTree(int k) {
    return searchTreeHelper(this.root, k);
}

/**
 * 树的最小值
 */
public Node minimum(Node node) {
    while (node.left != TNULL) {
        node = node.left;
    }
    return node;
}

/**
 * 树的最大值
 */
public Node maximum(Node node) {
    while (node.right != TNULL) {
        node = node.right;
    }
```

```
    return node;
}

/**
 * 基本的左旋操作
 */
public void leftRotate(Node x) {
    Node y = x.right;
    x.right = y.left;
    if (y.left != TNULL) {
        y.left.parent = x;
    }
    y.parent = x.parent;
    if (x.parent == null) {
        this.root = y;
    } else if (x == x.parent.left) {
        x.parent.left = y;
    } else {
        x.parent.right = y;
    }
    y.left = x;
    x.parent = y;
}

/**
 * 基本的右旋操作
 */
public void rightRotate(Node x) {
    Node y = x.left;
    x.left = y.right;
    if (y.right != TNULL) {
        y.right.parent = x;
    }
    y.parent = x.parent;
    if (x.parent == null) {
        this.root = y;
    } else if (x == x.parent.right) {
        x.parent.right = y;
    } else {
        x.parent.left = y;
    }
    y.right = x;
```

```
        x.parent = y;
    }

    /**
     * 红黑树插入操作
     */
    public void insert(int key) {
        //初始化一个值为 key 的红黑树节点
        Node node = new Node();
        node.parent = null;
        node.data = key;
        node.left = TNULL;
        node.right = TNULL;
        //将新节点的颜色设置为红色
        node.color = 1;
        //待插入节点的父节点
        Node y = null;
        Node x = this.root;

        while (x != TNULL) {
            y = x;
            if (node.data < x.data) {
                x = x.left;
            } else {
                x = x.right;
            }
        }

        node.parent = y;
        if (y == null) { //空树
            root = node;
        } else if (node.data < y.data) {
            y.left = node;                  //作为左子节点
        } else {
            y.right = node;                 //作为右子节点
        }
        //将根节点的颜色设置为黑色
        if (node.parent == null) {
            node.color = 0;
            return;
        }
        //祖父节点为null，两层平衡
```

```
        if (node.parent.parent == null) {
            return;
        }
        //调用修正函数
        fixInsert(node);
    }

    public Node getRoot() {
        return this.root;
    }

    public void deleteNode(int data) {
        deleteNodeHelper(this.root, data);
    }

    public void printTree() {
        printHelper(this.root, "", true);
    }

    public static void main(String[] args) {
        RedBlackTree bst = new RedBlackTree();
        bst.insert(55);
        bst.insert(40);
        bst.insert(65);
        bst.insert(60);
        bst.insert(75);
        bst.insert(57);
        bst.printTree();

        System.out.println("\nAfter deleting:");
        bst.deleteNode(40);
        bst.printTree();
    }
}
```

5.8.3 红黑树的应用

红黑树的应用如下。

- 红黑树被广泛用于 Java util 工具包中，HashMap 和 HashSet 的底层都用到了红黑树。
- Linux 的进程调度用红黑树管理进程控制块，进程的虚拟内存空间存储在一棵红黑树中，每个虚拟内存空间对应红黑树中的一个节点，左指针指向相邻的虚拟内存空间，右指针指向相邻的高地址虚拟内存空间。

- I/O 多路复用的 epoll 采用红黑树组织管理 sockfd，以支持快速增、删、改、查。
- NGINX 用红黑树管理定时器。
- Java 的 TreeMap 和 TreeSet 的实现也利用了红黑树。

5.8.4 时间复杂度分析

红黑树的插入、删除和查找操作的时间复杂度均为 $O(\log_2 n)$。

5.9 B 树

5.9.1 B 树简介

B 树是一种特殊类型的自平衡搜索树，其中一个节点可以拥有 2 个以上的子节点。B 树是二叉搜索树的一种广义形式。与二叉搜索树不同，B 树适用于读写数据块相对较大的存储系统，如磁盘。

大多数的平衡搜索树（Self-Balancing Search Trees），如平衡二叉树和红黑树，假设所有数据放在主存储器中。那么为什么要使用 B 树呢（或者说为什么要有 B 树呢）？要解释清楚这一点，我们假设数据量达到了亿级。主存储器无法存储这么多数据，我们只能以块的形式从磁盘中读取数据，与主存储器的访问时间相比，磁盘的 I/O 操作耗时很长，提出 B 树的主要目的就是减少磁盘的 I/O 操作。大多数平衡树操作（查找、插入、删除等）需要进行 $O(h)$ 次磁盘访问操作。其中，h 是树的高度。但是对于 B 树而言，树的高度不是 $\log_2 n$（其中，n 是树中的键数），而是一个我们可控的高度 h（通过调整 B 树中节点包含的键数，可以使 B 树的高度保持一个较小值）。一般而言，B 树的节点包含的键的数目与磁盘块大小一样，从数个到数千个不等。由于 B 树的高度 h 可控（一般远小于 $\log_2 n$），因此与平衡二叉树和红黑树相比，B 树的磁盘访问时间将极大地缩短。

我们之前谈过红黑树与平衡二叉树相比，红黑树更好一些，这里我们将红黑树与 B 树进行比较。

假设有 8388608 条记录，对于红黑树而言，树的高度 $h = \log_2 8388608 = 23$，即查找到叶子节点需要进行 23 次磁盘 I/O 操作。对于 B 树而言，情况就不同了。假设每个节点可以包含 8 个键（当然真实情况下没有这么平均，有的节点包含的键可能比 8 多，有的节点包含的键可能比 8 少），那么整棵树的高度最大为 8（ $\log_8 8388608 \approx 7.7$ ），也就意味着查找一个叶子节点上的键的磁盘访问次数最多为 8，这就是 B 树被提出来的原因。

B 树中的节点分为三类。

- **内部节点**：除叶子节点和根节点外的所有节点。通常包含一组有序的键和指向子节点的指针。图 5.166 中的节点[10]、节点[30,33]、节点[50,60]均属于内部节点。
- **根节点**：拥有的键数的上限和内部节点相同，但是没有下限。图 5.166 中的节点[20,40]为根节点。
- **叶子节点**：对键的数量和内部节点有相同的限制，但是叶子节点没有子节点，也没有指向子节点的指针。图 5.166 中的底层节点就是叶子节点，如叶子节点[25,28]包含 2 个键，但是没有指向子节点的指针。

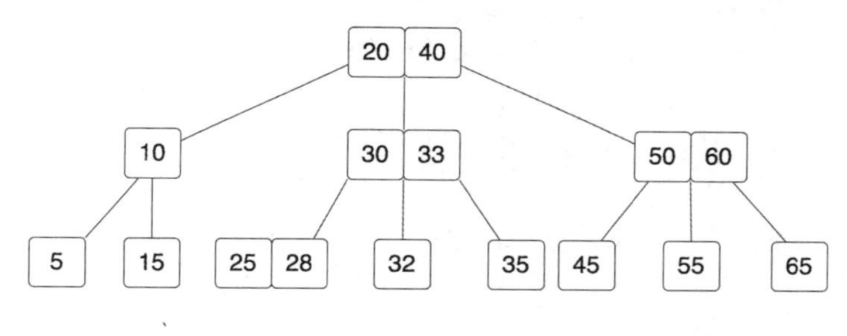

图 5.166

一棵根节点为 $\text{root}[T]$ 的 B 树具有如下属性。

（1）树中的每个节点 x 包含如下字段。

- $n[x]$：表示当前节点 x 包含的键的数目。如图 5.166 所示，节点 $n[20,40]$ 为 2，$n[10]$ 为 1。
- $n[x]$ 中的键 $\text{key}_i[x]$ 是以非递减顺序存储的，$\text{key}_0[x] \leqslant \text{key}_1[x] \leqslant \cdots \leqslant \text{key}_{n-1}[x]$。例如，节点 $[20,40]$ 的键是以非递减顺序存储的。
- $\text{leaf}[x]$：表示节点 x 是否是一个叶子节点，若节点 x 是叶子节点，则 $\text{leaf}[x] = \text{true}$；若节点 x 是内部节点，则 $\text{leaf}[x] = \text{false}$。
- $c_i(0 \leqslant i \leqslant n)$：表示当前节点 x 包含的子节点。注意，叶子节点的子节点为空。

（2）若节点 x 是一个内部节点，则其包含 $n[x]+1$ 个指向子节点的指针 $c_0, c_1, \cdots, c_{n[x]-1}$。如图 5.166 所示，节点 $[30,33]$ 包含 2 个键，包含 3 个指向子节点的指针。

（3）当前节点 x 的键 $\text{key}_i[x]$ 分隔存储在每个子节点中的键的范围，若 k_i 是存储在子节点 $c_i[x]$ 中的键，则：

$$k_0 \leqslant \text{key}_0[x] \leqslant k_1 \leqslant \text{key}_i[x] \leqslant \cdots \leqslant \text{key}_{n-1}[x] \leqslant k_n$$

例如，图 5.166 中的根节点 $[20,40]$ 的最左边子树中的所有键都小于 20，中间子树中的所有键都介于 20～40，最右边子树中的所有键都大于 40。除叶子节点外，其他节点均满足这一属性。

（4）所有叶子节点都有相同的深度，即树的高度 h。图 5.166 所示的 B 树的 $h=2$。

（5）包含在节点 x 中的键的数量有上下限，该界限可以通过被称为 B 树最小度的整数 t（$t \geqslant 2$）来表示。

- 除根节点外的每个节点都至少包含 $t-1$ 个键。因此，除根节点外的每个内部节点都至少有 t 个子节点。如果树是非空的，那么根节点至少包含 1 个键、2 个子节点。
- 每个节点最多可以包含 $2t-1$ 个键。因此，一个内部节点最多可以有 $2t$ 个子节点。如果一个节点恰好包含 $2t-1$ 个键，就称该节点是满的。

每个内部节点最多可以拥有 $U=2t$ 个子节点，最少可以拥有 $L=t$ 个子节点。键的数量总是比子节点指针的数量少（键的数量在 $L-1$ 和 $U-1$ 之间）。U 必须等于 $2L$ 或 $2L-1$；因此，每个内部节点都至少是半满的。U 和 L 之间的关系意味着两个半满的节点可以合并为一个合法的节点，一个全满的节点可以分裂成两个合法的节点（如果父节点有空间容纳移来的一个键）。基于这些特性，在 B 树中删除或插入新的键时，可以对 B 树进行调整以保持 B 树的性质。

（6）$n \geqslant 1$、高度为 h 且最小度数 $t \geqslant 2$ 的 n 键 B 树满足 $h \geqslant \log_t(n+1)/2$。

5.9.2 B 树的查找操作

B 树的搜索和二叉搜索树类似。从根节点开始，从上到下递归地遍历树。在每一层，搜索范围减小为包含了搜索的键的子树。子树节点的键的范围取决于它的父节点的键。搜索值为 k 的元素的具体步骤如下。

（1）从根节点开始，将 k 与节点的第一个键进行比较。若 k 等于节点的第一个键，则返回该节点和它在节点内部的索引。

（2）若 k.leaf = true，则返回 NULL（表示没有找到）。

（3）若 k 小于根节点的第一个键，则递归地遍历该键的左子树。

（4）若当前节点包含不止一个键，且 k 大于节点的第一个键，则将 k 与节点的下一个键进行比较，以此类推。若 k 小于节点中的某个键，则搜索该键的左子树（k 位于前一个键和当前键之间）。若 k 大于当前节点的最后一个键，则搜索键的右子树。

（5）重复步骤（1）至步骤（4），直到到达叶子节点为此。

我们以图 5.167 为例，说明在 B 树上查找 $k=17$ 的具体过程。

先将 k 与根节点的键 11 进行比较，$k>11$，因此递归地判断根节点的右子树，如图 5.168 所示，虚线表示查找路径。

将 k 与键 16 进行比较，如图 5.169 所示，$k>16$，因此继续将 k 与节点内的第二个键 18 进行比较。因为 $k<18$，所以待查找的 k 位于键 16 和键 18 之间的子树中，查找键 16 的

右子节点，也就是键 18 的左子节点，如图 5.170 所示。

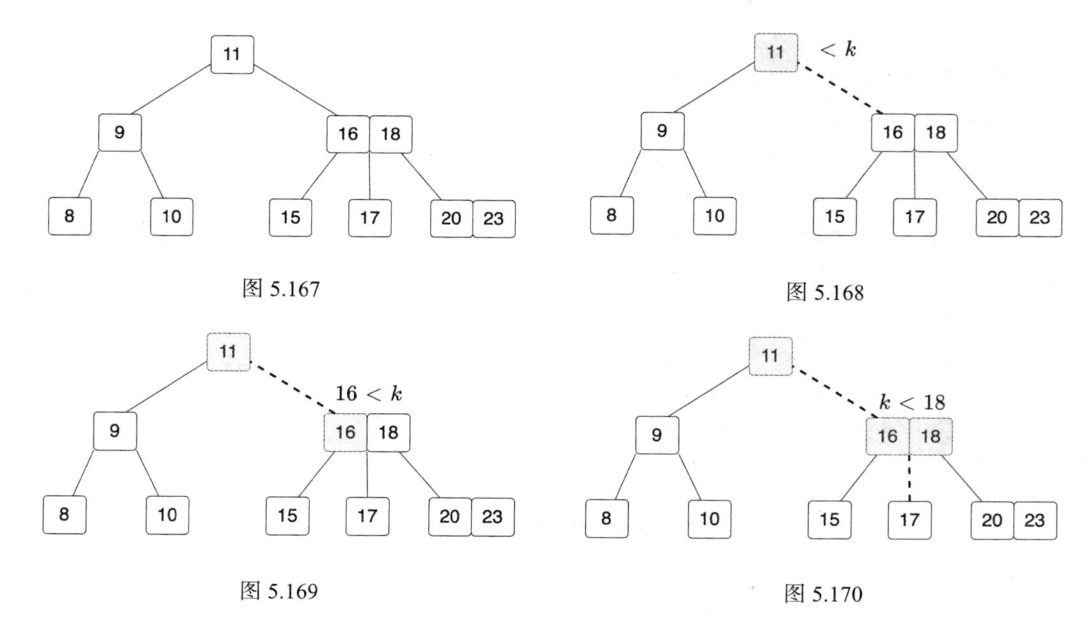

图 5.167

图 5.168

图 5.169

图 5.170

将 k 与键 16 的右子节点（键为 17）进行比较，$k = 17$，因此返回该节点，如图 5.171 所示。

5.9.3 B 树的插入操作

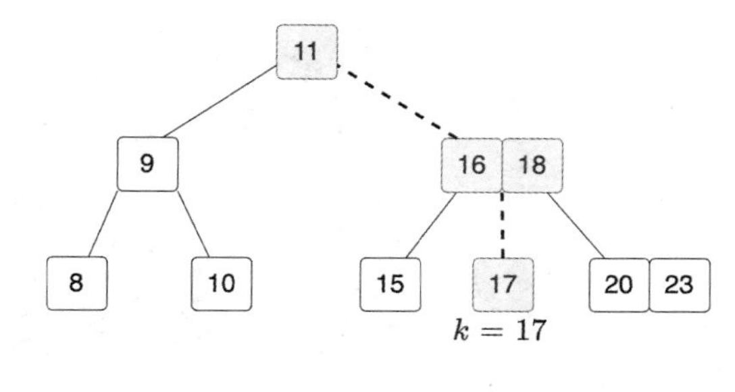

图 5.171

所有插入操作都是从根节点开始的。若要插入一个新键，就要先搜索这棵树，找到新键应该被添加到的节点。将新键插入这一节点的步骤如下。

（1）如果节点拥有的键数小于最大值，该节点就有空间容纳新键。将新键插入这一节点，且保持节点中的键有序。

（2）若节点拥有的键数等于最大值，则将它平均地分成两个节点。

① 从该节点的原有键和新键中选出中位数。

② 小于这一中位数的键放入左子节点，大于这一中位数的键放入右子节点，中位数作为分隔值。

③ 将分隔值插入到父节点中可能会造成父节点的分裂，父节点分裂可能会造成父节点

的父节点分裂，以此类推。如果没有父节点（根节点），就创建一个新的根节点（增加树的高度）。

如果分裂一直上升到根节点，就会创建一个新的根节点，这个新的根节点有一个分隔值和两个子节点。这就是根节点没有最少子节点数限制的原因。每个节点中的键的最大数是$U-1$。当一个节点分裂时，一个键被移动到它的父节点，同时一个新键被增加进来。所以最大的键数$U-1$必须能够被分成两个合法的节点。如果$U-1$是奇数，那么$U=2L$，总共有$2L-1$个键，一个新节点有$L-1$个键，另一个新节点有L个键，都是合法的节点。如果$U-1$是偶数，那么$U=2L-1$，总共有$2L-2$个键。$\frac{2L-2}{2}=L-1$，正好是节点允许的最小键数。

我们向一棵最小度$t=2$的空 B 树中依次插入键 8、9、10、11、15、20、17、23，其中一个节点最多可以包含$2t-1=3$个键，最多可以有 4 个子节点，插入操作具体执行过程如图 5.172 所示。

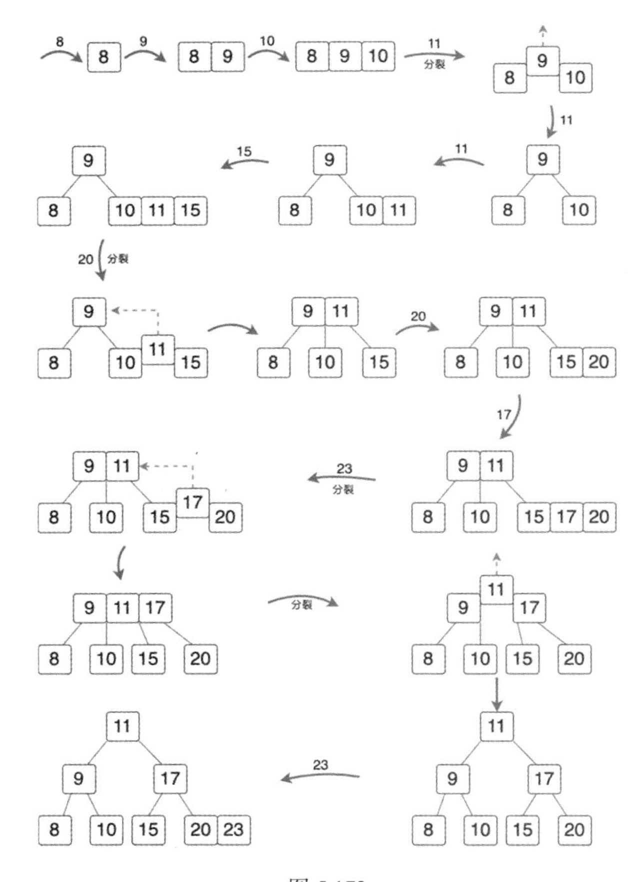

图 5.172

需要注意的是，在插入键 23 时进行了两次分裂操作，其中第 2 次分裂的是根节点[9,11,17]。若不对节点[9,11,17]进行分裂，仅将键 23 插入根节点最右侧的子节点[20]，则插入可能导致叶子节点变满，叶子节点分裂后将无处放置分裂出的中间键。因此，对满根节点提前进行分裂是必要的。

5.9.4 B 树的删除操作

在本节的 B 树删除操作中，同样取最小度 $t = 2$，也就是说节点至少包含 $t-1=1$ 个键。若删除操作导致节点中的键数小于 1，则按照删除后重新平衡的相关操作调整 B 树，以使 B 树满足本身的性质。

1. 删除叶子节点中的键

删除叶子节点中的键的操作如下。

（1）搜索待删除的键。

（2）若待删除的键在叶子节点中，则将它从叶子节点中删除。

（3）若删除键后发生了下溢出（一个节点包含的键数少于它应该包含的最小键数），则按照后面“删除键后的重新平衡”部分的描述重新调整 B 树。

也就是说，删除叶子节点中的键存在如下两种情况。

（1）删除叶子节点中的键并不违反一个节点应该拥有的最小键数的限制。如图 5.173 所示，删除键 32 并不会导致下溢出（键数小于 1），所以无须调整树。

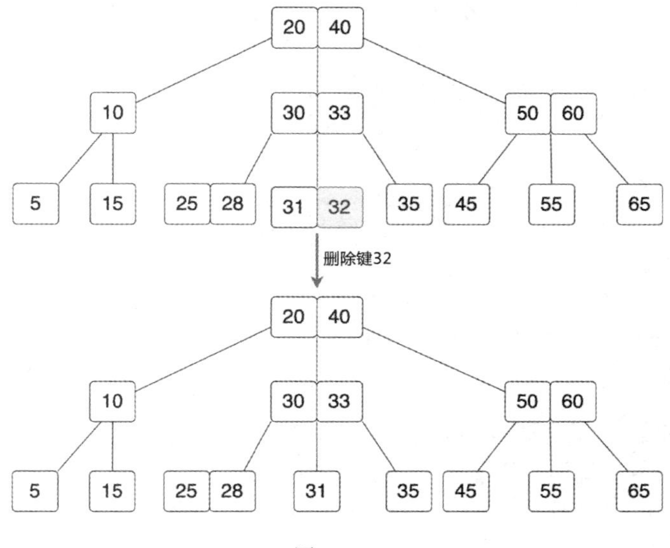

图 5.173

（2）删除键后违反了一个节点应该至少包含的键数的限制。在这种情况下，按照从左到右的顺序从与该节点相邻的兄弟节点借用一个键，具体操作如下。

- 先访问节点相邻的左兄弟节点。若相邻的左兄弟节点拥有的键数超过最小键数，则从该节点借用一个键。
- 否则，检查是否从相邻的右兄弟节点借用一个键。

如图 5.174 所示，删除键 31 之后，该节点中键的数量小于 1，所以从其左兄弟节点中借用键 28（左兄弟节点中键值最大的键），并将其提升到父节点，再将父节点中的键 30 向下移。

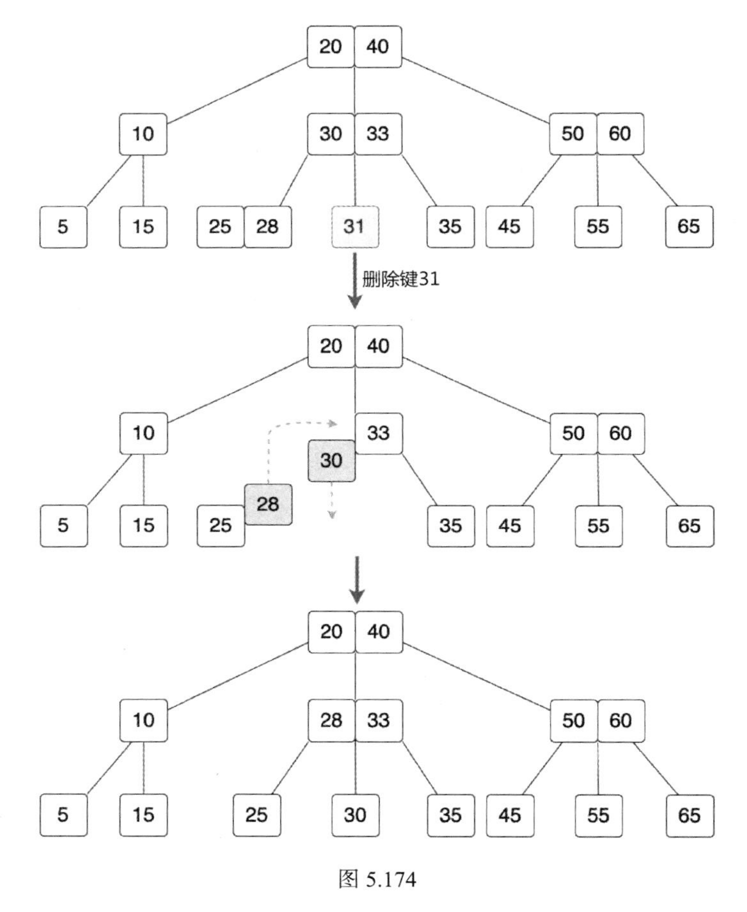

图 5.174

- 若两个相邻兄弟节点拥有的键数都已经是最小键数，则将该节点与左兄弟节点或右兄弟节点合并。这种合并是通过父节点完成的。

如图 5.175 所示，删除键 30 后，将其左兄弟节点中的键 25 和其父节点中的键 28 合并，作为键 33 的左子节点。

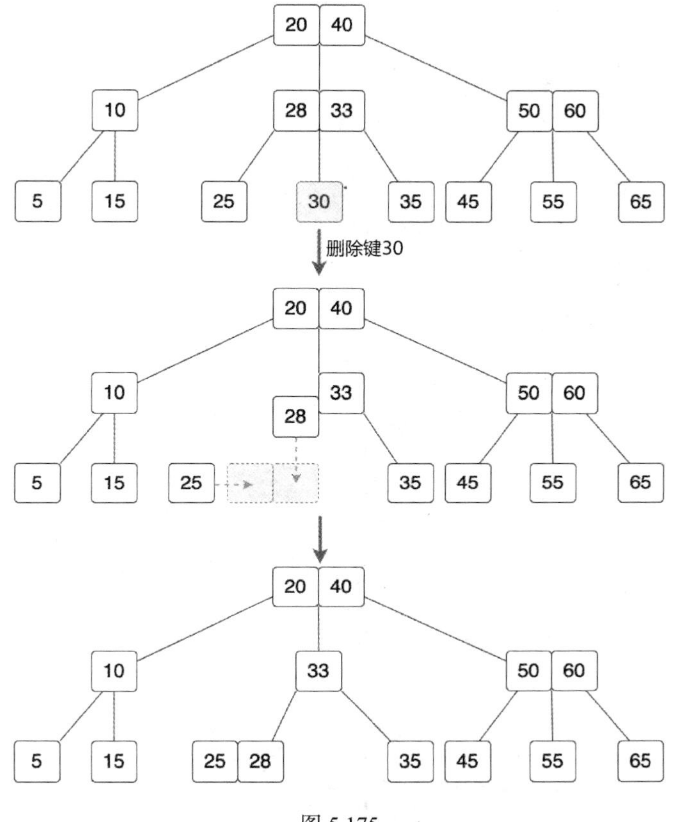

图 5.175

2. 删除内部节点中的键

内部节点中的每一个键都作为分隔两棵子树的分隔值，因此我们需要重新划分该节点。值得注意的是，左子树中值最大的键小于分隔值。同样地，右子树中值最小的键大于分隔值。这两个键都在叶子节点中，并且任何一个都可以作为两棵子树的新分隔值。

删除内部节点中的键的算法描述如下。

（1）选择一个新的分隔值（左子树中值最大的键或右子树中值最小的键），将它从叶子节点中移除，替换被删除的键，作为新的分隔值。

（2）上一步删除了一个叶子节点中的键。如果这个叶子节点拥有的键数小于最小键数，那么从这一叶子节点开始重新进行平衡操作。

我们将删除的键的左子节点中的值最大的键称为**中序前继键**，将其右子节点中的最小的键称为**中序后继键**。接下来通过示例分别介绍删除内部节点中的键的几种情况。

（1）若左子节点包含的键数大于要求的最小键数，则删除内部节点中的键，并将其替换为其中序前继键。如图 5.176 所示，当我们删除键 33 时，其左子节点包含 2 个键，大于

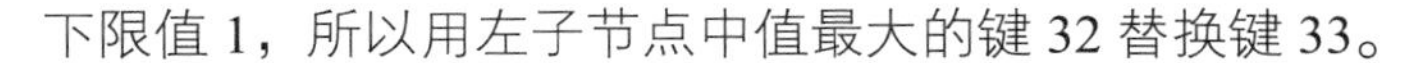

下限值 1，所以用左子节点中值最大的键 32 替换键 33。

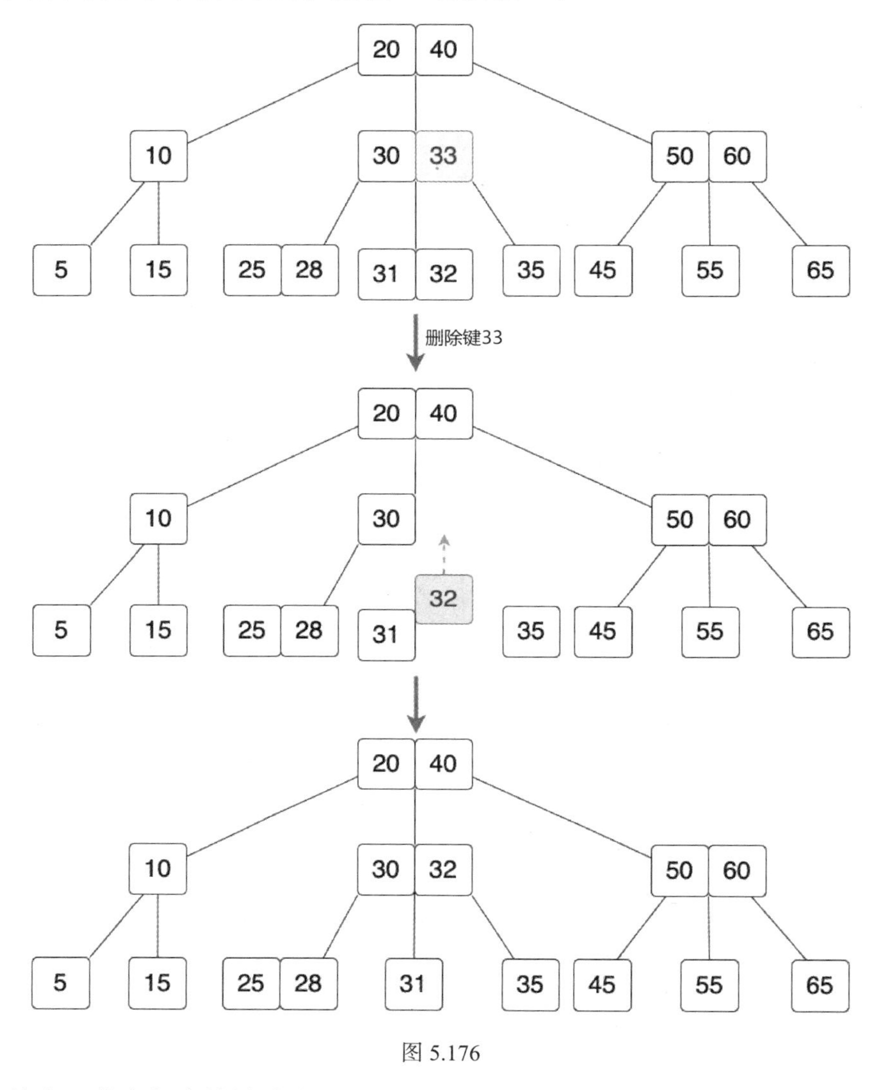

图 5.176

（2）若左子节点包含的键数小于或等于最小键数，且右子节点包含的键数大于最小键数，则用中序后继键替换要删除的键。

（3）若左子节点、右子节点均只包含下限值数量的键，则删除节点，并将其左子节点、右子节点合并为一个节点。如图 5.177 所示，删除键 32，其左子节点、右子节点都仅包含 1 个键，等于下限值，所以将键 31 和键 35 合并作为一个新的节点。

在合并之后，如果父节点的键数小于最小键数，就像删除叶子节点中的键那样，查找其兄弟节点是否有多余的键可用。

除上文提及的几种情况外，还存在一种情况——树的高度会降低。若要删除的键位于内部节点中，并且删除键导致节点中的键数小于节点应包含的最小键数，则查找中序前继键和中序后继键。若两个子节点仅具有最小键数，则无法进行借用，从而导致两个子节点合并。

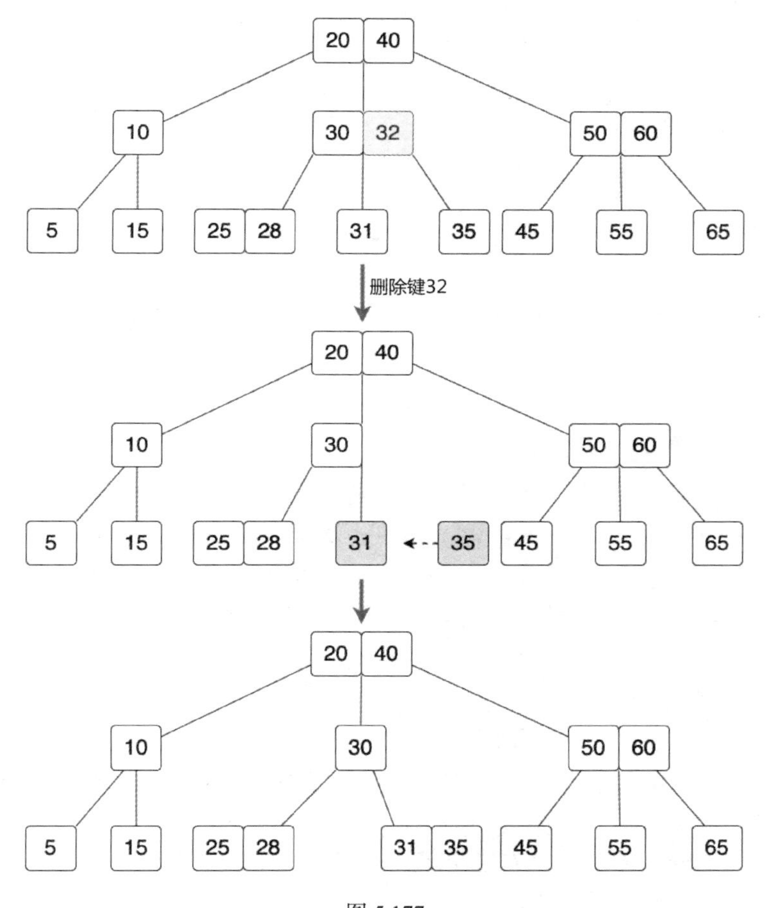

图 5.177

寻找包含待删除键的节点的兄弟节点借用键。但是，如果兄弟节点也只拥有最小键数的键，那么将节点与兄弟节点及父节点合并，相应地以递增顺序安排子节点。

如图 5.178 所示，删除键 10，节点中键的数量小于 1，所以考虑从子节点中借用一个键，但是两个子节点的键数为 1，无法借用，所以将两个子节点合并，并试图向包含待删除键的兄弟节点借用键，但是兄弟节点中的键数也为 1，故将包含待删除键的节点 10 和兄弟节点 35 与父节点 20 合并，树的高度降低。

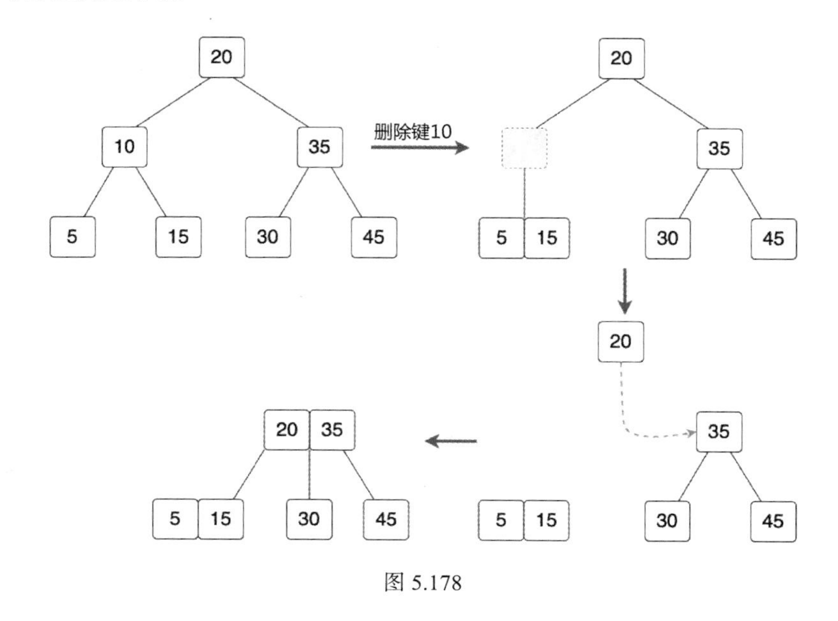

图 5.178

3. 删除键后的重新平衡

从叶子节点开始，由下而上向根节点进行重新平衡，直到整棵树重新平衡。如果在删除节点中的一个键后，该节点拥有的键数小于最小键数，那么一些键必须被重新分配。通常，移动一个拥有的键数大于最小键数的兄弟节点中的键。如果兄弟节点都没有多余的键，那么缺少键的节点就必须和它的兄弟节点**合并**。合并可能导致父节点失去分隔值，继而导致父节点可能缺少键并需要重新平衡。合并和重新平衡可能会一直进行到根节点。

重新平衡树的算法描述如下。

（1）如果缺少键的节点的右兄弟节点存在且拥有多余的键，那么左旋。

① 将父节点的分隔值复制到缺少键的节点的最后（分隔值被移下来；缺少键的节点现在拥有最小键数）。

② 将父节点的分隔值替换为右兄弟节点的第一个键（右兄弟节点失去了一个键但仍然满足大于或等于最小键数的要求）。

③ 树重新平衡。

（2）如果缺少键的节点的左兄弟节点存在且拥有多余的键，那么右旋。

① 将父节点的分隔值复制到缺少键节点的第一个节点（分隔值被移下来；缺少键的节点现在拥有最小键数）。

② 将父节点的分隔值替换为左兄弟节点的最后一个键（左兄弟节点失去了一个键但仍然满足大于或等于最小键数的需求）。

③ 树重新平衡。

（3）如果缺少键的节点的两个相邻兄弟节点都只有最小键数，那么将它与一个相邻兄弟节点及父节点中的分隔值合并。

① 将分隔值复制到左兄弟节点（左兄弟节点可以是缺少键的节点或拥有最小键数的节点）。

② 将右兄弟节点中的所有键移动到左兄弟节点（左兄弟节点现在拥有最大键数，右兄弟节点为空）。

③ 将父节点中的分隔值和空的右子树移除（父节点失去了一个键）。

- 如果父节点是根节点并且不包含任何键，那么释放它并且让合并之后的节点作为新的根节点（树的高度减小）。
- 如果父节点不是根节点且父节点的键数小于最小键数，就重新平衡父节点。

B 树的完整实现代码如下所示。

```
public class BTree {

    //B 树的最小度 t (定义键数上下限)
    private final int MinDeg;

    public class BTreeNode {
        int n;                                //节点中包含的键数
        //节点中最多可包含的键数
        int[] key = new int[2 * MinDeg - 1];
        //子节点
        BTreeNode[] child = new BTreeNode[2 * MinDeg];
        boolean leaf = true;

        //查找等于 key 的第一个索引
        public int find(int k) {
            for (int i = 0; i < this.n; i++) {
                if (this.key[i] == k) {
                    return i;
                }
            }
            return -1;
        }

        ;
    }

    //创建一个最小度为 t 的空树
    public BTree(int t) {
        this.MinDeg = t;
        this.root = new BTreeNode();
```

```
        this.root.n = 0;
        this.root.leaf = true;
    }

    private BTreeNode root;

    /**
     * 查找一个键
     */
    private BTreeNode Search(BTreeNode x, int key) {
        int i = 0;
        if (x == null) {
            return x;
        }
        for (i = 0; i < x.n; i++) {
            if (key < x.key[i]) {
                break;
            }
            if (key == x.key[i]) {
                return x;
            }
        }
        if (x.leaf) {
            return null;
        } else {
            return Search(x.child[i], key);
        }
    }

    /**
     * 对节点 x 的第 pos 个子节点进行分裂
     */
    private void splitChild(BTreeNode x, int pos, BTreeNode y) {
        //创建一个新节点 z，节点 z 将是节点 x 的新子节点
        BTreeNode z = new BTreeNode();
        z.leaf = y.leaf;
        z.n = MinDeg - 1;
        //把节点 y 右边的键复制到节点 z 中
        for (int j = 0; j < MinDeg - 1; j++) {
            z.key[j] = y.key[j + MinDeg];
            y.key[j + MinDeg] = 0;
        }
```

```
    //如果节点 y 不是叶子节点，就在子节点上复制
    if (!y.leaf) {
        for (int j = 0; j < MinDeg; j++) {
            z.child[j] = y.child[j + MinDeg];
        }
    }
    //把节点 y 的右半部分“切掉”之后，节点 y 有 t-1 个键
    y.n = MinDeg - 1;

    for (int j = x.n; j >= pos + 1; j--) {
        x.child[j + 1] = x.child[j];
    }
    x.child[pos + 1] = z;

    for (int j = x.n - 1; j >= pos; j--) {
        x.key[j + 1] = x.key[j];
    }
    x.key[pos] = y.key[MinDeg - 1];
    x.n = x.n + 1;
}

/**
 * 插入操作
 */
public void insert(final int key) {
    BTreeNode r = root;
    //若根节点 r 已满，则根节点将被分裂，新节点 s 将成为根节点
    if (r.n == (2 * MinDeg - 1)) {
        BTreeNode s = new BTreeNode();
        root = s;
        //新的根节点不再是叶子节点
        s.leaf = false;
        s.n = 0;
        s.child[0] = r;
        //调用 splitChild 方法拆分根节点 r，因为它是满的
        splitChild(s, 0, r);
        insertNonFull(s, key);
    } else { //如果根节点 r 未满，只需要调用 insertNonFull 方法将键插入其中
        insertNonFull(r, key);
    }
}
```

```
/**
 * 将一个键插入未满节点
 */
private void insertNonFull(BTreeNode x, int k) {
    //定位节点
    int i = 0;
    //如果节点是叶子节点，就将键插入节点
    if (x.leaf) {
        //从后向前找到键插入的位置
        for (i = x.n - 1; i >= 0 && k < x.key[i]; i--) {
            x.key[i + 1] = x.key[i];
        }
        //插入键
        x.key[i + 1] = k;
        //节点的键数加 1
        x.n = x.n + 1;
    }
    //若插入键的节点不是叶子节点，则该键将插入子树相应的叶子节点
    //检查节点是否已满；如果已满，就分割节点
    else {
        //键所属的子节点 x.child[i]
        for (i = x.n - 1; i >= 0; i--) {
            if (k >= x.key[i]) {
                break;
            }
        }

        i++;
        BTreeNode tmp = x.child[i];
        //如果子节点已经满了，就分裂它
        if ((2 * MinDeg - 1) == tmp.n) {
            splitChild(x, i, tmp);
            //分裂后将得到两个新的子节点
            //判断键属于哪个新的子节点
            if (k > x.key[i]) {
                i++;
            }
        }
        //递归调用自身执行插入操作
        insertNonFull(x.child[i], k);
    }
```

```
}

/** 删除叶子节点 x 中索引 pos 处的键 **/
private void removeFromLeaf(BTreeNode x, int pos) {
    //将 pos 后面的所有键依次向前移动一个位置
    for (; pos < x.n; pos++) {
        if (pos != 2 * MinDeg - 2) {
            x.key[pos] = x.key[pos + 1];
        }
    }
    x.n--;
}

/** 删除非叶子节点 x 中的键 **/
private void removeFromNonLeaf(BTreeNode x, int key) {
    int pos = x.find(key);
    //取出待删除键所属节点的左子节点
    BTreeNode pred = x.child[pos];
    int predKey = 0;
    //若左子节点有可以借用的键
    if (pred.n >= MinDeg) {
        for (; ; ) {
            if (pred.leaf) {
                System.out.println(pred.n);
                predKey = pred.key[pred.n - 1];
                break;
            } else {
                pred = pred.child[pred.n];
            }
        }
        remove(pred, predKey);
        x.key[pos] = predKey;
        return;
    }
    //取出要删除键所属节点的右子节点
    BTreeNode nextNode = x.child[pos + 1];
    if (nextNode.n >= MinDeg) {
        int nextKey = nextNode.key[0];
        if (!nextNode.leaf) {
            nextNode = nextNode.child[0];
            for (; ; ) {
```

```
            if (nextNode.leaf) {
                nextKey = nextNode.key[nextNode.n - 1];
                break;
            } else {
                nextNode = nextNode.child[nextNode.n];
            }
        }
    }
    remove(nextNode, nextKey);
    x.key[pos] = nextKey;
    return;
}
//如果它的两个相邻兄弟节点都拥有最小键数
//那么将它与一个相邻兄弟节点及父节点中的分隔值合并
int temp = pred.n + 1;
pred.key[pred.n++] = x.key[pos];
for (int i = 0, j = pred.n; i < nextNode.n; i++) {
    pred.key[j++] = nextNode.key[i];
    pred.n++;
}
for (int i = 0; i < nextNode.n + 1; i++) {
    pred.child[temp++] = nextNode.child[i];
}

x.child[pos] = pred;
for (int i = pos; i < x.n; i++) {
    if (i != 2 * MinDeg - 2) {
        x.key[i] = x.key[i + 1];
    }
}
for (int i = pos + 1; i < x.n + 1; i++) {
    if (i != 2 * MinDeg - 1) {
        x.child[i] = x.child[i + 1];
    }
}
x.n--;
if (x.n == 0) {
    if (x == root) {
        root = x.child[0];
    }
    x = x.child[0];
}
```

```
        remove(pred, key);
    }

    private void remove(BTreeNode x, int key) {
        int pos = x.find(key);
        //要删除的键存在于节点x中
        if (pos != -1) {
            //若该节点是叶子节点，则调用removeFromLeaf方法
            if (x.leaf) {
                removeFromLeaf(x, pos);
            }
            //若该节点不是叶子节点，则调用removeFromNonLeaf方法
            else {
                removeFromNonLeaf(x, key);
            }
        } else {
            //找到键所属节点
            for (pos = 0; pos < x.n; pos++) {
                if (x.key[pos] > key) {
                    break;
                }
            }
            //取出包含键的节点
            BTreeNode tmp = x.child[pos];
            //若当前节点的度大于或等于最小度t
            if (tmp.n >= MinDeg) {
                //递归调用删除函数
                remove(tmp, key);
                return;
            }
            if (true) {
                BTreeNode nb = null;
                int devider = -1;
                //如果缺少键的节点的右兄弟节点存在且拥有多余的键，那么左旋
                if (pos != x.n && x.child[pos + 1].n >= MinDeg) {
                    devider = x.key[pos];  //分隔值
                    nb = x.child[pos + 1]; //右兄弟节点
                    //将兄弟节点中值最小的键提升到父节点x
                    x.key[pos] = nb.key[0];
                    //将父节点的分隔值复制到缺少键的节点的最后
                    tmp.key[tmp.n++] = devider;
                    //将兄弟节点的最左子节点赋值给tmp的最右子节点
```

```
            tmp.child[tmp.n] = nb.child[0];
            //依次将兄弟节点中的子节点和键向前移动
            for (int i = 1; i < nb.n; i++) {
                nb.key[i - 1] = nb.key[i];
            }
            for (int i = 1; i <= nb.n; i++) {
                nb.child[i - 1] = nb.child[i];
            }
            //兄弟节点的键数减1
            nb.n--;
            //递归移除tmp节点中的键
            remove(tmp, key);
        }
        //如果缺少键的节点的左兄弟节点存在且拥有多余的键，那么右旋
        else if (pos != 0 && x.child[pos - 1].n >= MinDeg) {

            devider = x.key[pos - 1];
            nb = x.child[pos - 1];
            x.key[pos - 1] = nb.key[nb.n - 1];
            BTreeNode child = nb.child[nb.n];
            nb.n--;

            for (int i = tmp.n; i > 0; i--) {
                tmp.key[i] = tmp.key[i - 1];
            }
            tmp.key[0] = devider;
            for (int i = tmp.n + 1; i > 0; i--) {
                tmp.child[i] = tmp.child[i - 1];
            }
            tmp.child[0] = child;
            tmp.n++;
            remove(tmp, key);
        }
        //如果它的两个相邻兄弟节点都拥有最小键数
        //那么将它与一个相邻兄弟节点及父节点中的分隔值合并
        else {
            BTreeNode lt = null;
            BTreeNode rt = null;
            boolean last = false;
            if (pos != x.n) {
                devider = x.key[pos];
                lt = x.child[pos];
```

```
                rt = x.child[pos + 1];
            } else {
                devider = x.key[pos - 1];
                rt = x.child[pos];
                lt = x.child[pos - 1];
                last = true;
                pos--;
            }
            for (int i = pos; i < x.n - 1; i++) {
                x.key[i] = x.key[i + 1];
            }
            for (int i = pos + 1; i < x.n; i++) {
                x.child[i] = x.child[i + 1];
            }
            x.n--;
            //将分隔值复制到左兄弟节点
            lt.key[lt.n++] = devider;
            //将右兄弟节点中的所有键移动到左边节点
            for (int i = 0, j = lt.n; i < rt.n + 1; i++, j++) {
                if (i < rt.n) {
                    lt.key[j] = rt.key[i];
                }
                lt.child[j] = rt.child[i];
            }
            lt.n += rt.n;
            //如果父节点是根节点并且没有键了
            //那么释放它并让合并之后的节点成为新的根节点（树的高度减小）
            if (x.n == 0) {
                if (x == root) {
                    root = x.child[0];
                }
                x = x.child[0];
            }
            //递归删除左子节点中的键
            remove(lt, key);
        }
    }
  }
}
/** 删除键 */
public void remove(int key) {
    BTreeNode x = Search(root, key);
```

```
        if (x == null) {
            return;
        }
        remove(root, key);
    }

    private void show(BTreeNode x) {
        assert (x == null);
        for (int i = 0; i < x.n; i++) {
            System.out.print(x.key[i] + " ");
        }
        if (!x.leaf) {
            for (int i = 0; i < x.n + 1; i++) {
                show(x.child[i]);
            }
        }
    }

    public static void main(String[] args) {
        BTree b = new BTree(2);
        b.insert(8);
        b.insert(9);
        b.insert(10);
        b.insert(11);
        b.insert(15);
        b.insert(20);
        b.insert(17);
        b.insert(23);
        b.insert(25);
        b.show(b.root);

        b.remove(17);
        System.out.println();
        b.show(b.root);
    }
}
```

5.9.5 时间复杂度分析

B 树查找、插入和删除操作的时间复杂度均为 $O(\log_2 n)$。

5.10 B+树

B+树是自平衡树的高级形式，其中所有键都被存储在叶子节点层。

在学习 B+树之前要理解的一个重要概念是多级索引。多级索引的索引创建如图 5.179 所示。多级索引使数据访问更容易、更快捷。

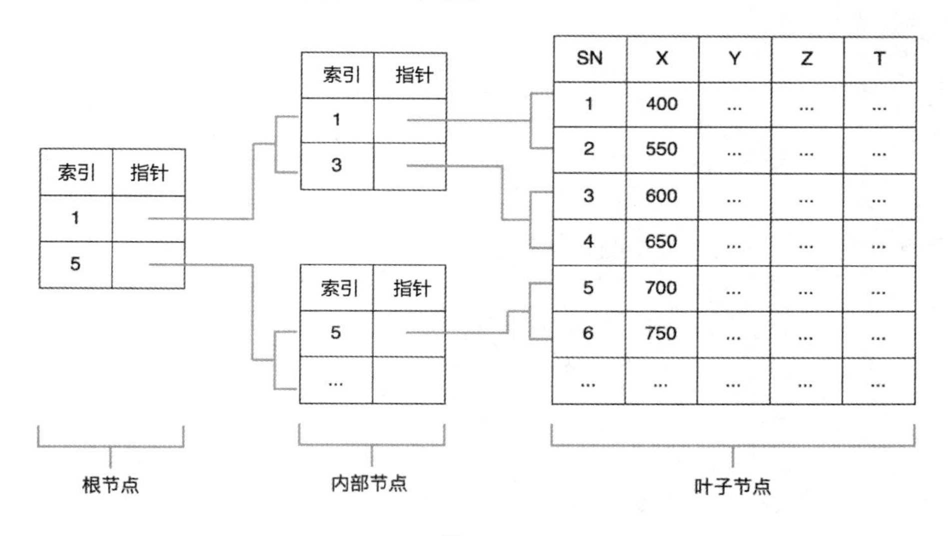

图 5.179

在 B+树中的节点通常被表示为一组有序的键和子指针。设 B+树的阶数为 m ，则 B+树具有以下几个属性。

- 所有叶子节点都在相同的高度上，叶子节点本身按关键字的大小从小到大连接。
- 根节点至少包含两个子节点
- 除了根节点的每个节点都至少包含$\lceil m/2 \rceil -1$个键，至多包含$m-1$个键。
- 对于任意节点，至多包含m个子指针，至少包含$m/2$个子指针。对于所有内部节点，子指针数总是比键数多一个。

5.10.1 B 树与 B+树的比较

如图 5.180 所示，在 B 树中，数据域出现在内部节点、叶子节点或根节点上。

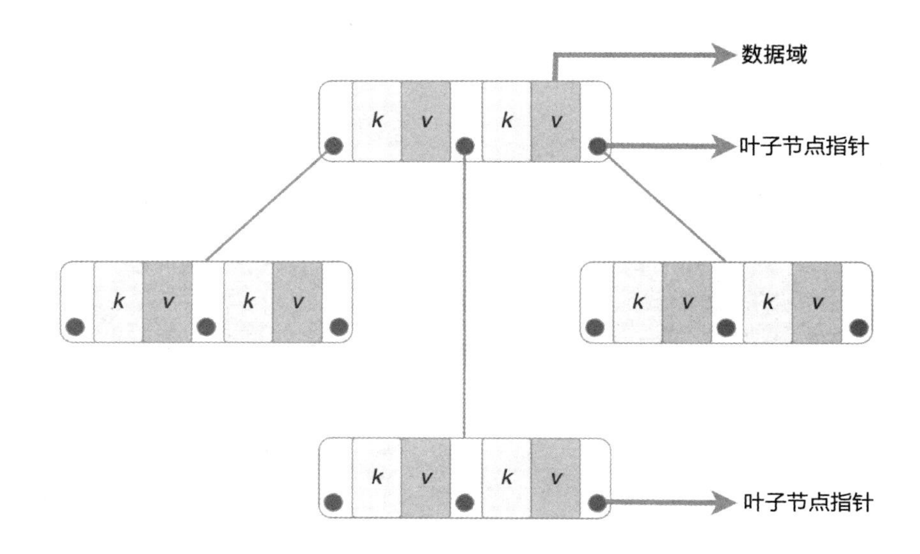

图 5.180

如图 5.181 所示，在 B +树中数据域只出现在叶子节点上。

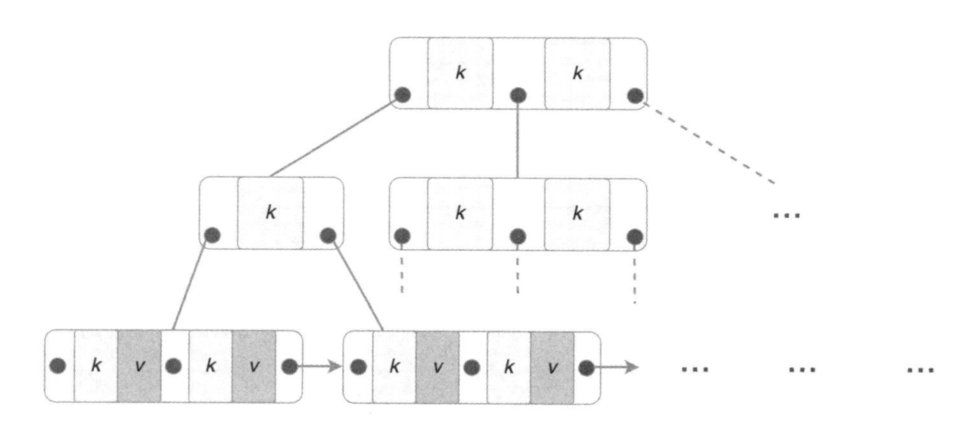

图 5.181

此外，叶子节点在 B 树上没有相互连接，而在 B+树中叶子节点之间通过指针连接，和单链表类似。B +树上的操作速度比 B 树上的操作速度快。

5.10.2 B+树的查找操作

B+树的查找以类似于二叉搜索树的方式进行，起始于根节点，自顶向下遍历树，选择分隔值任意一边的子指针。在节点内部一般使用典型的二分查找法来确定分隔值的位置。

在一棵阶数为 m 的 B+树中查找数据 k 的具体步骤如下。

（1）从根节点开始，将 k 与根节点 $[k_1,k_2,k_3,\cdots,k_{m-1}]$ 中的键进行比较。

（2）若 $k<k_1$，则在根节点的左子节点中搜索。

（3）否则，若 $k=k_1$，则在根节点的右子节点中搜索；若 $k>k_1$，则比较 k_2。若 $k<k_2$，则 k 位于 k_1 和 k_2 之间，因此在 k_2 的左子节点中搜索。

（4）若 $k=k_2$，则在 k_2 若的右子节点中搜索；若 $k>k_2$，则比较 k_3，以此类推直至 k 大于或等于 k_i。

（5）重复上述步骤，直到到达叶子节点为止。

（6）若叶子节点中存在 k，则返回 true；否则，返回 false。

以查找如图 5.182 所示的 B+树中的键 45 为例，来说明查找单个键的过程。

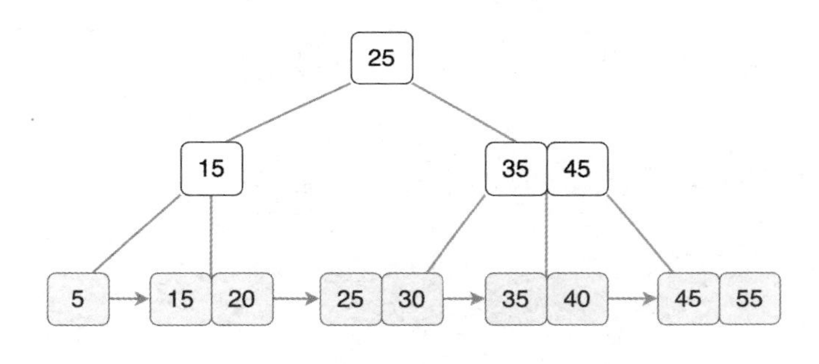

图 5.182

第一步：将 45 和根节点中的键 25 比较，如图 5.183 所示。

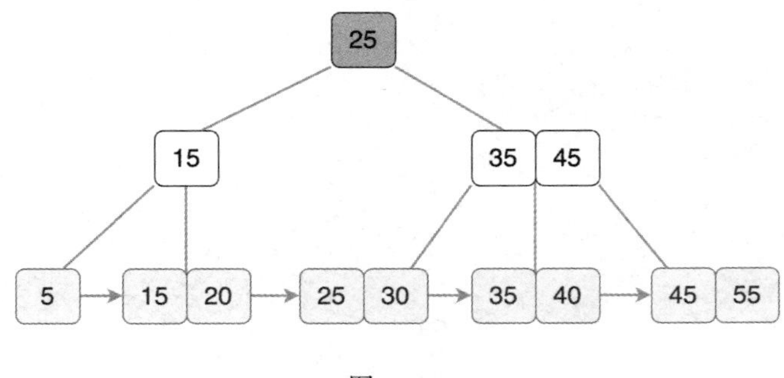

图 5.183

第二步：$45>25$，因此在根节点的右子节点中查找，如图 5.184 所示，用虚线表示查找路径。

第三步：将 45 和 35 进行比较，$45>35$，因此继续将 45 与 45 进行比较，如图 5.185 所示。

第四步：$45=45$，因此将遍历 45 的右子节点，如图 5.186 所示。

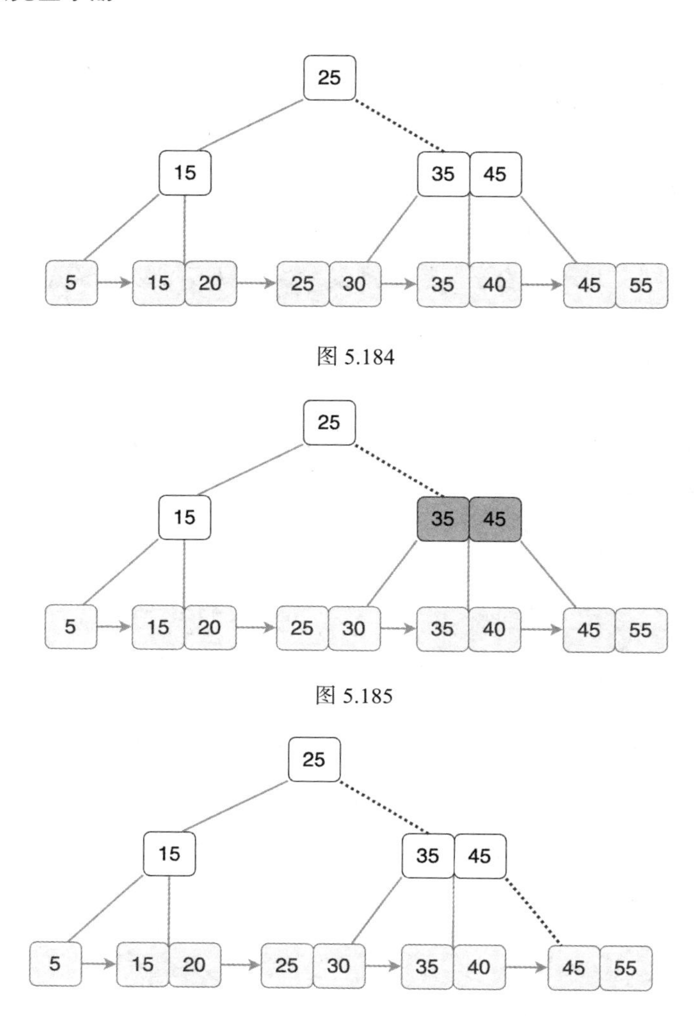

图 5.186

第五步：将 45 和 45 比较，45＝45，如图 5.187 所示。

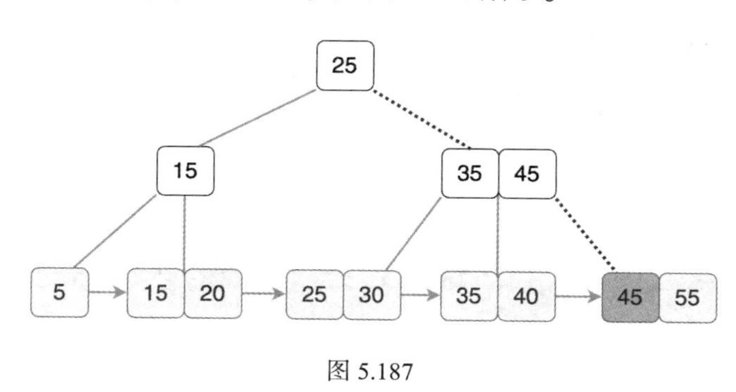

图 5.187

除可以查找单个键外，由于 B+树的叶子节点是以单链表形式连接的，因此也可以从第一个叶子节点开始，从左至右，依次遍历所有叶子节点，从而进行区间查找。

5.10.3 B+树的插入操作

B+树的插入操作主要包括三个步骤：搜索要插入的叶子节点、插入键、平衡/分割树。在将键插入一棵阶数为 m 的 B+树后，必须保证 B+树满足下面三个属性。

- 根节点至少包含两个子节点。
- 除根节点外的每个节点都至少包含 $\lceil m/2 \rceil - 1$ 个键，至多包含 $m-1$ 个键。
- 任意一个节点，至多包含 m 个子指针，至少包含 $m/2$ 个子指针。对于所有内部节点，子指针数总是比键数多一个。

对于插入操作，我们主要关心上溢出情况，即一个节点包含的键数超过其所能包含的最多键数。

B+树插入操作的具体步骤如下。

（1）因为每个键都会被插入叶子节点，所以先查找要插入的键在叶子节点中的位置。

（2）将键插入到叶子节点中，根据不同情况做如下处理。

① 情况一：叶子节点未满。

按递增顺序将键插入叶子节点。

② 情况二：叶子节点已满。

按照递增顺序将键插入叶子节点，并按照下面的方法平衡树。

a．将第 $m/2$ 索引处的键分割。

b．将第 $m/2$ 索引处的键复制到其父节点中。

c．如果父节点已满，则重复步骤 a 和步骤 b。

通过依次向一棵空的 B+树中插入值[5,15,25,35,30]，来理解插入操作的具体执行过程。其中 B+树的阶数 $m=3$，节点至多包含的键数为 $m-1=2$。

将键 5 作为叶子节点插入。由于叶子节点未满，因此直接插入键 5，如图 5.188 所示。

5

图 5.188

插入键 15。当前叶子节点只包含一个键 5，叶子节点未满，因此直接按照递增顺序插入键 15，如图 5.189 所示。

5 15

图 5.189

插入键 25。当前叶子节点为[5,15]，包含 2 个键，已满，先将键 25 按照递增顺序插入，然后将索引 $\lceil m/2 \rceil = 3/2 = 1$ 处的键 15 分割，并将键 15 复制到父节点中，如图 5.190 所示。

插入键 35。确定键 35 所在的叶子节点，即叶子节点[15,25]。将其按照递增顺序插入该叶子节点，然后将该叶子节点[15,25,35]中的索引为 1 处的键 25 复制到父节点中，并将叶子节点分裂为[15]和[25,35]，如图 5.191 所示。

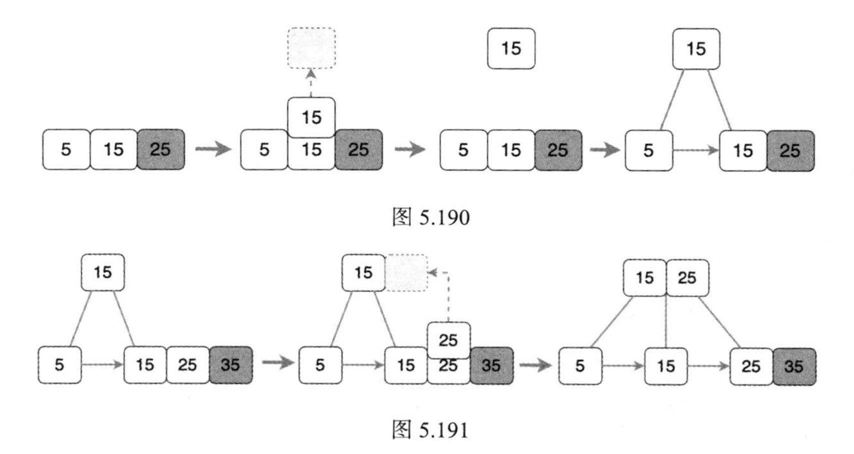

图 5.190

图 5.191

插入键 30。确定键 30 所在的叶子节点，即[25,35]。该叶子节点已满，将键 30 插入该叶子节点，该叶子节点从索引为 1 处的键 30 处分裂，变为[25]和[30,35]，并将键 30 复制到父节点[15,25]中。因为该父节点也是满的，所以先将键 30 按照递增顺序插入，得到节点[15,25,30]，然后该节点从索引为 1 处的键 25 处分裂为[15]和[30]，并将键 25 提升为新的父节点，[15]作为其左子节点，[30]作为其右子节点，如图 5.192 所示。

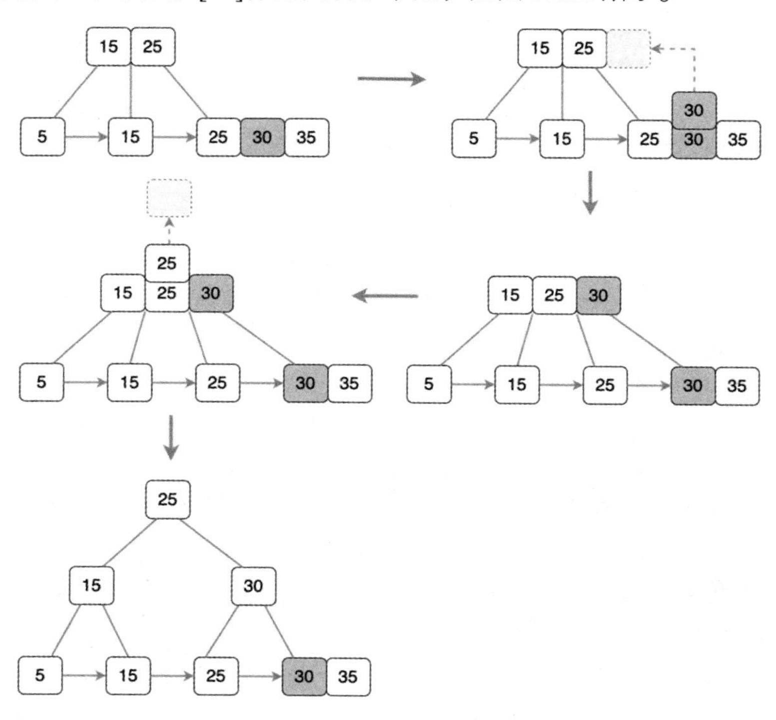

图 5.192

5.10.4 B+树的删除操作

B+树的删除操作主要包括三个步骤：搜索被删除键所在叶子节点、删除键，以及必要时进行平衡操作。

在删除一棵阶数为 m 的 B+树中的键后，要保证 B+树满足如下 3 个属性。

（1）根节点至少包含 2 个子节点。

（2）除根节点外的每个节点都至少包含 $\lceil m/2 \rceil - 1$ 个键，至多包含 $m-1$ 个键。

（3）任意一个节点至多包含 m 个子指针，至少包含 $m/2$ 个子指针。对于所有内部节点，子指针数总是比键数大 1。

对于删除操作，我们主要关心节点下溢出情况，即一个节点中的键数少于它应该容纳的最小键数。对阶数为 m 的 B+树而言，主要判断键数是否少于 $\lceil m/2 \rceil - 1$。

在删除键时，我们必须注意内部节点中的键，因为这些键在 B+树中是冗余的，并不代表数据本身。先搜索要删除的键所在的节点，然后根据实际情况进行如下操作。

（1）情况一：要删除的键只出现在叶子节点上，没有出现在内部节点中。该情况又包括两种情形。

① 如果要删除的键所在的叶子节点包含的键数大于 $\lceil m/2 \rceil - 1$，就直接删除该键。如图 5.193 所示，阶数 $m=3$，节点中至少包含的键数为 $\lceil 3/2 \rceil - 1 = 1$，删除的键 40 只出现在叶子节点[35,40]中，且该节点包含 2 个键，大于 1，所以直接删除该键即可。

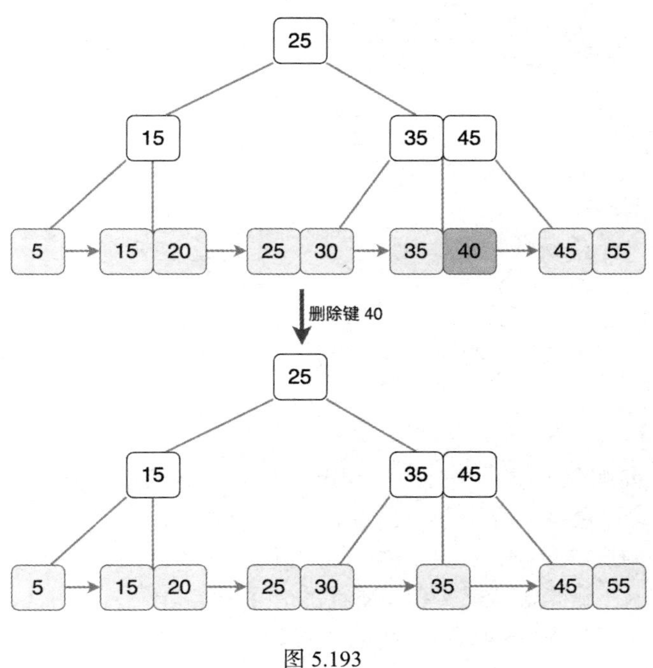

图 5.193

② 如果要删除的键所在的叶子节点包含的键为最小键数，就删除该键并从同级节点中借用一个键，将同级节点中值较大的键复制到父节点中。

如图 5.194 所示，删除键 5，从其兄弟节点[15,20]借了一个键 15，并将[15,20]中值较大的键 20 复制到父节点中。

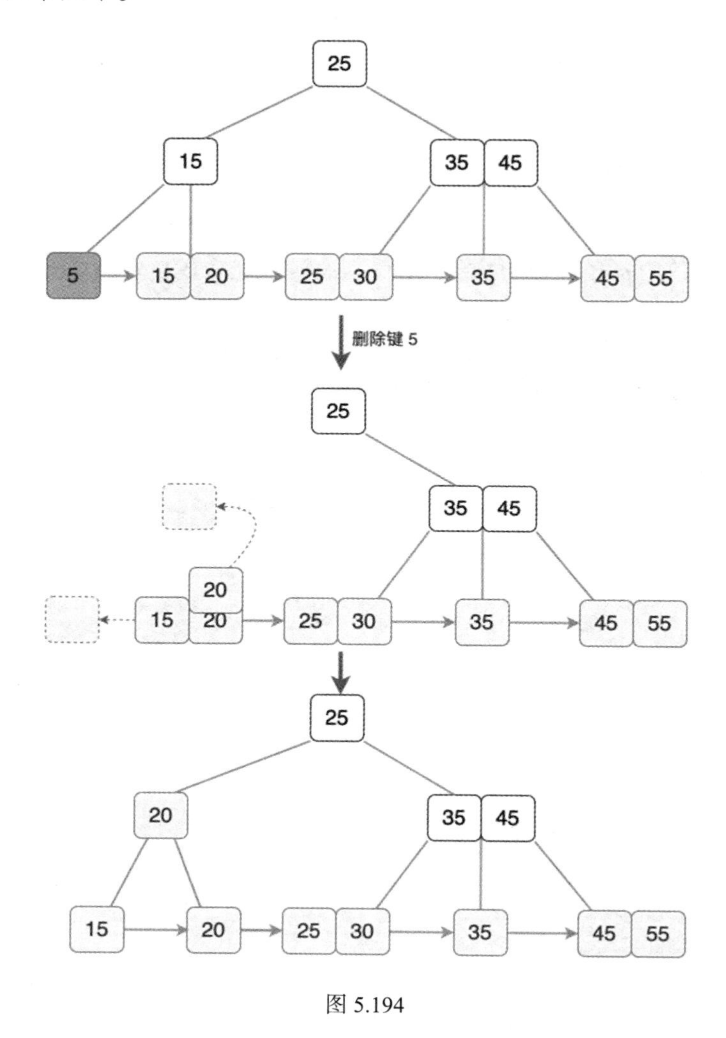

图 5.194

（2）情况二：要删除的键也出现在内部节点中，充当索引，具体分为以下几种情况。

① 如果包含被删除键的叶子节点的键数大于下限值，只需要先从叶子节点中删除该键，并从内部节点中删除该键，然后用中序后继键填充内部节点中的被删除键。

如图 5.195 所示，删除键 45，键 45 所在的叶子节点[45,55]包含 2 个键，大于下限值，并且键 45 出现在内部节点[35,45]中，所以删除叶子节点和内部节点中的键 45，并用叶子节点中的键 55 填充内部节点中键 45 的位置。

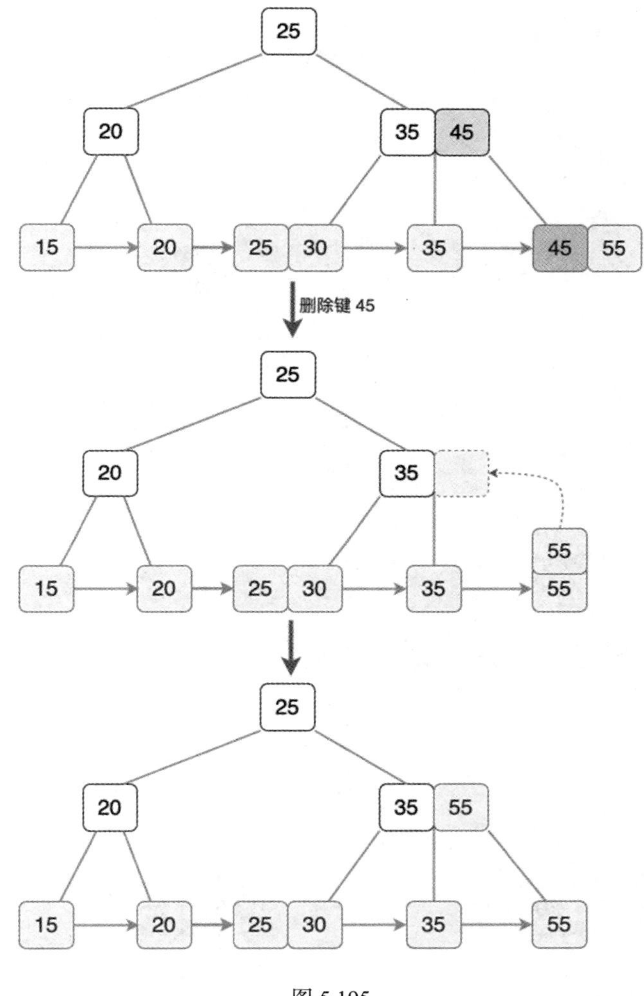

图 5.195

② 如果包含被删除键的叶子节点仅有最小键数，那么删除该键并从其兄弟节点借用一个键（通过父级）。用借来的键填充内部节点中被删除键的空白空间。

如图 5.196 所示，删除键 35。由于键 35 位于仅包含 1 个键的叶子节点[35]中，所以考虑从其左兄弟节点[25,30]中借用键 30，来填充被删除键的空白空间。

③ 与情况二中的①类似，不同的是被删除键在其祖父节点中生成了空白空间。删除键后，将叶子节点的空白空间与其兄弟节点合并。用中序后继键填充祖父节点中的空白空间。

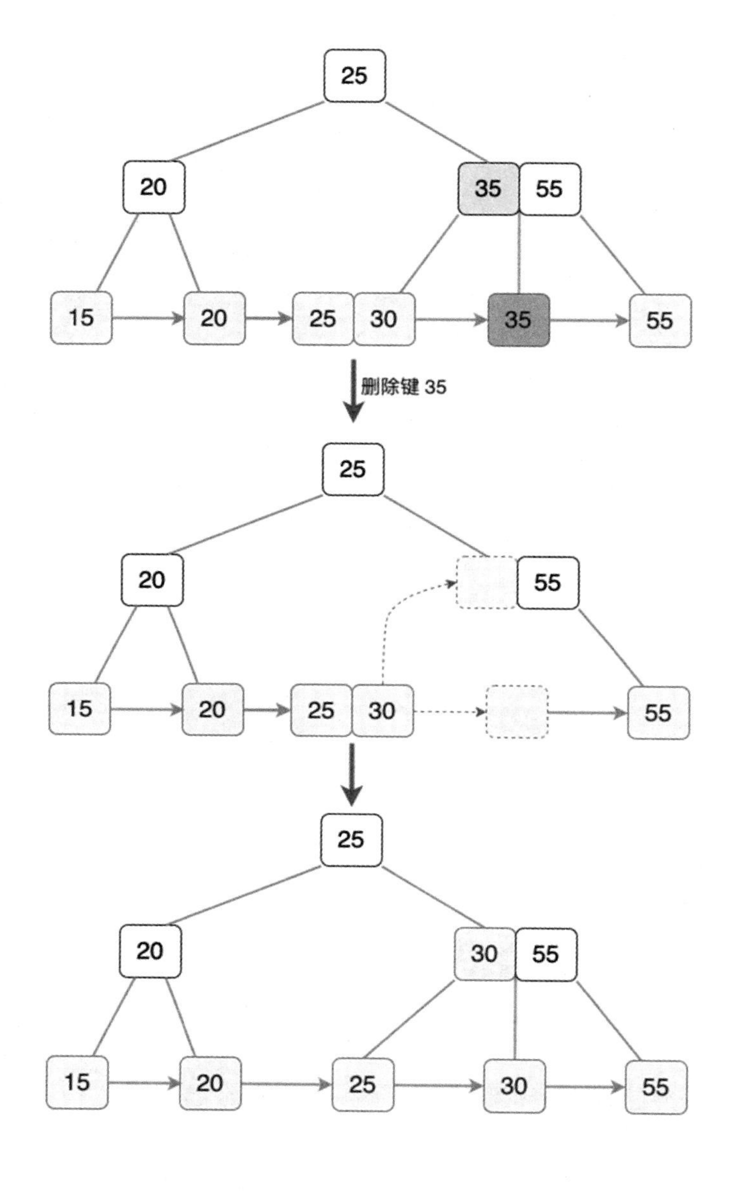

图 5.196

如图 5.197 所示，先删除键 25，然后将空白空间与其兄弟节点[30]合并；删除祖父节点[25]，用该节点的中序后继键 30 填充祖父节点。

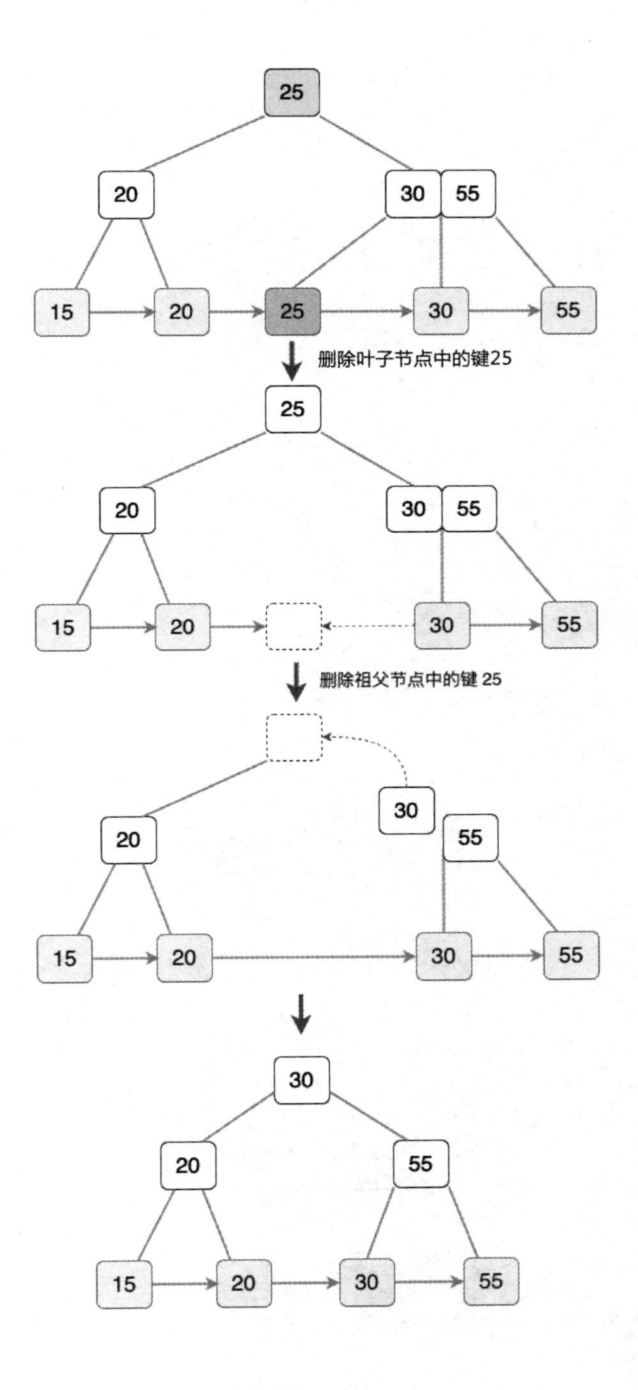
25
20
30
55
15
20
25
30
55
删除叶子节点中的键25
25
20
30
55
15
20
30
55
删除祖父节点中的键 25
30
20
55
15
20
30
55
30
20
55
15
20
30
55

图 5.197

（3）情况三：删除键后树的高度降低。

如图 5.198 所示，删除键 55，根节点 30 与其左子节点 20 合并作为新的根节点。

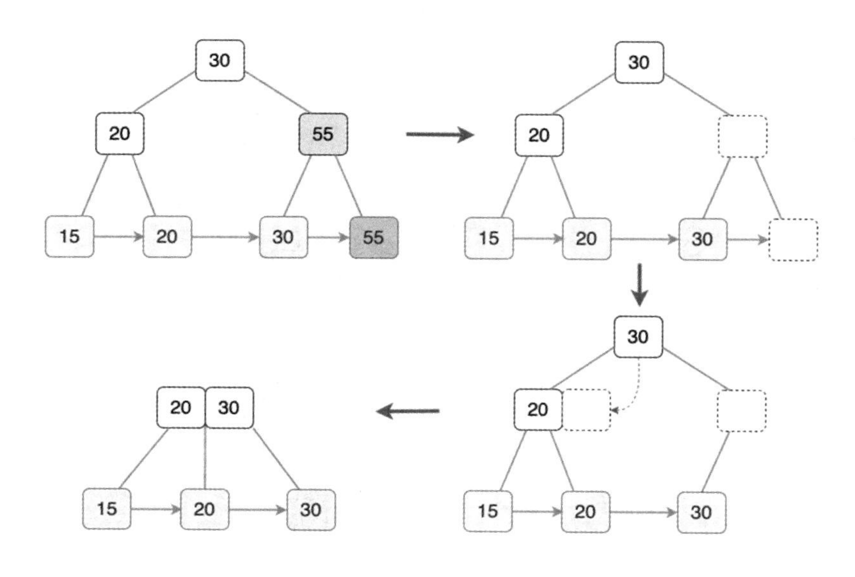

图 5.198

B+树的实现代码如下所示。

```
public class BPlusTree {
    int m;                                      //B+树的阶
    InternalNode root;
    LeafNode firstLeaf;                         //第一个叶子节点

    //二分查找法
    private int binarySearch(DictionaryPair[] dps, int numPairs, int t) {
        Comparator<DictionaryPair> c = new Comparator<DictionaryPair>() {
            @Override
            public int compare(DictionaryPair o1, DictionaryPair o2) {
                Integer a = Integer.valueOf(o1.key);
                Integer b = Integer.valueOf(o2.key);
                return a.compareTo(b);
            }
        };
        return Arrays.binarySearch(dps, 0, numPairs, new DictionaryPair(t, 0), c);
    }

    //查找键所在的叶子节点
```

```java
private LeafNode findLeafNode(int key) {
    //取出根节点的所有键
    Integer[] keys = this.root.keys;
    int i;
    //找到键所在的子节点
    for (i = 0; i < this.root.degree - 1; i++) {
        if (key < keys[i]) {
            break;
        }
    }
    //键所在的子节点
    Node child = this.root.childPointers[i];
    //子节点是叶子节点
    if (child instanceof LeafNode) {
        return (LeafNode) child;
    } else {    //递归搜索
        return findLeafNode((InternalNode) child, key);
    }
}

//查找键所在的叶子节点
private LeafNode findLeafNode(InternalNode node, int key) {

    Integer[] keys = node.keys;
    int i;

    for (i = 0; i < node.degree - 1; i++) {
        if (key < keys[i]) {
            break;
        }
    }
    Node childNode = node.childPointers[i];
    if (childNode instanceof LeafNode) {
        return (LeafNode) childNode;
    } else {
        return findLeafNode((InternalNode) node.childPointers[i], key);
    }
}

//查找叶子节点指针在其父节点中的索引
private int findIndexOfPointer(Node[] pointers, LeafNode node) {
    int i;
```

```
        for (i = 0; i < pointers.length; i++) {
            if (pointers[i] == node) {
                break;
            }
        }
        return i;
    }

    //获取中间键的索引
    private int getMidpoint() {
        return (int) Math.ceil((this.m + 1) / 2.0) - 1;
    }

    //处理删除操作可能导致的节点下溢出
    private void handleDeficiency(InternalNode in) {

        InternalNode sibling;
        InternalNode parent = in.parent;

        if (this.root == in) {
            for (int i = 0; i < in.childPointers.length; i++) {
                if (in.childPointers[i] != null) {
                    if (in.childPointers[i] instanceof InternalNode) {
                        this.root = (InternalNode) in.childPointers[i];
                        this.root.parent = null;
                    } else if (in.childPointers[i] instanceof LeafNode) {
                        this.root = null;
                    }

                }

            }
        }

        else if (in.leftSibling != null && in.leftSibling.isLendable()) {
            sibling = in.leftSibling;
        } else if (in.rightSibling != null && in.rightSibling.isLendable()) {
            sibling = in.rightSibling;

            int borrowedKey = sibling.keys[0];
            Node pointer = sibling.childPointers[0];

            in.keys[in.degree - 1] = parent.keys[0];
            in.childPointers[in.degree] = pointer;
```

```
            parent.keys[0] = borrowedKey;

            sibling.removePointer(0);
            Arrays.sort(sibling.keys);
            sibling.removePointer(0);
            shiftDown(in.childPointers, 1);
        } else if (in.leftSibling != null && in.leftSibling.isMergeable()) {

        } else if (in.rightSibling != null && in.rightSibling.isMergeable()) {
            sibling = in.rightSibling;
            sibling.keys[sibling.degree - 1] = parent.keys[parent.degree - 2];
            Arrays.sort(sibling.keys, 0, sibling.degree);
            parent.keys[parent.degree - 2] = null;

            for (int i = 0; i < in.childPointers.length; i++) {
                if (in.childPointers[i] != null) {
                    sibling.prependChildPointer(in.childPointers[i]);
                    in.childPointers[i].parent = sibling;
                    in.removePointer(i);
                }
            }

            parent.removePointer(in);

            sibling.leftSibling = in.leftSibling;
        }

        if (parent != null && parent.isDeficient()) {
            handleDeficiency(parent);
        }
    }
    //判断B+树是否为空
    private boolean isEmpty() {
        return firstLeaf == null;
    }

    //线性查找第一个为null的键
    private int linearNullSearch(DictionaryPair[] dps) {
        for (int i = 0; i < dps.length; i++) {
            if (dps[i] == null) {
                return i;
```

```
        }
    }
    return -1;
}

//线性查找第一个为null的键的指针
private int linearNullSearch(Node[] pointers) {
    for (int i = 0; i < pointers.length; i++) {
        if (pointers[i] == null) {
            return i;
        }
    }
    return -1;
}

private void shiftDown(Node[] pointers, int amount) {
    Node[] newPointers = new Node[this.m + 1];
    for (int i = amount; i < pointers.length; i++) {
        newPointers[i - amount] = pointers[i];
    }
    pointers = newPointers;
}

private void sortDictionary(DictionaryPair[] dictionary) {
    Arrays.sort(dictionary, new Comparator<DictionaryPair>() {
        @Override
        public int compare(DictionaryPair o1, DictionaryPair o2) {
            if (o1 == null && o2 == null) {
                return 0;
            }
            if (o1 == null) {
                return 1;
            }
            if (o2 == null) {
                return -1;
            }
            return o1.compareTo(o2);
        }
    });
}

private Node[] splitChildPointers(InternalNode in, int split) {
```

```
    Node[] pointers = in.childPointers;
    Node[] halfPointers = new Node[this.m + 1];

    for (int i = split + 1; i < pointers.length; i++) {
        halfPointers[i - split - 1] = pointers[i];
        in.removePointer(i);
    }

    return halfPointers;
}
//将节点 ln 包含的键一分为二
private DictionaryPair[] splitDictionary(LeafNode ln, int split) {
    DictionaryPair[] dictionary = ln.dictionary;
    DictionaryPair[] halfDict = new DictionaryPair[this.m];

    for (int i = split; i < dictionary.length; i++) {
        halfDict[i - split] = dictionary[i];
        ln.delete(i);
    }

    return halfDict;
}
//对内部节点进行分裂
private void splitInternalNode(InternalNode in) {
    //保存要分裂节点的父节点
    InternalNode parent = in.parent;
    //获取中间位置的索引
    int midpoint = getMidpoint();
    int newParentKey = in.keys[midpoint];
    //右半部分键
    Integer[] halfKeys = splitKeys(in.keys, midpoint);
    //右半部分指向子节点的指针数组
    Node[] halfPointers = splitChildPointers(in, midpoint);
    //线性查找 childPointers 中第一个为空的键的索引
    in.degree = linearNullSearch(in.childPointers);
    //创建一个兄弟节点，并设置子节点的父节点
    InternalNode sibling = new InternalNode(this.m, halfKeys, halfPointers);
    for (Node pointer: halfPointers) {
        if (pointer != null) {
            pointer.parent = sibling;
        }
```

```
        }
        //调整分裂后的左兄弟节点、右兄弟节点
        sibling.rightSibling = in.rightSibling;
        if (sibling.rightSibling != null) {
            sibling.rightSibling.leftSibling = sibling;
        }
        in.rightSibling = sibling;
        sibling.leftSibling = in;
        //被分裂节点的父节点为空，也就是说 in 为根节点
        if (parent == null) {
            //创建新的根节点
            Integer[] keys = new Integer[this.m];
            keys[0] = newParentKey;
            InternalNode newRoot = new InternalNode(this.m, keys);
            newRoot.appendChildPointer(in);
            newRoot.appendChildPointer(sibling);
            this.root = newRoot;

            in.parent = newRoot;
            sibling.parent = newRoot;

        } else {
            //在父节点的末尾添加 newParentKey
            parent.keys[parent.degree - 1] = newParentKey;
            Arrays.sort(parent.keys, 0, parent.degree);
            //为父节点添加新的子节点 sibling
            int pointerIndex = parent.findIndexOfPointer(in) + 1;
            parent.insertChildPointer(sibling, pointerIndex);
            sibling.parent = parent;
        }
    }
    //以 split 为界，将 keys 数组分裂为[0,split] 和 [split+1,m]
    private Integer[] splitKeys(Integer[] keys, int split) {

        Integer[] halfKeys = new Integer[this.m];

        keys[split] = null;

        for (int i = split + 1; i < keys.length; i++) {
            halfKeys[i - split - 1] = keys[i];
            keys[i] = null;
        }
```

```
    return halfKeys;
}

//插入操作
public void insert(int key, double value) {
    //B+ 树为空
    if (isEmpty()) {
        //新建一个叶子节点
        LeafNode ln = new LeafNode(this.m, new DictionaryPair(key, value));
        //为第一个叶子节点赋值
        this.firstLeaf = ln;

    } else {    //B+树不为空
        //若根节点为空，则将 firstLeaf 赋值给叶子节点 ln
        //若根节点不为空，则查找键所在叶子节点 ln
        LeafNode ln = (this.root == null) ? this.firstLeaf: findLeafNode(key);
        //将(key,value)插入叶子节点 ln
        //若插入失败，则说明叶子节点已满
        if (!ln.insert(new DictionaryPair(key, value))) {
            //先将新节点插入叶子节点
            ln.dictionary[ln.numPairs] = new DictionaryPair(key, value);
            ln.numPairs++;
            //对叶子节点按照键的大小进行排序
            sortDictionary(ln.dictionary);
            //获取中间位置的索引
            int midpoint = getMidpoint();
            //节点 ln 的右半部分
            DictionaryPair[] halfDict = splitDictionary(ln, midpoint);
            //节点 ln 的父节点为空
            if (ln.parent == null) {
                //创建父节点，并为其赋值
                Integer[] parent_keys = new Integer[this.m];
                parent_keys[0] = halfDict[0].key;
                InternalNode parent = new InternalNode(this.m, parent_keys);
                ln.parent = parent;
                parent.appendChildPointer(ln);

            } else { //节点 ln 的父节点不为空
                int newParentKey = halfDict[0].key;
                ln.parent.keys[ln.parent.degree - 1] = newParentKey;
                Arrays.sort(ln.parent.keys, 0, ln.parent.degree);
```

```
            }
            //创建一个新的叶子节点
            LeafNode newLeafNode = new LeafNode(this.m, halfDict, ln.parent);
            //找到新的叶子节点在父节点中的位置
            int pointerIndex = ln.parent.findIndexOfPointer(ln) + 1;
            //插入新的叶子节点
            ln.parent.insertChildPointer(newLeafNode, pointerIndex);
            //调整叶子节点的左兄弟节点指针、右兄弟节点指针
            newLeafNode.rightSibling = ln.rightSibling;
            if (newLeafNode.rightSibling != null) {
                newLeafNode.rightSibling.leftSibling = newLeafNode;
            }
            ln.rightSibling = newLeafNode;
            newLeafNode.leftSibling = ln;
            //设置根节点
            if (this.root == null) {
                this.root = ln.parent;

            } else {
                InternalNode in = ln.parent;
                while (in != null) {
                    //节点 ln 的父节点溢出
                    if (in.isOverfull()) {
                        splitInternalNode(in);
                    } else {
                        break;
                    }
                    in = in.parent;
                }
            }
        }
    }
}

//查找键对应的值
public Double search(int key) {

    if (isEmpty()) {
        return null;
    }
    //返回键所在的叶子节点
    LeafNode ln = (this.root == null) ? this.firstLeaf: findLeafNode(key);
```

```
    DictionaryPair[] dps = ln.dictionary;
    //用二分法查找键所在位置的索引
    int index = binarySearch(dps, ln.numPairs, key);

    if (index < 0) {
        return null;
    } else {
        return dps[index].value;
    }
}
//区间查找 [lowerBound,upperBound]
public ArrayList<Double> search(int lowerBound, int upperBound) {

    ArrayList<Double> values = new ArrayList<Double>();
    //从第一个叶子节点开始，从左到右依次遍历所有叶子节点
    LeafNode currNode = this.firstLeaf;
    while (currNode != null) {

        DictionaryPair[] dps = currNode.dictionary;
        for (DictionaryPair dp: dps) {

            if (dp == null) {
                break;
            }

            if (lowerBound <= dp.key && dp.key <= upperBound) {
                values.add(dp.value);
            }
        }
        //当前节点的右兄弟节点
        currNode = currNode.rightSibling;
    }

    return values;
}

//B+树构造函数
public BPlusTree(int m) {
    this.m = m;
    this.root = null;
}
```

```
public class Node {
   InternalNode parent;
}

//内部节点
private class InternalNode extends Node {
   int maxDegree;                      //最大度
   int minDegree;                      //最小度
   int degree;
   InternalNode leftSibling;           //左兄弟节点
   InternalNode rightSibling;          //右兄弟节点
   Integer[] keys;                     //节点包含的键
   Node[] childPointers;               //子节点指针
   //尾部添加一个子节点指针
   private void appendChildPointer(Node pointer) {
      this.childPointers[degree] = pointer;
      this.degree++;
   }

   //查找子节点指针在指针数组中的索引
   private int findIndexOfPointer(Node pointer) {
      for (int i = 0; i < childPointers.length; i++) {
         if (childPointers[i] == pointer) {
            return i;
         }
      }
      return -1;
   }
   //在 index 位置插入一个子节点指针
   private void insertChildPointer(Node pointer, int index) {
      for (int i = degree - 1; i >= index; i--) {
         childPointers[i + 1] = childPointers[i];
      }
      this.childPointers[index] = pointer;
      this.degree++;
   }
   //节点包含的键少于最小键数
   private boolean isDeficient() {
      return this.degree < this.minDegree;
   }
   //可以借用
   private boolean isLendable() {
```

```
        return this.degree > this.minDegree;
    }
    //可以合并
    private boolean isMergeable() {
        return this.degree == this.minDegree;
    }
    //是否上溢出
    private boolean isOverfull() {
        return this.degree == maxDegree + 1;
    }
    //将子指针 pointer 移动到最前面
    private void prependChildPointer(Node pointer) {
        for (int i = degree - 1; i >= 0; i--) {
            childPointers[i + 1] = childPointers[i];
        }
        this.childPointers[0] = pointer;
        this.degree++;
    }
    //删除索引 index 处的键
    private void removeKey(int index) {
        this.keys[index] = null;
    }
    //删除索引 index 处的子指针
    private void removePointer(int index) {
        this.childPointers[index] = null;
        this.degree--;
    }
    //删除子指针
    private void removePointer(Node pointer) {
        for (int i = 0; i < childPointers.length; i++) {
            if (childPointers[i] == pointer) {
                this.childPointers[i] = null;
            }
        }
        this.degree--;
    }

    private InternalNode(int m, Integer[] keys) {
        this.maxDegree = m;              //最大度初始化为阶
        //至少包含的键数
        this.minDegree = (int) Math.ceil(m / 2.0);
        this.degree = 0;
```

```
            this.keys = keys;
            //子节点的指针数组，初始化大小为m+1
            this.childPointers = new Node[this.maxDegree + 1];
        }

        private InternalNode(int m, Integer[] keys, Node[] pointers) {
            this.maxDegree = m;
            this.minDegree = (int) Math.ceil(m / 2.0);
            this.degree = linearNullSearch(pointers);
            this.keys = keys;
            this.childPointers = pointers;
        }
    }

    //叶子节点
    public class LeafNode extends Node {
        int maxNumPairs;                        //可以包含的最大键数
        int minNumPairs;                        //可以包含的最小键数
        int numPairs;                           //叶子节点包含的键值对数
        LeafNode leftSibling;                   //左兄弟节点
        LeafNode rightSibling;                  //右兄弟节点
        DictionaryPair[] dictionary;            //包含的键

        public void delete(int index) {
            this.dictionary[index] = null;
            numPairs--;
        }
        //将(key,value)插入叶子节点
        public boolean insert(DictionaryPair dp) {
            if (this.isFull()) {
                return false;
            } else {
                this.dictionary[numPairs] = dp;
                numPairs++;
                Arrays.sort(this.dictionary, 0, numPairs);

                return true;
            }
        }

        public boolean isDeficient() {
            return numPairs < minNumPairs;
```

```
    }

    public boolean isFull() {
        return numPairs == maxNumPairs;
    }

    public boolean isLendable() {
        return numPairs > minNumPairs;
    }

    public boolean isMergeable() {
        return numPairs == minNumPairs;
    }

    public LeafNode(int m, DictionaryPair dp) {
        this.maxNumPairs = m - 1; //最多可以包含的键数
        this.minNumPairs = (int) (Math.ceil(m / 2.0) - 1);
        this.dictionary = new DictionaryPair[m];
        this.numPairs = 0;
        this.insert(dp);
    }

    public LeafNode(int m, DictionaryPair[] dps, InternalNode parent) {
        this.maxNumPairs = m - 1;
        this.minNumPairs = (int) (Math.ceil(m / 2.0) - 1);
        this.dictionary = dps;
        this.numPairs = linearNullSearch(dps);
        this.parent = parent;
    }
}

//叶子节点中的（key, value)
public static class DictionaryPair implements Comparable<DictionaryPair> {
    int key;                                //索引
    double value;                           //值

    public DictionaryPair(int key, double value) {
        this.key = key;
        this.value = value;
    }

    @Override
```

```
        public int compareTo(DictionaryPair o) {
            return Integer.compare(key, o.key);
        }
    }

    public static void main(String[] args) {
        BPlusTree bpt = new BPlusTree(3);
        bpt.insert(5, 33);
        bpt.insert(15, 21);
        bpt.insert(25, 31);
        bpt.insert(35, 41);
        bpt.insert(45, 10);

        if (bpt.search(15) != null) {
            System.out.println("Found");
        } else {
            System.out.println("Not Found");
        }
    }
}
```

需要注意的是，对于叶子节点设置左兄弟节点、右兄弟节点，相当于双向链表的左指针、右指针，这使得我们在叶子节点上可以轻松地进行区间查找。

图

6.1 图简介

如图 6.1 所示，在线性表中，每个元素之间只有一个直接前继元素和一个直接后继元素。在树形结构中，节点之间具有层次关系，并且每层节点可能和下一层中的多个节点相关，但只能和上一层中的一个节点相关。

树是描述**一对一**、**一对多**关系的简单模型，如果要描述**多对多**的复杂关系就需要使用图数据结构。

图（Graph）由顶点的有穷非空集合和顶点（Vertex）之间边（Edge）的集合组成，通常表示为 $G(V,E)$，其中，G 表示一个图，V 是图 G 中顶点的集合，E 是图 G 中边的集合。如图 6.2 所示，图 $G(V,E)$ 包含 4 个顶点，顶点集合 $V=\{0,1,2,3\}$，边集合 $E=\{(0,1),(0,2),(0,3),(1,2)\}$。

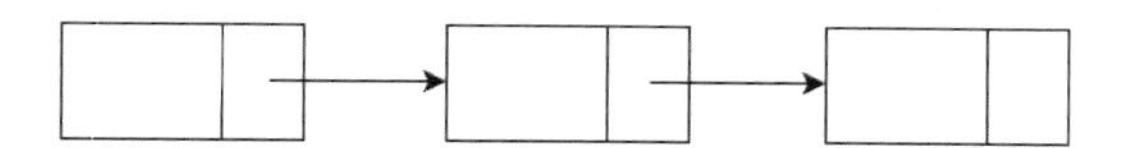

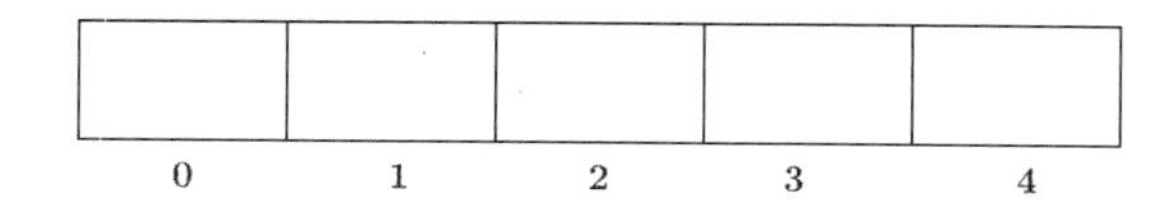

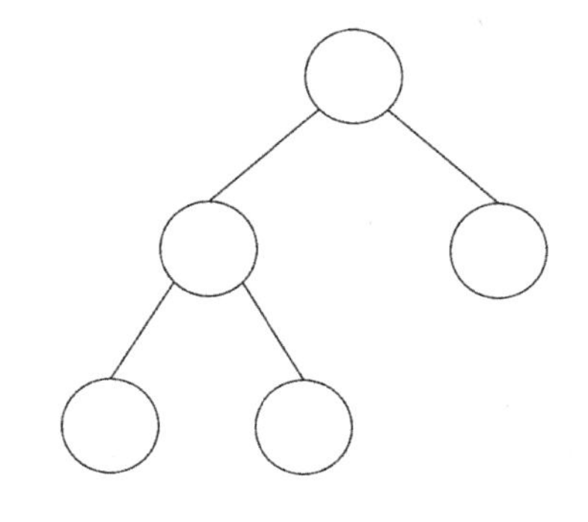

图 6.1

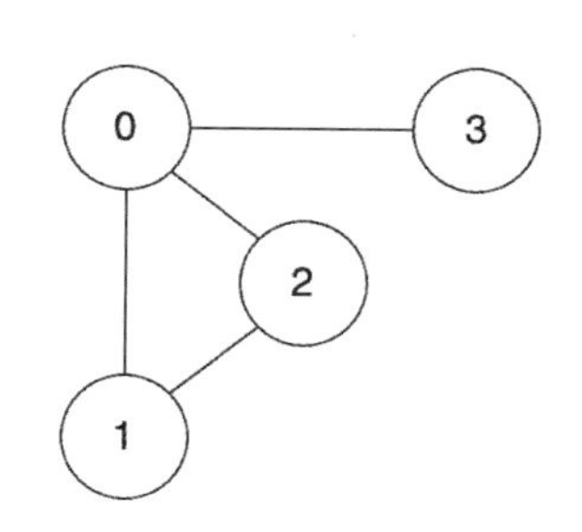

图 6.2

6.1.1 图的相关定义

对于图的定义，我们需要注意如下几个地方。

- 在线性表中我们把数据叫作元素，在树中我们把数据叫作节点，在图中我们把数据叫作**顶点**。
- 若线性表中没有元素，则称之为空表；若树中没有节点，则称之为空树。但是图要求顶点集合 V 有穷非空。
- 在线性表中相邻的元素间具有线性关系；在树结构中相邻两层的节点间是层次关系；在图中任意两个顶点之间都可能存在关系，顶点之间的逻辑关系用边表示，边集可以为空。

无向边：若顶点 V_i 与 V_j 之间的边没有方向，则称这条边为无向边，用无序偶（V_i,V_j）来表示。

有向边：若顶点 V_i 与 V_j 之间的边有方向，则称这条边为有向边，也称为**弧**（Arc），用有序偶来表示，若方向为顶点 V_i 到 V_j，则表示为 $\langle V_i,V_j \rangle$，V_i 称为弧尾，V_j 称为弧头。

如图 6.3 所示，简单理解就是，**图分为有向图和无向图，有向图有箭头，无向图没有箭头**。

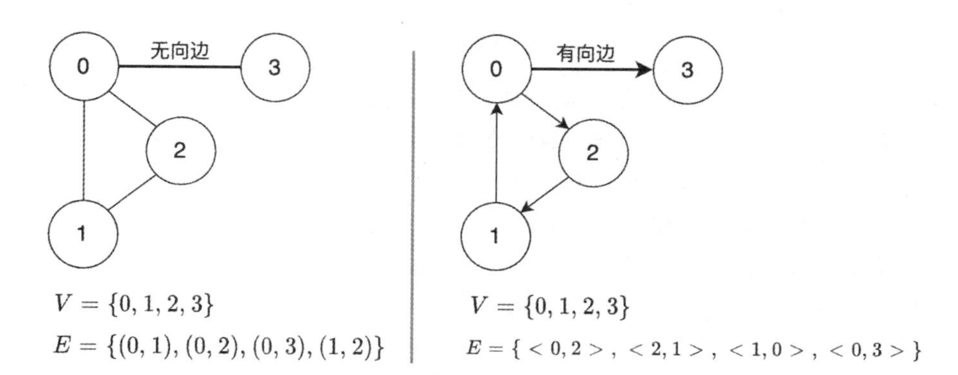

图 6.3

简单图：若图中不存在顶点到其自身的边，且不存在重负的边，则称这样的图为简单图，如图 6.4 所示。

无向完全图：在无向图中，若任意两个顶点之间都存在边，则称该图为**无向完全图**，如图 6.5（a）所示。含有 n 个顶点的无向完全图有 $n\times(n-1)/2$ 条边。

有向完全图：在有向图中，若任意两个顶点之间都存在方向互相相反的两条弧，则称该图为**有向完全图**，如图 6.5（b）所示。含有 n 个顶点的有向完全图有 $n\times(n-1)$ 条弧。

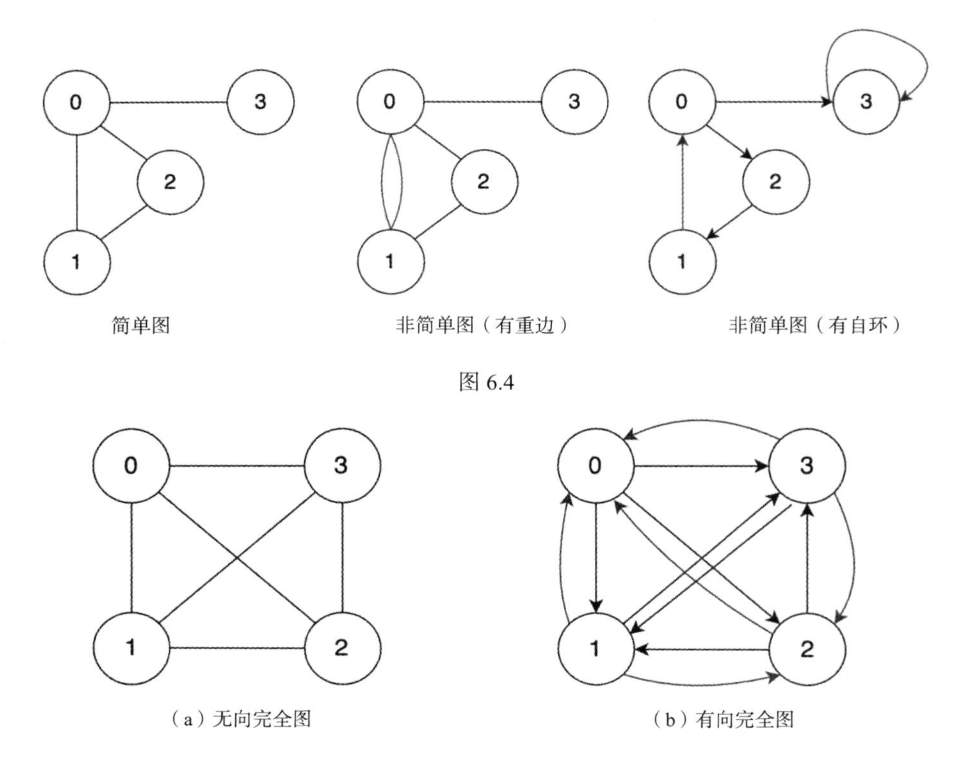

图 6.4

图 6.5

稀疏图和稠密图：稀疏和稠密是相对而言的，通常认为边或弧数小于 $n\log_2 n$（ n 是顶点的个数）的图为稀疏图，反之为稠密图。如图 6.6 所示，图中包含 8 个顶点，10 条边，$10 < 8 \times \log_2 8 = 24$，因此可将该图视为一个稀疏图。

有些图的边或弧带有与它相关的数字，这种与图的边或弧相关的数字叫作权值（Weight），通常称带权值的图为**网**（Network）。图 6.7 所示为带权无向图，图中顶点 0 和顶点 3 之间的边上的数字 10 是边 $(0,3)$ 的权值。

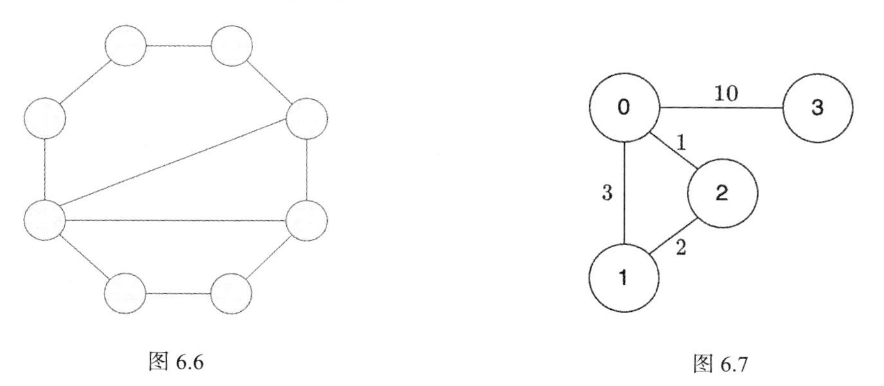

图 6.6

图 6.7

假设有两个图 $G_1=(V_1,E_1)$ 和 $G_2=(V_2,E_2)$，若 $V_2 \subseteq V_1$，$E_2 \subseteq E_1$，则称 G_2 为 G_1 的**子图**（Subgraph）。如图 6.8 所示，无向图或有向图可以有多个子图。

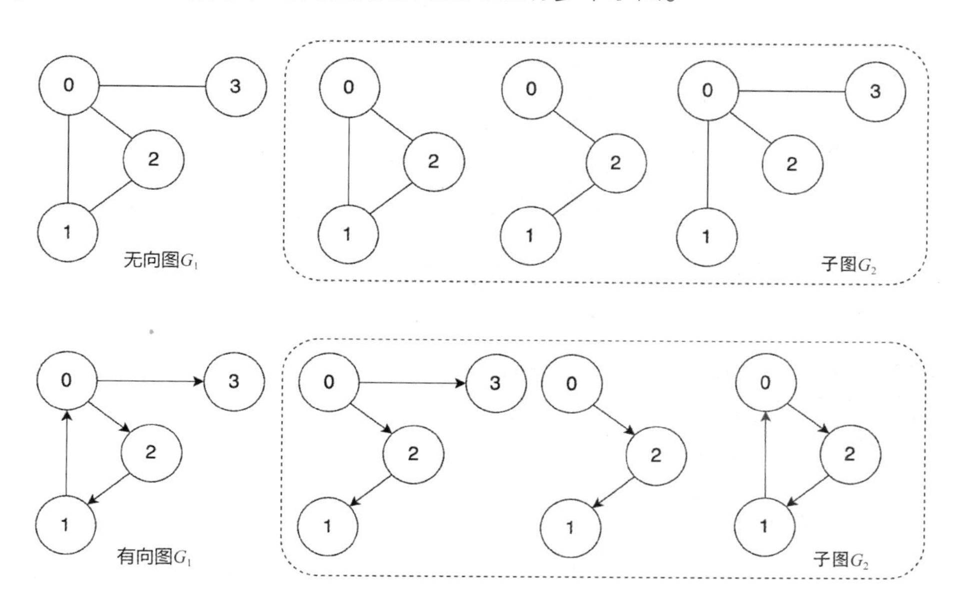

图 6.8

6.1.2 图的顶点与边之间的关系

对于无向图 $G=(V,E)$，若边 $(V_1,V_2)\in E$，则称顶点 V_1 和顶点 V_2 互为邻接点（Adjacent），即 V_1 和 V_2 相邻接。边 (V_1,V_2) 依附于顶点 V_1 和顶点 V_2，或者说边 (V_1,V_2) 与顶点 V_1 和顶点 V_2 相关联。

顶点 V 的度（Degree）是指和顶点 V 相关联的边的数目，记为 $\mathrm{TD}(V)$。如图 6.9 所示，顶点 0 与顶点 3 互为邻接点，边 $(0,3)$ 依附于顶点 0 与顶点 3，顶点 0 和顶点 1、顶点 2 和顶点 3 均有关联，故顶点 0 的度为 3。

对于有向图 $G=\langle V,E\rangle$，若有 $\langle V_1,V_2\rangle\in E$，则称顶点 V_1 邻接到顶点 V_2，顶点 V_2 邻接自顶点 V_1。

以顶点 V 为弧头的弧的数目称为顶点 V 的**入度**（InDegree），记为 $\mathrm{ID}(V)$；以顶点 V 为弧尾的弧的数目称为顶点 V 的**出度**（OutDegree），记为 $\mathrm{OD}(V)$。顶点 V 的度为 $\mathrm{TD}(V)=\mathrm{ID}(V)+\mathrm{OD}(V)$。

如图 6.10 所示，顶点 0 的入度是 1，出度是 2，所以顶点 0 的度是 3。

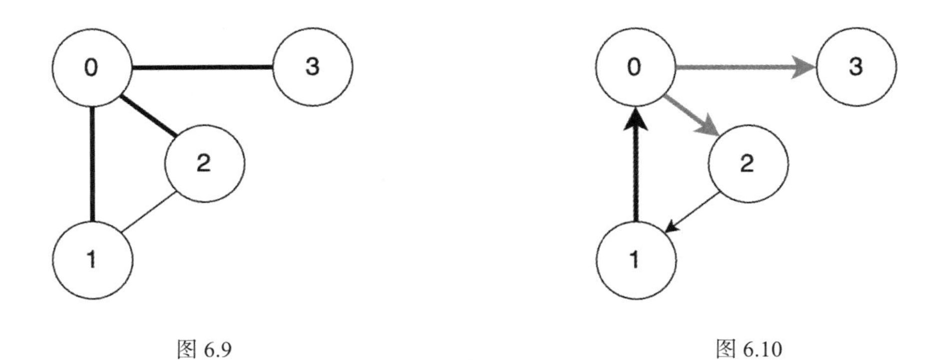

图 6.9　　　　图 6.10

在无向图 $G=(V,E)$ 中从顶点 V_1 到顶点 V_2 所经过的线路称为顶点之间的**路径**（Path）。

在如图 6.11 所示的无向图中，粗线标注的是如图 6.9 所示的无向图的顶点 0 到顶点 1 的两条不同路径，$0\to1$ 和 $0\to2\to1$ 。

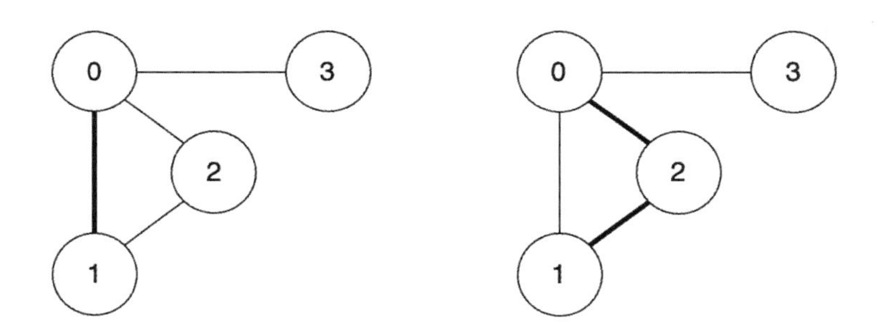

图 6.11

如果 G 是有向图，那么其中的路径也是有向的。在如图 6.12 所示的有向图中粗线标的是顶点 0 到顶点 1 的唯一一条路径，$0\to2\to1$。

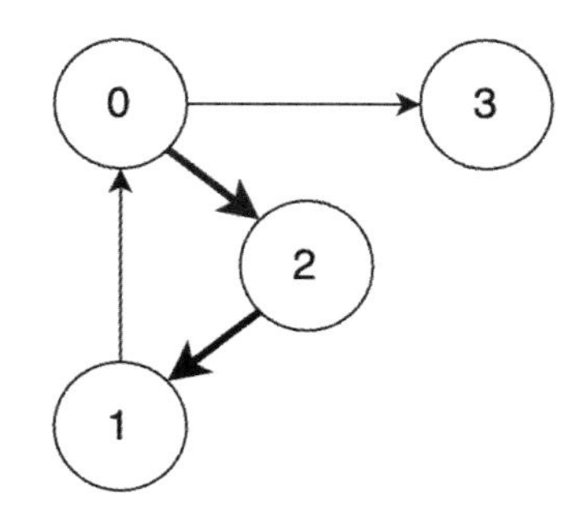

图 6.12

路径的长度是路径上的边或弧的数目。在如图 6.12 所示的有向图中，顶点 0 到顶点 1 的路径长度为 2。

在无向图 G 中，若从顶点 V_1 到顶点 V_2 有路径，则称顶点 V_1 和顶点 V_2 是连通的。若无向图 G 中任意两个顶点都是连通的，则称无向图 G 是**连通图**（Connected Graph）。图 6.13（a）所示为连通图，图 6.13（b）所示为非连通图，因为图 6.13（b）中的顶点 3 到其他 3 个顶点——顶点 0、顶点 1、顶点 2，均不可达。

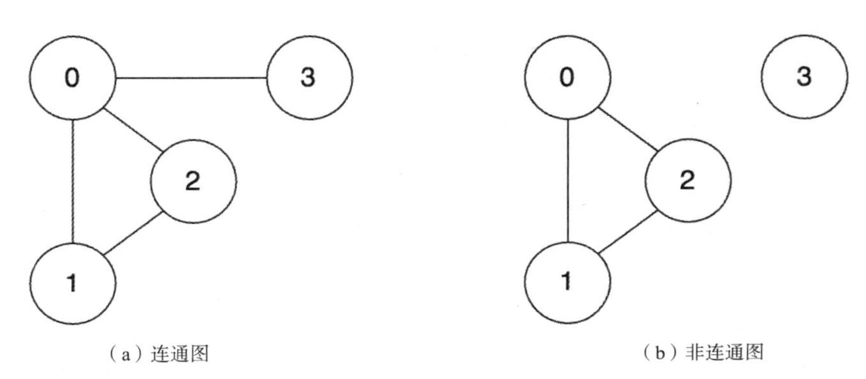

（a）连通图　（b）非连通图

图 6.13

无向图的极大连通子图称为连通分量。对于此，需要注意以下几点。

- 首先，连通分量必须是子图，并且必须是连通的。
- 其次，连通分量必须含有极大顶点数。
- 最后，连通分量包含依附于这些顶点的所有边。

图 6.13（b）所示的非连通图包含两个连通子图，$G_1(V_1,E_2)$ 和 $G_2(V_2,E_2)$。其中，$V_1=\{0,1,2\}$ 含有极大的顶点数，故 G_1 为图 6.13（b）的连通分量。

6.1.3 有向图的强连通分量

在有向图 G 中，如果每一对顶点 $\langle V_i,V_j\rangle$ 都存在路径，就称有向图 G 是**强连通图**。**强连通分量**是有向图的顶点集合，该集合中任意两个顶点之间都存在路径。它只适用于有向图。

考虑如图 6.14 所示的有向图的强连通分量，在顶点集合 $\{0,1,2,3\}$ 中，任意两个顶点之间都存在路径，故该顶点集合可以作为一个强连通分量；顶点集合 $\{4,5,6\}$ 中的任意两个顶点之间都存在路径，故该顶点集合可以作为一个强连通分量，同理顶点 7 到其他顶点均无路径，故顶点 7 单独作为一个强连通分量。图 6.14 对应的强连通分量如图 6.15 所示。

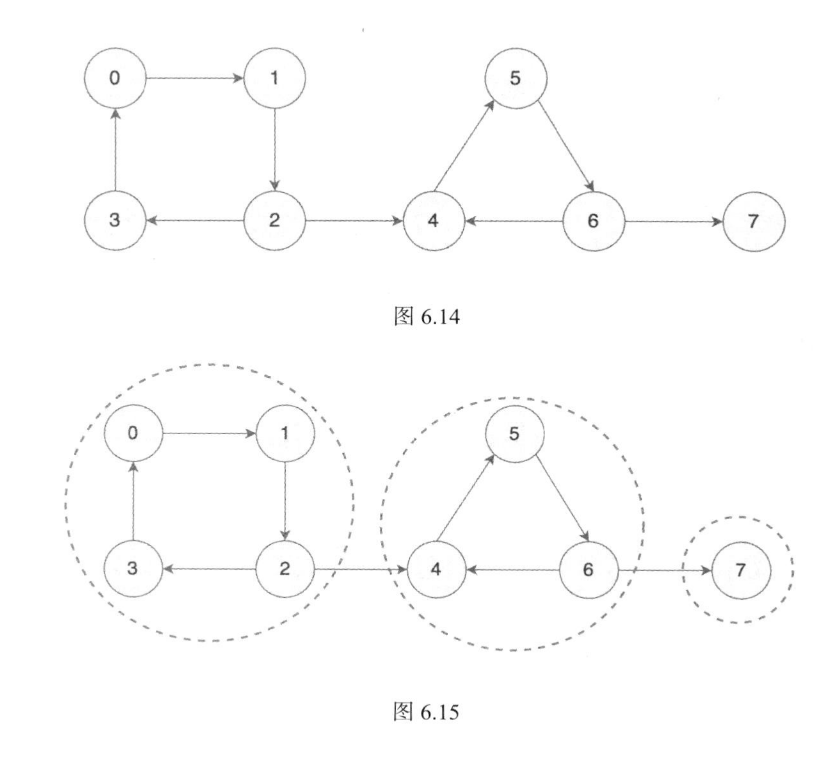

图 6.14

图 6.15

6.1.4　生成树与最小生成树

生成树是**无向连通图**的一个子图，它包含图的所有顶点，且顶点的边数最少。图中的边可能有权值，也可能没有权值。

从一个包含 n 个顶点的无向完全图可以得到的生成树的总数为 $n^{(n-2)}$。例如，包含 4 个顶点的无向完全图可以得到的生成树总数为 $4^{(4-2)}=16$。

下面我们以图 6.16 为例，来说明可能生成的生成树。

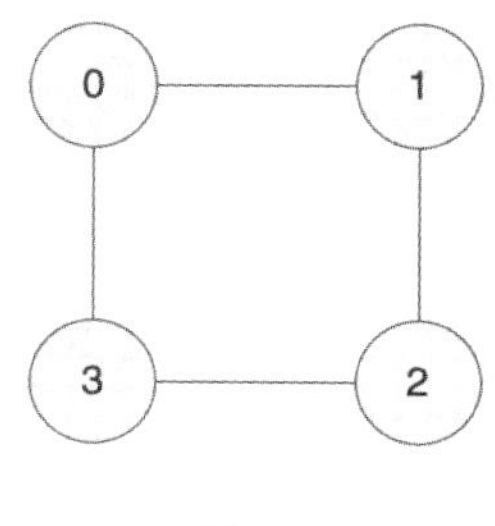

图 6.16

图 6.16 所示的无向连通图可能得到的生成树如图 6.17 所示。

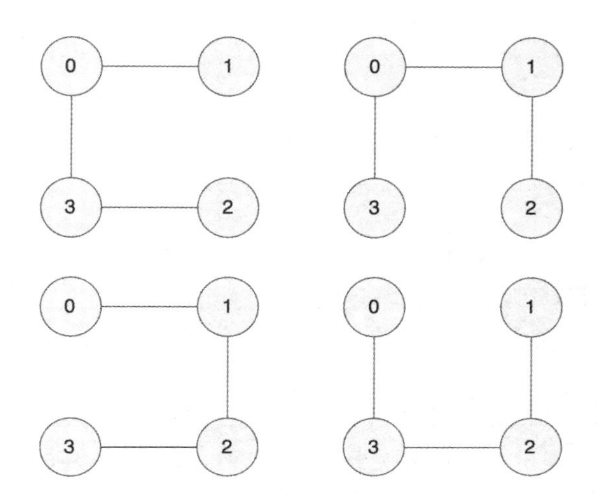

图 6.17

最小生成树也是一棵生成树，不过最小生成树针对的是无向带权图的，其中最小生成树的边的权值之和最小。为如图 6.16 所示的无向连通图添加权值，得到如图 6.18 所示的带权无向图。

图 6.18 所示的带权无向图对应的 4 棵生成树如图 6.19 所示，其中权值和为 7 的生成树是权值和最小的生成树，即最小生成树。

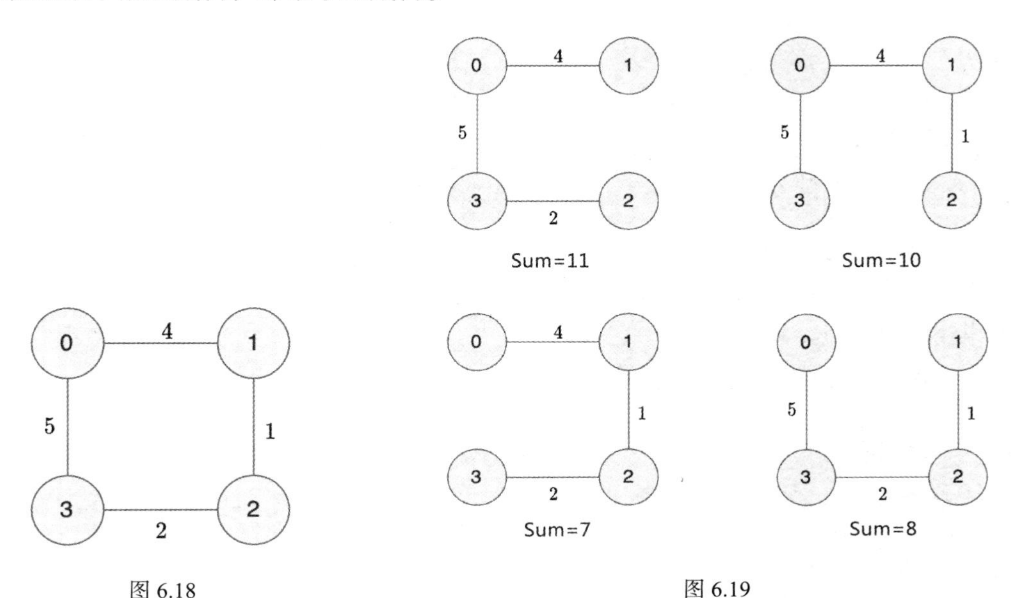

图 6.18　　图 6.19

6.2 图的存储结构

在内存中图有很多种存储结构，最经典的存储结构包括**邻接矩阵、邻接表、逆邻接表、十字链表**。本书主要讲解日常开发中常用的邻接矩阵和邻接表。

图的存储结构与线性表和树相比复杂得多。线性表描述的是**一对一**的关系，可以使用**数组或链表**存放数据。**树**描述的是**一对多**的关系，要将**数组和链表的特性结合**在一起才能更好地存放数据。**图**描述的是**多对多**的关系，且图中任意一个顶点都可以被看作第一个顶点，任意两个顶点间不存在次序关系。同时图中任意两个顶点之间都可能存在联系，因此无法用顶点在内存中的物理位置来表示它们之间的关系。

虽然可以使用多重链表来描述图中顶点间的关系，但由第 5 章可知，纯粹用多重链表导致的浪费是无法想象的（如果各个顶点的度数相差太大，就会造成巨大的浪费）。

6.2.1 邻接矩阵

邻接矩阵（Adjacency Matrix）就是用两个数组来表示图。一个一维数组存储图中的顶点信息，一个二维数组（称为邻接矩阵）存储图中的边或弧的信息。

1. 无向图邻接矩阵

如图 6.20 所示，我们可以设置两个数组，一维顶点数组为 $\text{vertex}[4]=\{V_0,V_1,V_2,V_3\}$，二维边数组 $\text{arc}[4][4]$ 为对称矩阵（0 表示顶点间不存在边，1 表示顶点间存在边）。

对称矩阵：就是 n 阶矩阵的元满足 $\text{arc}[i][j]=\text{arc}[j][i]$（$0 \leqslant i,\ j \leqslant n$），即从矩阵的左上角到右下角的主对角线为轴，右上角的元与对应的左下角的元全部相等。如图 6.20 所示，$\text{arc}[0][1]=\text{arc}[1][0]=1$。

利用这个由二维数组组成的对称矩阵，我们可以很容易地知道图中的信息。

- 判定任意两个顶点间是否有边。
- 求顶点 V_i 的度，即顶点 V_i 在邻接矩阵中第 i 行（或第 i 列）的元素之和。
- 求顶点 V_i 的所有邻接点，即将矩阵中第 i 行元素扫描一遍，$\text{arc}[i][j]$ 为 1，表示 V_i 和 V_j 是邻接点。

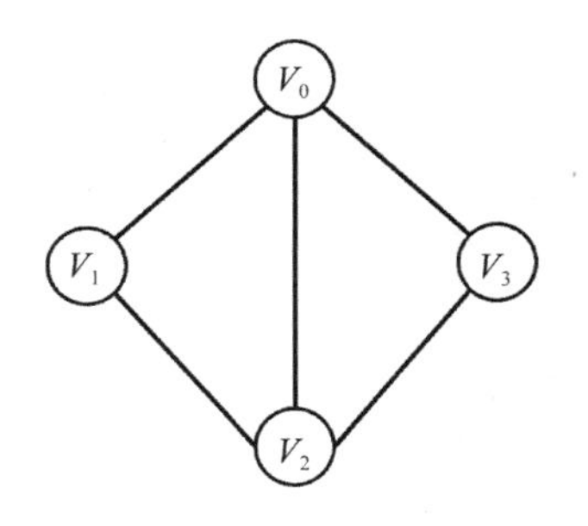

vertex	V_0	V_1	V_2	V_3

	V_0	V_1	V_2	V_3
V_0	0	1	1	1
V_1	1	0	1	0
V_2	1	1	0	1
V_3	1	0	1	0

图 6.20

2. 有向图邻接矩阵

无向图的边构成了一个对称矩阵，貌似浪费了一半的空间，那如果用邻接矩阵存放有向图，会不会把资源利用得很好呢？

如图 6.21 所示，顶点数组 $\text{vertex}[4]=\{V_0,V_1,V_2,V_3\}$，弧数组 $\text{arc}[4][4]$ 也是一个矩阵。因为是有向图，所以这个矩阵并不对称。例如，由顶点 V_0 到顶点 V_3 有弧，$\text{arc}[0][3]=1$，而由顶点 V_3 到顶点 V_0 没有弧，因此 $\text{arc}[3][0]=0$。

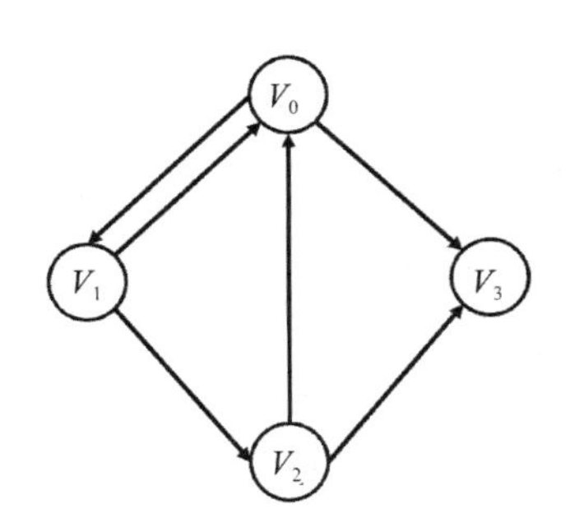

vertex	V_0	V_1	V_2	V_3

	V_0	V_1	V_2	V_3
V_0	0	1	0	1
V_1	1	0	1	0
V_2	1	0	0	1
V_3	0	0	0	0

图 6.21

对于有向图，要考虑入度和出度，顶点 V_1 的入度为 1，正好是 V_1 列的各数之和，顶点 V_1 的出度为 2，正好是 V_1 行的各数之和。

3. 有向带权图的邻接矩阵

有向带权图中的每一条弧带有权值，其邻接矩阵中的值为权值，当两个顶点间没有弧时，用无穷大表示，如图 6.22 所示。

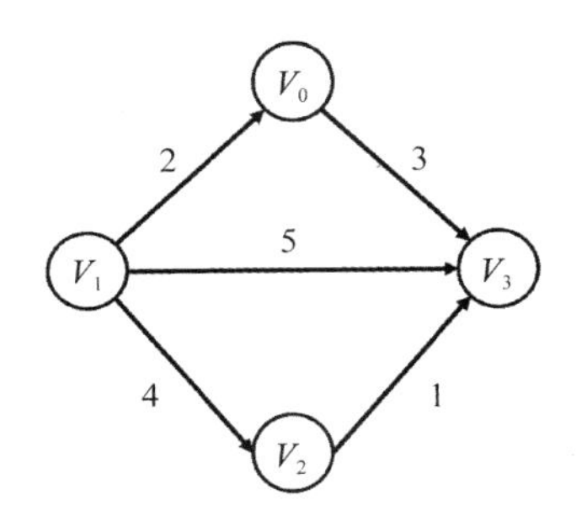

vertex	V_0	V_1	V_2	V_3

	V_0	V_1	V_2	V_3
V_0	0	∞	∞	3
V_1	2	0	4	5
V_2	∞	∞	0	1
V_3	∞	∞	∞	0

图 6.22

这里∞表示一个计算机允许的、大于所有弧上的权值的值。

4. 邻接矩阵的优点

邻接矩阵的优点如下。

- 添加一条边、移除一条边，以及检查顶点 V_i 到顶点 V_j 之间是否有一条边等基本操作的时间复杂度都是 $O(1)$。
- 如果图是稠密图，边的数量很大，那么邻接矩阵应该是第一选择。
- 通过对邻接矩阵进行操作，可以深入了解图的性质及其顶点之间的关系。

我们先看一段简单的邻接矩阵存储无向无权图的实现代码。

```
public class Graph {
    private int[][] adjMatrix;              //邻接矩阵
    private int numVertices;                //顶点个数

    //初始化邻接矩阵
    public Graph(int numVertices) {
        this.numVertices = numVertices;
        adjMatrix = new int[numVertices][numVertices];
    }

    //添加边
    public void addEdge(int i, int j) {
        adjMatrix[i][j] = 1;
        adjMatrix[j][i] = 1;
    }

    //删除边
    public void removeEdge(int i, int j) {
```

```
        adjMatrix[i][j] = 0;
        adjMatrix[j][i] = 0;
    }

    //打印邻接矩阵
    public String printMatrix() {
        StringBuilder s = new StringBuilder();
        for (int i = 0; i < numVertices; i++) {
            s.append(i).append(": ");
            for (int j : adjMatrix[i]) {
                s.append(j).append(" ");
            }
            s.append("\n");
        }
        return s.toString();
    }

    public static void main(String[] args) {
        Graph g = new Graph(4);

        g.addEdge(0, 1);
        g.addEdge(0, 2);
        g.addEdge(1, 2);
        g.addEdge(2, 0);
        g.addEdge(2, 3);

        System.out.print(g.printMatrix());
    }
}
```

上述实现代码中并没有设置顶点数组，原因是我们用顶点数组的索引代表了顶点本身。此外，如果要存储有向图，只需对 addEdge()函数和 removeEdge()函数进行修改，以实现只添加V_i到V_j的边或删除其中一条边；带权图添加边将存储边的权值，而不是 0 和 1，若想删除带权图中的某条边，则需要将该边的权值赋值为无穷大。

5. 邻接矩阵的缺点

邻接矩阵看上去是一个不错的选择，不仅容易理解，而且索引也很方便。

但是我们发现，若用邻接矩阵存储边数相对顶点较少的**稀疏图**，则会极大地浪费存储空间。如图 6.23 所示，其中有大量 0，而且我们在查找顶点V_0指向的顶点时，需要遍历顶

点 V_0 对应的一整行，对于图 6.23 而言，相当于无用功，因为顶点 V_0 的出度为 0，没有指向其他顶点。

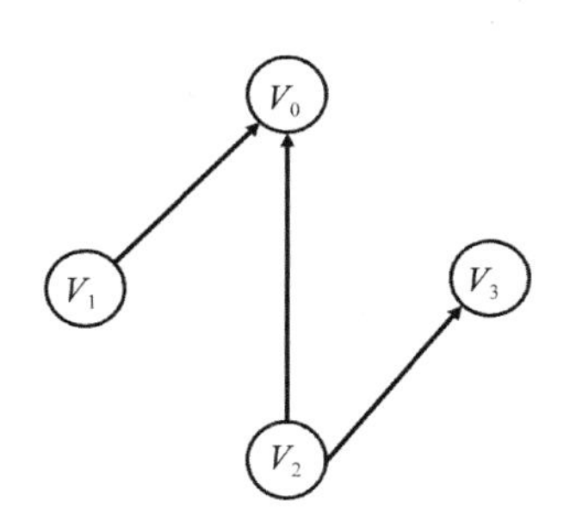

vertex	V_0	V_1	V_2	V_3

	V_0	V_1	V_2	V_3
V_0	0	0	0	0
V_1	1	0	0	0
V_2	1	0	0	1
V_3	0	0	0	0

图 6.23

6.2.2 邻接表

针对邻接矩阵的缺点，我们可以考虑另外一种存储结构，如把数组与链表结合起来的存储结构对图也适用，我们称之为**邻接表**（Adjacency List），在实际开发中，选用这种存储结构的居多。

邻接表的处理方法如下。

- 图中的顶点用一个**一维数组**存储，当然，也可以用单链表存储。但使用数组存储顶点，可以较容易地读取顶点信息。
- 图中的每个顶点 V_i 的所有邻接点构成一个线性表，由于邻接点的个数不确定，所以选择用**单链表**来存储。

无向图邻接表如图 6.24 所示。

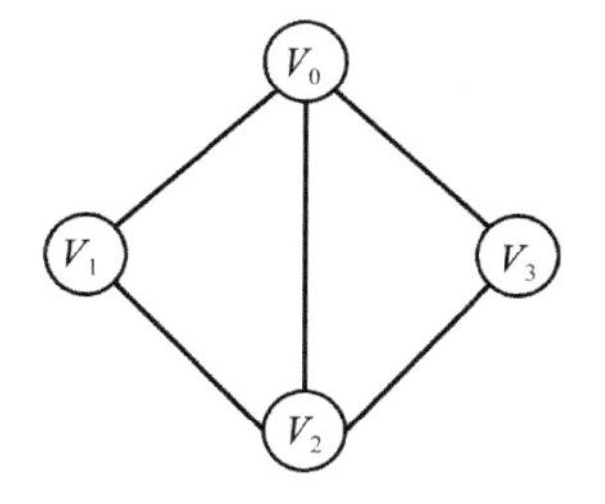

索引	data	first			
0	V_0	→	1 →	2 →	3 ^
1	V_1	→	0 →	2 ^	
2	V_2	→	0 →	1 →	3 ^
3	V_3	→	0 →	2 ^	

图 6.24

有向图邻接表与无向图邻接表类似。我们先**把顶点当作弧尾建立邻接表，以便得到每**

个顶点的出度。如图 6.25 所示，顶点 V_0 的出度等于其后连接的单链表的节点数，即顶点 V_1 和顶点 V_3。

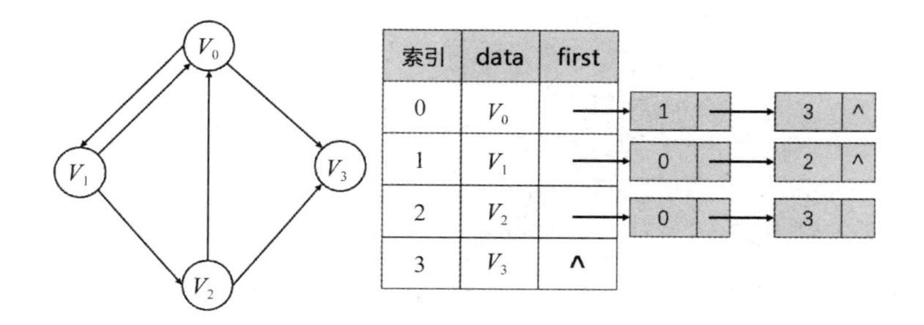

图 6.25

有时，为了**便于确定顶点的入度或以顶点为弧头的弧**，会建立有向图的**逆邻接表**。如图 6.26 所示，顶点 V_0 的入度等于其后连接的所有单链表的节点数，为 2。

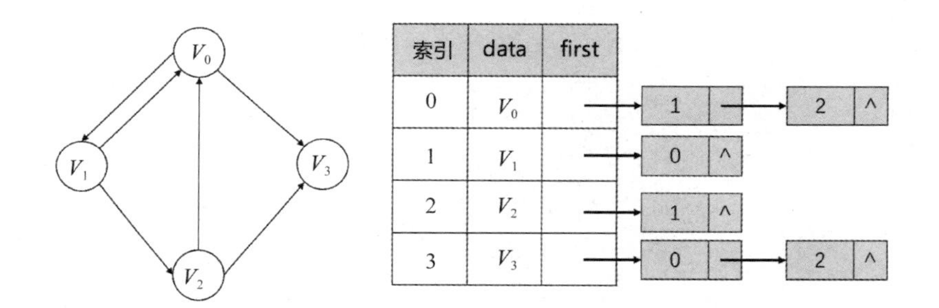

图 6.26

带权图的邻接表如图 6.27 所示。对于带权图，可以在单链表的节点定义中再增加一个数据域来存储权值（单链表中的灰底处的数字就是权值）。

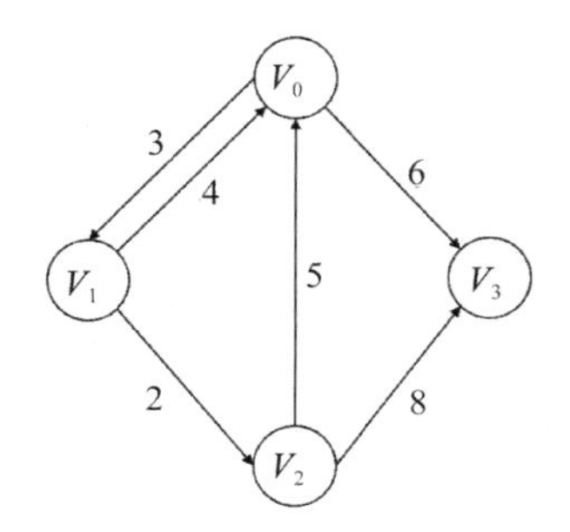

索引	data	first
0	V_0	→ 1 3 → 3 6 ^
1	V_1	→ 0 4 → 2 2 ^
2	V_2	→ 0 5 → 3 8 ^
3	V_3	^

图 6.27

我们可以直接使用 Java 集合框架中的 LinkedList 来使用邻接表存储图。

```
class Graph{
    private int numVertices;                   //顶点个数
    private LinkedList<Integer> adjLists[];  //邻接表
}
```

LinkedList 的类型由要存储在其中的数据决定。对于带标签的图，我们将 Integer 类型替换为 Map<Key,Value>集合类型或 String 字符串等。

使用邻接表存储图的实现代码如下所示。

```
import java.util.ArrayList;
import java.util.LinkedList;

class Graph {

    //添加边
    static void addEdge(ArrayList<LinkedList<Integer>> am, int s, int d) {
        am.get(s).add(d);
        am.get(d).add(s);
    }

    public static void main(String[] args) {

        //创建图
        int vNum = 5;
        ArrayList<LinkedList<Integer>> am = new ArrayList<LinkedList<Integer>>(vNum);

        for (int i = 0; i < vNum; i++) {
            am.add(new LinkedList<Integer>());
        }

        //添加边
        addEdge(am, 0, 1);
        addEdge(am, 0, 2);
        addEdge(am, 0, 3);
        addEdge(am, 1, 2);

        printGraph(am);
    }

    //打印
    static void printGraph(ArrayList<LinkedList<Integer>> am) {
```

```
        for (int i = 0; i < am.size(); i++) {
            System.out.print("\nVertex " + i + ":");
            for (int j = 0; j < am.get(i).size(); j++) {
                System.out.print(" -> " + am.get(i).get(j));
            }
            System.out.println();
        }
    }
}
```

本节主要介绍了两方面的内容一方面主要介绍了图的定义和分类。图根据边是否有方向，可以分为**有向图**和**无向图**。图根据边是否有权值，可分为**带权图**和**无权图**。除此之外，还有简单图、稀疏图、稠密图、完全图，以及最小生成树等。另一方面主要介绍了图的两种常用存储结构——邻接矩阵和邻接表。

6.3 图的遍历

图的遍历方式包括**深度优先搜索**和**广度优先搜索**。第 5 章提到的树的四种遍历方式——**前序遍历、中序遍历、后序遍历和层序遍历**，可以说是图的遍历方式的简化版。

6.3.1 深度优先搜索

6.3.1.1 算法思想

深度优先搜索（Depth First Search，DFS）又称深度优先遍历。事实上，我们在树的遍历中早已涉及深度优先搜索，前序遍历、中序遍历和后序遍历都属于深度优先搜索方式，在本质上这些遍历方式都归结于**栈**。

在讲解深度优先搜索前，先介绍两个概念。

右手原则：在没有碰到重复顶点的情况下，在岔口始终选择右手边，每路过一个顶点就做一个记号。

左手原则：在没有碰到重复顶点的情况下，在岔口始终选择左手边，每路过一个顶点就做一个记号。

本书约定以**右手原则**进行深度优先搜索。我们以图 6.28 为例，来说明深度优先搜索的过程。

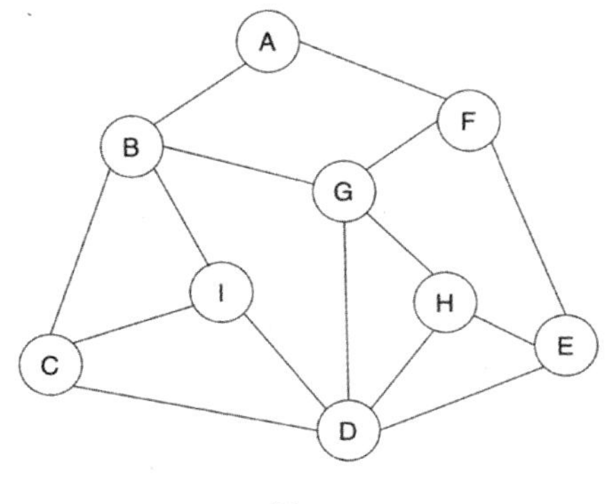

图 6.28

原则上，我们可以从图 6.28 中的任何一个顶点开始进行深度优先搜索，下面假设从顶点 A 开始，遍历过程具体如下。

第一步：从顶点 A 开始，将顶点 A 标记为已访问顶点，如图 6.29 所示。

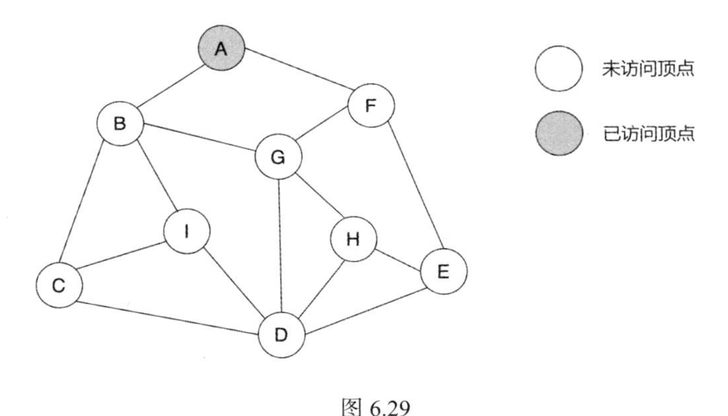

图 6.29

第二步：根据右手原则，访问顶点 B，并将顶点 B 标记为已访问顶点，如图 6.30 所示。

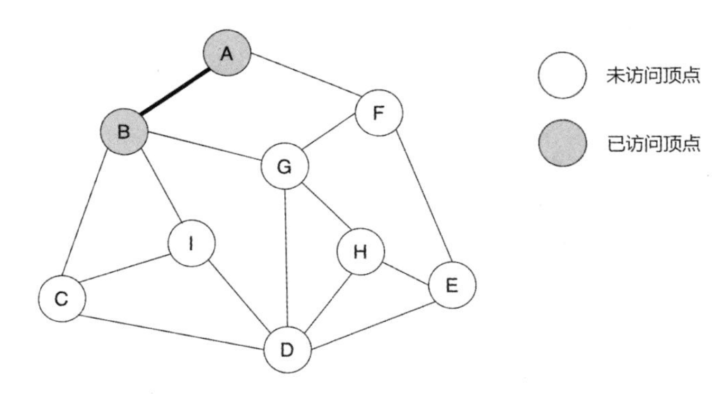

图 6.30

第三步：根据右手原则，访问顶点 C，并将顶点 C 标记为已访问顶点，如图 6.31 所示。

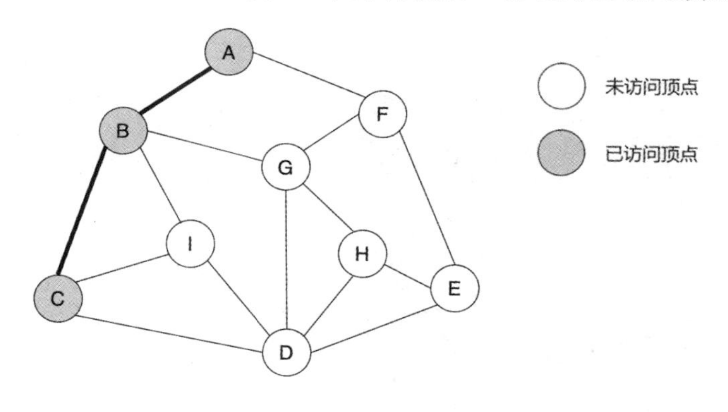

图 6.31

第四步：根据右手原则，访问顶点 D，并将顶点 D 标记为已访问顶点，如图 6.32 所示。

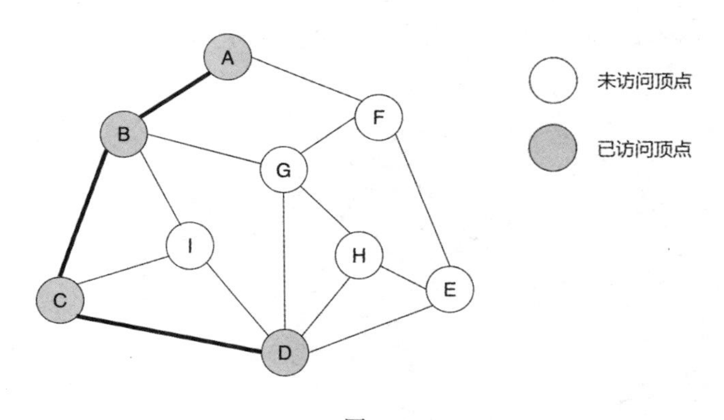

图 6.32

第五步：根据右手原则，访问顶点 E，并将顶点 E 标记为已访问顶点，如图 6.33 所示。

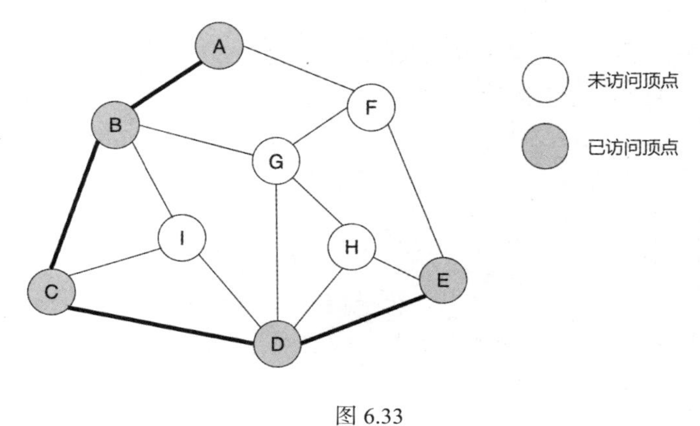

图 6.33

第六步：根据右手原则，访问顶点 F，并将顶点 F 标记为已访问顶点，如图 6.34 所示。

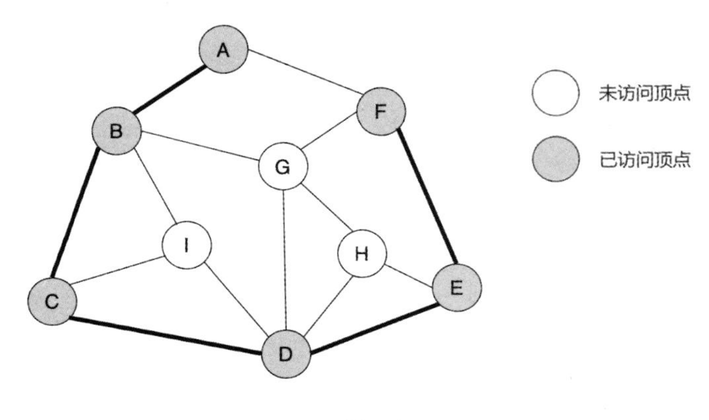

图 6.34

第七步：根据右手原则，应该访问顶点 F 的邻接顶点 A，发现顶点 A 已被访问，则访问除顶点 A 外的最右侧顶点 G，并将顶点 G 标记为已访问顶点，如图 6.35 所示。

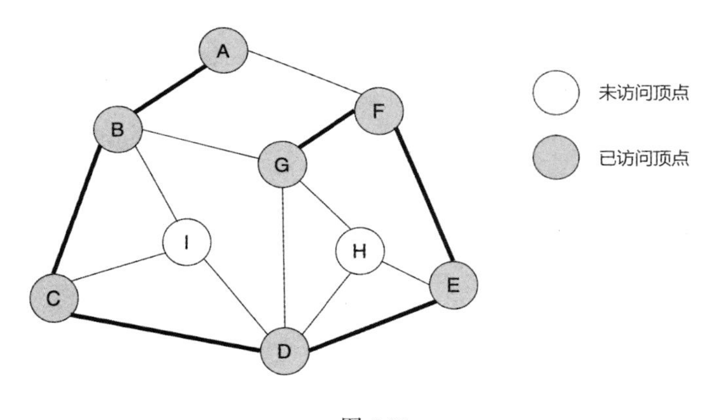

图 6.35

第八步：根据右手原则，先访问顶点 G 的邻接顶点 B，发现顶点 B 已被访问；然后访问顶点 D，发现顶点 D 也已经被访问；再访问顶点 H，并将顶点 H 标记为已访问顶点，如图 6.36 所示。

第九步：发现顶点 H 的邻接顶点均已被访问，则退回到顶点 G。

第十步：发现顶点 G 的邻接顶点均已被访问，则退回到顶点 F。

第十一步：发现顶点 F 的邻接顶点已被访问，则退回到顶点 E。

第十二步：发现顶点 E 的邻接顶点均已被访问，则退回到顶点 D。

第十三步：发现顶点 D 的邻接顶点 I 尚未被访问，则访问顶点 I，并将顶点 I 标记为已访问顶点，如图 6.37 所示。

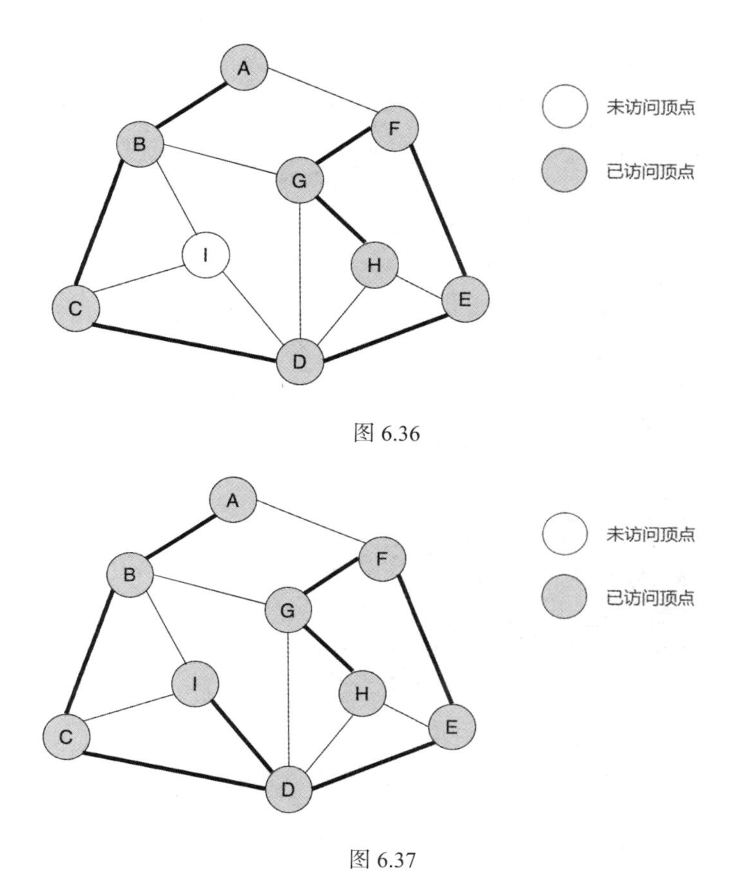

图 6.36

图 6.37

第十四步：顶点 I 的邻接顶点均已被访问，则退回到顶点 D。顶点 D 的邻接顶点均已被访问，退回到顶点 C；顶点 C 的邻接顶点均已被访问，则退回到顶点 B；顶点 B 的邻接顶点均已被访问，则退回到顶点 A；顶点 A 为**起始顶点**，深度优先搜索结束。

如果你觉着此处有点儿啰唆，恭喜你陷入了递归，还好不是没有出口的递归。为了更清楚地理解图的深度优先搜索和二叉树的前序遍历、中序遍历、后序遍历属于一类方法，我们对最终的遍历结果图进行一定的位置调整，如图 6.38 所示。

细心的你一定会发现，这就是二叉树的前序遍历过程，深度优先搜索是二叉树的前序遍历的推广。看到这里，对于深度优先搜索你一定会感觉豁然开朗。

为了更清楚地理解图的深度优先搜索，我们将上面的过程总结为以下三个步骤。

（1）选定一个未被访问过的顶点 V 作为起始顶点（或者访问指定的起始顶点 V），并将其标记为已访问顶点。

（2）搜索与顶点 V 邻接的所有顶点，判断这些顶点是否被访问过，若有未被访问的顶点 W，则访问顶点 W，并将它标记为已访问顶点；再选取与顶点 W 邻接的未访问顶点，并进行访问，依次类推。若一个顶点的所有的邻接顶点都被访问过，则依次回退到最近被访问的顶点。若该顶点还有其他邻接顶点未被访问，则从这些未被访问的顶点中取出一个顶点并重复上述过程，直到与起始顶点 V 连通的所有顶点都被访问过为止。

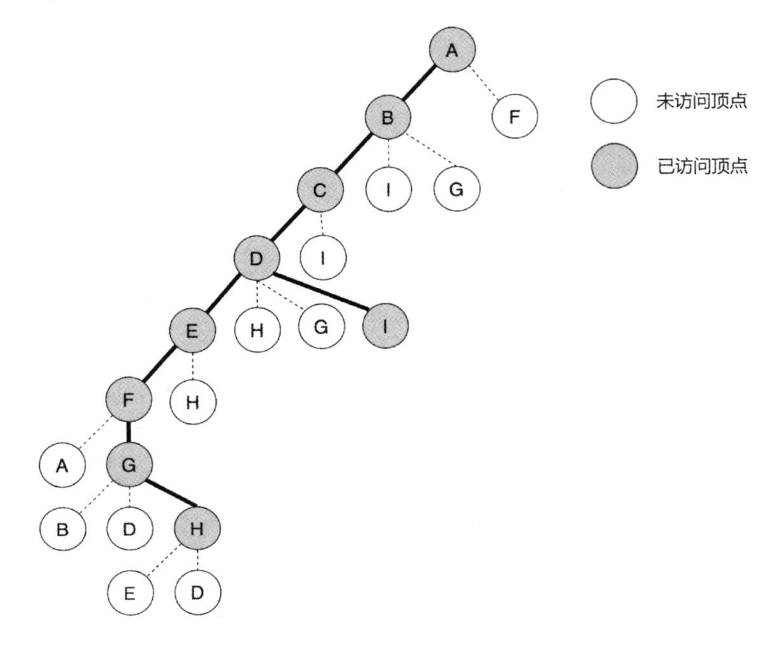

图 6.38

（3）若此时图中依然有顶点未被访问，则再从中选取一个顶点作为起始顶点，并进行遍历，转至步骤（2）。若图中的顶点均已被访问过，则遍历结束。

深度优先搜索最简单的实现方式就是递归，由于图的存储结构不同，因此递归的实现也略有差异。

6.3.1.2 深度优先搜索实现代码

1. 邻接矩阵深度优先搜索实现代码

当图采用邻接矩阵存储时，深度优先搜索的实现代码如下。

```
class DFS {
    //邻接矩阵
    static int[][] adj;

    //给顶点 x 和顶点 y 之间添加边，无向图
    static void addEdge(int x, int y) {
        adj[x][y] = 1;
        adj[y][x] = 1;
```

```java
    }

    //在图上进行深度优先搜索
    static void dfs(int start, boolean[] visited) {
        //打印当前顶点
        System.out.print(start + " ");

        //设置当前顶点为已访问顶点
        visited[start] = true;

        //遍历图中的每个顶点
        for (int i = 0; i < adj[start].length; i++) {

            //如果与当前顶点 start 邻接的顶点 i 未被访问
            if (adj[start][i] == 1 && (!visited[i])) {
                dfs(i, visited);
            }
        }
    }

    public static void main(String[] args) {
        int v = 5;                          //顶点数
        int e = 4;                          //边数
        adj = new int[v][v];                //邻接矩阵

        addEdge(0, 1);
        addEdge(0, 2);
        addEdge(0, 3);
        addEdge(0, 4);

        // Visited 数组用于保证图中的顶点仅被访问一次
        boolean[] visited = new boolean[v];

        dfs(0, visited);
    }
}
```

2. 邻接表深度优先搜索实现代码

图采用邻接表存储时的深度优先搜索的思想与采用邻接矩阵存储时的思想相同，只是实现代码略有不同，具体如下。

```java
import java.util.Iterator;
```

```
import java.util.LinkedList;

//采用邻接表存储的有向图
class Graph {
    private int V; //顶点数

    //邻接表中的链表数组
    private LinkedList<Integer>[] adj;

    //构造器
    @SuppressWarnings("unchecked") Graph(int v) {
        V = v;
        adj = new LinkedList[v];
        for (int i = 0; i < v; ++i) {
            adj[i] = new LinkedList();
        }
    }

    //在图中添加一条边，有向图
    void addEdge(int v, int w) {
        adj[v].add(w);                    //将顶点 w 添加到顶点 v 的邻接表中
    }

    //进行深度优先搜索
    void DFSUtil(int v, boolean[] visited) {
        //将当前顶点标记为已访问顶点，并打印当前顶点
        visited[v] = true;
        System.out.print(v + " ");

        //遍历所有与顶点 v 邻接的顶点
        Iterator<Integer> i = adj[v].listIterator();
        while (i.hasNext()) {
            int n = i.next();
            if (!visited[n]) //顶点 v 的邻接顶点未被访问，递归调用
            {
                DFSUtil(n, visited);
            }
        }
    }

    //使用 DFSUtil 对深度优先搜索进行调用
    void DFS(int v) {
        //默认所有的顶点未被访问
        boolean visited[] = new boolean[V];
```

```
        //进行深度优先搜索
        DFSUtil(v, visited);
    }

    public static void main(String args[]) {
        Graph g = new Graph(4);

        g.addEdge(0, 1);
        g.addEdge(0, 2);
        g.addEdge(1, 2);
        g.addEdge(2, 0);
        g.addEdge(2, 3);
        g.addEdge(3, 3);

        System.out.println(
                "以下是深度优先搜索结果"
                        + "(从顶点 2 开始): ");

        g.DFS(2);
    }
}
```

递归的本质就是栈，对于以上两种方式，都可以考虑用栈来实现，这里对采用邻接表存储的图的深度优先搜索实现代码进行改写，供大家学习参考。你也可以尝试对采用邻接矩阵的深度优先搜索实现代码进行改写，以加深理解。

```
void DFSUtil(int s, boolean[] visited) {

    //创建栈
    Stack<Integer> stack = new Stack<>();

    //将当前顶点入栈
    stack.push(s);

    while (!stack.empty()) {
        //获取栈顶元素并出栈
        s = stack.peek();
        stack.pop();

        //栈中可能包含多个相同的顶点
        //以防多次打印，仅打印首次访问结果
        if (!visited[s]) {
```

```
            System.out.print(s + " ");
            visited[s] = true;
        }

        //获取顶点 s 的所有邻接顶点中未被访问的顶点并入栈
        for (int v : adj[s]) {
            if (!visited[v]) {
                stack.push(v);
            }
        }
    }
}
```

6.3.2 广度优先搜索

6.3.2.1 算法思想

广度优先搜索（Breadth First Search，BFS）又称广度优先遍历。树的层序遍历就属于广度优先搜索。为了清晰地理解广度优先搜索，我们以深度优先搜索的例子进行说明。先对图中顶点的位置进行适当调整，以使图看起来更有层次，如图 6.39 所示。

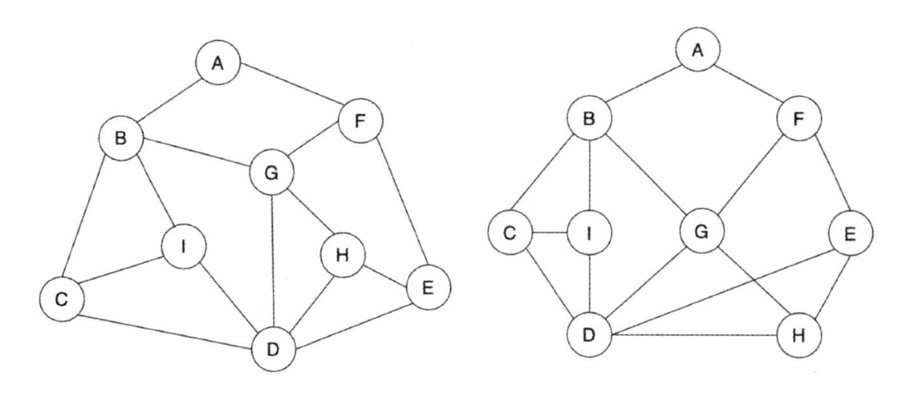

图 6.39

假定从顶点 A 开始进行广度优先搜索，遍历过程如下。

第一步：访问顶点 A，并将顶点 A 标记为已访问顶点，如图 6.40 所示。

第二步：访问顶点 A 的所有未被访问的邻接顶点——顶点 B 和顶点 F，并将其标记为已访问顶点，如图 6.41 所示。

第三步：访问顶点 B 和顶点 F 的所有未被访问的邻接顶点——顶点 C、顶点 I、顶点 G、顶点 E，并将其标记为已访问顶点，如图 6.42 所示。

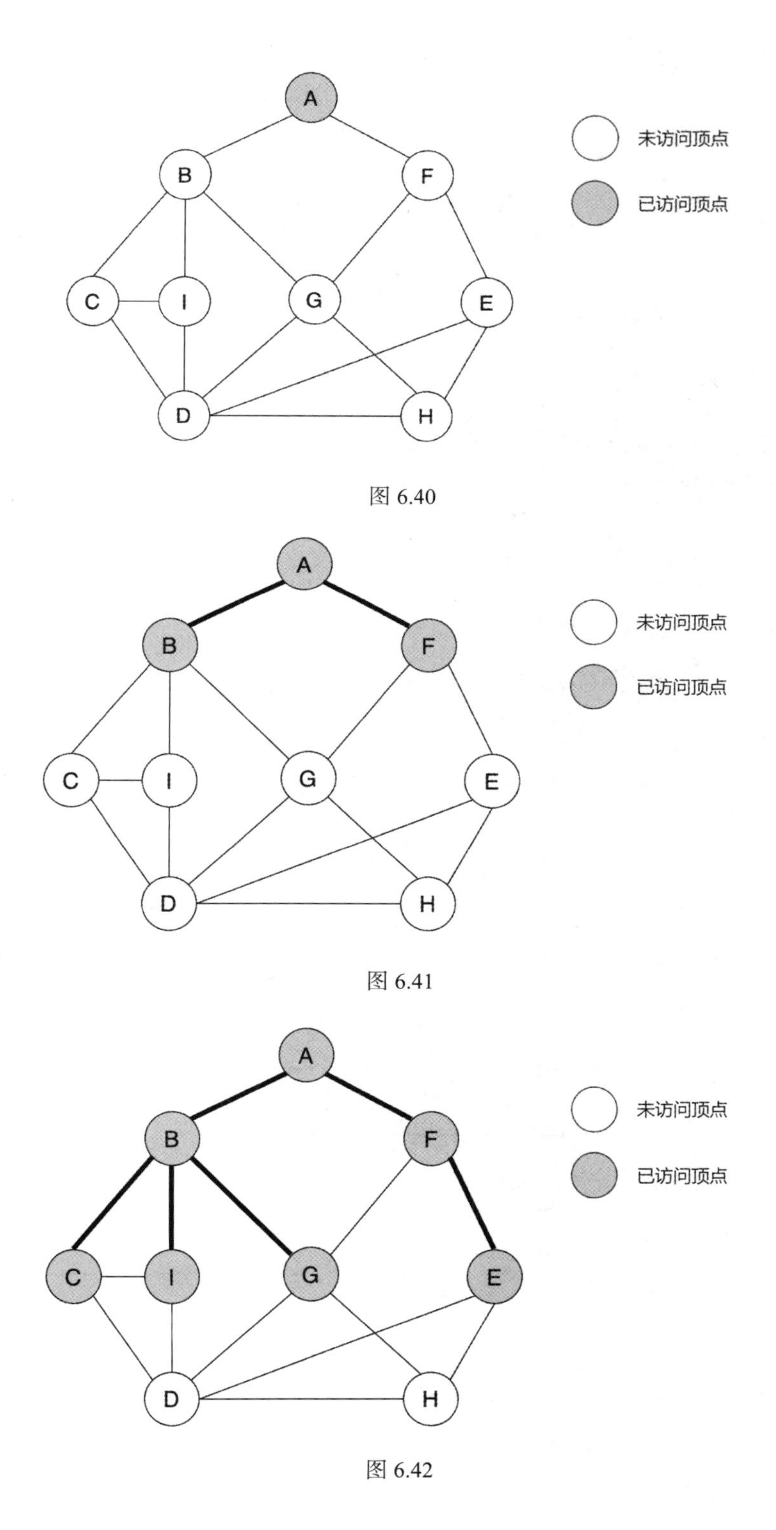

图 6.40

图 6.41

图 6.42

第四步：访问顶点 C、顶点 I、顶点 G、顶点 E 的所有邻接顶点中未被访问的顶点——顶点 D 和顶点 H，并将其标记为已访问顶点，如图 6.43 所示。

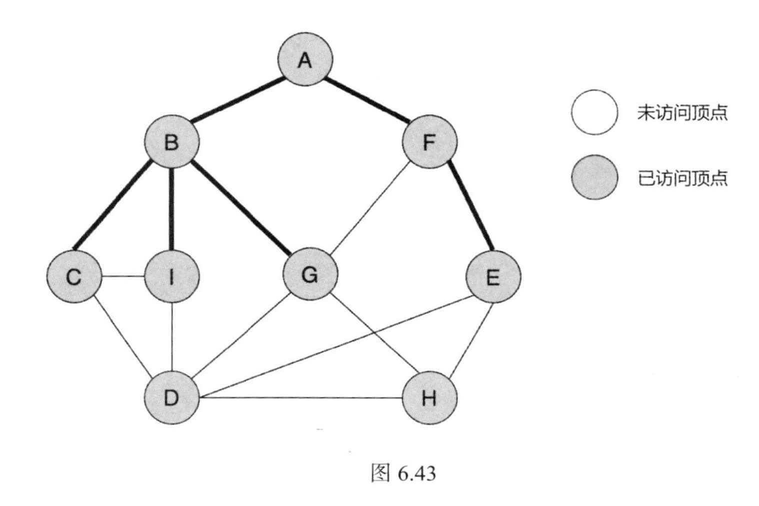

图 6.43

6.3.2.2 广度优先搜索的实现

广度优先搜索的过程看起来简单，是因为我们仅展示了每层遍历的过程，并没有展示每层具体是如何遍历的。若想了解每层具体是如何遍历的，则需要考虑广度优先搜索的实现。

与树的层序遍历一样，要实现对图的广度优先搜索需要采用队列。

第一步：访问顶点 A，将顶点 A 入队，将顶点 A 标记为已访问顶点，取出队头元素 A，打印元素 A，将顶点 A 的邻接元素中未被访问的顶点 B 和顶点 F 入队，将顶点 B 和顶点 F 标记为已访问顶点，如图 6.44 所示。

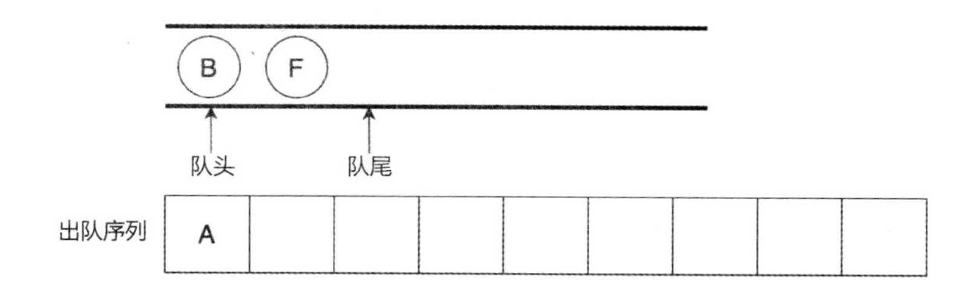

图 6.44

第二步：将队头元素 B 出队，并打印元素 B，将顶点 B 的邻接顶点中未被访问的顶点 C、顶点 I、顶点 G 依次入队，并将其标记为已访问顶点，如图 6.45 所示。

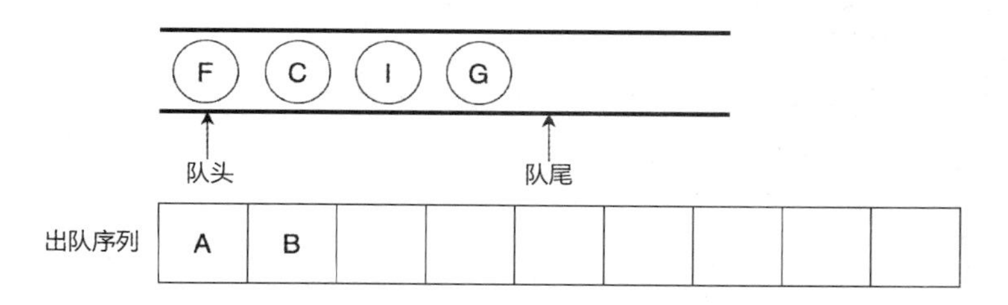

图 6.45

第三步：将队头元素 F 出队，并打印元素 F，将顶点 F 的邻接顶点中未被访问的顶点 E 入队，并将顶点 E 标记为已访问顶点，如图 6.46 所示。

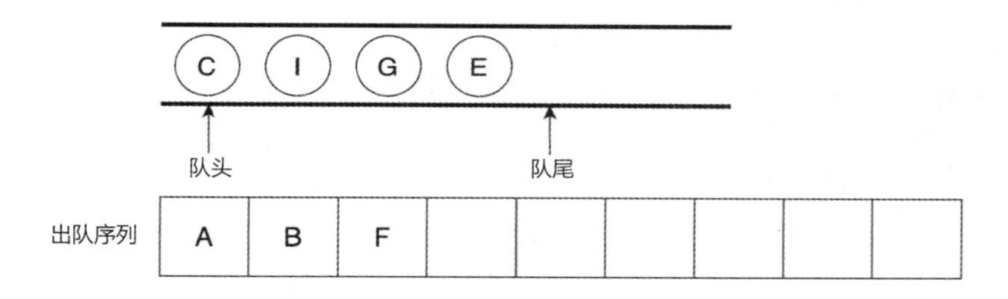

图 6.46

第四步：将队头元素 C 出队，并打印元素 C，将顶点 C 的邻接顶点 B、顶点 I、顶点 D 中未被访问的顶点 D 入队，并将顶点 D 标记为已访问顶点，如图 6.47 所示。

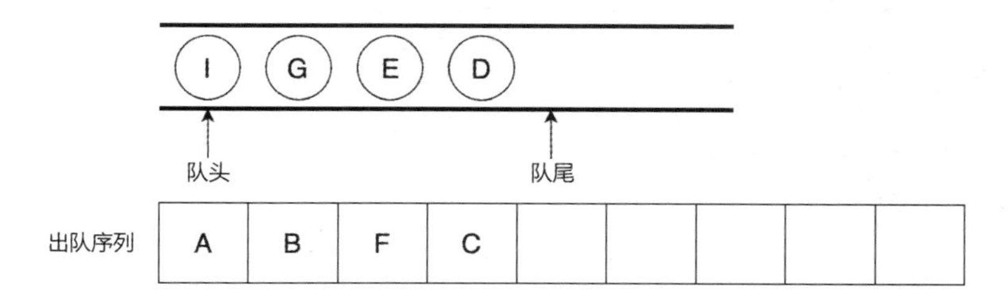

图 6.47

第五步：将队头元素 I 出队，并打印元素 I，遍历顶点 I 的邻接顶点，发现顶点 I 的邻接顶点 B、顶点 C、顶点 D 都已被访问，进行下一个循环，如图 6.48 所示。

第六步：将队头元素 G 出队，并打印元素 G，遍历顶点 G 的邻接顶点，发现顶点 G 的邻接顶点 B、顶点 D、顶点 F 均已被访问，将未访问顶点 H 入队，并标记为已访问顶点，如图 6.49 所示。

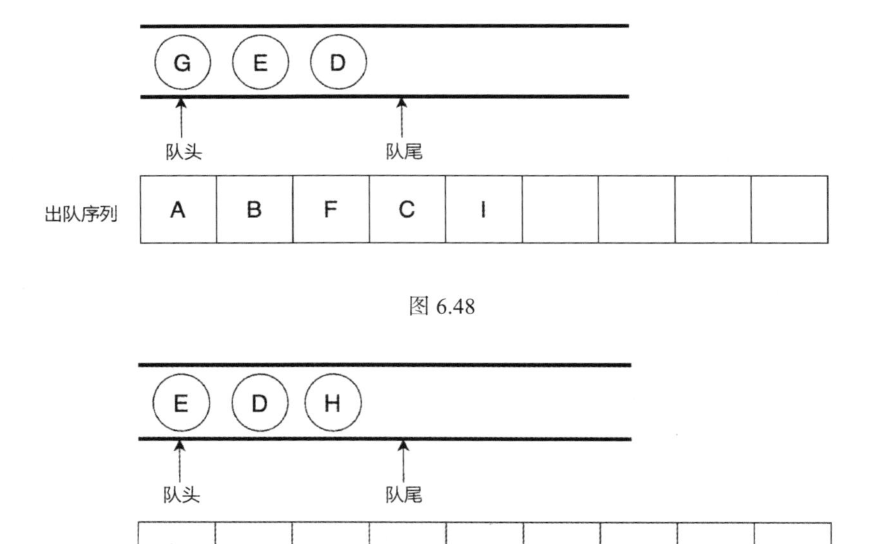

图 6.48

图 6.49

第七步：将队头元素 E 出队，并打印元素 E，遍历顶点 E 的邻接顶点，发现顶点 E 的邻接顶点 D、顶点 F、顶点 H 都已被访问，进入下一个循环，如图 6.50 所示。

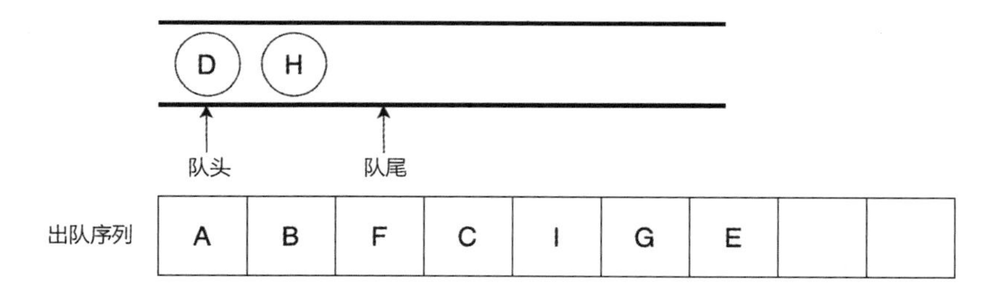

图 6.50

第八步：将队头元素 D 出队，并打印元素 D，遍历顶点 D 的邻接顶点，发现顶点 D 的邻接顶点 C、顶点 I、顶点 G、顶点 E、顶点 H 均已被访问，进行下一个循环，如图 6.51 所示。

第九步：将队头元素 H 出队，并打印元素 H，遍历顶点 H 的邻接顶点，发现顶点 H 的邻接顶点 D、顶点 G、顶点 E 均已被访问，进行下一个循环，如图 6.52 所示。

队列为空，说明已经遍历完了图中的所有顶点。

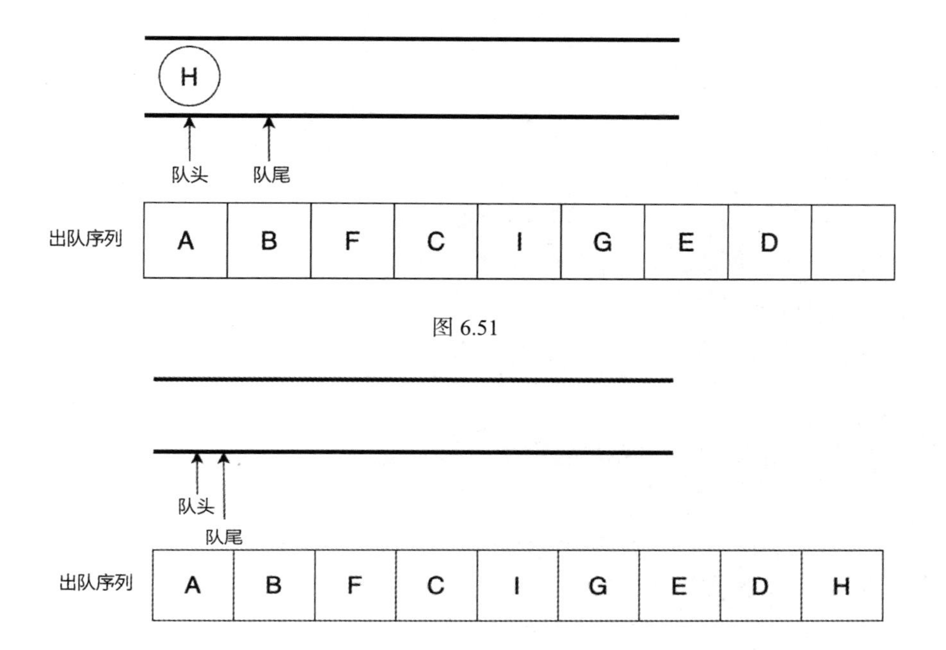

图 6.51

图 6.52

实现代码如下。

```
/**从给定的顶点 s 出发进行广度优先搜索 */
void BFS(int s) {
    //将所有顶点标记为未访问顶点
    boolean[] visited = new boolean[V];

    //创建一个深度优先搜索队列
    LinkedList<Integer> queue = new LinkedList<Integer>();

    //将当前顶点标记为已访问顶点并添加到队列中
    visited[s] = true;
    queue.add(s);

    while (queue.size() != 0) {
        //将顶点从队列中取出并打印
        s = queue.poll();
        System.out.print(s + " ");

        //遍历顶点 s 的邻接顶点中未被访问的顶点并将其入队
        for (int n : adj[s]) {
            if (!visited[n]) {
```

```
                visited[n] = true;
                queue.add(n);
            }
        }
    }
}
```

上述代码中 visited 数组用于标记图中的顶点是否被访问过，true 表示已被访问，false 表示未被访问。while 循环用于遍历队列，for 循环用于遍历顶点的邻接表。时间复杂度为 $O(E+V)$，其中 E 表示图中的边数；V 表示图中的顶点数。接下来我们看一个广度优先搜索的典型应用。

6.3.2.3 广度优先搜索的典型应用——单词接龙

给定两个单词（beginWord 和 endWord）和一个 wordList，找到从 beginWord 到 endWord 的最短转换序列的长度。转换需要遵循如下规则。

- 每次转换只能改变一个字母。
- 转换过程中的中间单词必须是字典中的单词。

需要注意以下内容。

- 若不存在这样的转换序列，则返回 0。
- 所有单词具有相同的长度。
- 所有单词只由小写字母组成。
- 字典中不存在重复的单词。
- 可以假设 beginWord 和 endWord 是非空的，且二者不相同。

1. 输入/输出示例

输入：beginWord = "hit", endWord = "cog", wordList = ["hot","dot","dog","lot","log","cog"]

输出：5

解释：最短转换序列是"hit"→"hot"→"dot"→"dog"→"cog"，返回序列长度为 5。

2. 题目解析

beginWord 和 endWord 分别表示图 6.53 中的起始顶点和结束顶点（图中用深灰色表示）。我们希望利用一些中间顶点（单词）从起始顶点到结束顶点，中间顶点是给定的 wordList 中的单词。对起始顶点中的单词进行接龙，每步的唯一条件是**相邻单词只可以改变一个字母**。

现在问题的关键是，根据 wordList 中的单词构造类似于图 6.53 的图。我们应该如何构造呢？我们在将 wordList 中的一个单词只改变一个字母就可以转化为另一个单词的两个单词间建立一条连边，但是直接遍历 wordList 并构造类似图 6.53 的图是很困难的，所以考虑将两个单词的共有部分作为连接点。

对给定的 wordList 进行预处理，将单词中的某个字母用“*”代替，如图 6.54 所示。hot 和 dot 的第一个字母用*代替后都是字符串*ot。

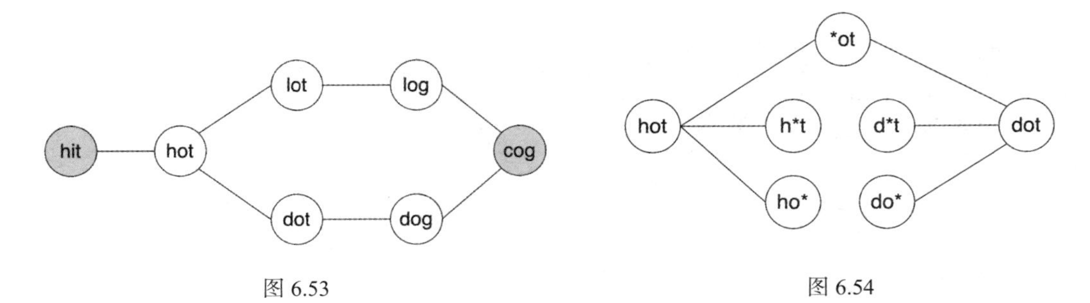

图 6.53　　图 6.54

构建图免不了谈及存储结构，对于本题最好的存储结构就是邻接表。

在邻接表中，我们以单词中的某个字母用*代替后的字符串作为 key。每一个与 key 邻接的单词（顶点）是除*所占的字符外，另外两个字符相同的单词。我们以示例中的输入为例，来看一下邻接表的构建过程。

将 hot 的每一个字符替换后加入邻接表，如图 6.55 所示。

将其他单词依次以相同方式加入邻接表，得到由 wordList 构建的邻接表，如图 6.56 所示。

hot	dot	dog	lot	log	cog

key	value	value	value
*ot	hot		
h*t	hot		
ho*	hot		

图 6.55

key	value	value	value
*ot	hot	dot	lot
h*t	hot		
ho*	hot		
d*t	dot		
do*	dot	dog	
*og	dog	log	cog
d*g	dog		
l*t	lot		
lo*	lot	log	
l*g	log		
c*g	cog		
co*	cog		

图 6.56

有了这个邻接表，我们便可以通过广度优先搜索来遍历邻接表，判断是否存在从单词 hit（起始顶点）到单词 cog（结束顶点）的路径。为了清晰地展示算法执行过程，可以将邻接表转化为如图 6.57 所示形式。

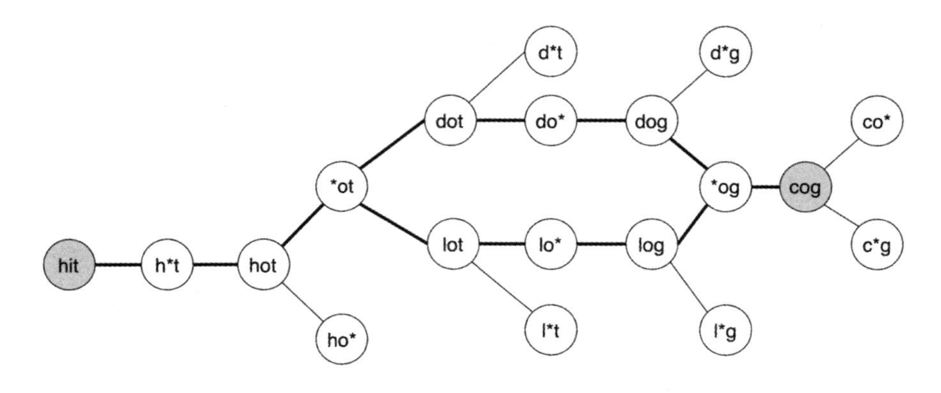

图 6.57

之后采用队列实现广度优先搜索即可。完整的实现代码如下。

```
    public class Solution {
        public static int ladderLength(String beginWord, String endWord, List<String>
wordList) {
            if (!wordList.contains(endWord)){
                return 0;
            }

            int len = beginWord.length();

            HashMap<String, ArrayList<String>> allComboDict = new HashMap<>();
            //创建邻接表
            wordList.forEach(curWord -> {
                for (int i = 0; i < len; i++) {

                    String comboWord = curWord.substring(0, i) + "*" + curWord.substring(i
+ 1, len);
                    ArrayList<String> comboWordList = allComboDict.getOrDefault(comboWord,
new ArrayList<>());
                    comboWordList.add(curWord);
                    allComboDict.put(comboWord, comboWordList);
                }
            });
            //广度优先搜索队列
            Queue<Pair<String, Integer>> queue = new LinkedList<>();
            HashMap<String, Boolean> hasVistedList = new HashMap<>();
```

```
        queue.add(new Pair<>(beginWord, 1));

        hasVistedList.put(beginWord, true);

        //广度优先搜索，逐个取出队列中的元素
        while (!queue.isEmpty()) {

            Pair<String, Integer> node = queue.remove();
            String currWord = node.getKey();
            int level = node.getValue();
            for (int i = 0; i < len; i++) {
                String currComboWord = currWord.substring(0, i) + "*" + currWord.
substring(i + 1, len);
                ArrayList<String> currComboWordList = allComboDict.getOrDefault
(currComboWord, new ArrayList<>());

                for (String word : currComboWordList) {
                    if (word.equals(endWord))
                        return level + 1;

                    if (!hasVistedList.containsKey(word)){
                        queue.add(new Pair<>(word, level + 1));
                        hasVistedList.put(word, true);
                    }
                }
            }
        }
        return 0;
    }
}
```

图的遍历方式包括深度优先搜索和广度优先搜索，其中深度优先搜索采用递归或栈来实现，而广度优先搜索采用队列来实现。树的四种遍历方式中的前序遍历、中序遍历、后序遍历类似于深度优先搜索，层序遍历类似于广度优先搜索；前序遍历、中序遍历、后遍历均可采用栈的方式实现，层序遍历可以采用队列的方式来实现。总体而言，掌握下面两条链，可以帮助我们解决更多的问题。

- 深度优先搜索 →前序遍历、中序遍历、后序遍历→栈→线性表。
- 广度优先搜索 →层序遍历→队列→链表。

6.4 Union-Find 算法

在计算机科学中，**并查集**（Disjoint-Set Data Structure，不交集数据结构）是一种数据结构，用于处理一些不相交集（一系列没有重复元素的集合）的合并及查找问题。

并查集支持如下操作。

- 查找：查找某个元素属于哪个集合，通常是返回集合内的一个“代表元素”。这个操作是为了判断两个元素是否在同一集合中。
- 合并：将两个集合合并为一个。
- 添加：添加一个新集合，新集合中至少包含一个新元素。添加操作不如查找操作和合并操作使用得频繁，常常被忽略。

由于支持查找和合并这两种操作，并查集在英文中也被称为 Union-Find Data Structure（联合-查找数据结构）或 Merge-Find Set（合并-查找集合）。

6.4.1 基础

设计一个算法大致分为六个步骤。

（1）定义问题。

（2）设计一个算法来解决问题。

（3）判断算法是否足够高效。

（4）当算法不够高效时，思考原因，并进行优化。

（5）寻找一种方式来处理问题。

（6）迭代设计，直到满足条件。

我们从网络连通性（Network Connectivity）的基本问题出发，将并查集抽象为一组对象之间的合并和查找操作。

- 一组对象。
- Union 命令：连接两个对象。
- Find 命令：是否有路径将一个对象连接到另一个对象。

并查集的对象可以是下面列出的任何类型。

- 网络中的计算机。

- 互联网上的 Web 页面。
- 计算机芯片中的晶体管。
- 变量名称别名。
- 数码照片中的像素。
- 复合系统中的金属点位。

在编程时，为了方便，我们对这些对象从 0 到 n-1 进行编号，用一个整型数字表示对象；隐藏与 Union-Find 算法不相关的对象细节；使用整数快速获取与对象相关的信息（数组的索引）；使用符号表对对象进行转化。

简化有助于我们理解网络连通性的本质。

如图 6.58 所示，假设有编号为[0,1,2,3,4,5,6,7,8,9]的 10 个对象，对象的不相交集合为{{0},{1},{2,3,9},{5,6},{7},{4,8}}。

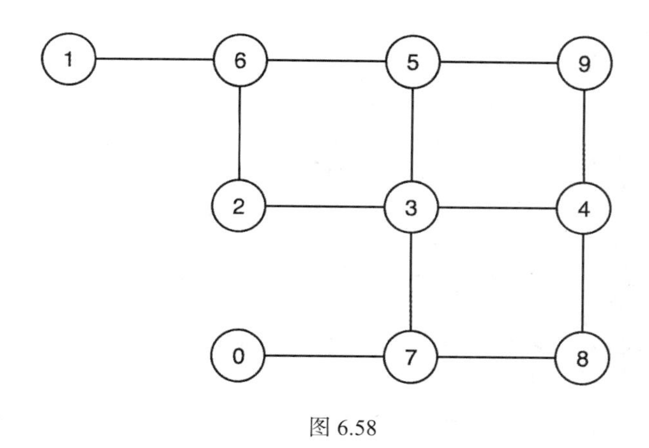

图 6.58

Find 命令：2 和 9 是否在一个集合中？2 和 9 在同一个集合{2,3,9}中。

Union 命令：合并包含 3 和 8 的集合。集合{2,3,9}和{4,8}合并之后得到新集合{2,3,4,8,9}。

连通分量（Connected Component）：一组相互连接的顶点。每执行一次 Union 命令，连通分量的数量就会减少 1 个。

初始时，每一个顶点为一个组（10 个组），执行了 7 次 Union 命令后，变成 3 个组，如图 6.59 所示。{2,9}不算一次合并操作，原因是在执行 Union 命令之前，通过执行 Find 命令发现{2,9}已经位于同一个组{2,3,4,9}中。

以网络连通性问题为例，如图 6.60 所示，Find(u,v)可以判断顶点 u 和顶点 v 是否连通。图 6.60 共包含 6 个集合，对象 u 和对象 v 在同一个集合中，我们可以找到一条从对象 u 到对象 v 的路径，但是 Union-Find 算法并不关心这条路径，只关心对象间是否连通。

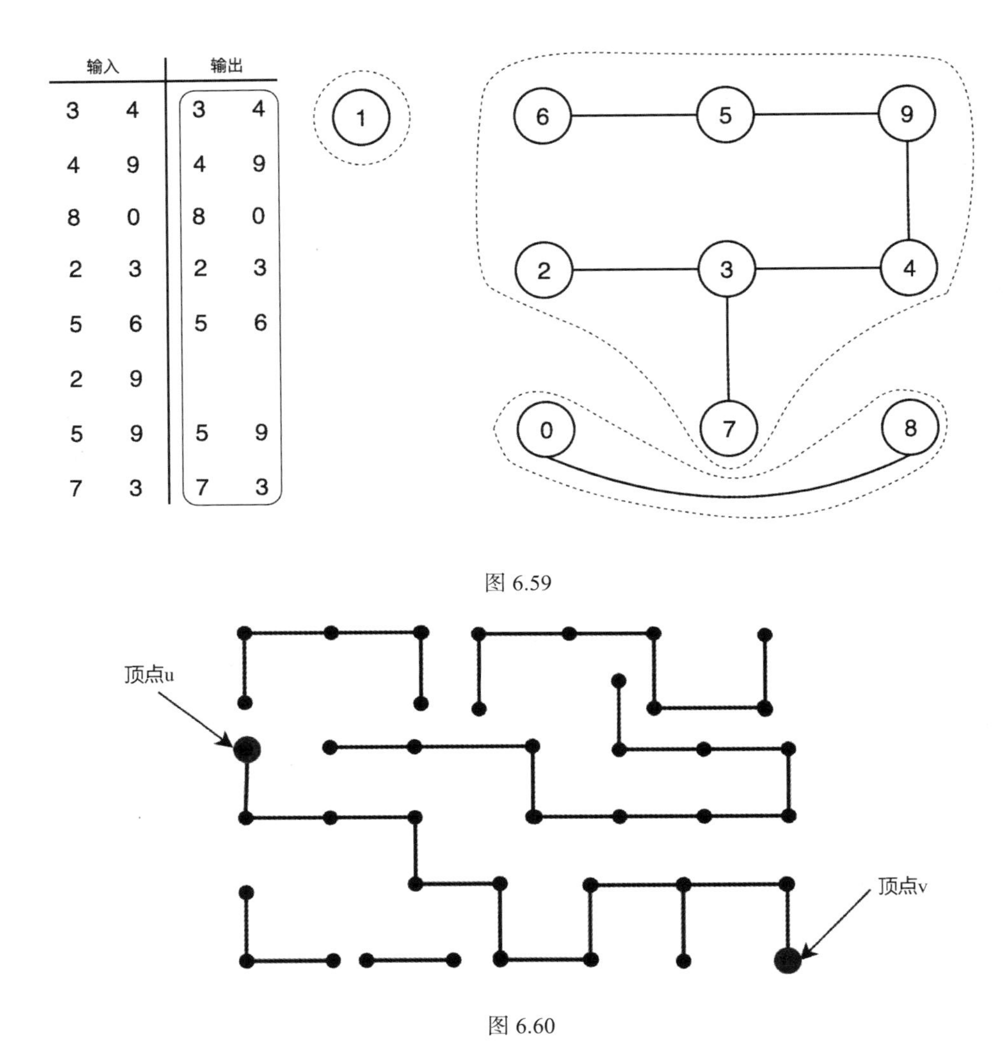

图 6.59

图 6.60

上面的问题看似很复杂，但很容易抽象为 Union-Find 算法。

- 一组对象。
- 对象的不相交集。
- Find 命令：两个对象是否在同一集合中。
- Union 命令：将包含两个对象的集合替换为它们的并集。

现在目标是为 Union-Find 算法设计一个高效的数据结构。接下来我们从 Quick-Find 算法开始，经 Quick-Union 算法、Weighted Quick-Union 算法过渡到 Union-Find 算法。

6.4.2 Quick-Find 算法

1. 算法简介

设计一个大小为 N 的整型数组 id，如果 p 和 q 有相同的 id，即 id[p] = id[q]，则认为 p 和 q 是连通的，位于同一个集合中。如图 6.61 所示，5 和 6 是连通的，2、3、4、9 是连通的。

i	0	1	2	3	4	5	6	7	8	9
id[i]	0	1	9	9	9	6	6	7	8	9

图 6.61

查找操作 Find(p,q)只需要判断 p 和 q 是否具有相同的 id，即 id[p]=id[q]是否为 true。例如，执行 Find(2,9)命令，id[2] = id[9] = 9，则 2 和 9 是连通的。

合并操作 Union(p,q)：合并包含 p 和 q 的所有组，将输入中所有 id 为 id[p]的对象的 id 修改为 id[q]。例如，执行 Union(3,6)命令，将 id 为 id[3] = 9 的所有对象{2,3,4,9}的 id 均修改为 6，如图 6.62 所示。

i	0	1	2	3	4	5	6	7	8	9
id[i]	0	1	**6**	**6**	**6**	6	6	7	8	**6**

图 6.62

查找操作的时间复杂度为 $O(1)$，合并操作的时间复杂度为 $O(n)$，每一次合并操作都需要更新很多元素的 index id[i]。

依次执行 Union(3,4)，Union(4,9)，Union(8,0)，Union(2,3)，Union(5,6)，Union(5,9)，Union(7,3)，Union(4,8)，Union(6,1)命令，整型数组 id 中元素的变化过程如图 6.63 所示，其中数组 id 更新的时间复杂度为 $O(n)$ 量级。

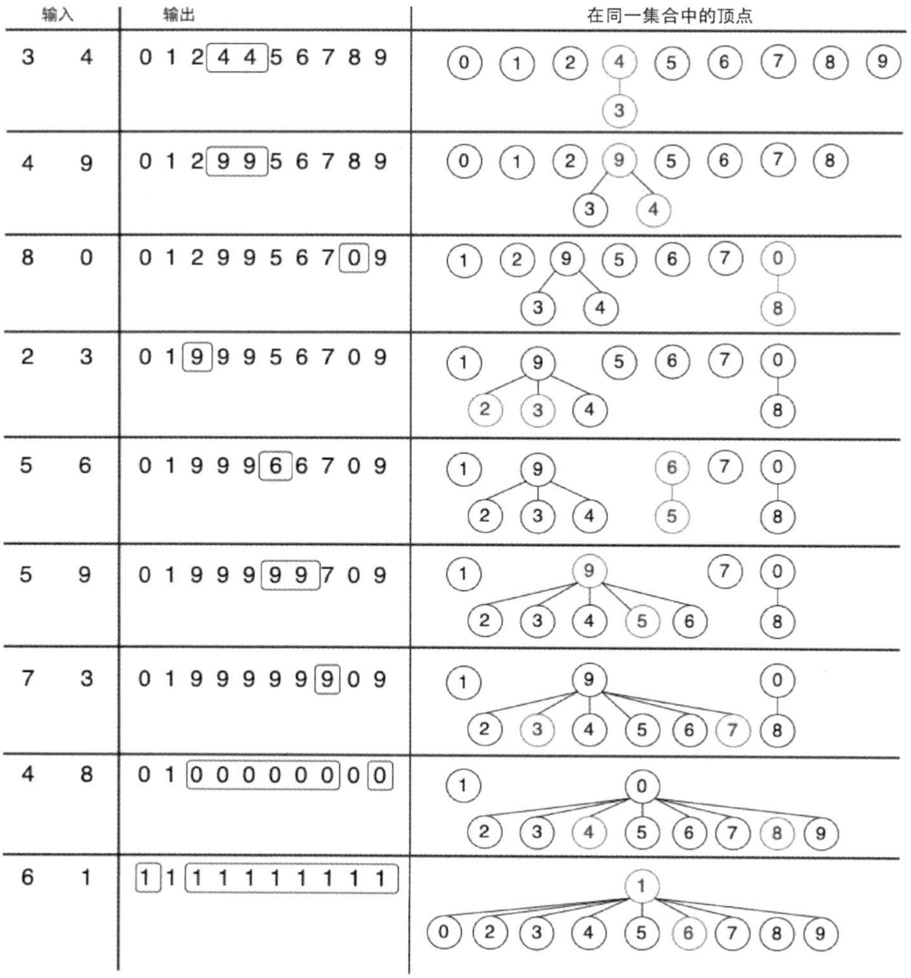

输入		输出	在同一集合中的顶点
3	4	0 1 2 4 4 5 6 7 8 9	
4	9	0 1 2 9 9 5 6 7 8 9	
8	0	0 1 2 9 9 5 6 7 0 9	
2	3	0 1 9 9 9 5 6 7 0 9	
5	6	0 1 9 9 9 6 6 7 0 9	
5	9	0 1 9 9 9 9 9 7 0 9	
7	3	0 1 9 9 9 9 9 9 0 9	
4	8	0 1 0 0 0 0 0 0 0 0	
6	1	1 1 1 1 1 1 1 1 1 1	

图 6.63

Quick-Find 算法的实现代码如下所示。

```
public class QuickFind
{
    private int[] id;
    public QuickFind(int N)
    {
        id = new int[N];
        for (int i = 0; i < N; i++){
            id[i] = i;
        }
```

```
    }
    // 查找操作的时间复杂度为 O(1)
    public boolean find(int p, int q)
    {
        return id[p] == id[q];
    }
    // 合并操作时间复杂度为 O(n)
    public void unite(int p, int q)
    {
        int pid = id[p];
        for (int i = 0; i < id.length; i++) {
            if (id[i] == pid) {
                id[i] = id[q];
            }
        }
    }
}
```

2. 复杂度分析

Quick-Find 算法的 Find 函数非常简单，只是判断 id[p] == id[q]是否成立并返回，时间复杂度为 $O(1)$，而 Union 函数由于无法确定哪个元素的 id 与 id[q]相同，因此每次都要把整个数组遍历一遍，若一共有 N 个对象，则时间复杂度为 $O(N)$。如果合并操作了执行 M 次，总共有 N 个对象（数组大小），那么时间复杂度为 $O(MN)$。

Quick-Find 算法命名的原因是查找操作很快，而合并操作很慢。

6.4.3 Quick-Union 算法

1. 算法简介

Quick-Find 算法中的 Union 函数像是暴力法，需要先遍历所有对象的 id，再把 id 相同的数全部改掉。Quick-Union 算法通过引入“树”的概念来优化 Union 函数，该算法把每一个数的 id 看作它的父节点。例如，id[3] = 4，表示 3 的父节点为 4。

Quick-Union 算法与 Quick-Find 算法使用的数据结构一样，但是二者的 id 数组具有不同的含义。

- 大小为 N 的整型数组 id。
- 解释：id[i]表示 i 的父节点。
- i 的根节点为 id[id[id[...id[i]...]]]。

如图 6.64 所示，id[2] = 9，表示 2 的父节点为 9；由于 3 的父节点为 4，4 的父节点为 9，9 无父节点，因此 3 的根节点为 9，同理，5 的根节点为 6。

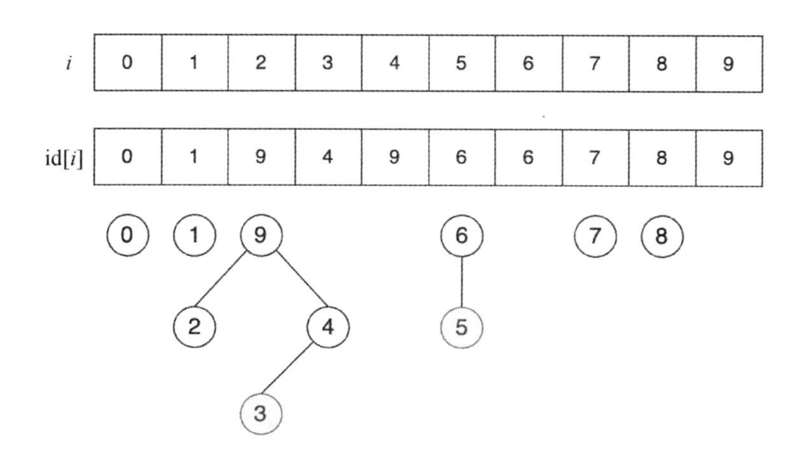

图 6.64

因此查找操作就变成判断 p 和 q 的根节点是否相同。例如，Find(2,3)，2 和 3 的根节点都是 9，所以 2 和 3 是连通的。

合并操作就是将 p 的根节点设置为 q 的根节点的 id。如图 6.65 所示，Union(3,5)就是将 3 的根节点 9 的父节点设置为 5 的根节点 6，即 id[9] = 6，仅更新一个元素的 id。

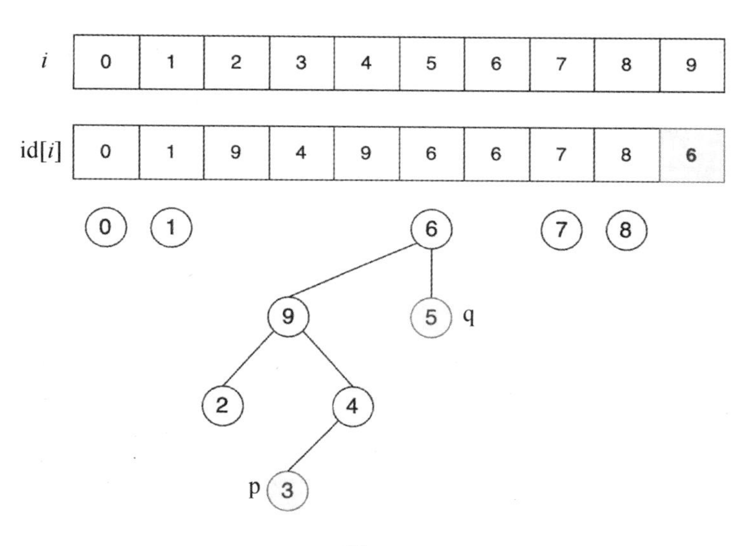

图 6.65

对于原数组 i = {0,1,2,3,4,5,6,7,8,9}及 id 数组 id[10] = {0,1,2,3,4,5,6,7,8,9}，依次执行 Union(3,4)，Union(4,9)，Union(8,0)，Union(2,3)，Union(5,6)，Union(5,9)，Union(7,3)，Union(4,8)，Union(6,1)的过程中如图 6.66 所示。

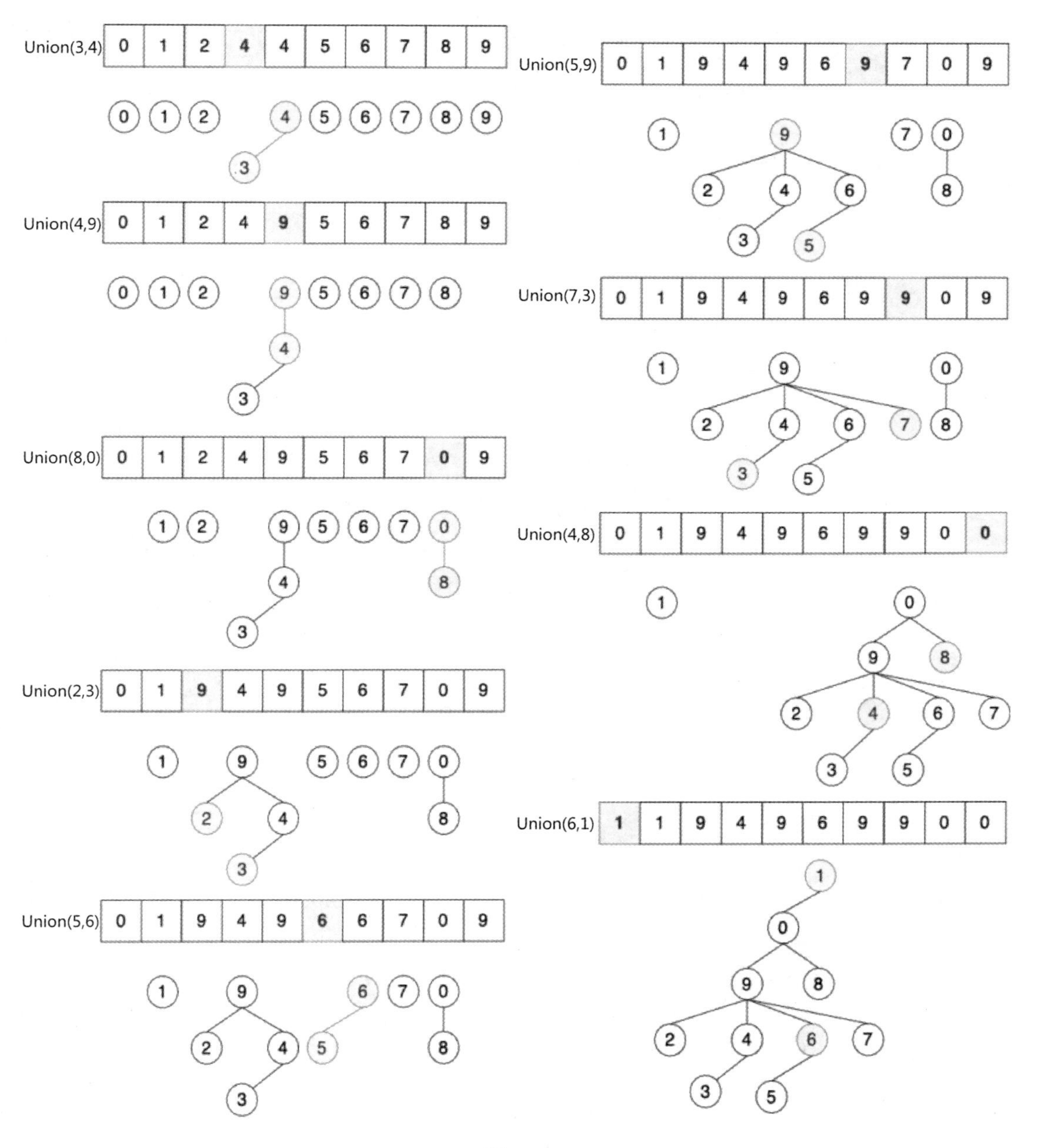

图 6.66

Quick-Union 算法的实现代码如下。

```
public class QuickUnion
{
```

```
    private int[] id;
    public QuickUnion(int N) {
        id = new int[N];
        for (int i = 0; i < N; i++) {
            id[i] = i;
        }
    }

    private int root(int i) {
        while (i != id[i]) {
            i = id[i];
        }
        return i;
    }

    public boolean find(int p, int q) {
       return root(p) == root(q);
    }

    public void unite(int p, int q) {
        int i = root(p);
        int j = root(q);
        id[i] = j;
    }
}
```

2. 复杂度分析

Find(p,q)命令需要找到 p 和 q，并检查它们是否相等。Union(p,q)命令需要找到 p 的根节点和 q 的根节点，并将 p 根节点的 id 设为 q 根节点的 id。

与 Quick-Find 算法相比，当问题规模较大时，Quick-Union 算法更加高效。Quick-Union 算法虽然快了一些，但是依然太慢了，相对 Quick-Find 算法的慢，Quick-Union 算法是另一种慢。即便如此，Quick-Union 算法依然是用来求解动态连通性问题的一个快速而优雅的设计。

Quick-Union 算法的缺点在于当树太高时，查找操作会付出很大代价。回溯斜树，如图 6.67 所示，每个对象只是指向下一个节点，那么对叶子节点执行一次查找操作，需要回溯整棵树，只进行查找操作就需要访问 N 次数组，如果操作次数很多，那么将花费很长时间。

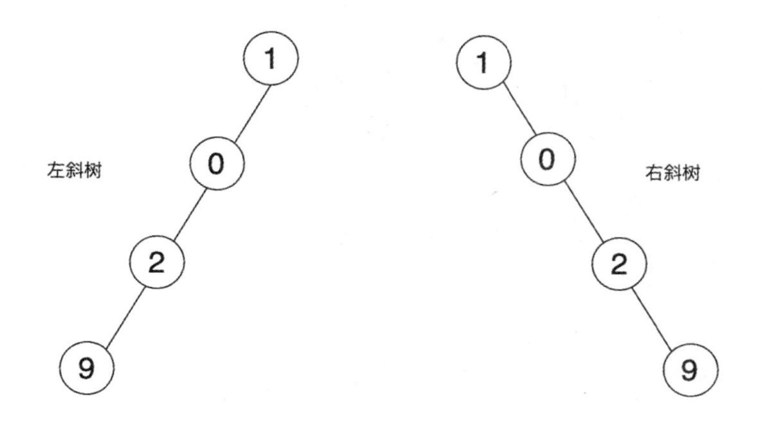

图 6.67

查找操作：最好时间复杂度为 $O(1)$，最坏时间复杂度为 $O(n)$，平均时间复杂度为 $O(\log_2 n)$。

合并操作：最好时间复杂度为 $O(1)$，最坏时间复杂度为 $O(n)$，平均时间复杂度为 $O(\log_2 n)$

若进行 M 次合并操作，那么平均时间复杂度就是 $O(M\log_2 N)$。

6.4.4 Weighted Quick-Union 算法

1. 算法简介

Quick-Find 算法和 Quick-Union 算法都很容易实现，但是不适合解决规模较大的动态连通性问题。我们应该怎么改进呢？

一种有效的改进方法叫作带权，即在实现 Quick-Union 算法时执行一些操作，以防得到一棵很高的树。

如图 6.68 所示，如果一棵大树和一棵小树合并，避免将大树放在小树的下面，就可以在一定程度上避免生成更高的树。这个加权操作实现起来相对容易，通过跟踪每棵树中对象的个数，并确保将小树的根节点作为大树的根节点的子节点，以维持平衡，来避免将大树放在小树下面。

如图 6.69 所示，以 Union(3,5)为例，3 的根节点为 9，5 的根节点为 6。

- Quick-Union 算法：以 9 为根节点的树将作为以 6 为根节点的树的子树。
- Weighted Quick-Union 算法：以 6 为根节点的树将作为以 9 为根节点的树的子树。

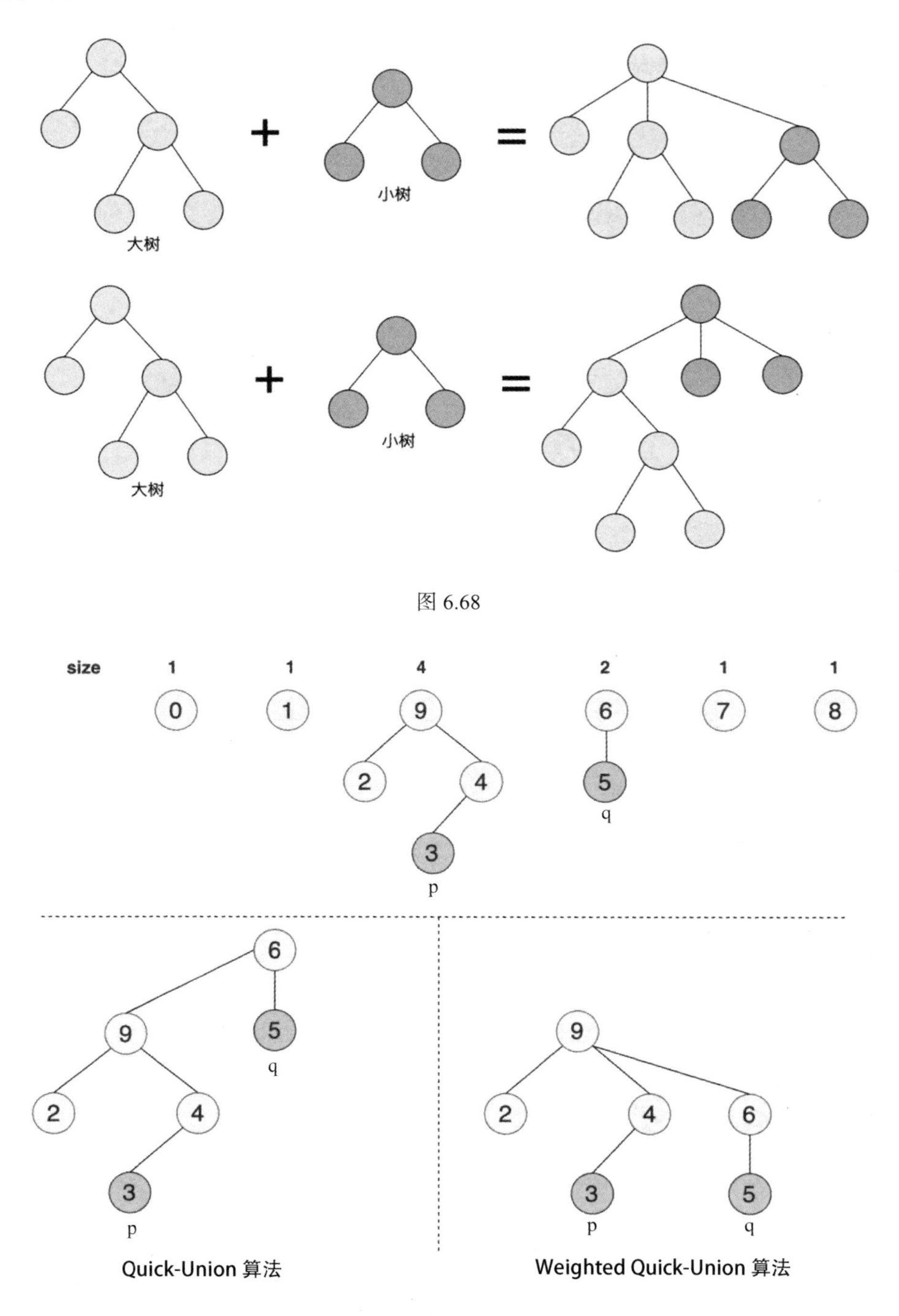
大树
小树
大树
小树
size
1
1
4
2
1
1
p
q
Quick-Union 算法
Weighted Quick-Union 算法

图 6.68

图 6.69

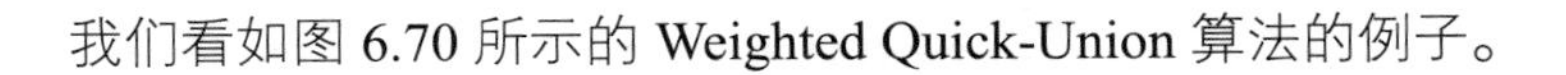

我们看如图 6.70 所示的 Weighted Quick-Union 算法的例子。

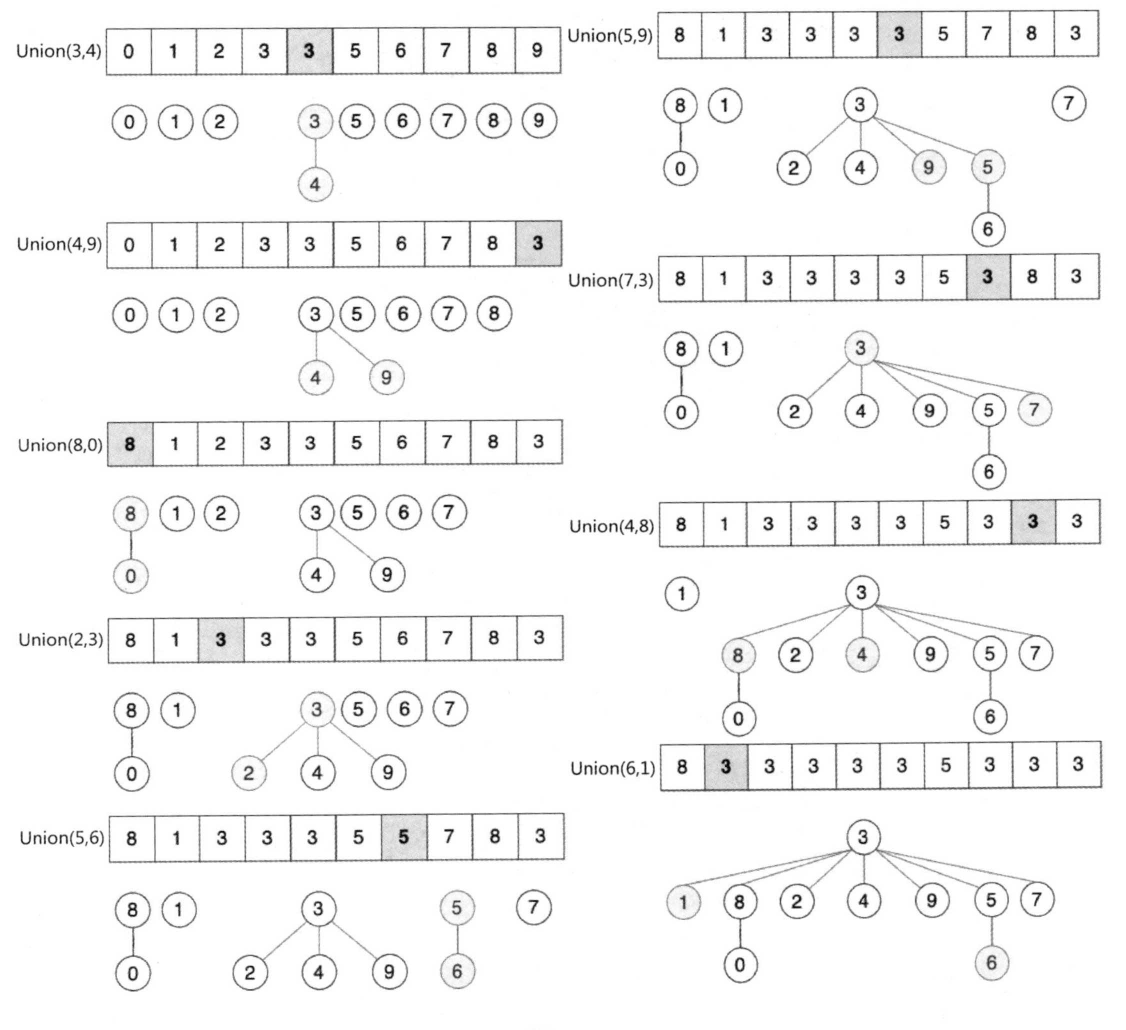

图 6.70

可以看到 Weighted Quick-Union 算法生成的树很“胖”，即树的高度明显降低，刚好满足我们的需求。

Weighted Quick-Union 算法的实现和 Quick-Union 算法基本一样，只需要维护数组 sz[i]，数组 sz[i]用来保存以 i 为根节点的树中的对象个数。例如，sz[0] = 1，表示以 0 为根节点的树包含 1 个对象。Quick-Union 算法的实现代码如下所示。

```
public class WeightedQuickUnion
```

```
{
    private int[] id;
    private int[] sz;
    public WeightedQuickUnion(int N) {
        id = new int[N];
        sz = new int[N];
        for (int i = 0; i < N; i++) {
            id[i] = i;
            sz[i] = 1;                                    //初始时，每一个节点为一棵树，sz[i] = 1
        }
    }

    private int root(int i) {
        while (i != id[i]) i = id[i];
        return i;
    }

    public boolean find(int p, int q) {
       return root(p) == root(q);
    }

    public void unite(int p, int q) {
        int i = root(p);
        int j = root(q);
        if (sz[i] < sz[j]) {
            id[i] = j;
            sz[j] += sz[i];
        } else {
            id[j] = i;
            sz[i] += sz[j];
        }
    }
}
```

2. 复杂度分析

对于 Weighted Quick-Union 算法处理 N 个对象和 M 条连接时最多访问 $cM\log_2 N$ 次，其中 c 为常数，即时间复杂度为 $O(M\log_2 N)$。与 Quick-Find 算法和某些情况下的 Quick-Union 算法的时间复杂度 $O(MN)$ 形成鲜明对比，Weighted Quick-Union 算法的查找操作的时间复杂度为 $O(\log_2 n)$；合并操作的时间复杂度为 $O(\log_2 n)$。

6.4.5 Union-Find 算法

1. 算法简介

Union-Find 算法是在 Weighted Quick-Union 算法的基础上进一步优化得到的，即路径压缩的 Weighted Quick-Union 算法。Weighted Quick-Union 算法通过对合并操作进行加权，来避免 Quick-Union 算法可能出现的“瘦高树”的情况。Union-Find 算法通过路径压缩，进一步降低 Weighted Quick-Union 算法的树的高度。

路径压缩：就是在计算节点 *i* 的根节点后，将回溯路径上的每个被检查节点的 id 设置为 **root(*i*)**。

如图 6.71 所示，root(9)=0，从节点 **9** 到根节点 **0** 的路径为 **9→6→3→1→0**，则将节点 **9**、节点 **6**、节点 **3**、节点 **1** 的根节点都设置为 **0**，从而降低树的高度，而且对于**合并**操作和**查找**操作没有任何影响。

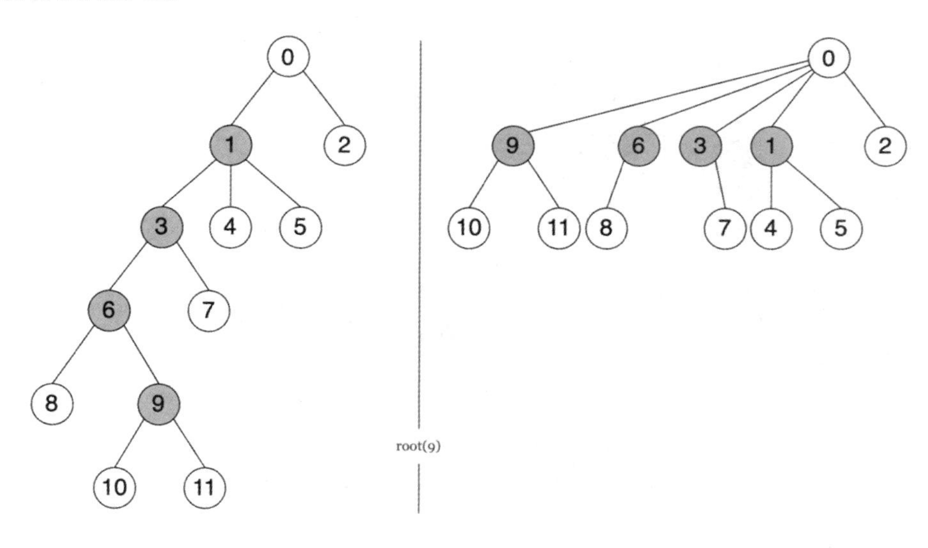

图 6.71

路径压缩的两种实现方式如下。

- 标准实现：在 root()中添加第二个循环，将每个遍历到的节点的 id 设置为根节点。

```
private int root(int i) {
    int  root = i;
    //找到节点 i 的根节点
    while (root !=  id[root]) root = id[root];

    //将每个遍历到的节点的 id 设置为根节点
```

```
    while  (i != root) {
        int tmp = id[i];
        id[i] = root;
        i = tmp;
    }
    return root;
}
```

- 简化实现：使路径中的所有其他节点指向其祖父节点，即 id[i] = id[id[i]]。

```
private int root(int i) {
    while (i != id[i]) {
        id[i] = id[id[i]];                    //简化
        i = id[i];
    }
    return i;
}
```

在实践中，我们没有理由不选择简化的方式，简化的方式同样可以使树几乎完全平坦。如图 6.72 所示，在执行 Union(6,1)命令时，将 6 的父节点设置成了其祖父节点 3。

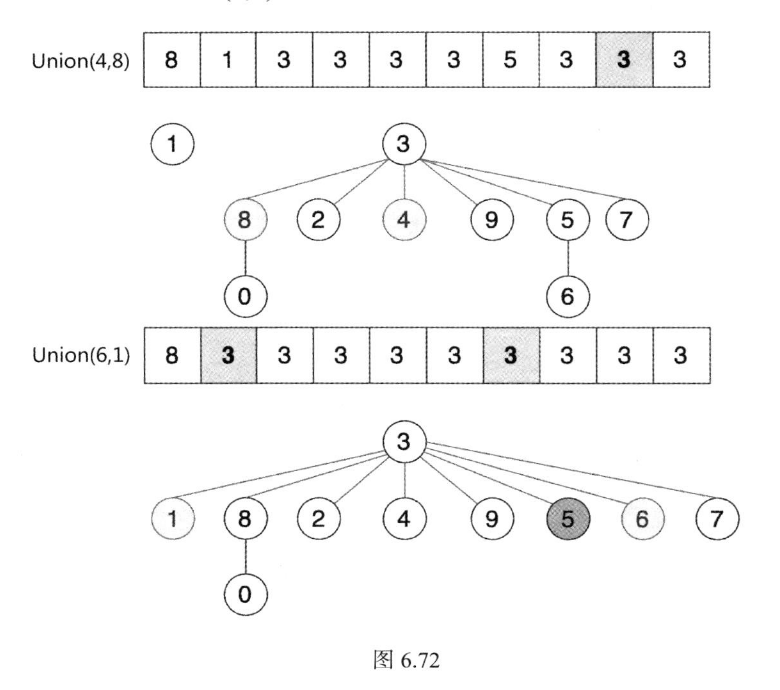

图 6.72

2. 复杂度分析

从一个空数据结构开始，对 N 个对象执行 M 次合并操作和查找操作需要的时间都是

$O(N+M\log_2 N)$。时间复杂度的具体证明非常困难，但这并不妨碍算法的简单性。

路径压缩的 Weighted Quick-Union 算法虽是最优算法，但是并非所有操作都能在常数时间内完成。也就是说，Union-Find 算法的每个操作在最坏情况下（均摊后）都不是常数级别的，而且不存在其他算法能够保证 Union-Find 算法的所有操作在均摊后都是常数级别的。

6.4.6 各类算法的时间复杂度对比

各类算法的时间复杂度对比如表 6.1 所示。

表 6.1

算法	合并操作	查找操作	最坏时间复杂度
Quick-Find	N	1	MN
Quick-Union	树高 h	树高 h	MN
Weighted Quick-Union	$\log_2 N$	$\log_2 N$	$N+M\log_2 N$
Union-Find	$O(1)$	$O(1)$	$(N+M)\log_2 N$

对于大规模的数据，如包含10^9个顶点、10^{10}条边的图，Union-Find 算法可以将处理时间从几千降低至 1 分钟之内，这是超级计算机也无法匹敌的。对于同一个问题，使用一部手机运行的 Union-Find 算法可以轻松击败在超级计算机上运行的 Quick-Find 算法，这就是算法的魅力。

6.4.7 并查集的应用

并查集的应用如下。

- 判断网络连通性问题。
- 渗滤。
- 图像处理。
- 寻找最近公共祖先。
- 判断有限状态自动机的等价性。
- Hindley-Milner 的多态类型推断。
- Kruskal 的最小生成树算法。
- 游戏（围棋、十六进制）。
- 在 Fortran 中编译语句的等价性问题。

Hash

7.1 基本概念

假设要设计一个系统来存储以员工电话号码为 key 的员工信息，并希望高效地执行以下操作。

（1）插入电话号码和相关员工信息（插入）。

（2）搜索电话号码并获取信息（查找）。

（3）删除电话号码及相关员工信息（删除）。

我们可以考虑使用以下数据结构来维护不同电话号码对应的员工信息。

（1）数组。

（2）链表。

（3）平衡二叉树（红黑树等）。

（4）直接访问表。

对于数组和链表而言，我们需要以线性方式进行查找，这在实际应用中代价太大；如果使用数组来存储数据，并保证数组中的电话号码为有序排列，那么使用二分查找法可以将查找电话号码的时间复杂度降到 $O(\log_2 n)$，同时由于要维持数组的有序性，插入操作和删除操作的代价将增至 $O(n)$。

对于平衡二叉搜索树而言，插入、查找和删除操作的时间复杂度均为 $O(\log_2 n)$，看似已经很不错了，那么是否有更好的数据结构呢？

来看一下直接访问表的方式，如图 7.1 所示，先创建一个大数组（至少能够用电话号码作为数组索引），如果电话号码没有出现在数组中，就将索引处的数据填充为 NULL；如果电话号码出现在数组中，那么索引处的数据填充为该电话号码关联的员工信息的地址。

这样一来，插入、查找、删除操作的时间复杂度将降为 $O(1)$。例如，插入一条记录（15002629900，0xFF0A“可爱的读者”），只需要将电话号码 15002629900 当作索引，将该索引处的数据填充为该电话号码关联的员工信息的地址，即 arr[15002629900] = 0xFF0A。

但是直接访问表在实践上是有限制的。使用直接访问表需要先申请额外的存储空间，可能存在存储空间被大量浪费的问题。例如，对于一个含有 n 位数的电话号码，需要 $O(m\times10^n)$ 的空间复杂度，其中 m 表示数据本身占用的空间。除此之外，编程语言提供的整型数据无法表示电话号码。

索引（电话号码）	指向记录的地址
15002526291	0x0001
10000888888	0x0ABC
……	……
15025268859	NULL
18888888888	0xFFFC

图 7.1

由于上述限制，直接访问表并不是最明智的选择。Hash 表是解决上述问题的最好数据结构，并且在实践中与上面提到的数据结构（数组、链表、平衡二叉树）相比，Hash 表的性能更好。通过 Hash 表，可以在 $O(1)$ 的时间复杂度内实现插入、查找和删除操作（在合理的假设下），最坏情况下的时间复杂度为 $O(n)$。

Hash 表是对直接访问表的改进。使用 Hash 算法可以将给定的电话号码或其他任何 key 转换为较小的数字，该较小的数字被称为 Hash 表的索引（Hash 值）。

Hash 表和直接访问表类似，是一个用于存储指向给定电话号码对应记录的指针的数组，只是 Hash 表的数组索引不是电话号码，而是经过 Hash 算法映射的输出值。Hash 算法用于将一个大数（手机号码）或字符串映射为一个可以作为 Hash 表索引的较小整数的函数。在实际开发中经常使用的 MD5 算法和 SHA 算法都是拥有悠久历史的 Hash 算法。

```
$ echo -n  "I love F"  | openssl md5
(stdin)= 81fd10ce50563e8ea3adcc2f772d8c11
```

一个好的 Hash 算法应该满足如下四个条件。

- **效率高**：执行效率要高，能快速计算出一段很长的字符串或二进制文本的 Hash 值。
- **同一性**：Hash 结果应当具有**同一性**（输出值尽量均匀，越均匀，冲突越少）。

例如，对于电话号码而言，一个好的 Hash 算法应该考虑电话号码的后四位数字，而一个糟糕的 Hash 算法可能考虑电话号码的前四位数字，相比而言后四位数字更有区分性，相当于输入更分散，输出更均匀。当然，这两种选择方式都不是什么好办法，只是希望大家理解同一性原理。

- **雪崩效应**：输入值微小的变化会使输出值发生巨大变化。

```
[lovefxs@localhost ~]$ echo -n  "I love J"  | openssl md5
(stdin)= ef821d9b424fd5f0aac7faf029152e04
[lovefxs@localhost ~]$ echo -n  "I love Y"  | openssl md5
(stdin)= fb49af24bebae07658650ae8eb1c0f5b
```

在上述代码中输入 I love J 和 I love Y 只改变了一个字母，输出值却完全不同。

- **不可反向推导**：从 Hash 算法的输出值不可反向推导出原始数据。

例如，原始数据 I love J 与经过 MD5 算法映射后的输出值之间没有对应关系。

由于 Hash 算法的原理是将输入空间中的一个较大的值映射成 Hash 空间中的一个较小的值，因此可能会出现两个不同的输入值被映射为同一个较小的输出值的情况。如果一个新插入的值被 Hash 算法映射到 Hash 表中一个已经被占用的槽，就认为发生了 Hash 碰撞（冲突）。

那么这种冲突是否可以避免呢？

答案是**只能缓解，不可避免。**

由于 Hash 空间一般远小于输入空间，因此根据**抽屉原理**，一定存在不同的输入值被映射成同一输出值的情况。

何为抽屉原理？如图 7.2 所示，桌上有十个苹果，把这十个苹果放到九个抽屉中，我们会发现无论怎样放，至少会有一个抽屉中的苹果不少于两个。这一现象就是抽屉原理。抽屉原理的一般含义：每个抽屉代表一个集合，每个苹果代表一个元素，若将 n+1 个元素放到 n 个集合中去，则必定有一个集合中至少有两个元素。抽屉原理有时也被称为鸽巢原理，是组合数学中的一个重要原理。

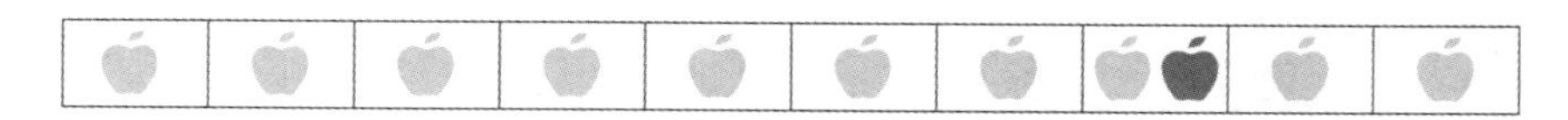

图 7.2

7.2 缓解 Hash 碰撞的方案

7.2.1 链地址法

链地址法的思想就是将所有发生碰撞的元素用一个单链表串起来。

我们通过一个简单的 Hash 函数 H(key) = key MOD 7 （除数取余法）对一组元素**[50, 700, 76, 85, 92, 73, 101]**进行映射，来理解用链地址法处理 Hash 碰撞。

除数为 7，初始化一个表长为 7 的空 Hash 表，如图 7.3 所示。

插入元素 50。计算 50%7 = 1，得到其 Hash 值为 1，在索引为 1 的位置插入元素 50，如图 7.4 所示。

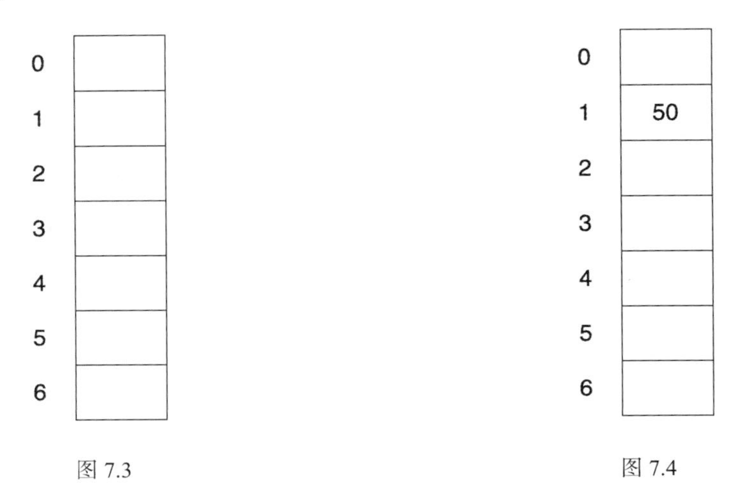

图 7.3　　　图 7.4

插入元素 700。计算 700%7 = 0，得到其 Hash 值为 0，在索引为 0 的位置插入元素 700。

插入元素 76。计算 76%7 = 6，得到的 Hash 值为 6，在索引为 6 的位置插入元素 76，如图 7.5 所示。

插入元素 85。计算 85%7 = 1，得到其 Hash 值为 1，但是索引为 1 的位置已经有元素 50 了，发生了 Hash 碰撞，使用单链表将元素 85 和元素 50 连接起来，如图 7.6 所示。

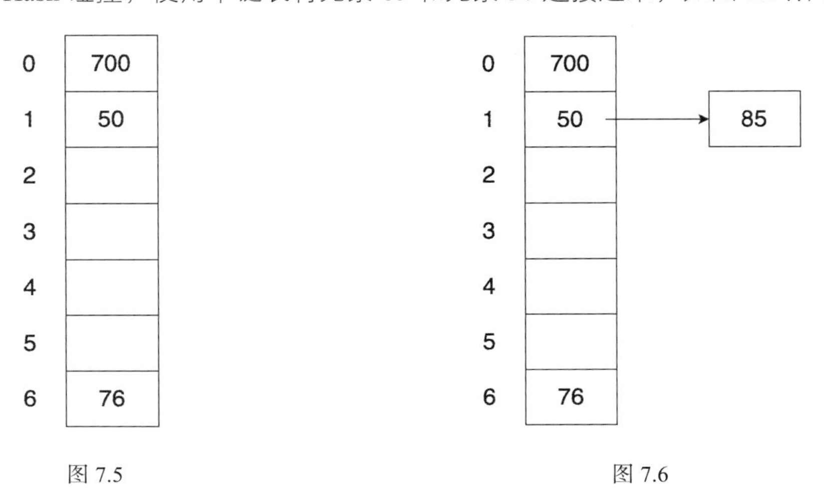

图 7.5　　　图 7.6

以同样的方式插入所有元素后得到如图 7.7 所示的 Hash 表。链地址法解决冲突的方式与图的邻接表存储结构很相似，思想就是发生冲突就用单链表组织起来。

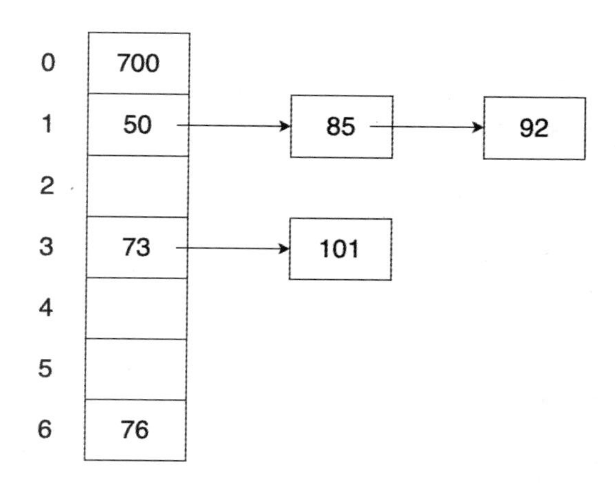

图 7.7

1. 链地址法的实现

先创建一个空 Hash 表，表长为 N。

确定 Hash 函数：Hash(key) = key % N。

插入：先计算要插入的元素的 Hash 值，Hash(key)，然后在 Hash 表中找到对应 Hash 值的位置，再将元素插入链表。

删除：先计算要删除的元素的 Hash 值，Hash(key)，然后在 Hash 表中找到对应 Hash 值的位置，再将元素从链表中删除。

查找：先计算要查找的元素的 Hash 值，Hash(key)，然后在 Hash 表中找到对应 Hash 值的位置，从该位置开始进行单链表的线性查找。

```
public class Hash {
    int n;                                  //元素个数
    LinkedList<Integer>[] table;            //Hash 表
    Hash(int a) {
        this.n = a;
        this.table = new LinkedList[a];
        for (int i = 0; i < a; i++) {
            table[i] = new LinkedList<>();
        }
    }
    //插入元素
    public void insertKey(int key) {
        int index = hashFunction(key);
        table[index].add(key);
    }
```

```
    //删除元素
    public void deleteKey(int key) {
        int index = hashFunction(key);
        for (int i = 0; i < table[index].size(); i++) {
            if (table[index].get(i) == key) {
                table[index].remove(i);
            }
        }
    }
    //遍历 Hash 表
    public void displayHash() {
        for (int i = 0; i < n; i++) {
            for (Integer integer : table[i]) {
                System.out.print(integer + "-->");
            }
            System.out.print("^" + "\n");
        }
    }
    // Hash 函数
    public int hashFunction(int x) {
        return (x % n);
    }

    public static void main(String[] args) {
        int[] a = {50, 700, 76, 85, 92, 73, 101};
        Hash hashtable = new Hash(a.length);
        for (int i: a) {
            hashtable.insertKey(i);
        }
        hashtable.deleteKey(92);
        hashtable.displayHash();
    }
}
```

2. 链地址法的优缺点

链地址法的优点如下。

- 链地址法实现简单。

- Hash 表永远不会溢出，可以向单链表中添加更多元素。
- 对于 Hash 函数和装填因子的选择没有要求。
- 在不知道要插入和删除的元素的数量和频率的情况下，链地址法有绝对优势。

链地址法的缺点如下。

- 由于使用链表来存储元素，因此链地址法的缓存性能不佳。
- 浪费空间（因为 Hash 表某些位置可能一直未被使用）。
- 如果链表太长，在最坏的情况下查找操作的时间复杂度将变为 $O(n)$。
- 需要额外的空间存储链表指针。

3. 链地址法的性能

假设任何一个元素都以相等的概率被映射到 Hash 表的任意一个槽位。设 m 表示 Hash 表的槽位数，n 表示插入 Hash 表的元素的数目，则**装填因子**（Load Factor）$\alpha = n/m$（将 n 个球随机均匀地扔进 m 个箱子的概率）。

期望的查找、插入、删除操作的时间复杂度均等于 $O(1+\alpha)$。

当 α 为 $O(1)$ 量级时，链地址法的插入、查找、删除操作的时间复杂度就是 $O(1)$ 量级。

在极端情况下，我们将 n 个数都扔进同一个槽，也就是 n 个数形成了一个单链表，时间复杂度为 $O(n)$。这种情况发生的概率微乎其微。

7.2.2 开放地址法

与链地址法一样，开放地址法也是一个经典的处理冲突的方式。只不过，对于开放地址法，所有元素都是存储在 Hash 表中的，所以在任何时候都要保证 Hash 表的槽位数 m 大于或等于元素数目 n（在必要时，我们还会复制旧数据，对 Hash 表进行动态扩容）。

1. 开放地址法的分类

开放地址法分为三类。

1）线性探测（Linear Probing）

设 Hash(key)表示元素的 Hash 值，m 表示 Hash 表的槽位数（Hash 表的长度），则线性探测可以进行如下表示。

若 Hash(key) % m 已经有数据，则尝试(Hash(key) + 1) % m。

若(Hash(key) + 1) % m 也已有数据，则尝试(Hash(key) + 2) % m。

若(Hash(key) + 2) % m 也已有数据，则尝试(Hash(key) + 3) % m。

……

通过 Hash 函数 Hash(key) = key MOD 7 （除数取余法）对**[50, 700, 76, 85, 92, 73, 101]**进行映射，来理解线性探测。

依次算得 50 % 7 = 1，700 % 7 = 0 及 76 % 7 = 6，均没有发生碰撞，因此直接将元素放入相应位置。图 7.8 中的 empty 表示存储单元为空，相当于椅子没坐人；occupied 表示存储单元有元素，相当于椅子上坐上了人；lazy delete 表示懒删除，相当于人走了但是椅子还在。

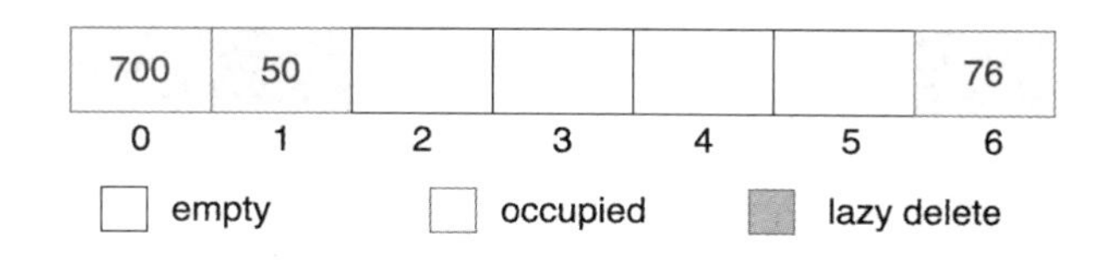

图 7.8

算得 85 % 7 = 1，由于索引 1 处已经有元素 50，发生 Hash 碰撞，线性探测下一个可以存放元素 85 的位置，(85 % 7 + 1) % 7 = 2，索引 2 处为 empty，填入元素 85，如图 7.9 所示。

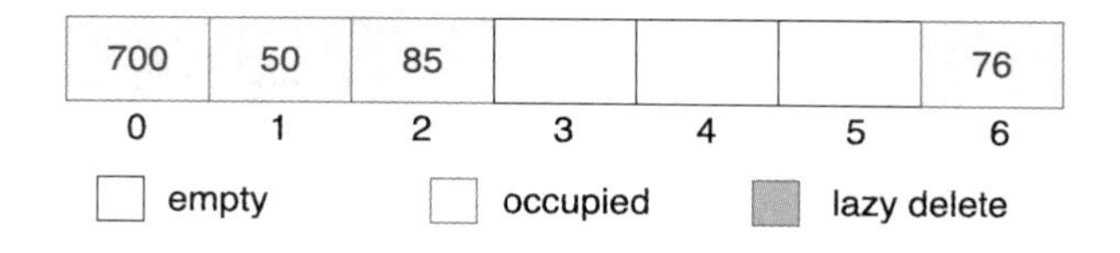

图 7.9

算得 92 % 7 = 1，索引 1 处已经有元素 50，发生 Hash 碰撞；线性探测下一个位置(92 % 7 + 1)% 7 = 2，索引 2 处已经有元素 85，发生 Hash 碰撞；线性探测下一个位置(92 % 7 + 2) % 7 = 3，索引 3 处为 empty，填入元素 92，如图 7.10 所示。

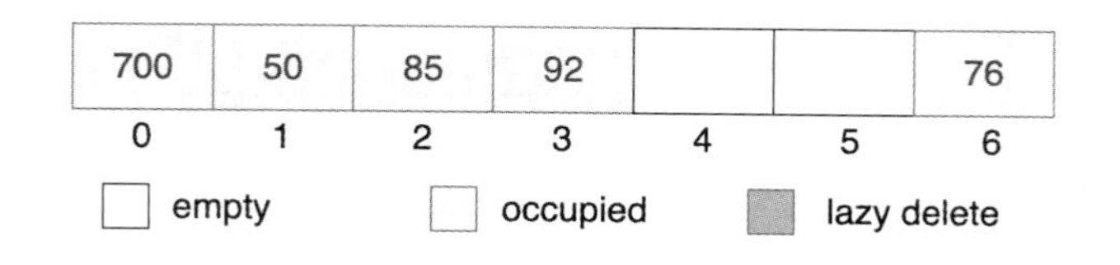

图 7.10

算得 73 % 7 = 3，索引 3 处已经有元素 92，发生 Hash 碰撞；线性探测下一个位置(73 %

7 + 1) % 7 = 4，索引 4 处为 empty，填入元素 73，如图 7.11 所示。

算得 101 % 7 = 3，索引 3 处已经有元素 92，发生 Hash 碰撞；线性探测下一个位置(101 % 7 + 1) % 7 = 4，索引 4 处已经有元素 73，发生 Hash 碰撞；线性探测下一个位置(101 % 7 + 2) % 7 = 5，索引 5 处为 empty，填入元素 101，如图 7.12 所示。

图 7.11

图 7.12

不难看出线性探测的缺陷，即容易产生聚集（发生碰撞的元素形成组，如[50,85,92,73,101]因碰撞而紧挨着），而且发生碰撞的概率大大增加，需要花费更多时间来寻找空闲的槽位和查找元素。

lazy delete 就是并不将存储空间释放，只将里面的数据清除。

例如，删除元素 92，先算得 92 % 7 = 1，但是发现索引 1 处的元素是 50；线性向下探测(92 % 7 + 1) % 7 = 2，发现索引 2 处的元素是 85；继续线性向下探测(92 % 7 + 2) % 7 = 3，发现索引 3 处的元素为 92，将该存储单元中的数据清除，如图 7.13 所示。

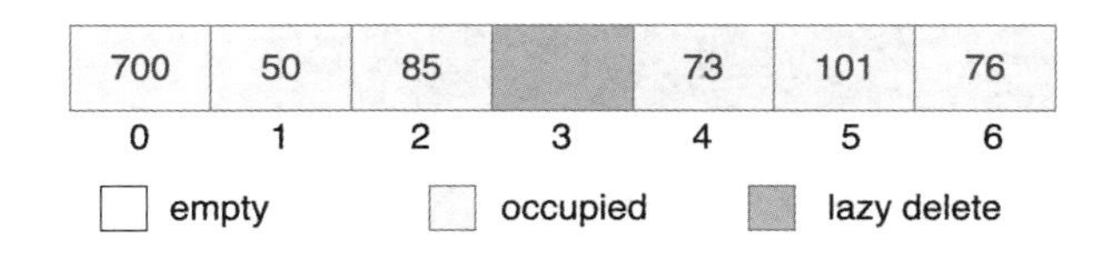

图 7.13

2）平方探测（Quadratic Probing)

所谓平方探测，就是每次向下探测的宽度变成 i^2，其中 i 表示迭代次数。

设 Hash(key)表示元素的 Hash 值，m 表示 Hash 表的槽位数（Hash 表的长度），则平方探测可以进行如下表述。

若 Hash(key) % m 已经有数据，则尝试(Hash(key) + 1 * 1) % m。

若(Hash(key) + 1 * 1) % m 也已有数据，则尝试(Hash(key) + 2 * 2) % m。

若(Hash(key) + 2 * 2) % m 也已有数据，则尝试(Hash(key) + 3 * 3) % m。

……

3）双重Hash探测

对于双重 Hash（Double Hashing）探测，我们需要构造一个新的 Hash 函数 Hash2(key)，对于第 i 次迭代探测，查找的位置为 i * Hash2(key)。

设 Hash(key)表示元素的一个 Hash 值；Hash2(key)表示元素的另一个 Hash 值；m 表示 Hash 表的槽位数（Hash 表的长度），则双重 Hash 探测可以进行如下表述。

若 Hash(key) % m 已经有数据，则尝试(Hash(key) + 1 * Hash2(key)) % m。

若(Hash(key) + 1 * Hash2(key)) % m 也已有数据，则尝试(Hash(key) + 2 * Hash2(key)) % m。

若(Hash(key) + 2 * Hash2(key)) % m 也已有数据，则尝试(Hash(key) + 3 * Hash2(key)) % m。

……

双重 Hash 探测的实现代码如下。

```
public class DoubleHash {
    private static final int TABLE_SIZE = 13;
    public static final int PRIME = 7;
    int[] hashTable;
    int currSize;
    //构造 Hash 函数，初始化 Hash 表
    DoubleHash() {
        this.hashTable = new int[TABLE_SIZE];
        this.currSize = 0;
        for (int i = 0; i < TABLE_SIZE; i++) {
            this.hashTable[i] = -1;
        }
    }
    //Hash 表的插入操作
    public void insertHash(int key) {
        if (!isFull()) {
            //获取 Hash 函数 1 计算的结果
            int index = hash1(key);
            //如果发生 Hash 碰撞
```

```
        if (hashTable[index] != -1) {
            //由 Hash 函数 2 获取另一个 Hash 值
            int index2 = hash2(key);
            int i = 1;
            while(true) {
                //得到双重 Hash 的索引，若想实现线性探测、平方探测，则需要对此处进行修改
                int newIndex = (index + i * index2) % TABLE_SIZE;
                //若新的 Hash 值 newIndex 未发生 Hash 碰撞，则插入元素并退出循环
                if (hashTable[newIndex] == -1) {
                    hashTable[newIndex] = key;
                    break;
                }
                i++;
            }
        } else {    //未发生 Hash 碰撞
            hashTable[index] = key;
        }
        currSize++; //Hash 表当前大小加 1
    }
}

// Hash 表查找操作
public void search(int key)
{
    int index1 = hash1(key);
    int index2 = hash2(key);
    int i = 0;
    while (hashTable[(index1 + i * index2) % TABLE_SIZE] != key) {
        if (hashTable[(index1 + i * index2) % TABLE_SIZE] == -1) {
            System.out.println(key + ":\t Hash 表中不存在");
            return;
        }
        i++;
    }
    System.out.println(key + ":存在，找到啦!索引为："
        + (index1 + i * index2) % TABLE_SIZE);
}

public void displayHash() {
```

```
        for (int i = 0; i < TABLE_SIZE; i++) {
            if (hashTable[i] != -1) {
                System.out.println(i + "-->" + hashTable[i]);
            } else {
                System.out.println(i);
            }
        }
    }
    //判断 Hash 表是否满了
    public boolean isFull() {
        return (currSize == TABLE_SIZE);
    }
    //Hash 函数
    public int hash1(int key) {
        return (key % TABLE_SIZE);
    }
    //Hash 函数
    public int hash2(int key) {
        return (PRIME - (key % PRIME));
    }

    public static void main(String[] args) {
        int[] a = {50, 700, 76, 85, 92, 73, 101};

        //创建 Hash 表，插入数组 a 中的元素
        DoubleHash dh = new DoubleHash();
        for (int value : a) {
            dh.insertHash(value);
        }
        //查找
        dh.search(36); //不存在
        dh.search(101); //存在
        //打印输出
        dh.displayHash();
    }
}
```

线性探测和平方探测的实现比较简单，只需要代码中的 newIndex 的计算方式进行修改。

线性探测：

```
int newIndex = (index + i) % TABLE_SIZE;
```

平方探测：

```
int newIndex = (index + i*i) % TABLE_SIZE;
```

2. 以上三种开放地址法的比较

线性探测的缓存性能最佳，但会受原始聚集（Primary Cluster）的影响。线性探测易于计算。

何为原始聚集（原始聚集是相对于线性探测而言的）？

如图 7.14 所示，对于任意一个元素，若其 Hash 值 Hash(key)指向图中从左向右箭头所指的任意位置，则聚集（图中的灰底区域）将得到扩充。

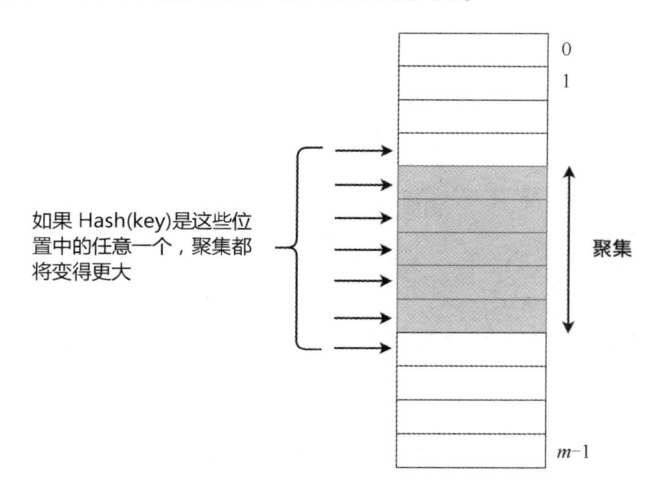

图 7.14

为了理解聚集的概念，我们一起看一个例子。图 7.15 中的元素 700、元素 50、元素 76 在插入时均未发生 Hash 碰撞，所以以单个元素构成聚集（聚集的大小为 1，此时可以认为不是聚集）。

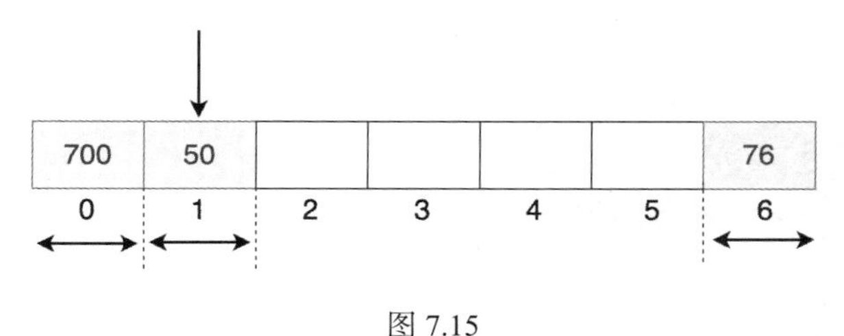

图 7.15

但是之后插入的元素就不一样了，元素 85 与元素 50 发生 Hash 碰撞，元素 85 被插至元素 50 后面，导致聚集变大，如图 7.16 所示。

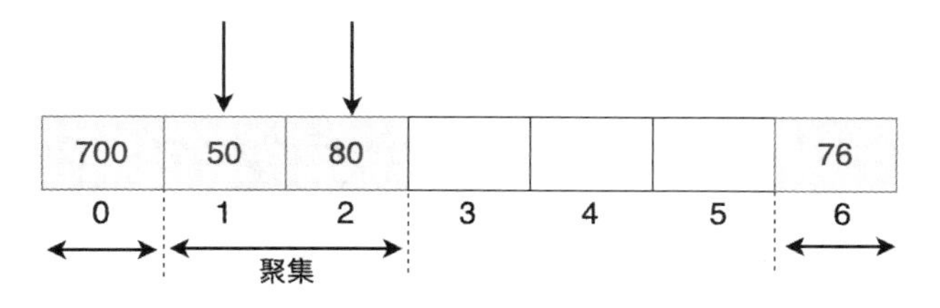

图 7.16

元素 92 与元素 50 发生 Hash 碰撞，使用线性探测，元素 92 将被插至元素 85 后面，聚集进一步扩大，如图 7.17 所示。

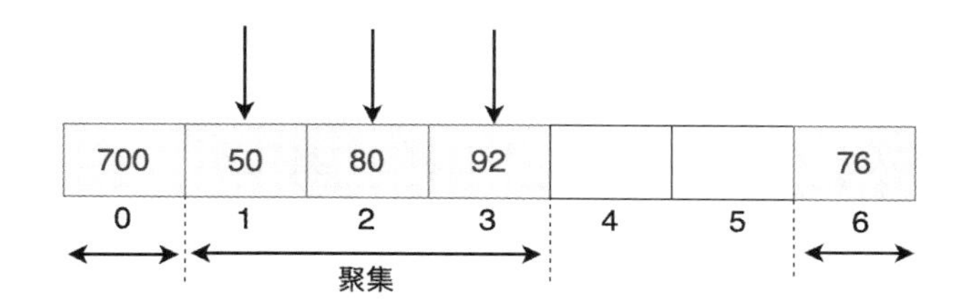

图 7.17

元素 73 与元素 92 发生 Hash 碰撞，使用线性探测，元素 72 将被插至 92 后面，聚集进一步扩大，如图 7.18 所示。

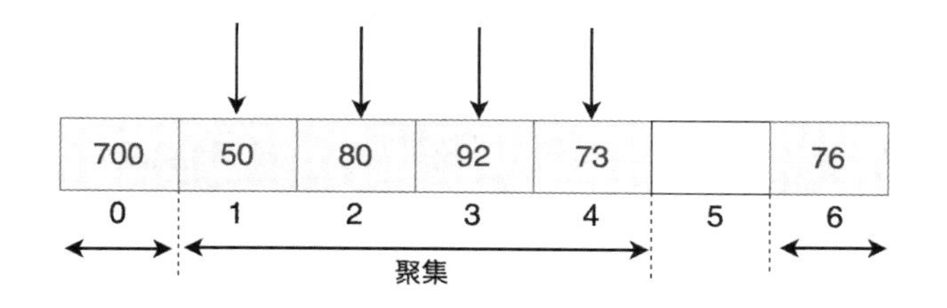

图 7.18

元素 101 与元素 92 发生 Hash 碰撞，使用线性探测，元素 101 将被插至元素 73 后面，聚集进一步扩大，如图 7.19 所示。

这就是原始聚集的概念，显然聚集越大，发生 Hash 碰撞的可能越大，Hash 算法的性能也会受到影响。

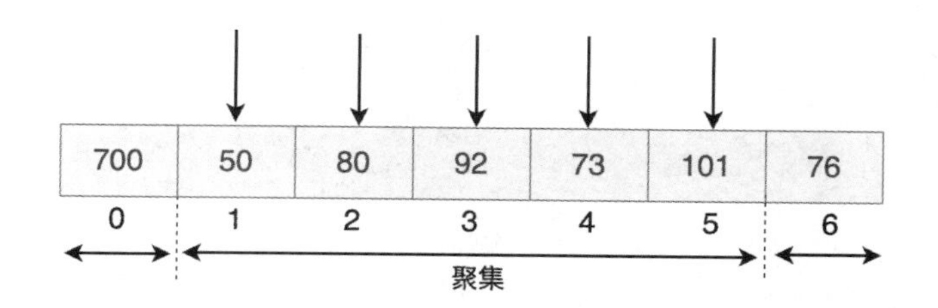

图 7.19

平方探测在缓存性能和受聚集影响方面介于线性探测和双重 Hash 探测之间，平方探测虽解决了线性探测的原始聚集问题，但是会产生更细的二次聚集问题。

双重 Hash 探测的缓存性能较差，但不用担心聚集情况的产生，但由于要计算两个 Hash 函数，因此在时间性能方面受限。

3. 开放地址法的性能分析

与链地址法类似，假设任何一个元素都以相等的概率被映射到 Hash 表的任意一个槽位。设 m 表示 Hash 表的槽位数，n 表示插入 Hash 表的元素的数目，则装填因子 $\alpha = n/m < 1$（对于开放地址法而言，$m > n$）。期望的插入、查找、删除操作的时间小于 $1/(1-\alpha)$。对于开放地址法而言，插入、查找、删除操作的时间复杂度为 $O(1/(1-\alpha))$。

例如，$\alpha = 90\%$，$1/(1-\alpha) = 10$，表示最多探测 10 次就可以查找、插入或删除一个元素。

7.2.3 开放地址法与链地址法的比较

开放地址法与链地址法的比较如表 7.1 所示。

表 7.1

链地址法	开放地址法
易于实现	需要更多的计算
Hash 表永远不会被填满，不用担心溢出	Hash 表可能被填满，需要通过复制来动态扩容
对于 Hash 函数和装填因子不敏感	需要额外关注如何规避聚集及选择装填因子
适用于不知道插入和删除的元素的数量和频率的情况	适用于插入和删除的元素已知的情况
由于使用链表来存储元素，因此缓存性能差	所有元素均存储在同一个 Hash 表中，因此可以提供更好的缓存性能
空间浪费（Hash 表中的某些链一直未被使用）	Hash 表中的所有槽位都被充分利用
指向下一个节点的指针要消耗额外的存储空间	不存储指针

7.2.4 再 Hash

1. 再 Hash 简介

对于开放地址法而言，插入、查找、删除操作的时间复杂度为 $O(1/(1-\alpha))$，这表明 Hash 算法的时间复杂度取决于装填因子，装填因子越大，开放地址法的时间复杂度就越大。

$$装填因子 = \frac{表中填入的记录数}{Hash表的长度}$$

一般将装填因子的值设置为 0.75，随着填入 Hash 表中的元素的增加，装填因子会增大，甚至超过设置的默认值 0.75，这表明 Hash 算法的时间复杂度会增大。可以通过对数组（Hash 表）进行扩容（二倍扩容），并将原 Hash 表中的元素进行**再 Hash**，并存储到二倍大小的新数组（Hash 表）中，来保证装填因子维持在一个较低的值（不超过 0.75），保证 Hash 算法的时间复杂度在 $O(1)$ 量级。

这就是需要再 Hash 的原因，下面我们一起看一下再 Hash 的实现。

再 Hash 的实现可以大致分为如下四个步骤。

（1）每一次向 Hash 表中添加新的元素后，检查装填因子的大小。

（2）若装填因子大于 0.75，则进行再 Hash。

（3）若需要进行再 Hash，则创建一个新的数组（大小为原数组的二倍）作为 Hash 表。

（4）遍历原数组中的每一个元素，并将其插入新数组。

我们依旧通过 Hash 函数 H（key）=key MOD 7 对一组元素，即**[50, 700, 76, 85, 92, 73, 101]**，进行映射为例进行说明。

开辟一个大小为 7 的空数组，如图 7.20 所示。

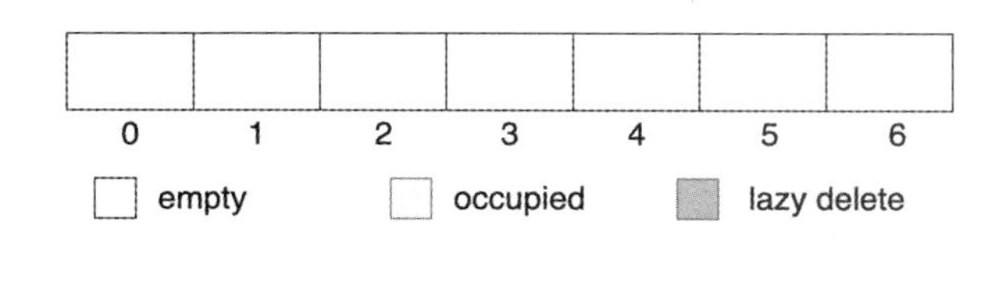

图 7.20

插入元素并检查装填因子，如图 7.21 ~ 图 7.25 所示。

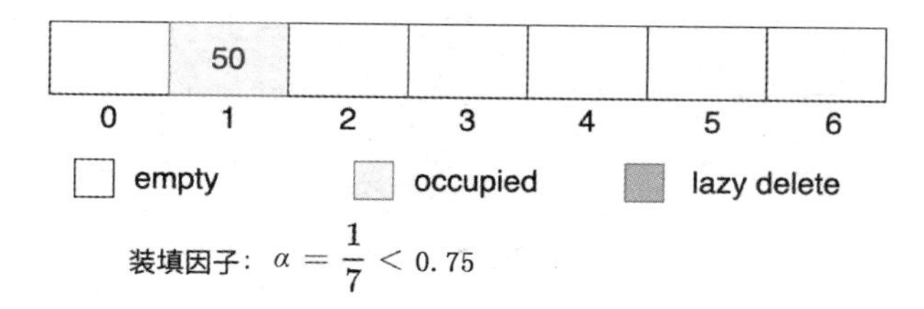

图 7.21

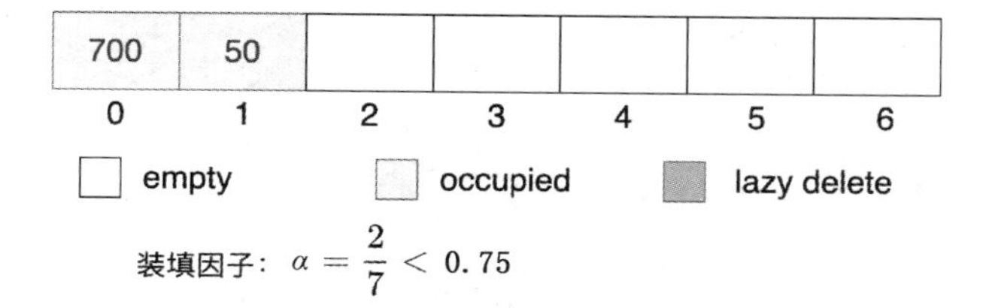

图 7.22

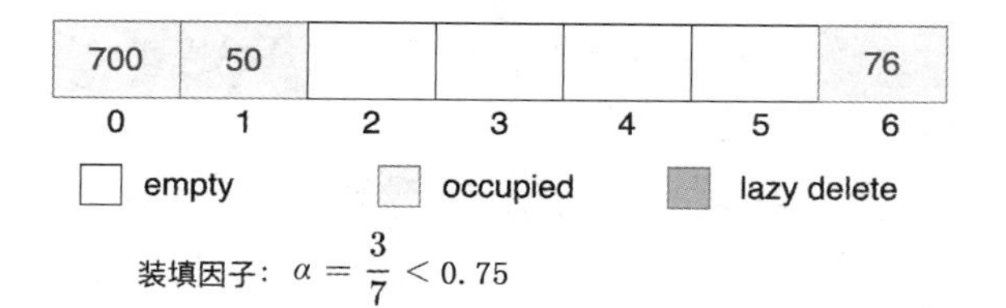

图 7.23

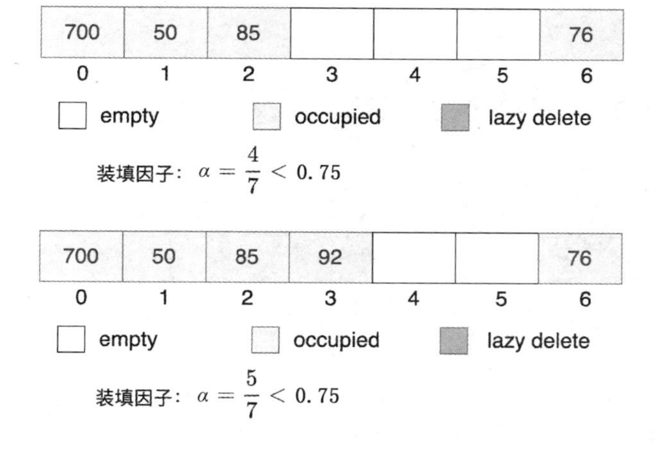

图 7.24

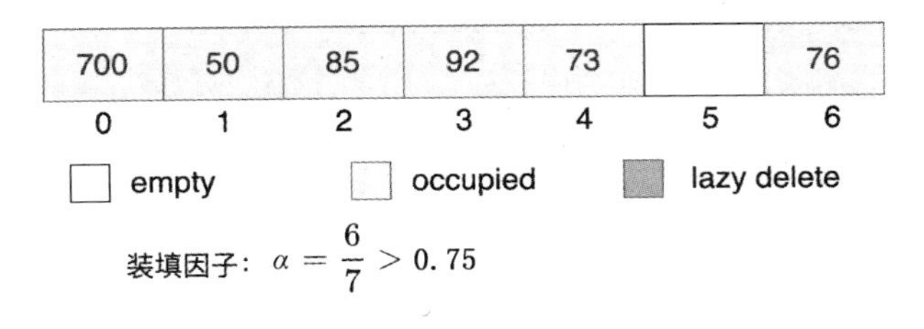

图 7.25

需要注意的是，图 7.25 中的装填因子 $\alpha=6/7>0.75$，创建一个大小为 14 的新数组（大小为原始数组的二倍），如图 7.26 所示。

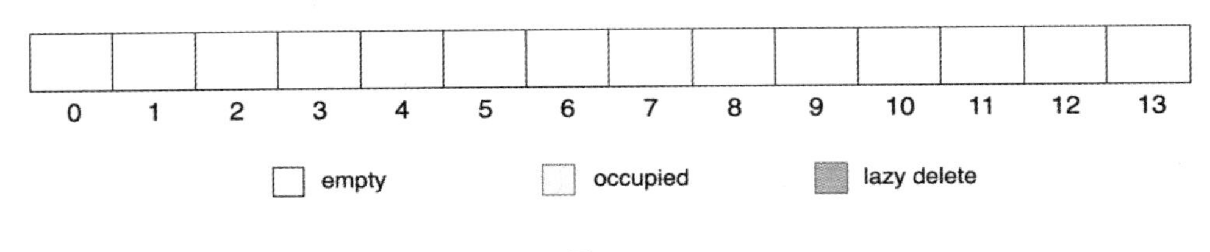

图 7.26

由于新数组大小为 14，因此 Hash 函数发生了变化，由原来的 Hash(key) = key % 7 变为 Hash(key) = key % 14。

遍历原始数组，并将原始数组中的元素映射到新数组中，如图 7.27 所示。

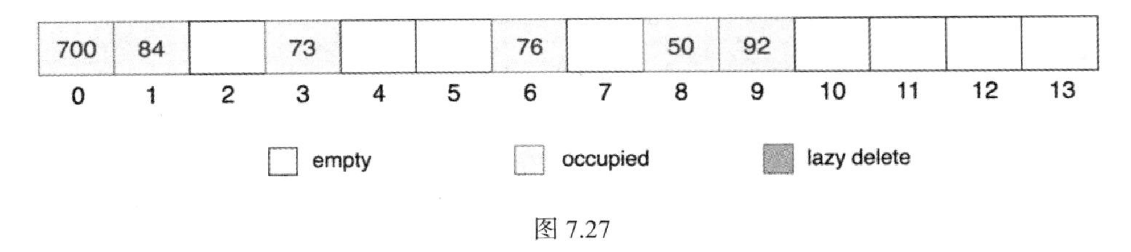

图 7.27

算得 101 % 14 = 3，将元素 101 插到元素 73 之后，如图 7.28 所示。

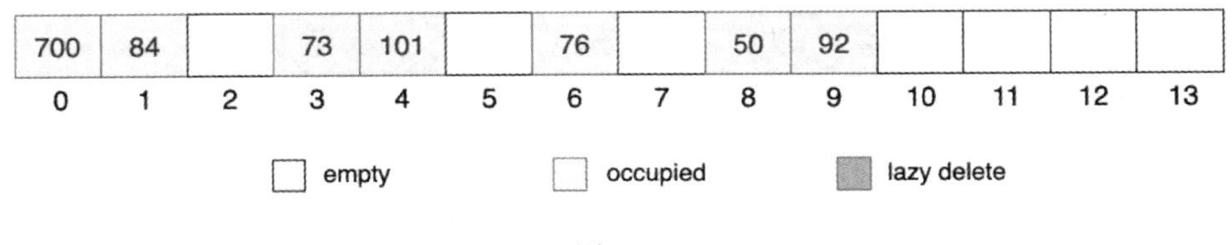

图 7.28

这就是再 Hash，接下来我们看一下再 Hash 的实现。

2. 再 Hash 的实现

再 Hash 的实现代码如下。

```
package org.example;

import java.util.ArrayList;

class Map<K, V> {

    class MapNode<K, V> {

        K key;
        V value;
        MapNode<K, V> next; //链地址法

        public MapNode(K key, V value) {
            this.key = key;
            this.value = value;
            next = null;
        }
    }

    //元素存储在 Hash 表中
    ArrayList<MapNode<K, V>> hashTable;

    //装填因子的分子——表中填入的元素数
    int size;

    //装填因子的分母——Hash 表的大小
    int numHashTable;

    //装填因子默认值为 0.75
    final double DEFAULT_LOAD_FACTOR = 0.75;

    public Map() {
        numHashTable = 5;

        hashTable = new ArrayList<>(numHashTable);

        for (int i = 0; i < numHashTable; i++) {
            //初始化 Hash 表
            hashTable.add(null);
```

```
        }
    }

    private int getBucketInd(K key) {

        //使用 Object 类内置的 Hash 函数
        int hashCode = key.hashCode();

        //数组索引 index = hashCode%numHashTable
        return (hashCode % numHashTable);
    }

    public void insert(K key, V value) {
        //获取插入元素的 Hash 值
        int bucketInd = getBucketInd(key);

        MapNode<K, V> head = hashTable.get(bucketInd);

        //插入元素
        while (head != null) {
            if (head.key.equals(key)) {
                head.value = value;
                return;
            }
            head = head.next;
        }

        MapNode<K, V> newElementNode = new MapNode<K, V>(key, value);

        head = hashTable.get(bucketInd);

        newElementNode.next = head;

        hashTable.set(bucketInd, newElementNode);

        size++;

        //计算当前装填因子
        double loadFactor = (1.0 * size) / numHashTable;

        //若装填因子大于 0.75，则进行再 Hash
        if (loadFactor > DEFAULT_LOAD_FACTOR) {
```

```
            rehash();
        }
    }

    private void rehash() {

        System.out.println("\n***Rehashing Started***\n");

        //保存原始 Hash 表
        ArrayList<MapNode<K, V>> temp = hashTable;

        //创建新数组（大小为原始数组的二倍）
        hashTable = new ArrayList<MapNode<K, V>>(2 * numHashTable);

        for (int i = 0; i < 2 * numHashTable; i++) {
            hashTable.add(null);
        }
        //将原数组中的数据复制到新数组中
        size = 0;
        numHashTable *= 2;

        for (MapNode<K, V> head : temp) {
            while (head != null) {
                K key = head.key;
                V val = head.value;

                insert(key, val);
                head = head.next;
            }
        }
    }

    public void printMap() {
        ArrayList<MapNode<K, V>> temp = hashTable;

        System.out.println("当前的 Hash 表:");
        for (int i = 0; i < temp.size(); i++) {
            //获取 Hash 表中第 i 个头节点
            MapNode<K, V> head = temp.get(i);

            while (head != null) {
                System.out.println("key = " + head.key
```

```
                        + ", val = " + head.value);

                    head = head.next;
                }
            }
            System.out.println();
        }
    }

public class Rehashing {

    public static void main(String[] args) {

        //创建一个 Hash 表
        Map<Integer, String> map = new Map<Integer, String>();

        // 插 入 元 素 [<50,"I">,<700,"Love">,<76,"Data">,<85,"Structure">,<92,"and">,
<73,"Jing">,<101,"Yu">]
        map.insert(50, "I");
        map.printMap();

        map.insert(700, "Love");
        map.printMap();

        map.insert(76, "Data");
        map.printMap();

        map.insert(85, "Structure");
        map.printMap();

        map.insert(92, "and");
        map.printMap();

        map.insert(73, "Jing");
        map.printMap();

        map.insert(101, "Yu");
        map.printMap();
    }
}
```

7.3 Hash 算法的应用

在日常生活中 Hash 算法的应用是非常普遍的，包括信息摘要（Message Digest）、密码校验（Password Verification）、数据结构（编程语言）、编译操作（Compiler Operation）、Rabin-Karp 算法（模式匹配算法）、负载均衡等。

当用户在某客户端输入邮箱和密码时，客户端会对用户输入的密码进行 Hash 运算，并在服务端的数据库中保存用户密码的 Hash 值，从而保护用户数据。

C++中的 unordered_set & unordered_map、Java 中的 HashSet、HashMap，以及 Python 中的 dict 等编程语言均实现了 Hash 表数据结构。

Rabin-Karp 算法利用 Hash 算法来查找字符串的任意一组模式，并且可以用来判断是否存在抄袭。

利用 Hash 算法的一致性可以解决负载均衡问题。

除此之外，Hash 算法还被广泛应用于各类数据库中（包括 MySQL、Redis 等）。

8

贪心算法

8.1 贪心算法概述

贪心算法（Greedy Algorithm）又称**贪婪算法**，其思想是在每一步选择中都采取在当前状态下最优（最有利）的选择，从而希望得到最优的结果。

贪心算法在解决有最优子结构的问题时尤为有效。最优子结构是指局部最优解能决定全局最优解。简单的理解就是，问题能够分解成子问题，子问题的最优解递推能得到原问题的最优解。

贪心算法以自顶向下的方式工作，即使前面选择错误，也不会更改之前的选择，即没有回退功能；动态规划会保存之前的运算结果，并根据之前的结果做出当前选择，有回退功能。

由于贪心算法是一种通过选择当前可用的最优选项来解决问题的方法，即关心局部最优而不关心全局最优，因此其可能不会产生所求解问题的最佳结果。

如果问题具有以下属性，那么我们可以考虑用贪心算法来解决该问题。

- 贪心选择属性：问题的最佳解决方案若可以通过在每个步骤中选择最佳选项来找到，无须考虑之前选择的步骤，此时可以使用贪心算法来解决。
- 最优子结构：问题的最优整体解决方案若对应于子问题的最优解决方案，此时可以使用贪心算法来解决。

贪心算法的优点如下。

- 易于描述。
- 可以比其他算法执行得更好（但并非在所有情况下）。

贪心算法的缺点如下。

- 贪心算法并不总是产生最优解，这是贪心算法的主要缺点。

假设我们想找到如图 8.1 所示的二叉树从根节点到叶子节点的最长路径，使用贪心算法解决该问题的过程如下。

（1）从根节点 20 开始，右子节点的权值为 3，左子节点的权值为 2。

（2）问题是找到最长的路径，此时的最优解是 3，因此贪心算法会选择权值为 3 的节点。

（3）节点 3 只有一个叶子节点 1，因此最终的结果为 20 + 3 + 1 = 24。

事实上，24 并不是最优解，真正的最长路径为 20 + 2 + 10 = 32，如图 8.2 所示。因此，贪心算法并不总能给出最优解或可行解。

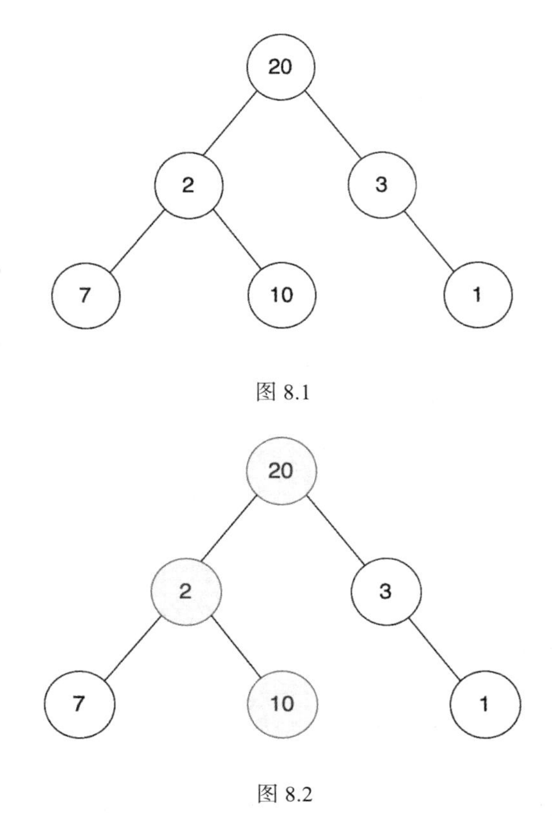

图 8.1

图 8.2

贪心算法的步骤如下。

（1）先初始化一个空的解集 solution-set 和已知的选项。

（2）每一步都将一个当前最优的选项添加到解集中，直到找到最终解决方案。

（3）如果解集可行，就保留当前选项；否则，该选项将被删除并且不再考虑。

现在我们使用贪心算法来解决一个问题：使用数量**尽可能少的人民币**凑足 18 元。已知可用的人民币面额有 5 元、2 元、1 元，可以使用的各面额人民币的数量没有限制。

使用贪心算法解决上述问题的过程如下。

（1）创建一个空的解集 solution-set={ }。可用的人民币面额（解）为{5,2,1}。

（2）需要凑足的面额 sum = 18，将初始时解空间的和设置为 sum，并将其值设置为 0。

（3）先选择最大的面额为 5 元的人民币，直到总面额 sum >18 为止。（每步选择最大面额，以尽可能少的人民币凑足总面额，或者说以最快的速度到达目的地。这就是贪心选择属性。）

（4）在第一次迭代中，solution-set={5}，sum=5。

（5）在第二次迭代中，solution-set={5,5}，sum=10。

（6）在第三次迭代中，solution-set={5,5,5}，sum=15。

（7）在第四次迭代中，solution-set={5,5,5,2}，sum=17。（不能继续选择面额为 5 元的人民币，因为若继续选择面额为 5 元的人民币，总面额将为 20 元，比我们期望的面额 18 元大，所以从可用面额中选择次大的 2 元，之后也不会再考虑 5 元面额的人民币了。）

（8）类似地，在第五次迭代中，选择面额为 1 元的人民币，sum = 18，此时的解集为 solution-set={5,5,5,2,1}。

贪心算法可以解决一些最优化问题，如求图的最小生成树、求赫夫曼编码等；对于其他问题，贪心算法一般不能得到期望的最优解。在一般情况下，某个问题如果可以通过贪心算法来解决，那么贪心算法会是解决这个问题最好的办法。由于贪心算法具有高效性及其所求得的答案比较接近最优结果，因此贪心算法也可以用作辅助算法，或者用于解决一些要求结果不是特别精确的问题。

下面将分别介绍 Dijkstra 算法、Kruskal 算法、Prim 算法和赫夫曼编码。

8.2 Dijkstra 算法

在学习 Dijkstra 算法前，我们先了解几个基本概念。

路径起始的第一个顶点称为**源点**（Source），路径结束的最后一个顶点称为**终点**（Destination），如图 8.3 所示，假设 A→B→C→D→F 是顶点 A 到顶点 F 的最短路径，则将顶点 A 称为源点，顶点 F 称为终点。需要注意的是，图中的任何一个顶点都可以作为源点或终点，源点与终点是相对于一条路径而言的。例如，对于路径 B→C→D 而言，顶点 B 是源点，顶点 D 是终点。

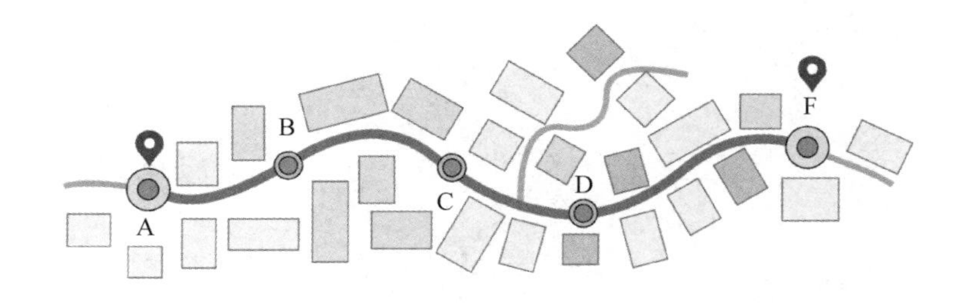

图 8.3

最短路径是相对于图中的两个顶点而言的，如图 8.3 所示，顶点 A 到顶点 F 的路径可能有多条（类似于使用地图软件搜索从当前位置到某个目的地，地图软件会给出多条路线）。在多条路径中，有一条路径相对其他路径而言是最近的。最短路径与最小生成树不同，因为两个顶点间的最短路径并不一定不包括图中的所有顶点。

Dijkstra 算法是一个单源点最短路径算法，即该算法会求得从指定顶点（源点）到其余所有顶点的最短路径，并生成一棵最短路径树（Shortest Path Tree）。

Dijkstra 算法满足两个顶点之间的最短路径包含的其他子路径也是最短路径的属性（最优子结构属性）。如图 8.3 所示，从源点 A 到终点 F 的最短路径 A → F 包含的任何子路径都是最短路径，如子路径 B → D 表示源点 B 和终点 D 之间的最短路径，子路径 D → F 表示源点 D 到终点 F 的最短路径。

Dijkstra 算法满足贪心选择属性，可以通过找到当前顶点到下一个顶点的最短路径（最好的解决方案），得到最终两个顶点之间的最短路径（通过局部最优选择获得整个问题的最优解）。

以图 8.4 为例，来了解 Dijkstra 算法的执行过程。

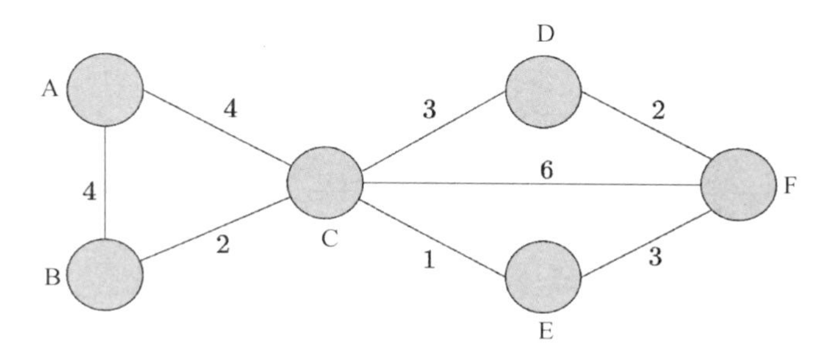

图 8.4

在第一次迭代中，任意选择一个顶点作为源点（我们选择顶点 A），并将从源点到自身的距离值设置为 0，到其他顶点的距离值设置为 ∞。将顶点 A 标记为已访问顶点（**已访问顶点已被添加到最短路径树中，该顶点的最短距离已确定**），如图 8.5 所示。

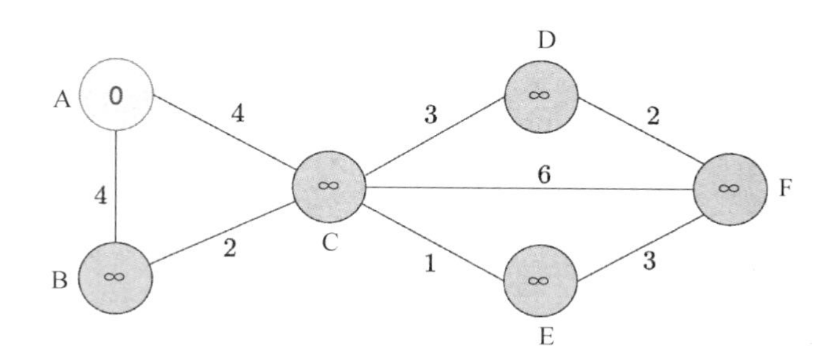

图 8.5

从顶点 A 出发进行广度优先搜索，分别到达顶点 B 和顶点 C，并将顶点 A 到达顶点 B 的距离值更新为 4（因为顶点 B 当前的距离值 ∞ 大于顶点 A 的距离值加上顶点 A 到达顶点 B 的权值之和）；同理，将顶点 A 到达顶点 C 的距离值也更新为 4，如图 8.6 所示。

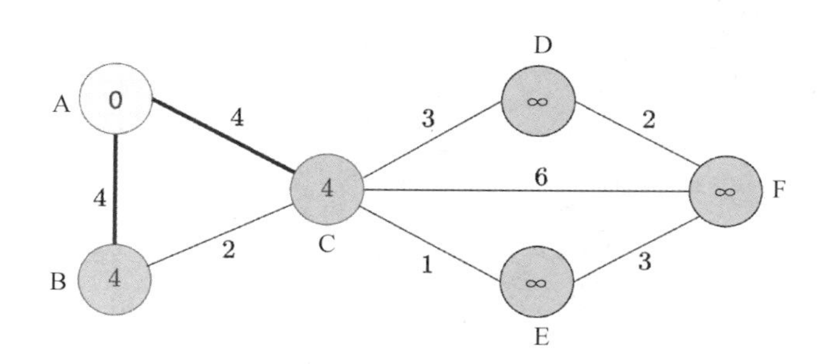

图 8.6

从顶点 B 出发进行广度优先搜索，并将顶点 B 标记为已访问顶点，到达顶点 C。此时，顶点 B 的距离值 4 加上顶点 B 到顶点 C 的权值 2 之和为 $4+2=6$，大于顶点 C 当前的距离值 4，故不更新顶点 C 的距离值，结果如图 8.7 所示。

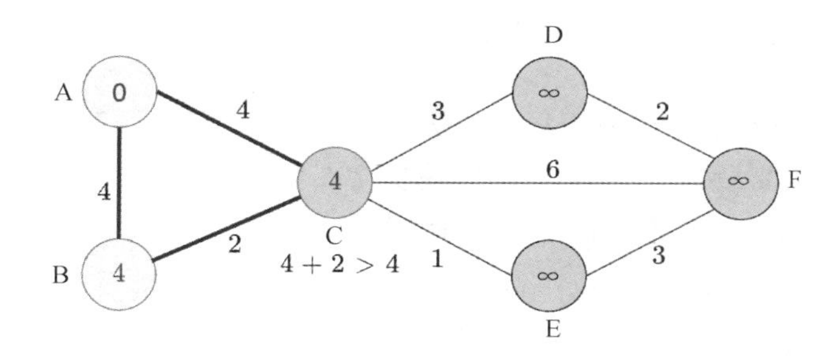

图 8.7

从顶点 C 出发进行广度优先搜索，并将顶点 C 标记为已访问顶点，到达顶点 D、顶点 E 和顶点 F，并将顶点 A 到达顶点 D 的距离值更新为 7，将顶点 A 到顶点 E 的距离值更新为 5，将顶点 A 到顶点 F 的距离值更新为 10，结果如图 8.8 所示。**注意，不要更新已访问顶点的距离值**，如顶点 A、顶点 B。

从顶点 E 出发进行广度优先搜索（每次迭代后，优先选择距离值最小且未被访问的顶点，所以先选择顶点 E），将顶点 E 标记为已访问顶点，到达顶点 F，此时顶点 E 的距离值加上顶点 E 到顶点 F 的权值之和为 $5+3=8$，小于顶点 F 当前的距离值 10，故更新顶点 F 的距离值为 8，结果如图 8.9 所示。

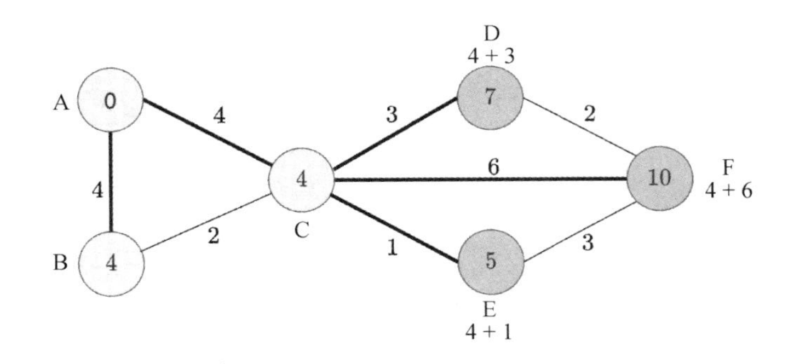

图 8.8

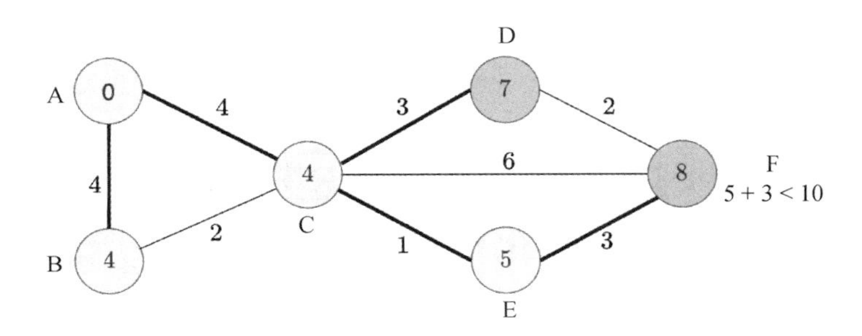

图 8.9

从顶点 D 出发进行广度优先搜索，并将顶点 D 标记为已访问顶点，到达顶点 F，此时顶点 D 的距离值 7 加上顶点 D 到顶点 F 的权值 2 之和为 $7+2=9$，大于顶点 F 当前的距离值 8，故不更新顶点 F 的距离值，结果如图 8.10 所示。

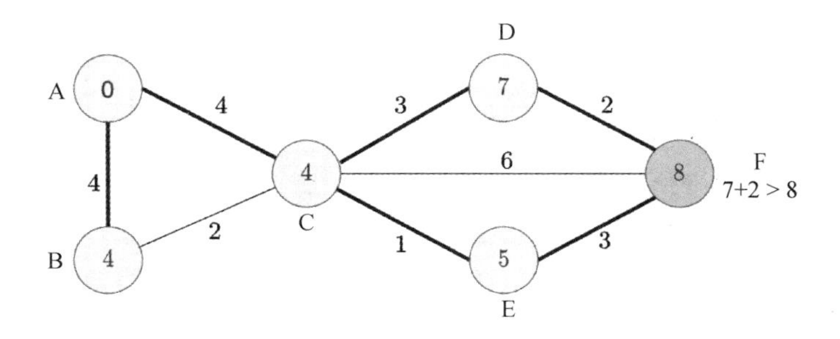

图 8.10

从顶点 F 出发进行广度优先搜索，发现所有的顶点都为已访问顶点，已访问顶点的最短路径是不更新的，因此将顶点 F 自身标记为已访问顶点，最终结果如图 8.11 所示，我们得到了一棵黑色粗线条标注的最短路径树。

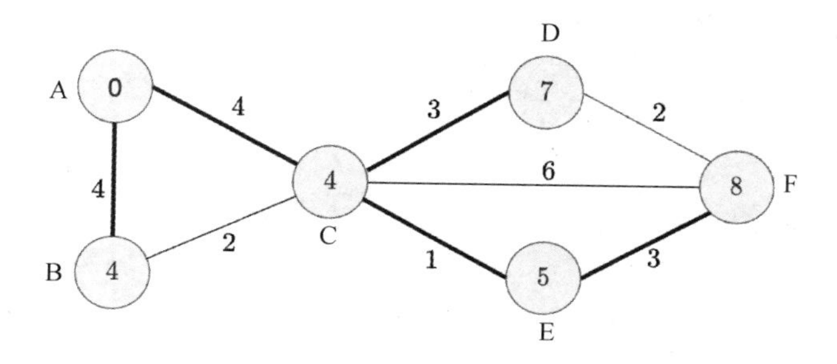

图 8.11

基于邻接矩阵的 Dijkstra 算法的实现如下所示。

```
public class Dijkstra {

    public void dijkstra(int[][] graph, int source) {
        int count = graph.length;                          //顶点数
        boolean[] visitedVertex = new boolean[count]; //标记数组是否已被访问
        int[] distance = new int[count];                   //距离值数组

        //初始时所有顶点为未访问顶点
        //距离值均为∞
        for (int i = 0; i < count; i++) {
            visitedVertex[i] = false;
            distance[i] = Integer.MAX_VALUE;
        }

        //设置源点到自身的距离值为 0
        distance[source] = 0;
        for (int i = 0; i < count; i++) {
            //更新邻接顶点到源点的距离值
            int u = findMinDistance(distance, visitedVertex);
            visitedVertex[u] = true;

            //更新顶点 u 到所有相邻顶点的距离
            for (int v = 0; v < count; v++) {
                if (!visitedVertex[v] && graph[u][v] != 0 && (distance[u] + graph[u][v]
< distance[v])) {
                    distance[v] = distance[u] + graph[u][v];
                }
            }
        }
```

```
        for (int i = 0; i < distance.length; i++) {
            System.out.println(String.format("从%s 到%s 的最短路径是%s", source, i,
distance[i]));
        }


    }


    /**
     *查找未被访问且距离值最小的顶点
     * @param distance 距离值数组
     * @param visitedVertex 标记顶点是否已被访问
     * @return 距离值最小的顶点索引
     */
    private static int findMinDistance(int[] distance, boolean[] visitedVertex) {
        int minDistance = Integer.MAX_VALUE;
        int minDistanceVertex = -1;
        for (int i = 0; i < distance.length; i++) {
            if (!visitedVertex[i] && distance[i] < minDistance) {
                minDistance = distance[i];
                minDistanceVertex = i;
            }
        }
        return minDistanceVertex;
    }
}
```

上述代码实现了从源点到其他所有顶点的最短距离的计算，但没有保留路径信息。若想保留路径信息，可以增加一个 parent 数组，用来保存每个顶点最短路径的父顶点，在每次更新距离值数组 distance 时更新 parent 数组。我们对使用 Dijkstra 算法最终生成的图 8.11 中的路径树进行调整，可以得到如图 8.12 所示的树，该树展示了每个顶点的父顶点。从某个顶点出发，不断向上回溯，就可以找到一条路径。

此外，上述代码找到的是从源点到所有顶点的最短距离。如果只关心从源点到单个目标顶点的最短距离，那么当选择的最小距离顶点等于目标顶点时，直接退出 for 循环即可。

上述基于邻接矩阵实现的 Dijkstra 算法的时间复杂度为 $O(V^2)$，V 表示顶点数。

基于邻接表的广度优先搜索可以在 $O(V+E)$ 时间内遍历图中的所有顶点。下面采用邻接表的广度优先搜索来遍历图中的所有顶点，并使用小顶堆存储尚未包含在最短路径树中的顶点（或尚未确定最短距离的顶点）从而实现 Dijkstra 算法。将小顶堆用作优先级队列，以从一组尚未包含在最短路径树中的顶点中获取最小距离顶点。对于包含 V 个顶点的小顶堆，删除最小值节点和堆化等操作的时间复杂度为 $O(\log_2 V)$。算法的步骤如下。

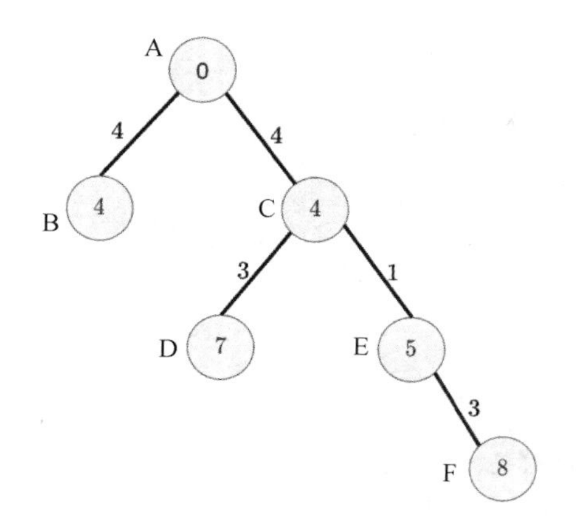

图 8.12

（1）创建一个大小为 V 的小顶堆，其中 V 是图中的顶点数。小顶堆中的每个节点包含顶点编号和顶点的优先级两个值。

（2）以源点为根节点，初始化一个小顶堆。其中将源点的距离值赋为 0，将所有其他顶点的距离值设置为 ∞ 。

（3）当小顶堆不为空时，执行以下操作（目的是将图中的所有顶点逐步添加到路径树中）。

- 从小顶堆中提取出距离值最小的顶点，设提取出的顶点为 u 。
- 对于顶点 u 的每一个邻接顶点 v ，检查顶点 v 是否在小顶堆中。若顶点 v 在小顶堆中，并且顶点 v 的距离值大于顶点 u 到顶点 v 的权值加上顶点 u 的距离值，则更新顶点 v 的距离值。

实现代码如下所示。

```
port java.util.ArrayList;
import java.util.PriorityQueue;

class DijkstraAdjList {
    /*邻接表顶点*/
    static class AdjListNode {
        int vertex, weight;

        AdjListNode(int v, int w) {
            vertex = v;                         //顶点
            weight = w;                         //到邻接顶点的权值
        }

        int getVertex() {
            return vertex;
```

```
    }

    int getWeight() {
        return weight;
    }
}

/**
 *返回从源点到其他所有顶点的最短路径
 * @param V 顶点个数
 * @param graph 图的邻接表
 * @param source 源点
 * @return 距离值数组 distance
 */
public static int[] dijkstra(
        int V, ArrayList<ArrayList<AdjListNode>> graph,
        int source) {
    int[] distance = new int[V];
    //将所有顶点的初始距离值设置为∞
    for (int i = 0; i < V; i++) {
        distance[i] = Integer.MAX_VALUE;
    }
    //将源点到自身的距离值设置为 0
    distance[source] = 0;
    //初始化一个优先级队列
    PriorityQueue<AdjListNode> pq = new PriorityQueue<>(
            (v1, v2) -> {
                return v1.getWeight() - v2.getWeight();
            });
    //将源点添加到优先级队列中
    pq.add(new AdjListNode(source, 0));
    //更新所有顶点的距离值
    while (pq.size() > 0) {
        AdjListNode current = pq.poll();

        for (AdjListNode n :
                graph.get(current.getVertex())) {
            if (distance[current.getVertex()]
                    + n.getWeight()
                    < distance[n.getVertex()]) {
                distance[n.getVertex()]
                        = n.getWeight()
```

```
                    + distance[current.getVertex()];
                pq.add(new AdjListNode(
                    n.getVertex(),
                    distance[n.getVertex()]));
            }
        }
    }
    //如果只想计算从源点到某个特定目标顶点的最短路径
    //就直接返回 distance[target]
    return distance;
}

public static void main(String[] args) {
    int V = 6;
    ArrayList<ArrayList<AdjListNode>> graph
        = new ArrayList<>();
    for (int i = 0; i < V; i++) {
        graph.add(new ArrayList<>());
    }
    int source = 0;
    graph.get(0).add(new AdjListNode(1, 4));
    graph.get(0).add(new AdjListNode(2, 4));
    graph.get(1).add(new AdjListNode(0, 4));
    graph.get(1).add(new AdjListNode(2, 2));
    graph.get(2).add(new AdjListNode(0, 4));
    graph.get(2).add(new AdjListNode(1, 2));
    graph.get(2).add(new AdjListNode(3, 3));
    graph.get(2).add(new AdjListNode(4, 1));
    graph.get(2).add(new AdjListNode(5, 6));
    graph.get(3).add(new AdjListNode(2, 3));
    graph.get(3).add(new AdjListNode(5, 2));
    graph.get(4).add(new AdjListNode(2, 1));
    graph.get(4).add(new AdjListNode(5, 3));
    graph.get(5).add(new AdjListNode(2, 6));
    graph.get(5).add(new AdjListNode(3, 2));
    graph.get(5).add(new AdjListNode(4, 3));

    int[] distance = dijkstra(V, graph, source);
    //打印输出
    System.out.println("顶点"
        + "到源点的距离值");
    for (int i = 0; i < V; i++) {
```

```
                System.out.println(i + "                    "
                        + distance[i]);
            }
        }
    }
```

在上述代码中，我们创建的图是将图 8.11 中的顶点 A、顶点 B、顶点 C、顶点 D、顶点 E、顶点 F 分别替换成了 0、1、2、3、4、5，得到的图如图 8.13 所示。

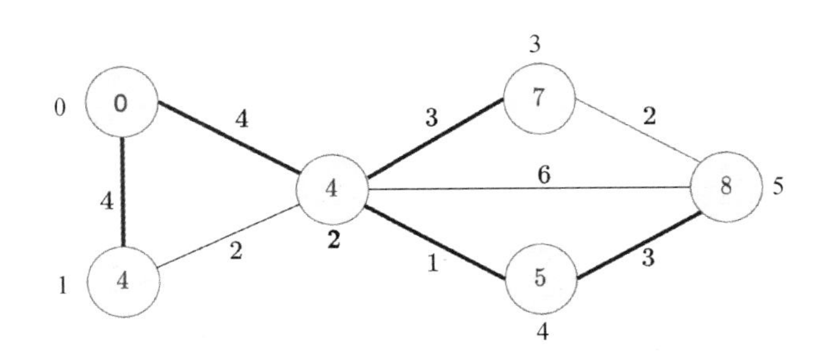

图 8.13

采用邻接表，并利用二叉堆数据结构实现的 Dijkstra 算法的时间复杂度为 $O\left(E\log_2 V\right)$，其中，E 表示边数；V 表示顶点数。

不论采用邻接矩阵还是采用邻接表，Dijkstra 算法的贪心算法思想都是一样的，所以整体处理过程也基本一致。在采用邻接矩阵时，我们使用一个 visitedVertex 数组来标记顶点是否已经添加到了最短路径树；在采用邻接表时，我们直接用优先级队列来存储所有未被添加到最短路径树中的顶点，直到优先级队列为空，也就是所有顶点都添加到了路径树中为止。

8.3 Kruskal 算法

Kruskal 算法是一个最小生成树算法，它以一个图 G 作为输入，并找到该图的边的一个子集。Kruskal 算法输出的子集的特点如下。

- 形成一棵包含图中所有顶点的树。
- 在所有可以由图 G 生成的树中，该子集的权重之和最小。

Kruskal 算法应用了贪心算法思想，是通过寻找局部最优解来寻找全局最优解的。Kruskal 算法的执行步骤如下。

（1）新建的图 *G* 拥有与原图相同的顶点，但没有边。

（2）将原图中的所有边按权值从小到大排序。

（3）从权值最小的边开始，若这条边连接的两个顶点在图 *G* 中不在同一个连通分量中，则添加这条边到图 *G* 中。

（4）重复步骤 3，直至图 *G* 中的所有顶点都在同一个连通分量中。

我们以如图 8.14 所示的图为例，对 Kruskal 算法的执行步骤进行说明。

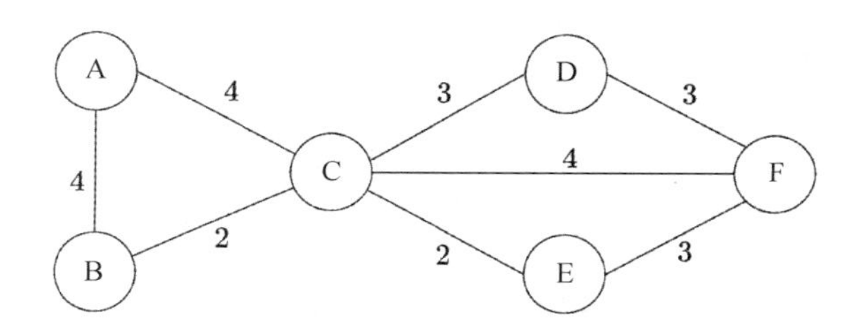

图 8.14

选择权值最小的边，若有多条权值相等的边，则任选一个。对于图 8.14 而言，边 (B,C) 的权值和边 (C,E) 的权值最小，都是 2，任选其一。此处我们选择边 (B,C)，并将其添加到图 *G* 中，结果如图 8.15 所示。

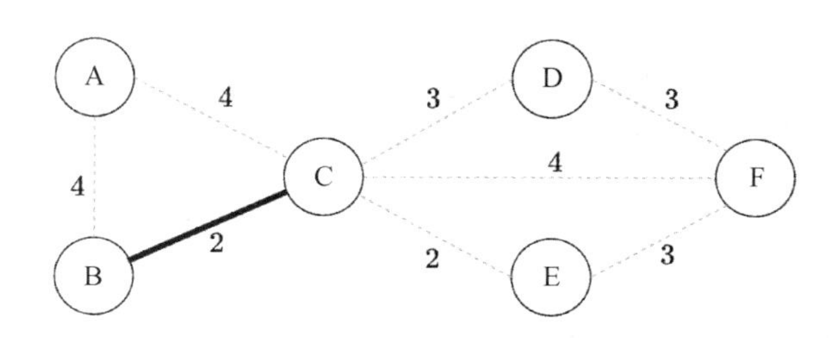

图 8.15

选择下一个权值最小的边，即边 (C,E)，将其添加到图 *G* 中，结果如图 8.16 所示。

选择下一个权值最小的边，发现有 3 条权值均为 3 的边，即边 (C,D)、边 (E,F)、边 (D,F)，任选其一。此处我们选择边 (C,D)，并将其添加到图 *G* 中，结果如图 8.17 所示。

选择下一个权值最小的边，从边 (E,F) 和边 (D,F) 中任选一条。此处我们选择边 (E,F)，

并将其添加到图 G 中，如图 8.18 所示。

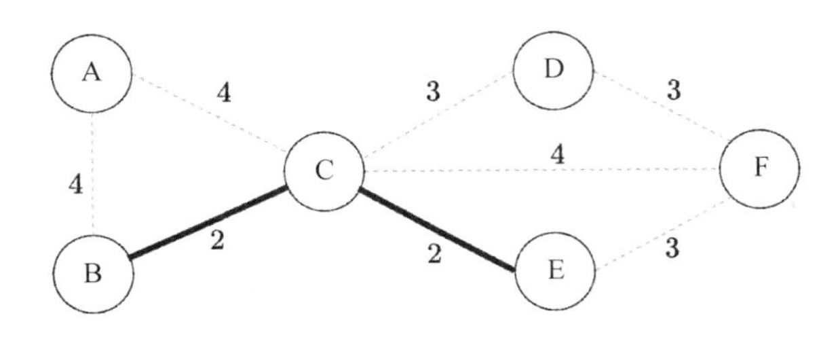

图 8.16

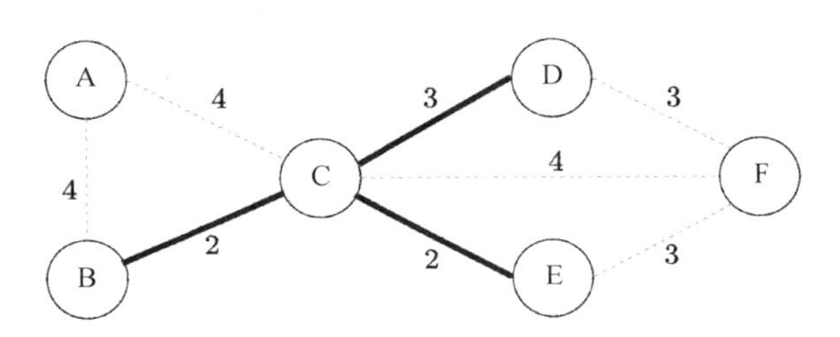

图 8.17

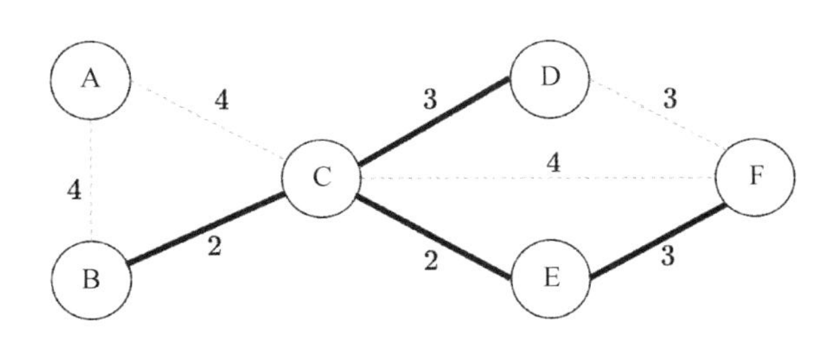

图 8.18

选择下一个权值最小的边 (D,F)，此时如果将该边添加到图 G 中，将形成环路 $C \to D \to F \to E \to C$，不满足最小生成树属性，故不能添加该条边。这就是算法步骤中提到的，若这条边连接的两个顶点在图 G 中不在同一个连通分量中，则将这条边添加到图 G 中。如图 8.18 所示，顶点 D 和顶点 F 在同一个连通分量中，故不能将边 (D,F) 添加到图 G 中。同理，也不能将边 (C,F) 添加到图 G 中。

选择下一个权值最小的边，此时边 (A,B) 和边 (A,C) 的权值均为 4，任选其一。此处我们选择边(A,C)，并将其添加到图 G 中，得到一棵原始图（见图 8.14）的最小生成树，如图 8.19 所示。

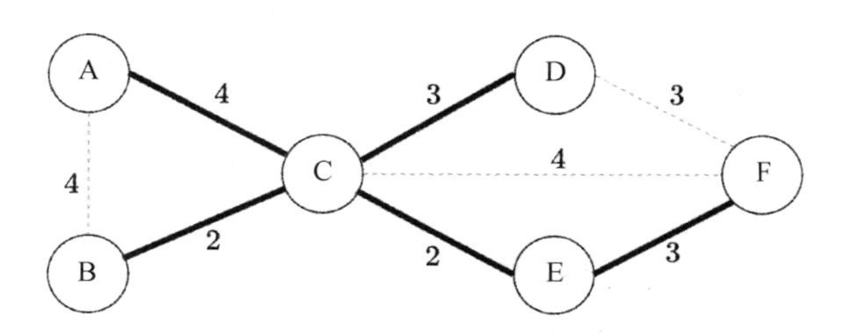

图 8.19

由上面的步骤可以看出，对于一个包含多条权值相同的图，其最小生成树并不唯一。

任何最小生成树算法都需要检查添加一条边是否会产生一个环路。最常用的判断方法是 Union-Find 算法。Union-Find 算法将顶点划分为簇，通过检查两个顶点是否属于同一个簇，来判断添加一条边是否会产生环路。在同一个簇中的顶点之间添加边会产生环路，在不同簇中的顶点之间添加边不会产生环路。Union-Find 算法相关知识可以查看 6.4.5 节。

Kruskal 算法的实现代码如下所示。

```
import java.util.Arrays;

class Graph {
    static class Edge implements Comparable<Edge> {
        int src, dest, weight;

        @Override
        public int compareTo(Edge compareEdge) {
            return this.weight - compareEdge.weight;
        }
    }

    //集合
    class subset {
        int parent, rank;
    }

    int vertices, edges;
    Edge[] edge;

    //创建图
```

```
    Graph(int v, int e) {
        this.vertices = v;
        this.edges = e;
        this.edge = new Edge[edges];
        for (int i = 0; i < e; ++i) {
            edge[i] = new Edge();
        }
    }

    /**
     *查找顶点 i 的根节点
     * @param subsets
     * @param i
     * @return
     */
    int find(subset[] subsets, int i) {
        if (subsets[i].parent != i) {
            subsets[i].parent = find(subsets, subsets[i].parent);
        }
        return subsets[i].parent;
    }

    /**
     * Union 操作，用于合并两个簇
     * @param subsets 最小生成树的边集合
     * @param x 顶点 x
     * @param y 顶点 y
     */
    void Union(subset[] subsets, int x, int y) {
        int xroot = find(subsets, x);
        int yroot = find(subsets, y);

        if (subsets[xroot].rank < subsets[yroot].rank) {
            subsets[xroot].parent = yroot;
        } else if (subsets[xroot].rank > subsets[yroot].rank) {
            subsets[yroot].parent = xroot;
        } else {
            subsets[yroot].parent = xroot;
            subsets[xroot].rank++;
        }
    }
```

```
    // Kruskal 算法
    void kruskalAlgo() {
        Edge[] result = new Edge[vertices];
        int e = 0;
        int i = 0;
        for (i = 0; i < vertices; ++i) {
            result[i] = new Edge();
        }

        //对边进行排序
        Arrays.sort(edge);
        subset[] subsets = new subset[vertices];
        for (i = 0; i < vertices; ++i) {
            subsets[i] = new subset();
        }
        //初始化集合，每个顶点为一个集合
        for (int v = 0; v < vertices; ++v) {
            subsets[v].parent = v;
            subsets[v].rank = 0;
        }
        i = 0;
        while (e < vertices - 1) {
            Edge nextEdge = edge[i++];
            int x = find(subsets, nextEdge.src);
            int y = find(subsets, nextEdge.dest);
            //若顶点 x 和顶点 y 不在同一个连通分量中
            //则添加边 nextEdge，并合并顶点 x 和顶点 y 所在的连通分量
            if (x != y) {
                result[e++] = nextEdge;
                Union(subsets, x, y);
            }
        }
        for (i = 0; i < e; ++i) {
            System.out.println(result[i].src + " - " + result[i].dest + ": " +
result[i].weight);
        }
    }

    public static void main(String[] args) {
        int vertices = 6;                   //顶点数
        int edges = 8;                      //边数
        Graph G = new Graph(vertices, edges);
```

```
        G.edge[0].src = 0;
        G.edge[0].dest = 1;
        G.edge[0].weight = 4;

        G.edge[1].src = 0;
        G.edge[1].dest = 2;
        G.edge[1].weight = 4;

        G.edge[2].src = 1;
        G.edge[2].dest = 2;
        G.edge[2].weight = 2;

        G.edge[3].src = 2;
        G.edge[3].dest = 3;
        G.edge[3].weight = 3;

        G.edge[4].src = 2;
        G.edge[4].dest = 5;
        G.edge[4].weight = 2;

        G.edge[5].src = 2;
        G.edge[5].dest = 4;
        G.edge[5].weight = 4;

        G.edge[6].src = 3;
        G.edge[6].dest = 4;
        G.edge[6].weight = 3;

        G.edge[7].src = 5;
        G.edge[7].dest = 4;
        G.edge[7].weight = 3;
        G.kruskalAlgo();
    }
}
```

Kruskal 算法的时间复杂度为 $O(E\log_2 E)$ 或 $O(E\log_2 V)$。图中的边按照权值进行排序需要花费 $O(E\log_2 E)$ 时间。排序后，遍历所有边并应用 Union-Find 算法进行查找操作和合并操作最多需要花费 $O(\log_2 V)$ 时间。总时间复杂度是 $O(E\log_2 E + E\log_2 V)$。由于 E 的最大值为 $O(V^2)$，因此 $O(\log_2 V)$ 和 $O(\log_2 E)$ 的量级相同。因此，Kruskal 算法的时间复杂度为 $O(E\log_2 E)$ 或 $O(E\log_2 V)$。

除 Kruskal 算法外，还有一个比较著名的最小生成树算法——Prim 算法。与 Kruskal 算法不同，Prim 算法不是从一条边开始执行，而是从一个顶点开始，不断地将权值最小的边依次添加到最小生成树中，直到最小生成树中包含所有顶点为止。

8.4 Prim 算法

Prim 算法也是一个最小生成树算法，它以一个图 G 作为输入，并找到该图的边的一个子集，形成一棵包含图中所有顶点的树。在所有可以由图 G 所生成的树中，该子集的权值之和最小。

Prim 算法也应用了贪心算法思想，该算法从一个顶点开始，贪心地选择与其邻接的顶点中权值最小的边的顶点，不断地重复这一步骤，直到由局部最优选择获得全局最优解。

从单一顶点开始，Prim 算法按照以下步骤逐步扩大树包含的顶点，直到遍历连通图中的所有顶点为止。

（1）输入：一个加权连通图，其中顶点集合为 V，边集合为 E。

（2）初始化：$V_{new}=\{x\}$，其中，x 为集合 V 中的任意一个顶点（源点）；$E_{new}=\{\}$。

（3）重复下列操作，直到 $V_{new}=V$ 为止。

- 在集合 E 中选取权值最小的边 (u,v)，其中，u 为集合 V_{new} 中的元素，v 为集合 V 中没有加入集合 V_{new} 的顶点（如果存在多条边满足前述条件，即具有相同权值的边，就任选其一）。
- 将顶点 v 加入集合 V_{new} 中，将边 (u,v) 加入集合 E_{new} 中。

（4）输出：使用集合 V_{new} 和 E_{new} 来描述得到的最小生成树。

我们以如图 8.20 所示的图为例，对 Prim 算法的具体执行过程进行说明。

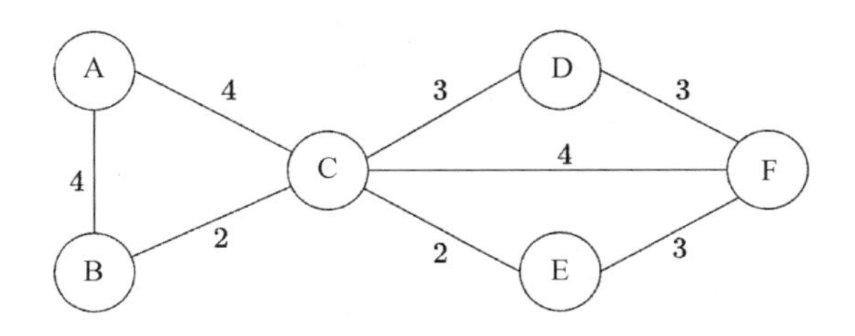

图 8.20

在图的顶点集合 V 中随机地选择一个顶点作为源点。我们选择顶点 C 作为源点，并将

其添加到顶点集合 V_{new} 中，用灰色表示该顶点已被添加到顶点集合 V_{new} 中，结果如图 8.21 所示。

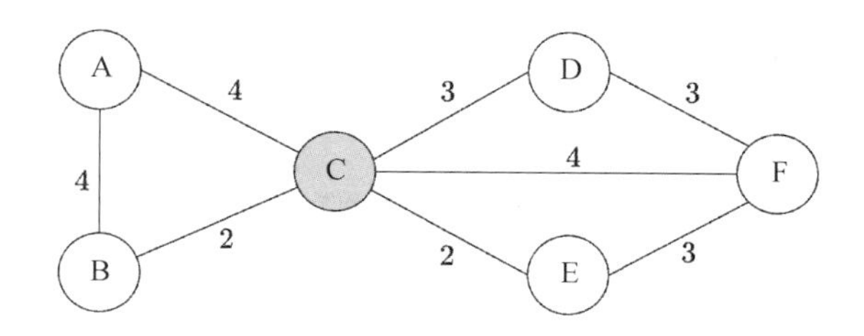

图 8.21

重复步骤 3，直到 $V_{new}=V$ 为止。优先选择图 G 中与顶点 C 邻接的边中权值最小的边，其中边 (C,B) 和边 (C,E) 的权值都为 2，任选其一。我们选择边 (C,B)，并将该边加入边集合 E_{new}，将顶点 B 加入顶点集合 V_{new}，结果如图 8.22 所示。

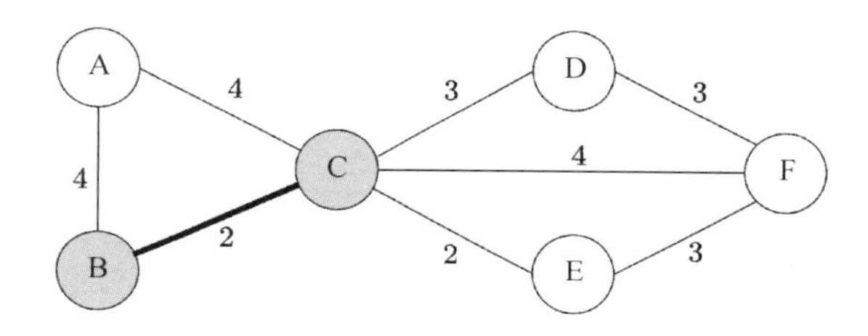

图 8.22

选择边 (C,E)，将该边加入边集合 E_{new}，将顶点 E 加入顶点集合 V_{new}，结果如图 8.23 所示。

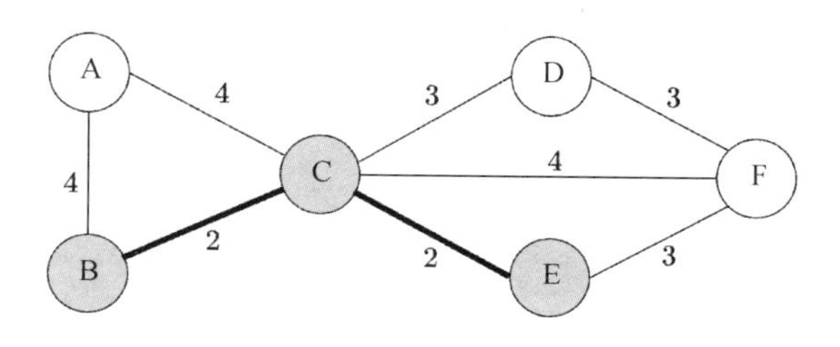

图 8.23

此时，顶点集合 $V_{new}=\{C,B,E\}$ 向外部扩展的选择包括边 (C,D) 和边 (E,F)，任选其一。我们选择边 (C,D)，并将该边加入边集合 E_{new}，将顶点 D 加入顶点集合 V_{new}，结果如图 8.24 所示。

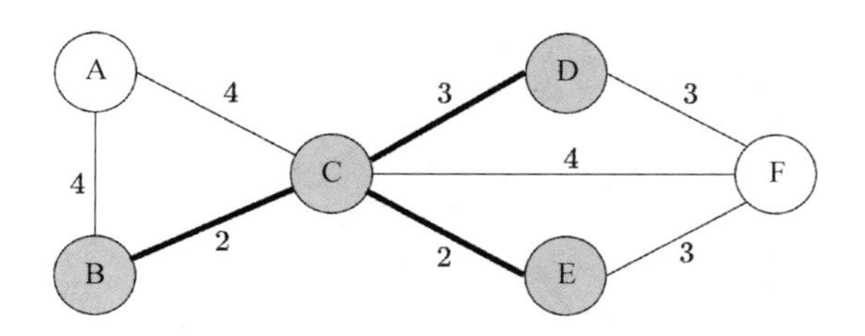

图 8.24

此时，顶点集合$V_{\text{new}} = \{C, B, E, D\}$在向外部扩展时，可供选择且权值最小的边为边$(D, F)$和边$(E, F)$，任选其一。我们选择边$(E, F)$，并将该边加入边集合$E_{\text{new}}$，将顶点F加入顶点集合$V_{\text{new}}$，如图8.25所示。

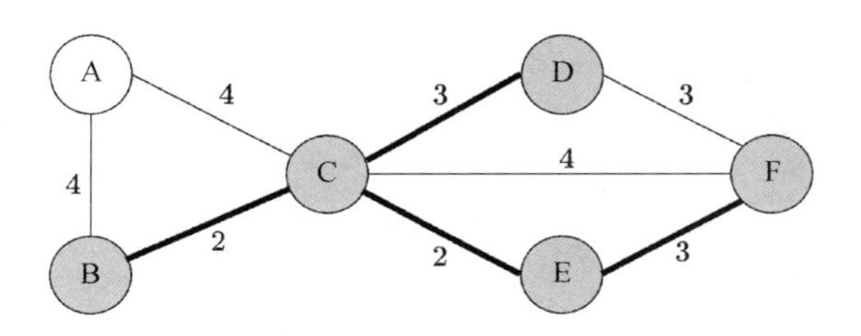

图 8.25

此时，唯一不在顶点集合V_{new}中的顶点为顶点A，我们可以通过边(C, A)或边(B, A)将其纳入顶点集合V_{new}。两条边的权值都为4，所以任选其一。我们选择边(C, A)，并将该边加入边集合E_{new}，将顶点A加入顶点集合V_{new}，$V_{\text{new}} = V$，算法终止，如图8.26所示。

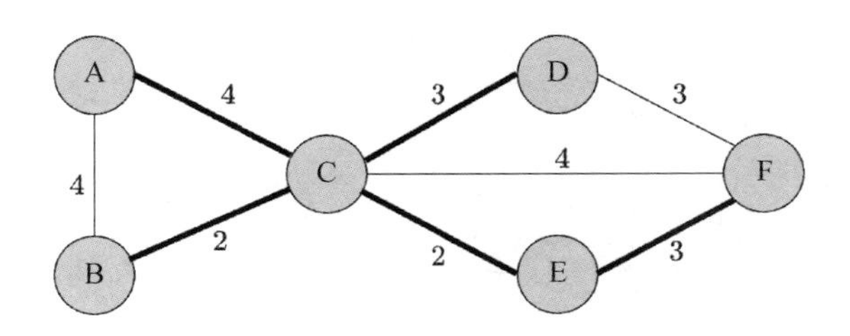

图 8.26

Prim 算法基于邻接矩阵的实现如下所示。

```
class PrimMST {
    //图中的顶点数
    private static final int V = 5;
```

```
/**
 *从尚未包含在最小生成树中的顶点集合中找到具有最小权值的顶点
 *
 * @param key
 * @param mstSet
 * @return
 */
int minKey(int[] key, Boolean[] mstSet) {
    //初始化最小值及其索引
    int min = Integer.MAX_VALUE;
    int minIndex = -1;

    for (int v = 0; v < V; v++) {
        if (!mstSet[v] && key[v] < min) {
            min = key[v];
            minIndex = v;
        }
    }
    //返回不在顶点集合 V_new 中的权值最小的边的顶点
    return minIndex;
}

/**
 *打印生成的最小生成树
 *
 * @param parent 顶点的父顶点
 * @param graph 用邻接矩阵表示的图
 */
void printMST(int[] parent, int[][] graph) {
    System.out.println("Edge \tWeight");
    for (int i = 1; i < V; i++) {
        System.out.println(parent[i] + " - " + i + "\t" + graph[i][parent[i]]);
    }
}

/**
 * Prim 算法生成的最小生成树
 *
 * @param graph 邻接矩阵
 */
void primMST(int[][] graph) {
```

```
        //存储构造的最小生成树
        int[] parent = new int[V];

        //选择权值最小的边
        int[] key = new int[V];

        //存储最小生成树中的顶点的集合 V_new
        Boolean[] mstSet = new Boolean[V];

        //初始化所有 key[i]（权值）为无穷大且标注为未被访问顶点的顶点
        for (int i = 0; i < V; i++) {
            key[i] = Integer.MAX_VALUE;
            mstSet[i] = false;
        }

        //将顶点数组中的第一个顶点作为源点
        key[0] = 0;
        //将源点的父顶点设置为-1
        parent[0] = -1;

        //最小生成树包含 V 个顶点
        for (int count = 0; count < V - 1; count++) {
            //从尚未包含在最小生成树中的顶点集中找到权值最小的顶点
            int u = minKey(key, mstSet);

            //将选择的顶点 u 加入最小生成树
            mstSet[u] = true;

            //更新顶点 u 的相邻顶点的父节点和顶点 v 的权值
            for (int v = 0; v < V; v++) {
                if (graph[u][v] != 0 && !mstSet[v] && graph[u][v] < key[v]) {
                    parent[v] = u;
                    key[v] = graph[u][v];
                }
            }
        }

        //打印最小生成树
        printMST(parent, graph);
    }
}
```

上述代码中的布尔类型的数组 mstSet 用于存储最小生成树包含的顶点，和前面提到的顶点集合 V_{new} 的功能相同。数组 key 用于存储包含在顶点集合 V_{new} 中的顶点 u 到其他邻接顶点 v 的最小权值。如果把顶点集合 V_{new} 看作一个整体，key[v]就表示顶点集合 V_{new} 到邻接顶点 v 的最小权值。数组 parent 用于存储最小生成树中的顶点的父顶点的索引，对应于边集合 E_{new}，用于打印生成的最小生成树。上述代码的实现复杂度为 $O\left(V^2\right)$。

我们还可以考虑采用邻接表和小顶堆来实现 Prim 算法，实现步骤如下。

（1）创建一个大小为 V 的小顶堆，其中 V 是图中的顶点数。小顶堆的每个节点包含顶点编号和顶点的优先级（到邻接顶点的权值）两个值。

（2）以源点为根节点，初始化一个小顶堆。将源点到自身的权值赋为 0，将所有其他顶点的权值设置为 ∞ 。

（3）当小顶堆不为空时，执行以下操作（目的是将图中的所有顶点逐步添加到最小生成树中）。

- 从小顶堆中提取优先级最高（边的权值最小）的顶点，设提取的顶点为 u 。
- 对于顶点 u 的每个邻接顶点 v ，检查顶点 v 是否在小顶堆中（是否包含在最小生成树中）。如果顶点 v 在小顶堆中且其权值大于边 (u,v) 的权值，则将顶点 v 的权值更新为边 (u,v) 的顶点。

我们以如图 8.20 所示的图为例，来说明在采用邻接表及小顶堆的情况下，Prim 算法的具体执行过程。

初始时，我们将图中的第一个顶点 A 作为源点，并将其到自身的权值设置为 0，将其他所有顶点的权值设置为 ∞ 。从小顶堆中提取权值最小的顶点 A，将邻接顶点 B 和顶点 C 的权值更新为边 (A,B) 和 (A,C) 的权值 4。此时小顶堆中包含除顶点 A 以外的所有顶点，灰色顶点表示最小生成树中包含的顶点，结果如图 8.27 所示。

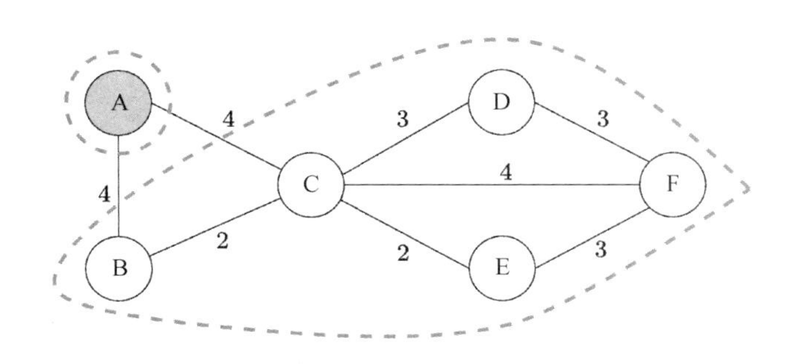

图 8.27

此时顶点 B 和顶点 C 的权值都是 4，其他顶点的权值都是 ∞ ，从小顶堆中取出权值最小的顶点 B（对于优先级队列，当权值相等时，按照入队顺序出队，这里假设顶点 B 先入队）。将顶点 B 添加到最小生成树中，并将顶点 C 的权值更新为边(B,C)的权值 2（因为顶点 C 当前的权值为 4，4 > 2），结果如图 8.28 所示。

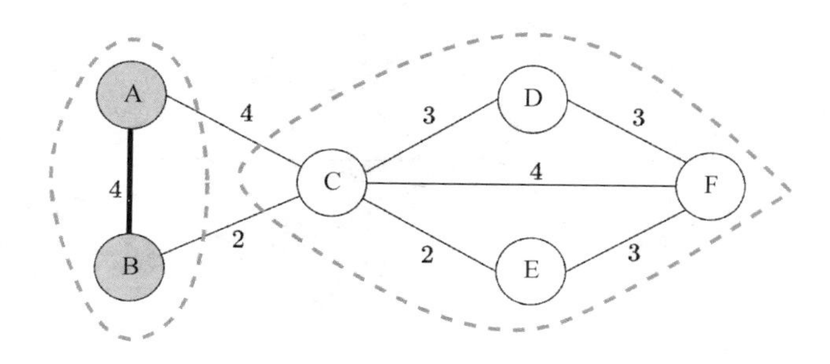

图 8.28

此时顶点 C 的权值为 2，其他顶点的权值为 ∞，从小顶堆中取出权值最小的顶点 C，将顶点 C 添加到最小生成树中，并将顶点 C 的邻接顶点 D、顶点 E 和顶点 F 的权值分别更新为 3、2 和 4。注意，此时顶点 F 的父顶点为顶点 C，结果如图 8.29 所示。

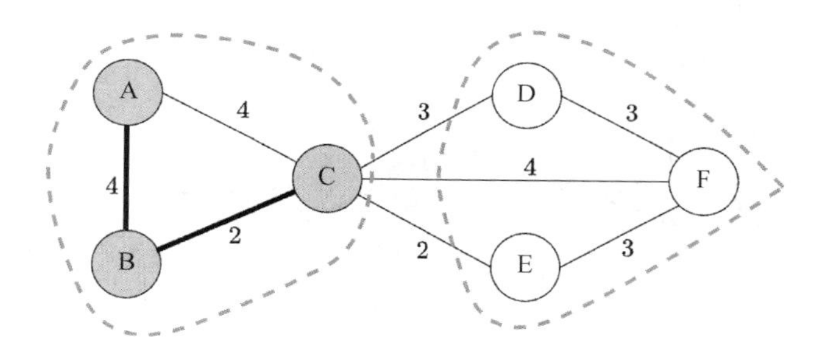

图 8.29

选择顶点 E，并将顶点 F 的权值更新 3，将顶点 F 的父顶点更新为顶点 E，在最小生成树中添加顶点 E，结果如图 8.30 所示。

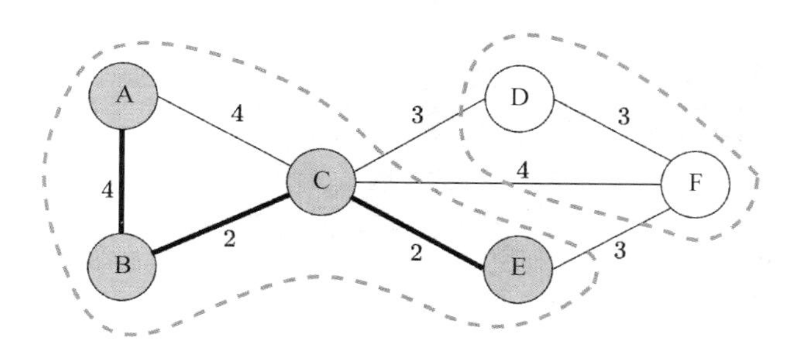

图 8.30

此时，小顶堆中仅剩顶点D和顶点F，两者的权值都是3。假设小顶堆选出的是顶点D，并将顶点E添加到最小生成树中，小顶堆中仅剩余顶点F，结果如图8.31所示。

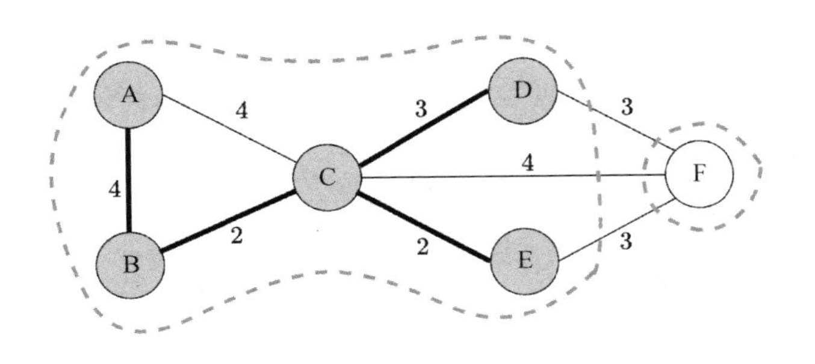

图8.31

最后将小顶堆中的顶点F添加到最小生成树中，其父顶点为顶点E，即最小生成树添加的边是(E,F)，小顶堆变为空，算法结束。生成的最小生成树如图8.32所示。

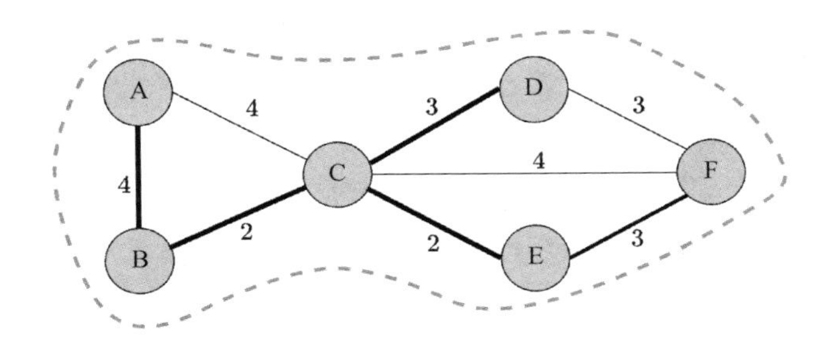

图8.32

Prim算法基于邻接表和优先级队列（小顶堆）的实现代码如下。

```
import java.util.*;

public class PrimAdjList {
    static class AdjListNode {
        //邻接表的目标顶点
        int dest;
        //存储邻接表中的顶点的权值
        int weight;

        AdjListNode(int a, int b) {
            dest = a;
            weight = b;
```

```
        }
    }

    static class Graph {
        //图中的顶点数
        int vertexNum;
        //给定顶点 u 的所有邻接顶点 v
        LinkedList<AdjListNode>[] adj;

        Graph(int e) {
            this.vertexNum = e;
            this.adj = new LinkedList[vertexNum];
            for (int i = 0; i < vertexNum; i++) {
                adj[i] = new LinkedList<>();
            }
        }
    }

    /**
     *表示优先级队列中的一个顶点
     */
    static class PriorityNode {
        int vertex;
        int key;
    }

    /**
     *创建优先级队列小顶堆使用的比较器
     */
    static class PriorityComparator implements Comparator<PriorityNode> {

        @Override
        public int compare(PriorityNode node0, PriorityNode node1) {
            return node0.key - node1.key;
        }
    }

    /**
     *创建一个邻接表表示的图
     */
    void addEdge(Graph graph, int src, int dest, int weight) {
```

```
        AdjListNode node0 = new AdjListNode(dest, weight);
        AdjListNode node = new AdjListNode(src, weight);

        graph.adj[src].addLast(node0);
        graph.adj[dest].addLast(node);
    }

    /**
     *查找最小生成树的 Prim 算法
     */
    void primMst(Graph graph) {
        //用于标识最小生成树中是否包含顶点
        Boolean[] mstSet = new Boolean[graph.vertexNum];
        //用于添加到优先级队列中的顶点列表
        PriorityNode[] e = new PriorityNode[graph.vertexNum];
        //存储一个顶点的父顶点
        int[] parent = new int[graph.vertexNum];

        for (int i = 0; i < graph.vertexNum; i++) {
            e[i] = new PriorityNode();
        }

        for (int i = 0; i < graph.vertexNum; i++) {
            mstSet[i] = false;
            //将顶点的权值初始化为无穷大
            e[i].key = Integer.MAX_VALUE;
            e[i].vertex = i;
            parent[i] = -1;
        }

        //将第一个顶点作为源点加入最小生成树
        mstSet[0] = true;

        //将源点的 key 设置为 0
        //优先级队列将其优先从小堆顶提取出来
        e[0].key = 0;

        //创建并初始化一个优先级队列
        PriorityQueue<PriorityNode> queue = new PriorityQueue<>(new PriorityComparator());
        queue.addAll(Arrays.asList(e).subList(0, graph.vertexNum));

        //循环，直到优先级队列为空
```

```
    while (!queue.isEmpty()) {
        //提取 key 最小的优先级队列顶点（小顶堆堆顶）
        PriorityNode node0 = queue.poll();
        //将顶点加入最小生成树
        mstSet[node0.vertex] = true;
        //遍历提取的顶点 u 的所有邻接顶点 v
        for (AdjListNode adjListNode : graph.adj[node0.vertex]) {
            //如果顶点 v 在优先级队列中
            if (!mstSet[adjListNode.dest]) {
                //若到顶点 v 的 key 大于边(u,v)的权值，则更新邻接顶点 v 的 key
                if (e[adjListNode.dest].key > adjListNode.weight) {
                    //先删除
                    queue.remove(e[adjListNode.dest]);
                    //更新 key
                    e[adjListNode.dest].key = adjListNode.weight;
                    //后添加
                    queue.add(e[adjListNode.dest]);
                    //将顶点 v 的父顶点更新为顶点 u
                    parent[adjListNode.dest] = node0.vertex;
                }
            }
        }
    }
    //打印最小生成树
    for (int o = 1; o < graph.vertexNum; o++) {
        System.out.println(parent[o] + " "
                + "-"
                + " " + o);
    }
}

public static void main(String[] args) {
    int vertexNum = 6;

    Graph graph = new Graph(vertexNum);

    PrimAdjList e = new PrimAdjList();

    e.addEdge(graph, 0, 1, 4);
    e.addEdge(graph, 0, 2, 4);
    e.addEdge(graph, 1, 0, 4);
    e.addEdge(graph, 1, 2, 2);
```

```
        e.addEdge(graph, 2, 0, 4);
        e.addEdge(graph, 2, 1, 4);
        e.addEdge(graph, 2, 3, 3);
        e.addEdge(graph, 2, 4, 2);
        e.addEdge(graph, 2, 5, 4);
        e.addEdge(graph, 3, 5, 3);
        e.addEdge(graph, 3, 2, 3);
        e.addEdge(graph, 4, 2, 2);
        e.addEdge(graph, 4, 5, 3);
        e.addEdge(graph, 5, 3, 3);
        e.addEdge(graph, 5, 4, 3);
        e.addEdge(graph, 5, 2, 4);

        e.primMst(graph);
    }
}
```

实现上述代码的时间复杂度为 $O\left(E\log_2 V\right)$。

8.5 赫夫曼编码

8.5.1 赫夫曼树的基本概念

赫夫曼树，又称最优二叉树，是**带权路径长度最短**的二叉树。

我们先区分以下几个概念。

1. 节点 X 的路径长度

节点 X 的路径长度指从根节点到节点 X 的路径上的边数。如图 8.33 所示，节点 K 的路径长度就是从根节点 A 到节点 K 的路径上的边数，也就是图中加粗的边数，为 3。

2. 树的路径长度

树的路径长度是指树中所有叶子节点的路径长度之和。如图 8.34 所示，该树的路径长度为叶子节点 K、叶子节点 F、叶子节点 G、叶子节点 H、叶子节点 I、叶子节点 J 各自的路径长度之和，其中叶子节点 K 的路径长度为 3，其他 5 个叶子节点的路径长度都是 2，即 $3+2\times5=13$。

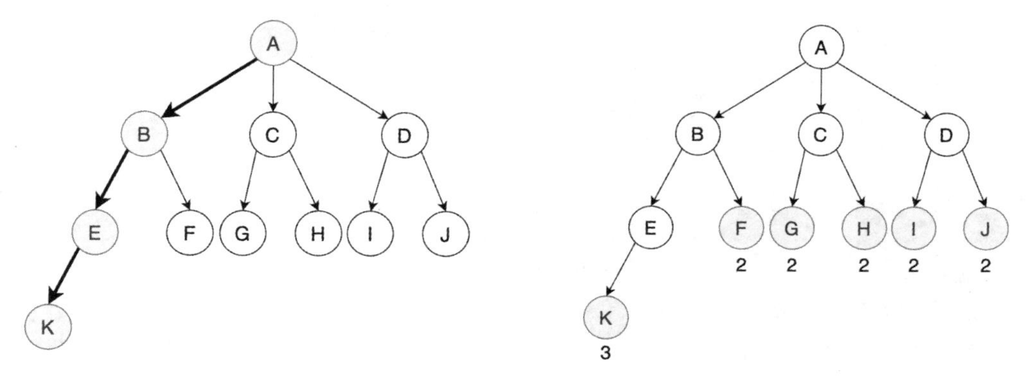

图 8.33　　　　图 8.34

3. 节点的带权路径长度

节点的带权路径长度指节点的路径长度与节点权值的乘积。如图 8.35 所示，节点 K 的路径长度为 3，权值为 4，所以节点 K 的带权路径长度为 $3\times4=12$。

4. 树的带权路径长度

树的带权路径长度（Weighted Path Length，WPL）是树中所有叶子节点的带权路径长度之和，记作 $\mathrm{WPL}=\sum_{k=1}^{n}w_k l_k$。

结合二叉树中叶子节点的路径长度 l 及叶子节点的权值 w，如图 8.36 所示的树的带权路径长度为 $3\times4+2\times(2+5+4+7+8)=64$。

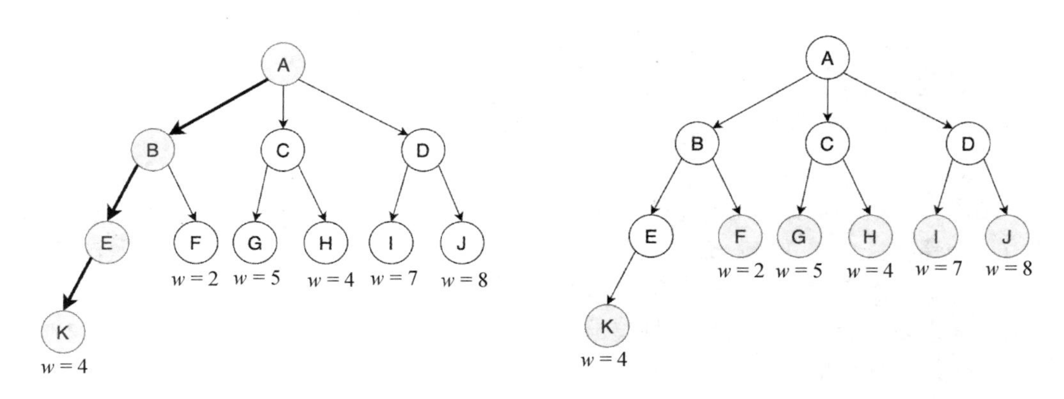

图 8.35　　　　图 8.36

在数据爆炸的今天，数据压缩的意义不言而喻。谈到数据压缩，就不能不提赫夫曼编码。如今，在许多知名压缩算法中依然可以见到赫夫曼编码的影子。

另外，在数据通信中，使用二进制为每个字符进行编码不得不面对的问题是如何使电文总长最短且不产生二义性。根据字符出现的频率，利用赫夫曼编码可以构造出一种不等长的二进制数，使编码后的电文长度最短，且不产生二义性。

8.5.2 赫夫曼树的构造

谈到赫夫曼编码，就绕不开赫夫曼树。赫夫曼树是一棵带权路径长度最小的二叉树。那么，如何构造赫夫曼树呢？

以如图 8.37 所示的一片初始森林集合 F 为例，来介绍赫夫曼树的构造。

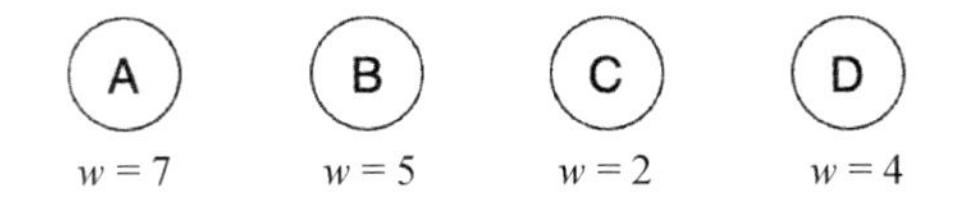

图 8.37

第一步：在森林集合 F 中选出两棵根节点权值最小的树作为子树，并构造一棵新的二叉树，且新的二叉树的根节点的权值为其子树根节点的权值之和。根节点 C 和根节点 D 的权值是 4 个节点中权值最小的两个节点，新节点（图 8.38 中的灰色节点）的权值 $w=2+4=6$，如图 8.38 所示。

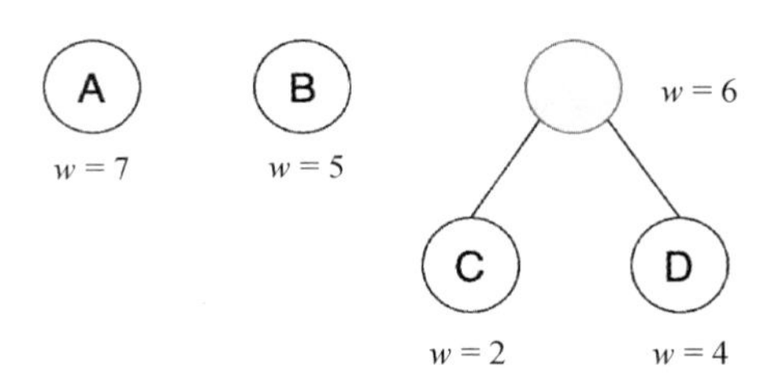

图 8.38

第二步：在将森林集合 F 中，删除权值最小的根节点对应的两棵树，同时将新得到的二叉树加入森林集合 F。将根节点 C 对应的二叉树和根节点 D 对应的二叉树从森林集合 F 中删除，将根节点权值为 6 的新二叉树加入森林集合 F，如图 8.39 所示。

接下来重复以上两步，直到森林集合 F 只含有一棵树为止，这棵树就是赫夫曼树。

第三步：从森林集合 F 中选出权值最小的根节点 B 对应的树和权值为 6 的根节点对应的二叉树，合并两棵树，得到根节点权值为 11（$w=5+6$）的新树，如图 8.40 所示。

第四步：将根节点 B 对应的树和根节点权值为 6 的二叉树从森林集合 F 中删除，将根节点权值为 11 的新二叉树加入森林集合 F，如图 8.41 所示。

第五步：从森林集合 F 中选出权值最小的根节点 A 对应的树和权值为11的根节点对应

的二叉树，合并两棵树，得到根节点权值为 18（ $w=7+11$ ）的新树，如图 8.42 所示。

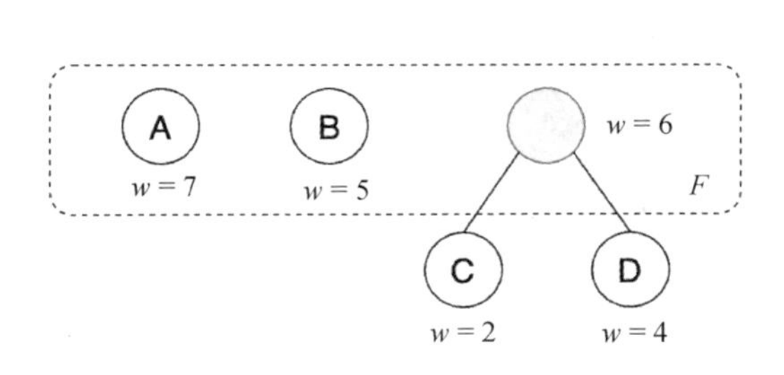

图 8.39

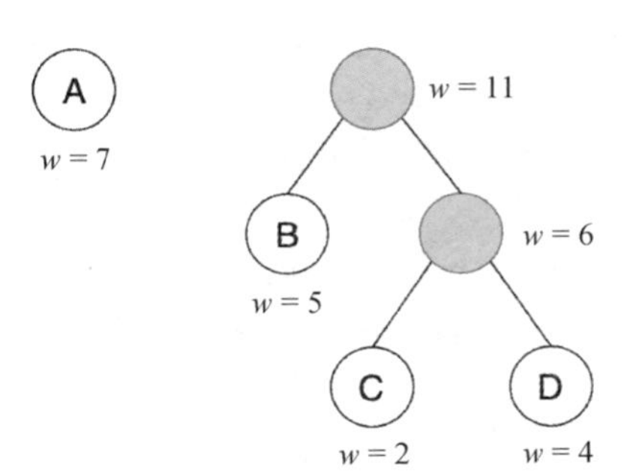

图 8.40

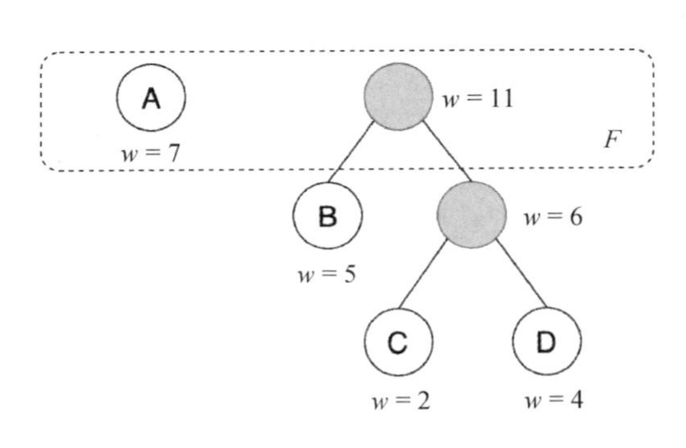

图 8.41

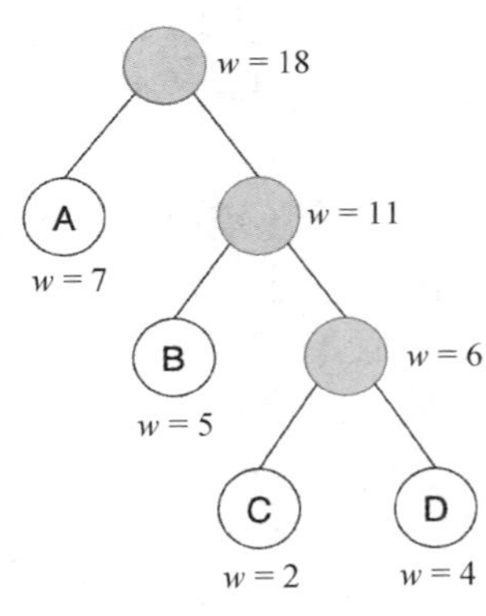

图 8.42

第六步：将根节点 A 对应的二叉树和权值为 11 的根节点对应的二叉树从森林集合 F 中删除，将根节点权值为 18 的新二叉树加入森林集合 F，此时森林集合 F 只包含一棵根节点权值为 18 的二叉树，这棵树就是赫夫曼树，如图 8.43 所示。

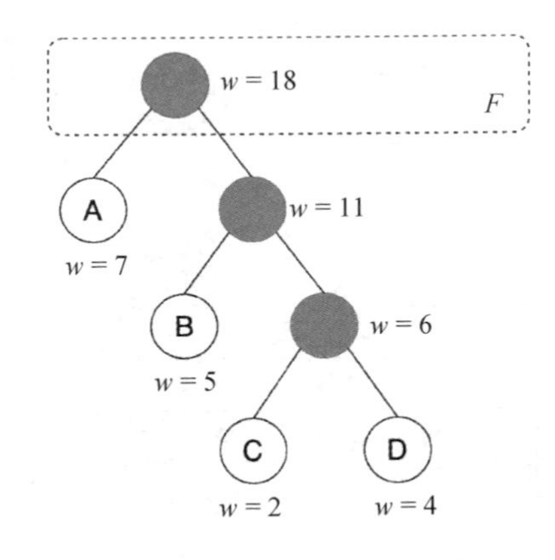

图 8.43

8.5.3 赫夫曼编码的基本概念

赫夫曼编码可以很有效地压缩数据（通常可以节省 20%~90% 的空间，具体压缩率依赖于数据的特性）。我们先来看几个概念。

定长编码（Fixed-Length Codes）：ASCII、Unicode

都属于定长编码。ASCII 中的每个字符占用 8 比特存储空间，能够编码 256 个字符；Unicode 中的每个字符占用 16 比特存储空间，能够编码 65536 个字符，包含所有的 ASCII 字符。

我们思考一下，假设要使用**定长编码**对由符号 A、B、C、D、E 构造的消息进行编码，对每个字符进行编码需要用多少个比特位表示呢？

答案是至少需要 3 个比特位，2 个比特位不够表示 5 个字符，只能表示 4 个字符。

我们再思考一下，对字符序列 **DEAACAAAAABA** 进行编码需要用多少个比特表示呢？

字符序列 **DEAACAAAAABA** 共有 12 个字符，每个字符需要 3 个比特位，总共需要 $12\times3=36$ 个比特位。

由此可知，定长编码的缺陷就是**浪费空间**。例如，字符“a”和字符“e”出现的频率比字符“q”和字符“z”出现的频率高，但是它们占用了相同的存储空间，并没有区别处理。

变长编码解决了定长编码浪费空间的问题。

变长编码：单个编码的长度不一致，可以根据出现频率来调节，出现频率越高，编码长度越短。

变长编码优于定长编码的是，**变长编码可以将短编码赋予平均出现频率较高的字符，同一消息的编码长度小于定长编码。**

可是编码有长有短，我们如何知道一个字符从哪里开始，又从哪里结束呢？如果位数固定，这个问题就不存在。例如，$A=00$，$B=01$，$C=10$，$D=11$ 使用的是定长编码，对于编码 0010110111001111111111，我们可以轻松地解析出字符序列为 ACDBDADDDDD。

前缀属性：若字符集中的一个字符编码不是其他字符编码的前缀，则说明这个字符编码具有前缀属性。所谓前缀，是指一个编码可以被解码为多个字符，表示不唯一。若 $a=0$，$b=10$，$c=110$，$d=11$，则 110 可以表示 c 也可以表示 da。为理解前缀属性，来看一个例子。

如表 8.1 所示，编码 000 不是 11，01，001，10 的前缀，因此 000 具有前缀属性；编码 11 不是 000，01，001，10 的前缀，因此 11 也具有前缀属性。**对于任意一个编码，解码的结果唯一。**例如，编码序列 01001101100010 解码后的字符序列唯一，只能是 RSTQPT。

表 8.1

字符	编码
P	000
Q	11
R	01
S	001
T	10

再来看下面这个反例。如表 8.2 所示，编码 0 是编码 01 的前缀，因此编码 0 不具有前

缀属性；同理，编码 1 是编码 10 和编码 11 的前缀，因此编码 1 不具有前缀属性。这就会导致对一串编码的解码结果不唯一的情况发生。例如，编码1110 可以解码为 QQQP 、QTP 、QQS 、 TS 等。

表 8.2

字符	编码
P	0
Q	1
R	01
S	10
T	11

前缀码：所谓前缀码，就是没有任何码字是其他编码的前缀。

关于前缀码的定义，我们通过设计一个变长的前缀码，使用 22 个比特位对消息 **DEAACAAAAABA** 进行编码来理解。

使用 22 个比特位对消息 **DEAACAAAAABA** 进行编码的前缀码编码方案很多。该消息中字符 **A** 出现了 8 次，字符 **B**、字符 **C**、字符 **D**、字符 **E** 均只出现了 1 次。为缩短编码长度，出现次数最多的字符 **A** 用一个比特位 0 表示，其他字符的编码均不能以 0 开头。表 8.3 所示为三种可能的编码方式，当采用编码一对消息进行编码时，**DEAACAAAAABA** 就可表示为 1110111100011000000100，刚好 22 位。

表 8.3

字符	编码一	编码二	编码三
A	0	0	0
B	10	100	100
C	110	101	101
D	1110	1101	110
E	11110	1111	111

8.5.4 赫夫曼编码示例

赫夫曼编码是一种前缀码，在进行赫夫曼编码时，需要先构造一棵赫夫曼编码树。赫夫曼编码树的一些特性如下。

（1）赫夫曼编码树是一棵二叉树。

- 每个叶子节点都包含一个字符。
- 从节点到其左子节点的路径上标记 0 。

• 从节点到其右子节点的路径上标记1。

（2）根据根节点到包含字符的叶子节点的路径可获得叶子节点的编码。

（3）编码均具有前缀属性。

• 每一个叶子节点不能出现在到另一个叶子节点的路径上。

接下来看一个赫夫曼编码及赫夫曼编码树构造的完整示例。

为消息 **THIS IS HIS MESSAGE** 构造一棵赫夫曼树，如图 8.44 所示。

消息

T	H	I	S		I	S		H	I	S		M	E	S	S	A	G	E

字符出现次数

A	G	M	T	E	H	_	I	S
1	1	1	1	2	2	3	3	5

初始时为单节点的森林

1	1	1	1	2	2	3	3	5
A	G	M	T	E	H	_	I	S

图 8.44

赫夫曼树的构造过程如图 8.45～图 8.49 所示。

图 8.45（a）所示为选择节点 A 和节点 G 构造一个权值为 2 的新节点，图 8.45（b）所示为选择节点 M 和节点 T 构造一个权值为 2 的新节点，图 8.45（c）所示为合并节点 E 和节点 H 构造一个权值为 4 的新节点。

如图 8.46（a）所示，选择当前权值最小的两个根节点（权值为 2）构造一个权值为 4 的新节点。如图 8.46（b）所示，选择当前权值最小的两个根节点（权值为 3）构造一个权值为 6 的新节点。

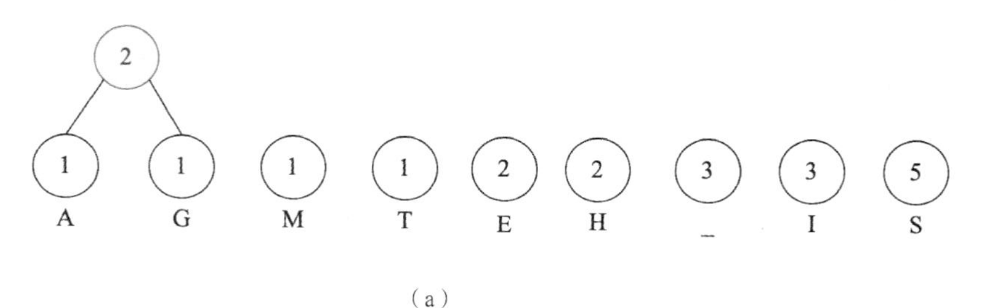

（a）

图 8.45

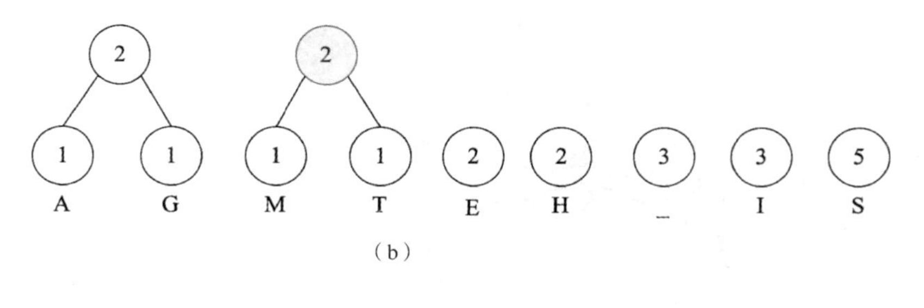

（b）

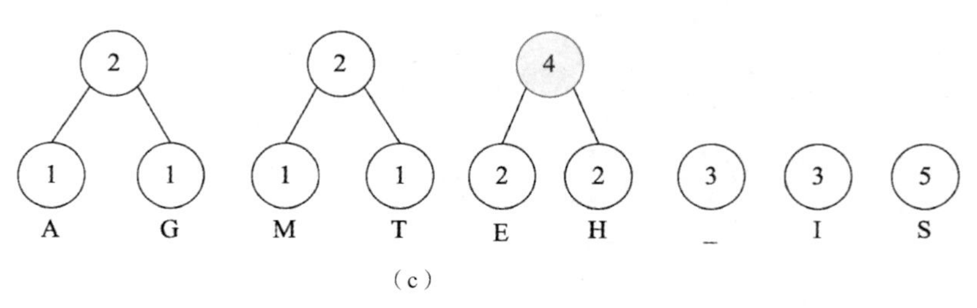

（c）

图 8.45（续）

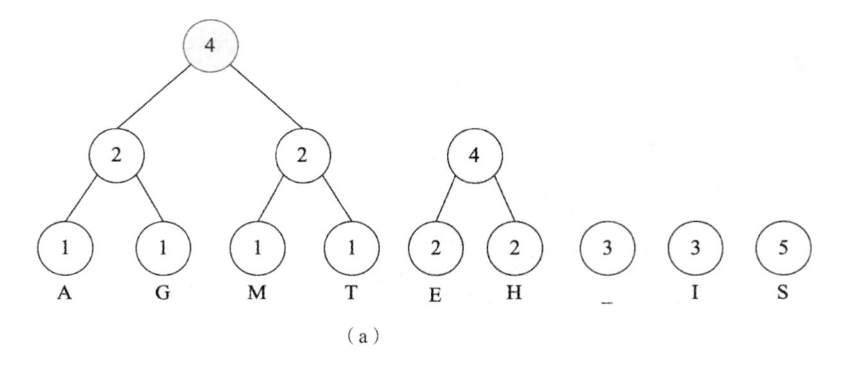

（a）

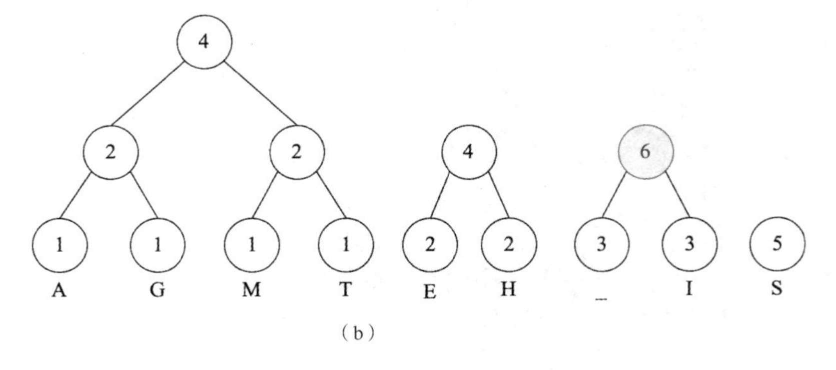

（b）

图 8.46

如图 8.47 所示，选择当前权值最小的两个根节点（权值为 4）构造一个权值为 8 的新节点。

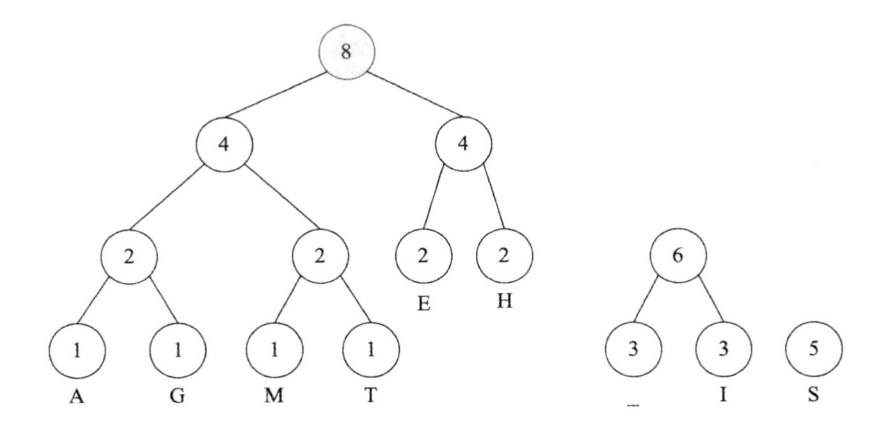

图 8.47

如图 8.48 所示，选择当前权值最小的两个根节点（权值分别为 6 和 5）构造一个权值为 11 的新节点。

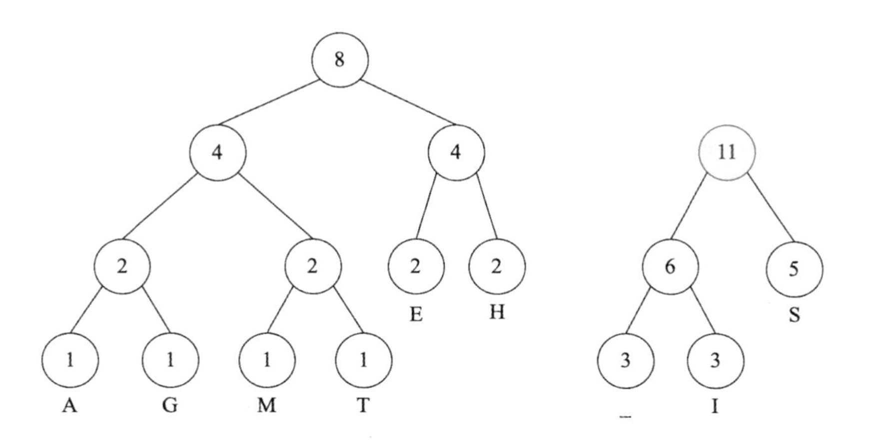

图 8.48

如图 8.49 所示，选择当前权值最小的两个根节点（权值分别为 8 和 11）构造一个权值为 19 的新节点，此时得到一个赫夫曼树。

对于如图 8.49 所示的赫夫曼树，在从节点到其左子节点的路径上标注 0，在从节点到其右子节点的路径上标注 1，得到如图 8.50 所示的赫夫曼编码树。

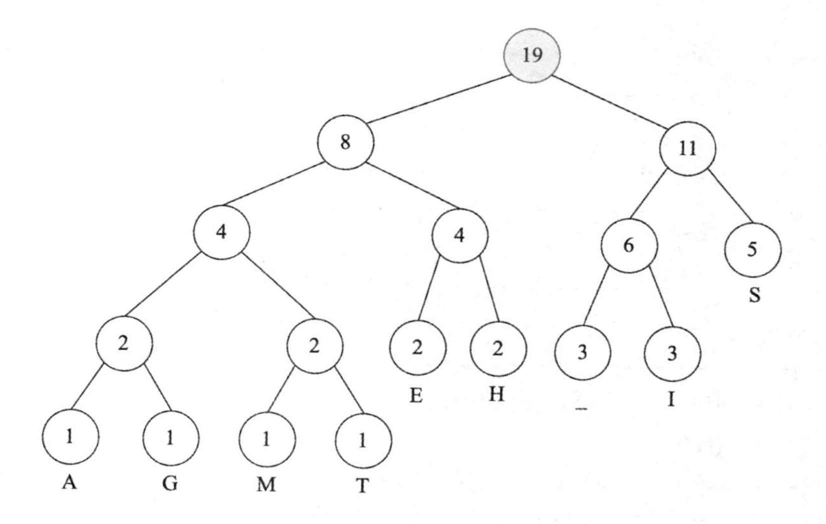

图 8.49

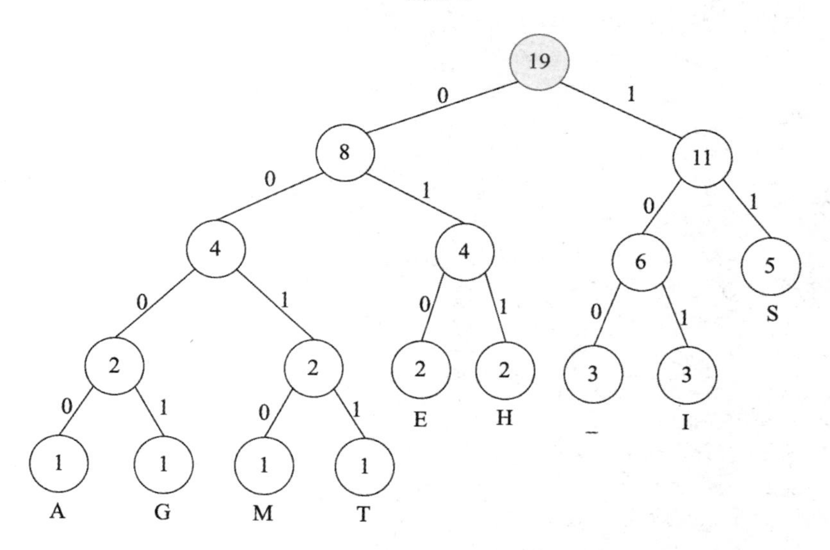

图 8.50

根据根节点到包含字符的叶子节点的路径即可获得叶子节点的编码，如表 8.4 所示。

表 8.4

字符	编码
S	11
I	101

续表

字符	编码
_	100
H	011
E	010
T	0011
M	0010
G	0001
A	0000

则 THIS IS HIS MESSAGE 编码后为 00110111011110010111100011101111000010010111100000001010。

注：字符的编码并不唯一，这里仅给出其中一种可能。

基于优先级队列（小顶堆）的赫夫曼编码的实现代码如下。

```
import java.util.PriorityQueue;
import java.util.Comparator;

//赫夫曼树中的节点
class HuffmanNode {
    int value;                          //权值
    char key;                           //字符

    HuffmanNode left;                   //左子节点
    HuffmanNode right;                  //右子节点
}

//重写 compare 方法
class MyComparator implements Comparator<HuffmanNode> {
    @Override
    public int compare(HuffmanNode x, HuffmanNode y) {
        return x.value - y.value;
    }
}

public class Huffman {

    //遍历赫夫曼编码树，获得赫夫曼编码
    public static void printCode(HuffmanNode root, String s) {
        //递归出口：s 表示字符的编码
        if (root.left == null
```

```
            && root.right == null
            && Character.isLetter(root.key)) {
        //叶子节点中的字符
        System.out.println(root.key + ":" + s);
        return;
    }

    //遍历左子节点添加 0，遍历右子节点添加 1
    //递归遍历左子节点、右子节点
    printCode(root.left, s + "0");
    printCode(root.right, s + "1");
}

public static void main(String[] args) {
    int n = 6;
    char[] charArray = { 'a', 'b', 'c', 'd', 'e', 'f' };
    int[] charfreq = { 5, 9, 12, 13, 16, 45 };

    //创建一个优先级队列
    PriorityQueue<HuffmanNode> q
          = new PriorityQueue<HuffmanNode>(n, new MyComparator());

    for (int i = 0; i < n; i++) {
        //创建赫夫曼节点并将它添加到优先级队列中
        HuffmanNode hn = new HuffmanNode();
        hn.key = charArray[i];
        hn.value = charfreq[i];
        hn.left = null;
        hn.right = null;
        q.add(hn);
    }

    //创建一个根节点
    HuffmanNode root = null;

    //构造赫夫曼编码树
    while (q.size() > 1) {
        //权值最小的节点
        HuffmanNode x = q.peek();
        q.poll();                          //从小顶堆中删除

        //原队列中权值第二小的节点
```

```
            HuffmanNode y = q.peek();
            q.poll();

            //新节点
            HuffmanNode f = new HuffmanNode();
            f.value = x.value + y.value;
            f.key = '-';

            //将新节点的左子节点设置为 x
            f.left = x;
            //将新节点的右子节点设置为 y
            f.right = y;

            //根节点指向新节点
            root = f;
            //将新节点加入小顶堆
            q.add(f);
        }

        //获得赫夫曼编码并打印
        printCode(root, "");
    }
}
```

若我们将小顶堆理解成森林集合 F，则上面的代码会清晰很多。

赫夫曼编码树包含 n 个叶子节点，整个外层的 while 循环执行 $2n-1$ 次，while 循环内部的小顶堆的堆化操作的复杂度为 $\log_2 n$，所以构造赫夫曼编码树的时间复杂度为 $O(n\log_2 n)$。构建赫夫曼编码表需要遍历赫夫曼编码树，n 个叶子节点的赫夫曼编码树包含 $2n-1$ 个节点，故赫夫曼编码的时间复杂度为 $O(n)$。解码和编码的原理相同，可以分析出赫夫曼解码的时间复杂度也为 $O(n)$。

排序及查找算法

9.1 排序基本概念

1. 原地排序算法

原地排序（In-Place Sorting）算法是使用恒定的额外空间来产生输出（仅修改给定的数组）的算法，它通过修改线性表中的元素的顺序来对线性表进行排序。插入排序（Insertion Sort）、选择排序（Selection Sort）等都是原地排序算法，它们不使用任何额外的空间来对线性表进行排序；归并排序（Merge Sort）、计数排序（Counting Sort）的经典实现不是原地排序算法。

2. 内部排序算法和外部排序算法

当所有待排序元素可以被一次性载入内存时，排序仅在内存中进行，就称之为内部排序。

当所有待排序元素不能被一次性载入内存进行处理时，排序需要内存、外存之间进行数据交换，就称之为外部排序。外部排序通常被应用在待排序元素的数量非常大的情况下。归并排序及它的变体是典型的外部排序算法。外部排序算法通常与硬盘等外部存储器关联在一起。

3. 稳定排序算法

当我们对可能存在重复 key 的键值对（如人名作为键，其详细信息作为值）按照 key 进行排序时，稳定性显得至关重要。**若两个具有相同 key 的对象在排序前后的相对位置没有发生变化，则认为排序算法是稳定的。**

稳定排序算法可以形式化地进行如下描述。

设 A 表示一个待排序的数组，$<$ 表示数组 A 的一个严格的弱排序（有重复元素）。当且仅当 $i<j \wedge \mathrm{A}[i] \equiv \mathrm{A}[j]$，且隐含 $\pi[i]<\pi[j]$ 时，排序算法稳定。其中，π 表示排序后的数组（排序算法将 $\mathrm{A}[i]$ 移动到了 $\pi[i]$ 的位置，将 $\mathrm{A}[j]$ 移动到了 $\pi[j]$ 的位置，但是 i 和 j 的相对位置保持不变）。

为了理解稳定排序算法，我们看一个例子。

图 9.1 所示为稳定排序算法的例子。在排序前，斜纹底的元素 10 在灰底的元素 10

前面。在排序后两者的相对位置并没有改变，斜纹底的元素 10 还是在灰底的元素 10 的前面。斜纹底的元素 20 和灰底的元素 20 在排序前后的相对位置也没有发生变化。

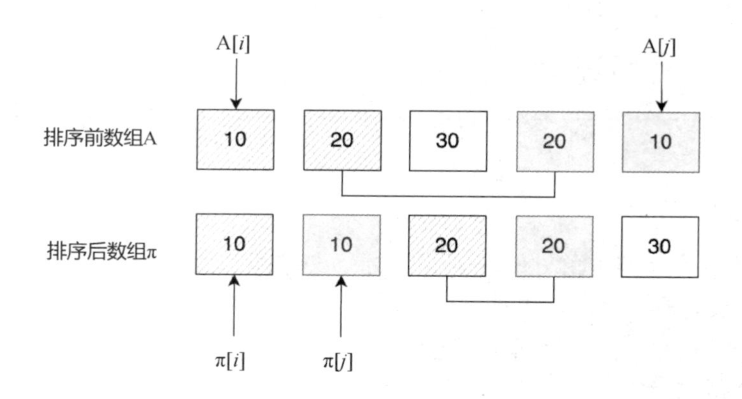

图 9.1

4. 经典的稳定排序算法

冒泡排序（Bubble Sort）算法、插入排序（Insertion Sort）算法、归并排序（Merge Sort）算法、计数排序（Counting Sort）算法等算法本身就具有稳定排序的特质。

基于比较的排序算法，如归并排序、插入排序，它们是如何保证稳定性的呢?

就升序排列而言，$A[j]$位于$A[i]$之前，i、j 表示数组的索引当且仅当$A[j]<A[i]$，且$i<j$时，如果$A[i]\equiv A[j]$，即$A[i]$位于$A[j]$之前，原始数据中的相对次序才能被保留下来。

非基于比较的排序算法，如计数排序算法，通过确保以相反的顺序填充已排序的数组来保持稳定性，以使 key 相等的元素的相对位置不变。

5. 经典的不稳定排序算法

快速排序（Quick Sort）算法和堆排序（Heap Sort）算法等是不稳定排序算法，但是这些排序算法可以通过将元素的相对次序考虑进来变得稳定，方法就是空间换时间，通过开辟额外的空间（空间大小为$\theta(n)$）来实现稳定性。

任何排序算法是否都可以变得稳定呢?

答案是肯定的。任何排序算法都可以通过指定的方式变得稳定。可以通过修改 key 的比较操作，将本不稳定的排序算法修改为稳定排序算法，从而保证 key 相等的两个元素在排序前后的相对位置不变。

9.2 冒泡排序

9.2.1 冒泡排序简介

冒泡排序是一种简单排序算法，它通过不断地比较两个相邻元素，将较大的元素交换到右边（升序），来实现排序。

我们以数组[5,1,4,2,8,4]为例，来说明冒泡排序的过程。

（1）第一次冒泡排序。

如图 9.2 所示，第一次冒泡排序共进行了 5 次比较，值最大的元素 8 沉到底部。

- (**5 1** 4 2 8 4)→(**1 5** 4 2 8 4)，比较元素 5 和元素 1，5 > 1，二者交换位置。
- (1 **5 4** 2 8 4)→(1 **4 5** 2 8 4)，比较元素 5 和元素 4，5 > 4，二者交换位置。
- (1 4 **5 2** 8 4)→(1 4 **2 5** 8 4)，比较元素 5 和元素 2，5 > 2，二者交换位置。
- (1 4 2 **5 8** 4)→(1 4 2 **5 8** 4)，比较元素 5 和元素 8，5 < 8，元素已经有序，不发生交换。
- (1 4 2 5 **8 4**)→(1 4 2 5 **4 8**)，比较元素 8 和元素 4，8 < 4，二者交换位置。

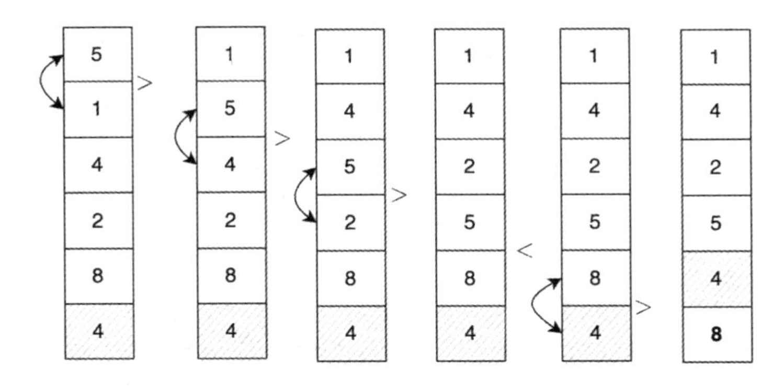

图 9.2

（2）第二次冒泡排序。

如图 9.3 所示，第二次冒泡排序共进行了 4 次比较，次大元素 5 下沉到了元素 8 的上面。

- (**1 4** 2 5 4 8)→(**1 4** 2 5 4 8)，比较元素 1 和元素 4，1 < 4，已有序，不发生交换。
- (1 **4 2** 5 4 8)→(1 **2 4** 5 4 8)，比较元素 4 和元素 2，4 > 2，交换位置。

- (1 2 **4 5** 4 8)→(1 2 **4 5** 4 8)，比较元素 4 和元素 5，4 < 5，已有序，不发生交换。
- (1 2 4 **5 4** 8)→(1 2 4 **4 5** 8)，比较元素 5 和元素 4，5 > 4，交换位置。

此时数组已经排好序了，但是冒泡排序并不知道排序是否完成，需要再进行一次冒泡操作，通过判断是否进行了交换操作，来判断数组是否已完成排序。

（3）第三次冒泡排序。

如图 9.4 所示，第三次冒泡排序进行了 3 次比较，均未发生交换，因此判断数组已完成排序。

- (**1 2** 4 4 5 8)→(**1 2** 4 4 5 8)，比较元素 1 和元素 2，1 < 2，已有序，不发生交换。
- (1 **2 4** 4 5 8)→(1 **2 4** 4 5 8)，比较元素 2 和元素 4，2 < 4，已有序，不发生交换。
- (1 2 **4 4** 5 8)→(1 2 **4 4** 5 8)，比较元素 4 和元素 4，4 = 4，已有序，不发生交换。

注意，两个 4 在排序相对前后的位置没有发生改变，斜纹底的元素 4 依旧在另一个元素 4 后面，所以冒泡排序是**稳定排序算法**。冒泡排序稳定的原因在于冒泡排序比较和交换的是两个**相邻元素**，若元素相同，则不发生交换，即排序前后相同元素的相对位置保持不变。

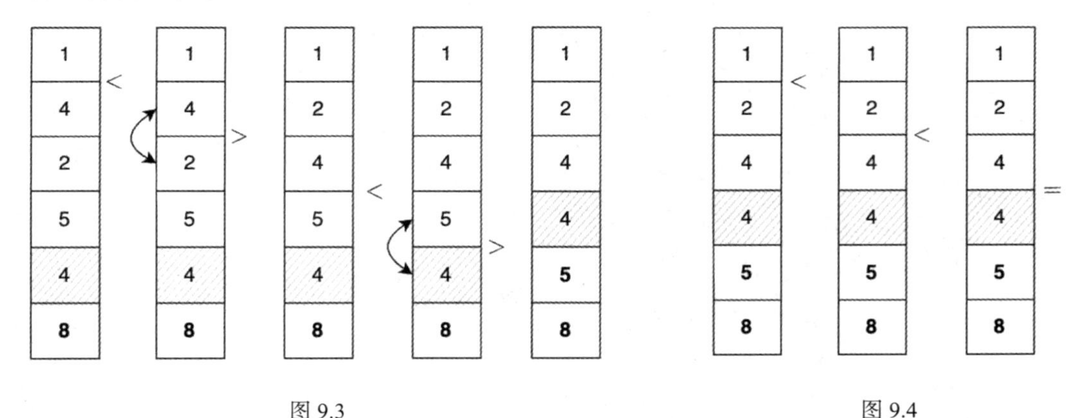

图 9.3　　　　图 9.4

最原始的冒泡排序并不考虑数组是否已经有序，实现代码如下。

```
class BubbleSort {
    void BubbleSort(int arr[]) {
        int n = arr.length;
        for (int i = 0; i < n - 1; i++) {
            for (int j = 0; j < n - i - 1; j++) {
                if (arr[j] > arr[j + 1]) {
                    //交换arr[j]和arr[j+1]
                    int temp = arr[j];
                    arr[j] = arr[j + 1];
```

```
                arr[j + 1] = temp;
            }
        }
    }
}
```

这种实现方式有一个明显的弊端，就是无论数组是否有序，两层 for 循环都要执行一遍。我们希望当数组有序时，仅进行一轮判断，或者一轮判断都不进行。下面的实现代码是在数组有序的情况下，通过判断内层 for 循环是否发生交换操作来判断数组是否有序。

```
class BubbleSort {
    //冒泡排序的优化版本
    void BubbleSort(int[] arr) {
        int n = arr.length;
        boolean swapped;
        for (int i = 0; i < n - 1; i++) {
            swapped = false;
            for (int j = 0; j < n - i - 1; j++) {
                if (arr[j] > arr[j + 1]) {
                    //交换 arr[j]和 arr[j+1]
                    int temp = arr[j];
                    arr[j] = arr[j + 1];
                    arr[j + 1] = temp;
                    swapped = true;
                }
            }

            //若内层 for 循环没有发生交换操作，则退出循环
            if (swapped == false) {
                break;
            }
        }
    }
}
```

上述代码中增加了一个标识数组是否有序的布尔变量 swapped，若冒泡排序过程中不发生交换操作，则 swapped == false，表示数组有序。不要小看这个变量，当数组有序时，变量 swapped 使得冒泡排序的时间复杂度降至 $O(n)$（因为只需要执行一遍内层的 for 循环就可以

结束冒泡排序），若没有变量 swapped，即使数组有序冒泡排序的时间复杂度也为 $O\left(n^2\right)$。

通过添加标识数组是否有序的布尔变量 swapped，可以避免数组在有序情况下，继续进行没必要的比较操作，这种方式仍存在优化空间。

我们看下面的例子，输入数组为[4,2,1,5,6,8]。

一次优化的冒泡排序执行过程如图 9.5 所示。

$i=0$	j	0	1	2	3	4	5
	0	4	2	1	5	6	8
	1	2	4	1	5	6	8
	2	2	1	4	5	6	8
	3	2	1	4	5	6	8
	4	2	1	4	5	6	8
	5	2	1	4	5	6	8
$i=1$	0	2	1	4	5	6	8
	1	1	2	4	5	6	
	2	1	2	4	5	6	
	3	1	2	4	5	6	
	4	1	2	4	5	6	
$i=2$	0	1	2	4	5	6	8
	1	1	2	4	5		
	2	1	2	4	5		
	3	1	2	4	5		

图 9.5

数组的子集[5,6,8]已经有序，对有序的部分进行比较是没有意义的，那么是否有办法减少这样的比较次数呢？换句话说，是否能够确定有序部分和无序部分的边界呢？

答案是肯定的，如图 9.6 所示，这个边界就是第一次冒泡排序过程中最后一次发生交换的位置。

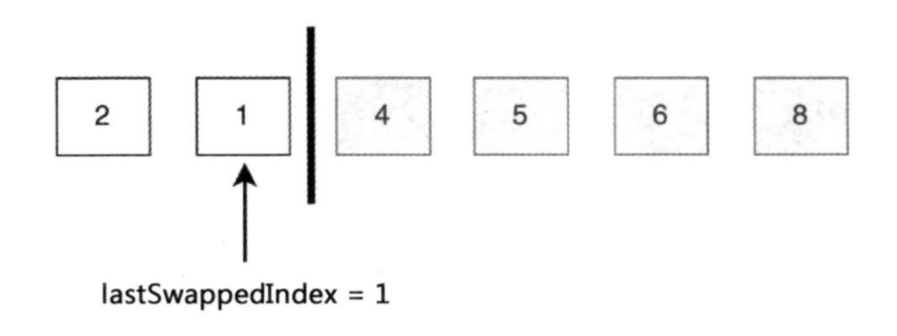

图 9.6

在元素 1 和元素 4 发生交换后，元素 4 和元素 5、元素 5 和元素 6、元素 6 和元素 8 均没有发生交换，因此可以断定索引 1 之后的元素已有序。

我们分步骤看一下优化后的执行步骤，如图 9.7 所示。

$i=0$	j	0	1	2	3	4	5
	0	4	2	1	5	6	8
	1	**2**	**4**	1	5	6	8
	2	2	**1**	**4**	5	6	8
	3	2	1	4	5	6	8
	4	2	1	4	5	6	***8***
$i=1$	0	2	1	4	5	6	***8***
	1	**1**	**2**	4	5	6	
$i=2$							

图 9.7

第一步：比较元素 4 和元素 2，4 > 2，4 和 2 交换位置，将 lastSwappedIndex 更新为 0。

第二步：比较元素 4 和元素 1，4 > 1，4 和 1 交换位置，将 lastSwappedIndex 更新为 1。

第三步：比较元素 4 和元素 5，4 < 5，不发生交换，lastSwappedIndex 不更新。

第四步：比较元素 5 和元素 6，5 < 6，不发生交换，lastSwappedIndex 不更新。

第五步：比较元素 6 和元素 8，6 < 8，不发生交换，lastSwappedIndex 不更新。

第一次冒泡排序结束了，和之前没有什么区别。下面是第二次冒泡排序，此时 j 的取值从 0 到 lastSwappedIndex。

第一步：比较元素 2 和元素 1，2 > 1，2 和 1 交换位置，lastSwappedIndex = 0，冒泡结束。不再执行从元素 2 到元素 6 的比较操作。

再进行一次冒泡排序，没有进行任何交换操作，所以冒泡排序结束。

相比于第一次优化的实现方式，第二次优化的实现方式进一步减少了不必要的操作，两种优化后的实现方式需要进行的冒泡排序次数是一样的，本质上没有什么区别。对于一个有序数组，两种方式的时间复杂度都是 $O(n)$。

冒泡排序的实现代码如下所示。

```
static void BubbleSort(int[] arr) {
    int n = arr.length;
    boolean swapped;                        //用于标记数组是否已经有序
    int lastSwappedIndex = 0;               //记录最后一次交换的位置
    int sortBorder = n - 1;                 //将有序部分和无序部分的边界初始化为最后一个元素
    for (int i = 0; i < n - 1; i++) {
        swapped = false;
        for (int j = 0; j < sortBorder; j++) {
            if (arr[j] > arr[j + 1]) {
                //arr[j]和 arr[j+1]交换位置
                int temp = arr[j];
                arr[j] = arr[j + 1];
                arr[j + 1] = temp;
                swapped = true;
                lastSwappedIndex = j;
                System.out.println(j);
            }
        }
        sortBorder = lastSwappedIndex;
        //如果内层 for 循环没有任何交换操作，就退出循环
        if (swapped == false) {
            break;
        }
    }
}
```

9.2.2 复杂度分析

1. 时间复杂度

在最坏的情况下（数组逆序），当 $i = 0$ 时，j 的取值范围为从 0 到 $n-1$，内层 for 循环

执行比较和交换操作$n-1$次；当$i=1$时，j的取值范围为从0到$n-2$，内层 for 循环执行比较和交换操作$n-2$次；以此类推，当i取最大值$n-2$时，j的取值为1，内层 for 循环执行 1 次比较和交换操作。所以，整体内层 for 循环的判断语句执行次数是$1+2+3+\cdots+(n-2)+(n-1)$。因此，在最坏情况下冒泡排序的时间复杂度为$O(n^2)$。

在最好情况下（数组有序），当$i=0$时，swapped = false，j的取值范围为从0到$n-1$，内层 for 循环执行$n-1$次比较操作，但是没有发生交换操作，算法判断数组已经有序，所以执行结束。因此，在最好情况下冒泡排序的时间复杂度为$O(n)$。

2. 空间复杂度

冒泡排序没有使用任何额外的存储空间，空间复杂度为$O(1)$，是典型的**原地排序**算法。

9.3 插入排序

9.3.1 插入排序简介

插入排序是一个相对简单的排序算法。插入排序将数组分为有序部分和无序部分，每次选择无序部分中的一个值并将其放置在有序部分的正确位置。类似于左手拿着有序的扑克牌，右手拿着无序的扑克牌，从右手选择一张扑克牌插入左手有序的扑克牌。

对大小为n的数组进行升序排序的步骤如下。

（1）从数组中的arr[1]遍历到arr[$n-1$]。

（2）将当前元素（arr[i]）与其前继元素（arr[$i-1$]）进行比较。

（3）如果当前元素小于其前继元素，就将当前元素与其前继元素继续进行比较；否则，将所有比当前元素大的元素向后移动一位，为当前元素腾出空间，并将当前元素插入正确的位置。

图 9.8 生动地展示了用插入排序对数组[4,3,2,8,9,1,5,7]进行排序的过程。

以一个简单数组[5,1,4,2,8]为例，来具体地讲解插入排序的步骤。

遍历索引$i=1$（数组中的第二个元素）到索引$i=4$（数组中的最后一个元素）。

（1）当$i=1$时，$1<5$，元素 5 向后移动一个位置，并将元素 1 插到元素 5 前面，得到数组[**1**,**5**,4,2,8]。

（2）当$i=2$时，$1<4<5$，元素 5 向后移动一个位置，并将元素 4 插入元素 5 和元素 1 之间，得到数组[**1**,**4**,**5**,2,8]。

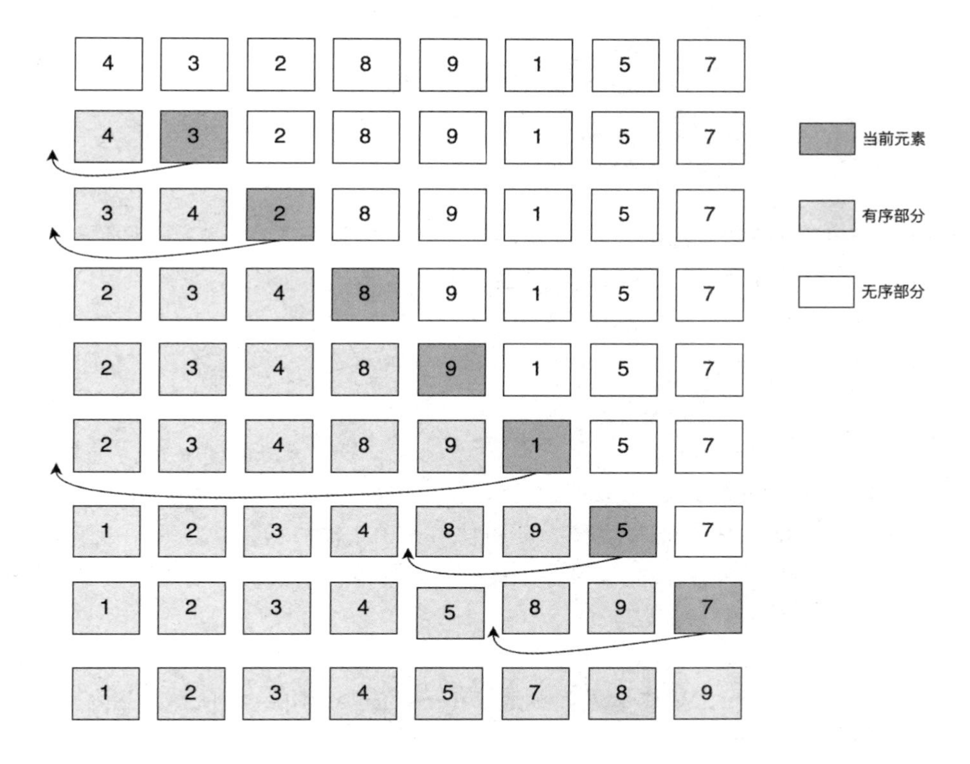

图 9.8

（3）当 $i=3$ 时，$1<2<4$，将元素 4 和元素 5 均向后移动一个位置，并将元素 2 插入元素 4 和元素 1 之间，得到数组[**1**,**2**,**4**,**5**,8]。

（4）当 $i=4$ 时，arr[0]～arr[3] 均比元素 8 小，故不用移动，得到最终排好序的数组[**1**,**2**,**4**,**5**,**8**]。

插入排序的实现代码如下所示。

```
class InsertionSort {
    void sort(int[] arr) {
        int n = arr.length;
        for (int i = 1; i < n; ++i) {
            int key = arr[i];                //当前待插入元素
            int j = i - 1;                   //当前元素的前继元素的索引

            /*将当前元素之前的元素 arr[0]～arr[j]中比当前元素大的元素向后移动一个位置*/
            while (j >= 0 && arr[j] > key) {
                arr[j + 1] = arr[j];
                j = j - 1;
```

```
            }
            arr[j + 1] = key;                //将元素插入正确位置
        }
    }
}
```

for 循环从 $i=1$ 处开始，是因为 $i=0$ 处的元素被当作有序元素，while 循环做的事情就是将当前元素插入索引从 0 到 $i-1$ 的数组的正确位置。

9.3.2 复杂度分析

1. 时间复杂度分析

内层 while 循环的执行次数取决于待插入元素与前 $i-1$ 个元素的关系。

当 $i=1$ 时，while 循环的最差情况是 arr[1]与 arr[0]比较一次，并将 arr[0]后移。

当 $i=2$ 时，while 循环的最差情况是 arr[2]与 arr[0]和 arr[1]各比较一次，并将 arr[0]和 arr[1]后移。

……

当 $i=n-1$ 时，while 循环的最差情况是 arr[$n-1$]与 arr[0]到 arr[$n-2$]各比较一次，并将 arr[0]到 arr[$n-2$]后移。

插入排序在最差情况下，比较和移动次数为 $1+2+\cdots+(n-2)+(n-1)=n(n-1)/2$，时间复杂度为 $O(n^2)$。

插入排序在最好情况下，while 循环每一次都仅执行一次，总的执行次数就是外层 for 循环的次数，时间复杂度为 $O(n)$。

2. 空间复杂度分析

插入排序没有使用额外的存储空间，为原地排序算法，所以空间复杂度为 $O(1)$。

9.3.3 稳定性分析

数组[5,1,4,2,8,4]进行插入排序的过程如图 9.9 所示。由图 9.9 可知排序前后的两个元素 **4** 的相对位置没有发生变化，这是因为 while 循环内部仅移动比当前元素大的元素，小于或等于当前元素的元素的位置是不变化的。

插入排序稳定的根本原因是，待插入元素不会插入与自身相同的元素前。

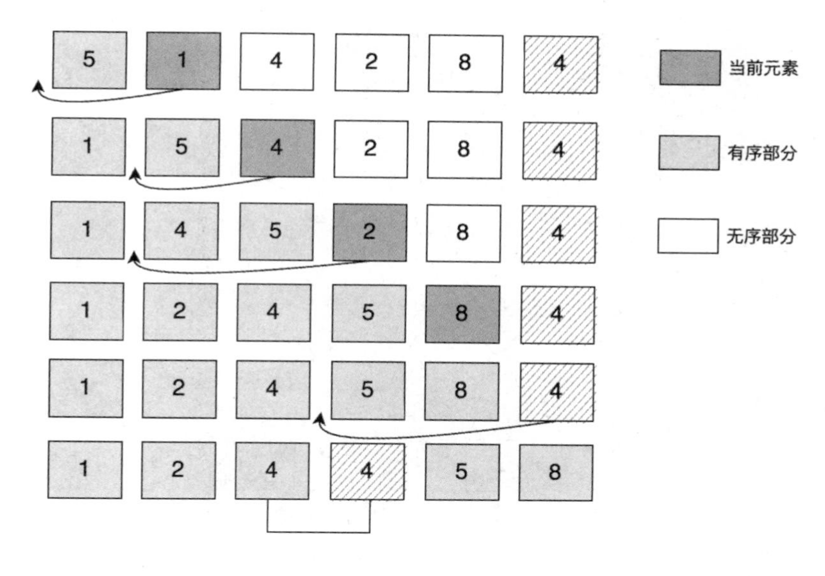

图 9.9

9.4 希尔排序

希尔排序又称为递减增量排序，是插入排序的更高效的改进版本。希尔排序是非稳定排序算法。

希尔排序是基于插入排序的如下两个性质提出的。

- 插入排序在对几乎已经排好序的数据进行操作时效率高，可以达到线性排序的效率。
- 在一般情况下，插入排序是低效的，因为插入排序每次只能将数据移动一位。

在插入排序中，我们只将元素向前移动一位。当一个元素必须向前移动多位时，会涉及多次移动。希尔排序的思想就是允许远距离交换。希尔排序以较大的步长 h 对数组进行排序，并不断减小 h 的值，直到它变为 1 为止。

以插入排序中用到的数组[4,3,2,8,9,1,5,7]为例，来说明希尔排序的步骤。在经典的希尔排序中，初始时的步长 $h = n/2$，其中，n 表示数组中的元素数。因此对于示例数组而言，步长 $h = 8/2 = 4$。

当步长 $h = 4$ 时，希尔排序的交换过程如图 9.10 所示。

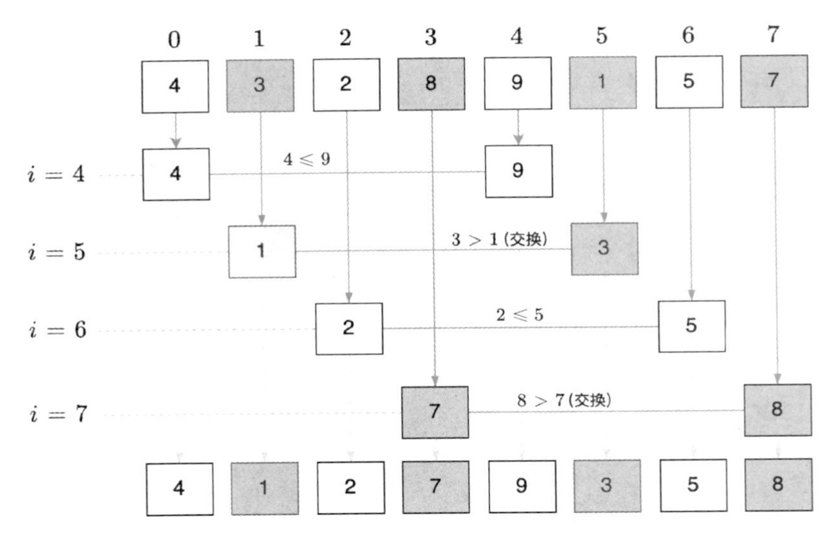

图 9.10

将 $\mathrm{arr}[i]$ 和 $\mathrm{arr}[i-h]$ 进行比较，分两种情况进行处理。

（1）若 $\mathrm{arr}[i-h] \leqslant \mathrm{arr}[i]$，则两者不交换位置，并将 i 加 1。

（2）若 $\mathrm{arr}[i-h] > \mathrm{arr}[i]$，则两者交换位置，并将新的 $\mathrm{arr}[i-h]$ 与它的前一个步长处的 $\mathrm{arr}[i-2h]$ 进行比较，以此类推，直到大于或等于它的前一个元素或前一个元素的索引不存在为止，将 i 加 1。这一过程一定要注意保证数组索引不越界。

当 $i=4$ 时，$\mathrm{arr}[0] \leqslant \mathrm{arr}[4]$，即 $4<9$，两者不交换位置，并将 i 加 1。

当 $i=5$ 时，$\mathrm{arr}[1] > \mathrm{arr}[5]$，即 $3>1$，两者交换位置，此时 $\mathrm{arr}[1]$ 前一个步长处的索引为 $1-4=-3$ 是不存在的，故停止比较，并将 i 加 1。

当 $i=6$ 时，类似于 $i=4$ 的情况。

当 $i=7$ 时，类似于 $i=5$ 的情况，元素 7 和元素 8 交换位置。

步长 $h=4$ 的情况相当于将原数组分为 4 组，即 $\{4,9\}$、$\{3,1\}$、$\{2,5\}$、$\{8,7\}$，然后对这 4 组数组分别进行两两比较，得到有序的 4 个数组 $\{4,9\}$、$\{1,3\}$、$\{2,5\}$、$\{7,8\}$，此时数组为 [4,1,2,7,9,3,5,8]。

当步长 h 减小为原来的一半，即 $h=h/2=2$ 时，希尔排序的交换过程如图 9.11 所示。

当 $i=2$ 时，$\mathrm{arr}[2-2] > \mathrm{arr}[2]$，二者交换位置，且交换位置之后 $\mathrm{arr}[0]$ 之前无元素，所以停止插入操作，将 i 加 1。之后的每一步判断操作均属于前文提到的两种处理情况。

步长 $h=2$ 的情况相当于将原数组分为 2 组，即 $\{4,2,9,5\}$ 和 $\{1,7,3,8\}$，通过该轮希尔排序，我们得到了两个有序数组 $\{2,4,5,9\}$ 和 $\{1,3,7,8\}$。

当 $h=1$ 时，希尔排序和插入排序一样，只不过由于前面步长 $h=4$ 和 $h=2$ 的处理，数组已经基本有序。此时即使使用插入排序，效率也很高，时间复杂度为 $O(n)$。如图 9.12

所示，此时整个数组就是一个大的分组，由于数组已经基本有序，我们在插入排序过程中仅发生了 3 次交换操作，时间复杂度为 $O(n)$，排序后的有序数组为[1,2,3,4,5,7,8,9]。

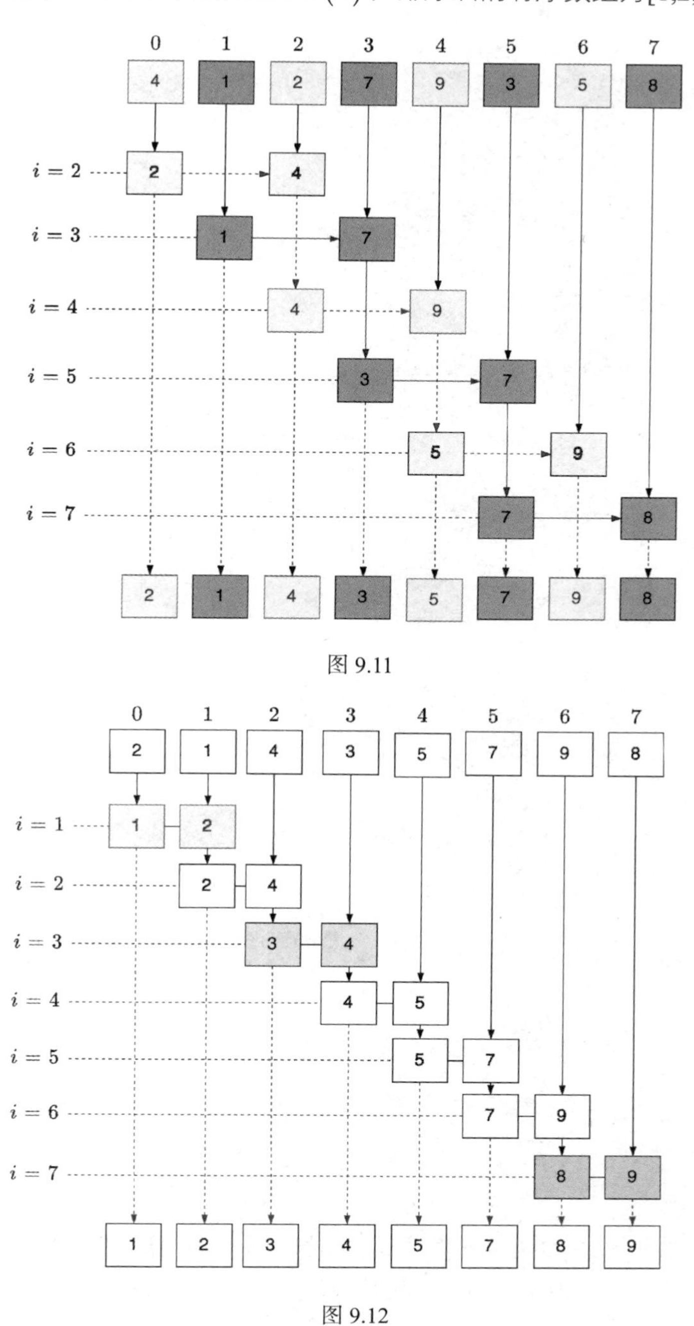

图 9.11

图 9.12

希尔排序的实现代码如下所示。

```
class ShellSort {

    /** 使用希尔排序对数组 arr 进行排序 */
    int sort(int[] arr) {
        int n = arr.length;

        //从步长 n/2 开始，之后不断缩小步长
        for (int gap = n / 2; gap > 0; gap /= 2) {
            //以当前的步长分组进行插入排序
            //每一个分组中的第一个元素在 arr[0..gap-1]中
            //向每一个有序分组中继续添加元素，直到整个数组被分组排序
            for (int i = gap; i < n; ++i) {
                //将 arr[i] 添加到已进行分组排序的元素中
                //将 arr[i] 保存在 temp 中并查找 arr[i]的插入位置
                int temp = arr[i];

                //将较小的分组排序元素向前移动
                //直到找到 arr[i] 的正确位置 j
                int j;
                for (j = i; j >= gap && arr[j - gap] > temp; j -= gap) {
                    arr[j] = arr[j - gap];
                }

                //将 temp（原始 arr[i]）放在正确的位置
                arr[j] = temp;
            }
        }
        return 0;
    }
}
```

上述代码中最内层的 for 循环的判断条件 j >= gap && arr[j-gap] >temp 就是前文提到的 $\mathrm{arr}[i]$ 和 $\mathrm{arr}[i-h]$ 进行比较的情况，其中 j >= gap 可以保证紧随其后的 arr[j-gap]不会越界。

上述代码实现的时间复杂度为 $O(n^2)$，空间复杂度为 $O(1)$。希尔排序是一个不稳定的排序算法，因为这个算法不检查分组之间的元素。

9.5 选择排序

9.5.1 选择排序简介

选择排序的基本思想是不断地从数组中的无序部分选取最小元素，并将该元素作为已排序部分的最后一个元素（升序排列情况）。选择排序主要是维护一个给定数组的两个子数组，即有序数组和无序数组。

在选择排序的每一次迭代中，先从无序数组中选择最小元素（升序排列情况），然后将其移入有序数组。

初始时，给定一个数组，且将该数组中的所有元素都划分至无序数组，如图 9.13 所示。

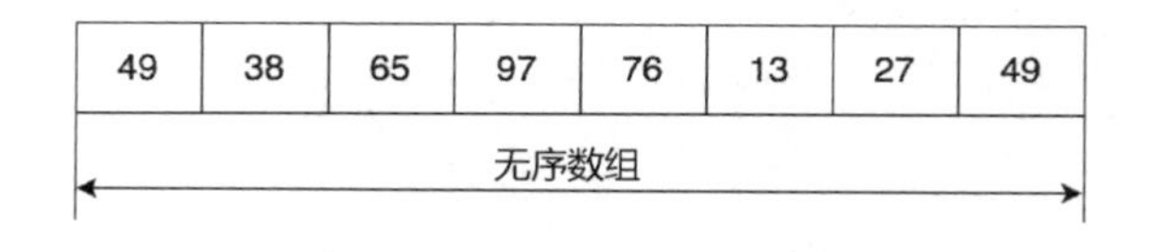

图 9.13

遍历数组[0,7]，找到索引 5 处的最小元素 13，如图 9.14 所示。

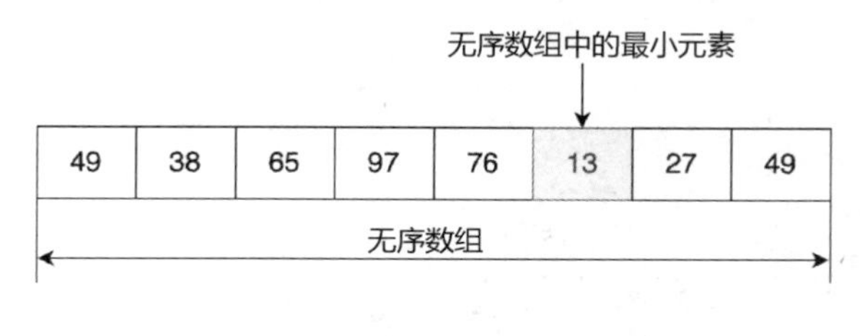

图 9.14

将索引 5 处的最小元素 13 与索引 0 处的元素 49 进行交换，得到有序数组的第一个元素 13，无序数组相应地减少一个元素，如图 9.15 所示。

之后，同样在无序数组中找到最小元素，并将其与无序数组的第一个元素交换位置，有序数组增加一个元素，无序数组减少一个元素，如图 9.16 所示。

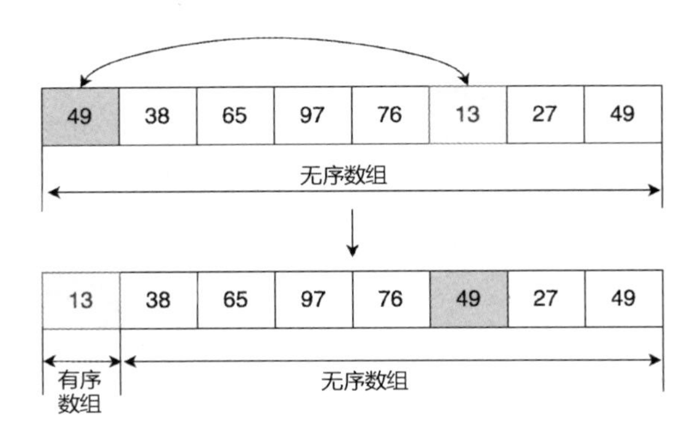
49
38
65
97
76
13
27
49
无序数组
13
38
65
97
76
49
27
49
有序数组
无序数组

图 9.15

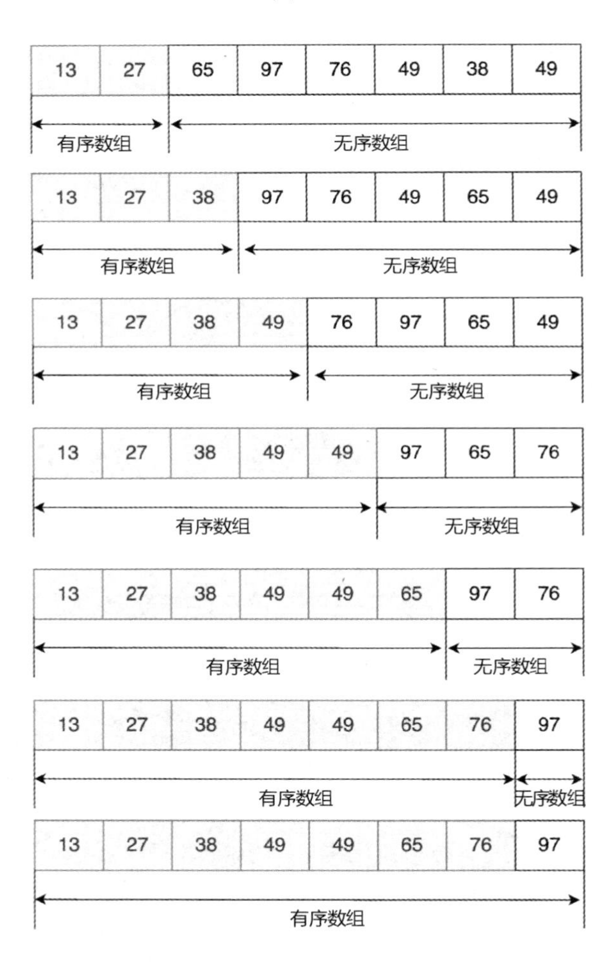
13 27 65 97 76 49 38 49
有序数组
无序数组
13 27 38 97 76 49 65 49
有序数组
无序数组
13 27 38 49 76 97 65 49
有序数组
无序数组
13 27 38 49 49 97 65 76
有序数组
无序数组
13 27 38 49 49 65 97 76
有序数组
无序数组
13 27 38 49 49 65 76 97
有序数组
无序数组
13 27 38 49 49 65 76 97
有序数组

图 9.16

简而言之，选择排序包含两步：①选择最小元素（或最大元素）；②交换位置。

简单选择排序的实现代码如下所示。

```
class SelectionSort
{
    void sort(int arr[])
    {
        int n = arr.length;

        for (int i = 0; i < n-1; i++)
        {
            int min_idx = i;
            for (int j = i+1; j < n; j++){
                if (arr[j] < arr[min_idx])
                    min_idx = j;
            }

            int temp = arr[min_idx];
            arr[min_idx] = arr[i];
            arr[i] = temp;
        }
    }
}
```

9.5.2 选择排序复杂度分析

1. 时间复杂度

简单选择排序实现代码的 for 循环中的 if 语句在最坏情况下一共计算多少次？

当 $i=0$ 时，j 的取值范围为从 1 到 $n-1$，内循环的判断语句一共执行了 $n-1$ 次。

当 $i=1$ 时，j 的取值范围为从 2 到 $n-1$，内循环的判断语句一共执行了 $n-2$ 次。

以此类推。

当 i 取最大值 $n-2$ 时，j 的取值为 $n-1$，内循环的判断语句共执行了 1 次。

整体内循环的判断语句执行次数是 $1+2+3+\cdots+(n-2)+(n-1)$，也就是 if 语句执行了 $\frac{n\times(n-1)}{2}$ 次，选择排序的时间复杂度为 $O\left(n^2\right)$。

2. 空间复杂度

选择排序属于原地排序算法，因为选择排序没有使用任何额外的存储空间，仅使用了数组自身占用的空间，所以其空间复杂度为 $O(1)$。我们也可以认为原地排序算法是空间复杂度为 $O(1)$ 的算法。

9.5.3 稳定性分析

选择排序的默认实现方式是不稳定的。为探索其原因，我们看一个示例，给定一个数组，如图 9.17 所示。

4 5 3 2 4 1
0 1 2 3 4 5

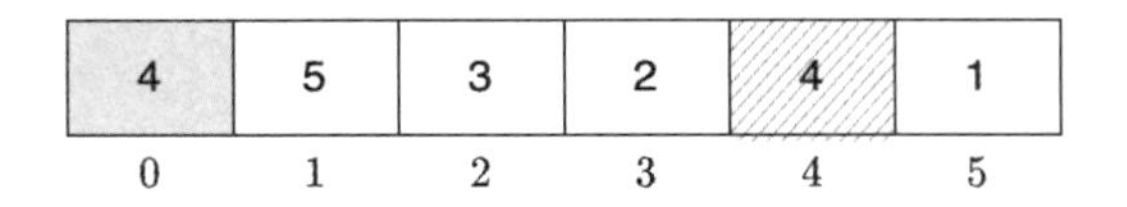

图 9.17

按照简单选择排序的实现方式进行排序，排序过程如图 9.18 所示。

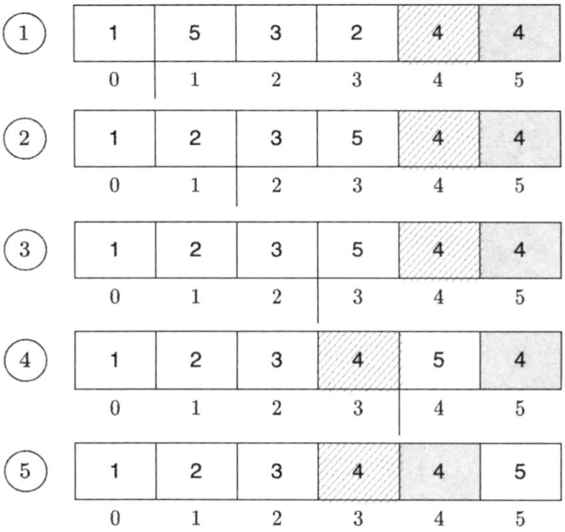

1
1 5 3 2 4 4
0 1 2 3 4 5
2
1 2 3 5 4 4
0 1 2 3 4 5
3
1 2 3 5 4 4
0 1 2 3 4 5
4
1 2 3 4 5 4
0 1 2 3 4 5
5
1 2 3 4 4 5
0 1 2 3 4 5

图 9.18

第一步：在数组中找到最小元素 **1**，并与数组中的第一个元素（灰底的元素 **4**）交换位置。

第二步：在无序数组[5,3,2,4,4]中找到最小元素 **2** 与无序数组的第一个元素 **5** 交换位置。

第三步：在无序数组[3,5,4,4]中找到最小元素 **3** 和无序数组的第一个元素 **3** 交换位置，自己与自己交换位置，数组本身无变化。

第四步：在无序数组[5,4,4]中找到最小元素 **4**（**注意是斜纹底的元素 4**）和元素 **5** 交换位置。

第五步：在无序数组[5,4]中找到最小元素 **4**（**注意是灰底的元素 4**）和元素 **5** 交换位置。

此时我们得到一个有序数组，但是与原始数组相比，两个元素 **4** 的相对位置发生了变化，即在原数组中灰底的元素 4 在斜纹底的元素 4 前面，而在排序后的数组中斜纹底的元素 4 在灰底的元素 4 前面，这就是我们之前说的不稳定（两个相同元素在排序前后的相对位置发生了变化）。

9.6 稳定选择排序

9.6.1 稳定选择排序简介

不稳定的选择排序结果如图 9.19 所示。

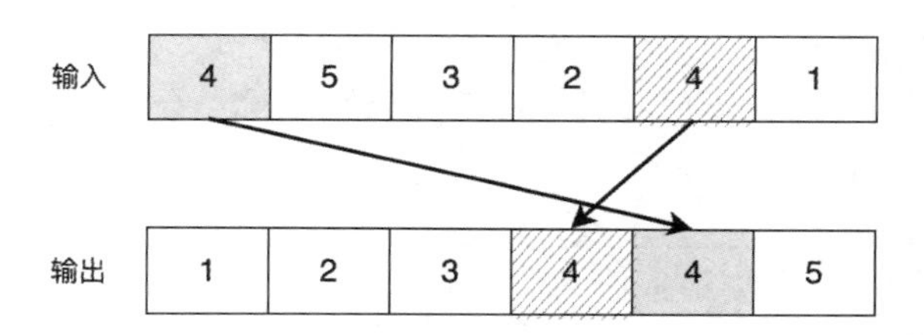

图 9.19

稳定的选择排序的排序结果如图 9.20 所示。

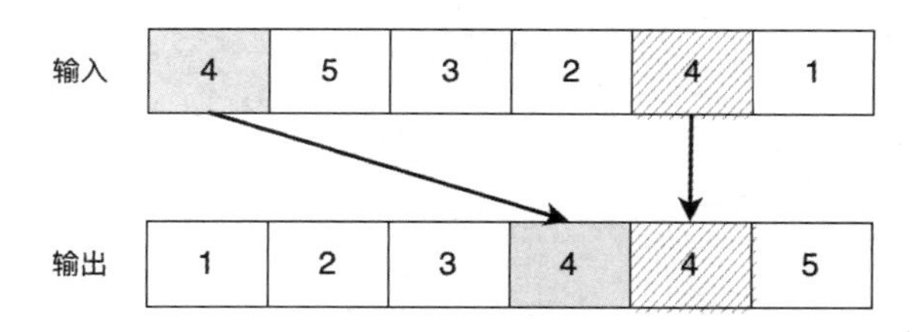

图 9.20

为了实现稳定选择排序，我们分析一下原始的选择排序为什么不稳定。

选择排序的工作原理就是先从无序数组中找到最小元素，然后将该元素与无序数组中的第一个元素交换位置。这个交换操作导致选择排序不稳定。例如，9.5 节在分析时，第一次交换就使两个元素 **4** 的相对位置发生了变化，如图 9.21 所示。

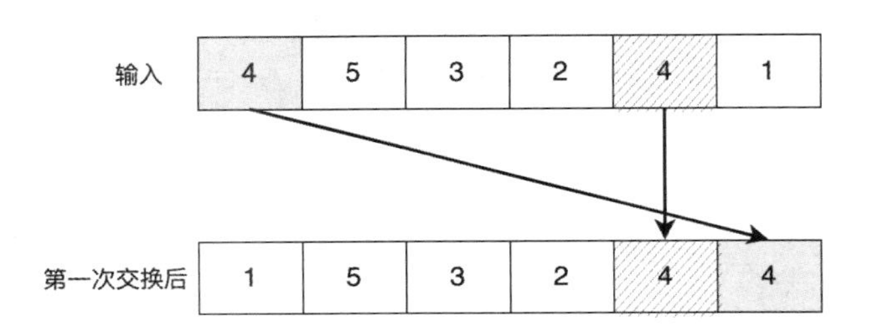

图 9.21

考虑对这里的交换操作进行修改，以使选择排序变得稳定。

每一次将最小元素放置在排序后的最终位置而不进行排序元素的交换操作，可以通过将每一次选出的最小元素前面的无序数组中的元素都向后移动一个位置来实现。简单来说就是，利用类似于插入排序的技术将最小元素插入正确位置。稳定选择排序的排序步骤如图 9.22 所示。

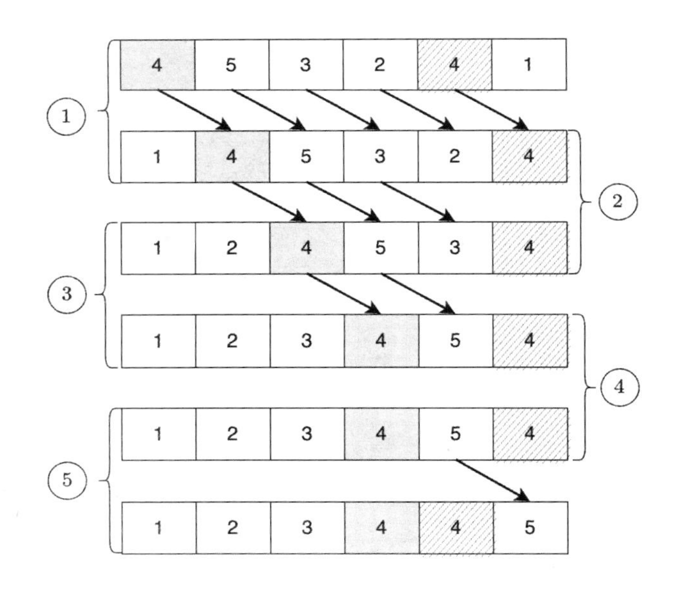

图 9.22

第一步：找到最小元素 **1**，此时不再将灰底的元素 **4** 和最小元素 **1** 进行交换，而是先将元素 **1** 插入正确位置，然后将元素 **1** 之前的每一个元素[4,5,3,2,4]都向后移动一个位置。

第二步：找到无序数组中的最小元素 **2**，先将元素 2 插入正确位置，然后将元素 **2** 之前的每一个元素[4,5,3]向后移动一个位置。

第三步：找到无序数组中的最小元素 **3**，先将元素 3 插入正确位置，然后将元素 **3** 之前的每一个元素[4,5]向后移动一个位置。

第四步：找到无序数组中的最小元素 **4（灰底）**，它前面没有无序元素，什么都不做。

第五步：找到无序数组的最小元素 **4（斜纹底）**，先将元素 4（斜纹底）插入正确位置，然后将它前面的元素 **5** 向后移动一个位置，最终得到一个稳定的有序数组。

稳定选择排序的实现代码如下。

```
class SelectSort {
    static void stableSelectionSort(int[] a, int n) {
        //与默认的实现方式相同
        for (int i = 0; i < n - 1; i++) {
            //a[i - 1] 之前的元素为数组的有序数组
            //找到从 a[i] 到 a[n - 1]中的最小元素，并将其索引保存到 min 中
            int min = i;
            for (int j = i + 1; j < n; j++) {
                if (a[min] > a[j]) {
                    min = j;
                }
            }

            //将最小元素移动到正确位置
            int key = a[min];
            //将索引从 i 到 min - 1 的元素都向后移动一个位置
            while (min > i) {
                a[min] = a[min - 1];
                min--;
            }
            //将当前选择的最小元素放到正确的位置
            a[i] = key;
        }
    }
}
```

9.6.2 稳定排序的复杂度分析

1. 时间复杂度

稳定选择排序的时间复杂度为 $O(n^2)$，整体依旧是两层 for 循环嵌套。但是稳定选择排序需要移动元素，每选择一个最小元素，其前面的无序元素就需要向后移动一个位置。最坏的情况是，第一步移动 $n-1$ 次，第二步移动 $n-2$ 次……第 $n-1$ 步移动 1 次，总共移动 $O(n^2)$ 次，这并不会对整个实现的时间复杂度的量级产生影响。

2. 空间复杂度

稳定选择排序没有使用任何额外的存储空间，所有操作都是在数组内进行的，所以空间复杂度为 $O(1)$。

9.7 归并排序

9.7.1 归并排序简介

归并排序使用了**分而治之**思想。

假设我们要解决一个问题 P。P 可能是对数组进行排序，也可能是查找数组中的最小元素。分而治之（Divide-and-Conquer）是一种可以应用于任何问题 P 的思想，具体步骤如下。

（1）Divide：将问题 P 分成两个更小的子问题 P_1 和 P_2。

（2）Conquer：递归地解决两个子问题 P_1 和 P_2。

（3）Combine：结合 P_1 和 P_2 的解得到原问题 P 的解。

归并排序的步骤与分而治之思想吻合，具体如下。

（1）Divide：将包含 n 个元素的数组分成两个包含 $n/2$ 个元素的子数组。

（2）Conquer：对两个子数组递归地进行排序。

（3）Combine：合并两个有序的子数组。

假设我们已有算法 $\text{mergeSort}(\text{arr}[],\text{l},\text{m},\text{r})$ 用于合并两个已排好序的子数组 $\text{arr}[l..m]$ 和 $\text{arr}[m+1..r]$。若我们对子数组 $\text{arr}[l..r]$ 进行排序，初始时子数组为 $\text{arr}[0..n-1]$，则算法的详细过程如下面的伪代码所示。

```
mergeSort(arr[], l, r)
  if l < r then
       //第 1 步找到中间元素将数组分成两半
       mid = l + (r - l)/2
       //第 2 步[left,mid] 调用 mergeSort
       mergeSort(arr, l, m)
       //第 3 步[mid+1,right]调用 mergeSort
       mergeSort(arr, m+1, r)
```

```
    //合并第 2 步和第 3 步排序后的两个子数组
    merge(arr, l, m, r)
```

我们以数组 arr = [5,1,4,2,8,4]为例来讲解归并排序，如图 9.23 所示。

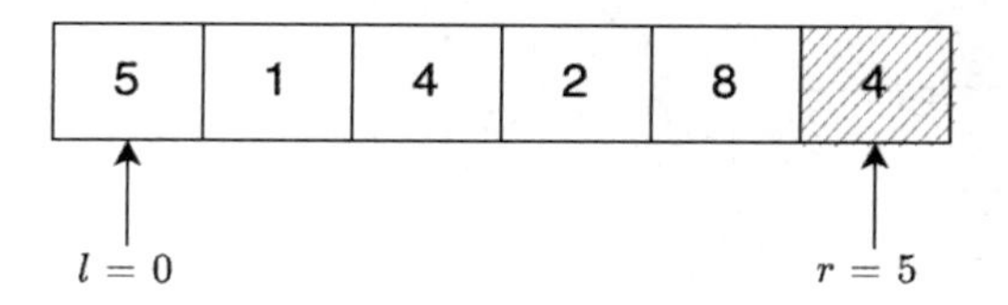

图 9.23

第一步：计算数组的中间元素 $m=(l+r)/2=2$，将数组分成 $\text{arr}[l,m]$ 和 $\text{arr}[m+1,r]$ 两个区间，即 $\text{arr}[0,2]$ 和 $\text{arr}[3,5]$ 两个子数组，这一步属于“**分**”过程，如图 9.24 所示。

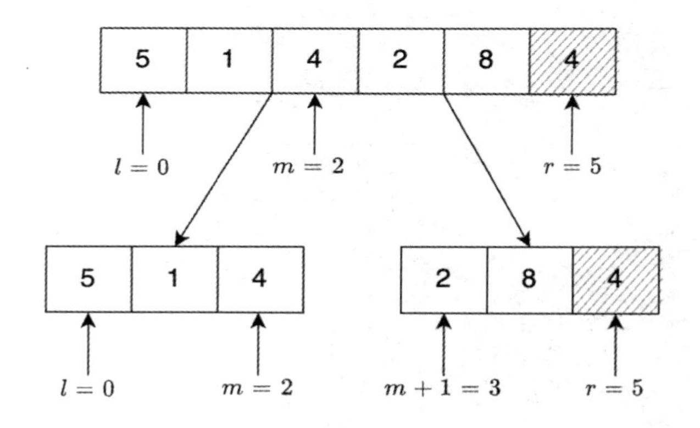

图 9.24

第二步：计算子数组 $\text{arr}[0,2]$ 的中间元素，$m=(l+r)/2=1$，将它分成 $\text{arr}[0,1]$ 和 $\text{arr}[2]$ 两个子数组，如图 9.25 所示。这也是“**分**”过程，同时应该注意，这一步和第一步的操作过程是一致的，也就说第一步和第二步是同一个功能，所以最终会在代码中看到递归实现。

第三步：将子数组[0,1]拆分，$m=0$，将它分成了 arr[0]和 arr[1]两个子数组，如图 9.26 所示。

第四步：将 arr[0]和 arr[1]合并。因为上一步得到的两个数组不可再分，已经有序，所以进行合并，如图 9.27 所示。这一步是“**治**”过程，“治”就是真正进行排序的过程，通过这一步元素 5 和元素 1 的顺序将被改变。

之后的每一步都是如此。如图 9.28 所示，我们将每一步操作用数字标注在两行之间。可以看到数组递归地被分成两半，直到各数组只包含一个元素为止。一旦各数组只包含一个元素，合并进程就开始运行，直到合并得到完整的有序数组为止。

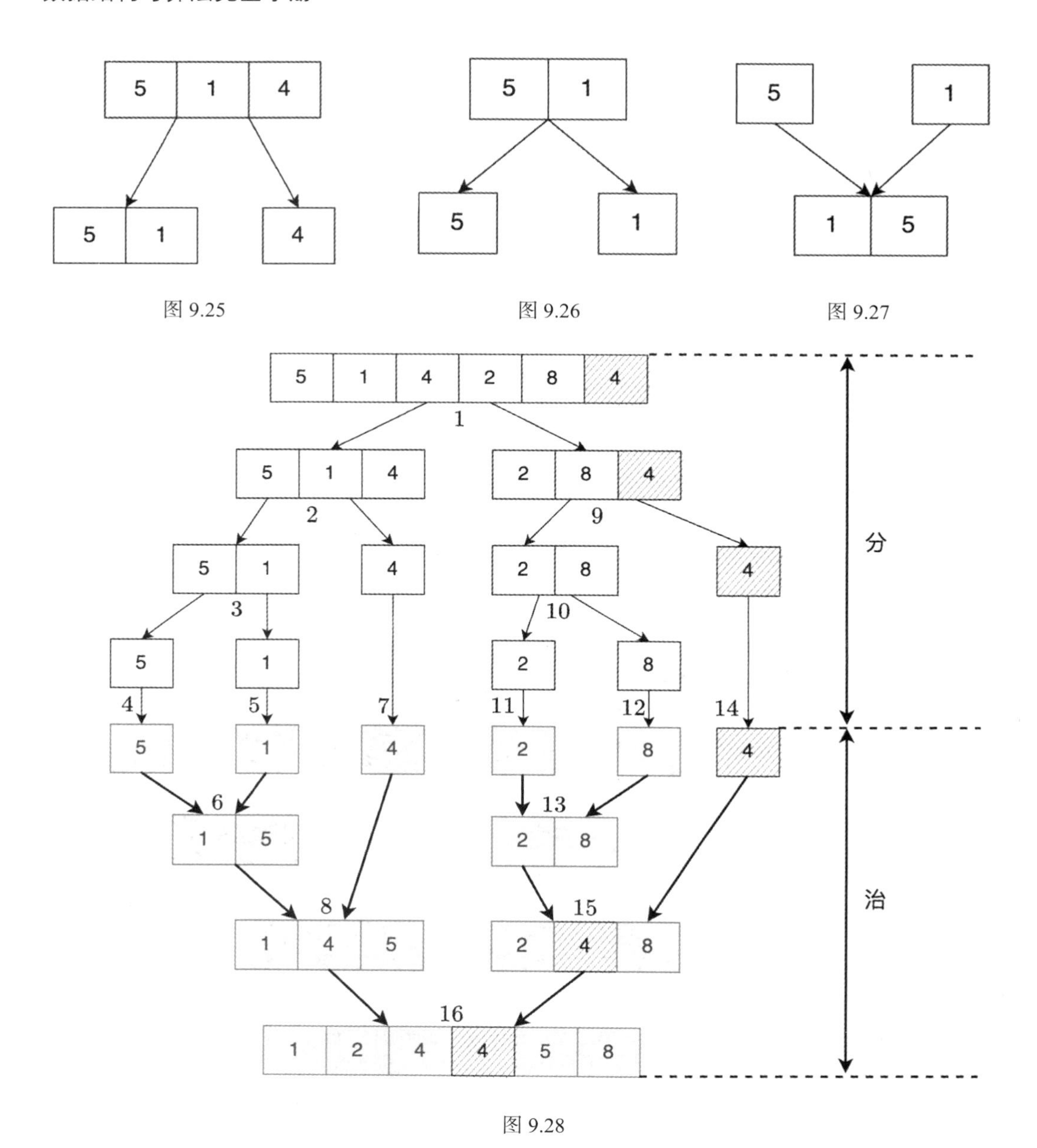

图 9.25　图 9.26　图 9.27

图 9.28

归并排序实现代码如下所示。

```
class mergeSort {
    /** 合并两个子数组 arr[l..m] 和 arr[m+1..r] */
    void merge(int[] arr, int l, int m, int r) {
        //计算两个被合并的子数组的大小
        int n1 = m - l + 1;
```

```
int n2 = r - m;

//创建两个临时数组
int[] L = new int[n1];
int[] R = new int[n2];

//将数据复制到两个临时数组中
for (int i = 0; i < n1; ++i) {
    L[i] = arr[l + i];
}
for (int j = 0; j < n2; ++j) {
    R[j] = arr[m + 1 + j];
}

/* 合并两个临时数组 */

//初始化 L[l..m] 和 R[m+1..r]的索引
int i = 0, j = 0;

//初始化被合并的子数组 arr[l..r]的索引
int k = l;
while (i < n1 && j < n2) {
    if (L[i] <= R[j]) {
        arr[k] = L[i];
        i++;
    } else {
        arr[k] = R[j];
        j++;
    }
    k++;
}

/* 复制数组 L 中可能剩余的元素 */
while (i < n1) {
    arr[k] = L[i];
    i++;
    k++;
}

/* 复制数组 R 中可能剩余的元素 */
while (j < n2) {
    arr[k] = R[j];
```

```
            j++;
            k++;
        }
    }

    /** 归并排序的递归实现 */
    void mergeSort(int[] arr, int l, int r) {
        if (l < r) {
            //计算中间元素 m
            int m = l + (r - l) / 2;

            //递归地对两个子数组 arr[l..m] 和 arr[m+1..r] 进行排序
            mergeSort(arr, l, m);
            mergeSort(arr, m + 1, r);

            //合并两个排序的子数组
            merge(arr, l, m, r);
        }
    }
}
```

将代码中的 mergeSort(arr,l,r)理解为“分”和“递”，将 merge(arr,l,m,r)理解为“治”和“归”，有利于我们理解上述代码。

那么，“治”和“归”的过程是如何实现的呢？我们以最后一次 merge(arr,0,2,5)操作为例进行说明。

最后一次合并前的数组如图 9.29 所示。

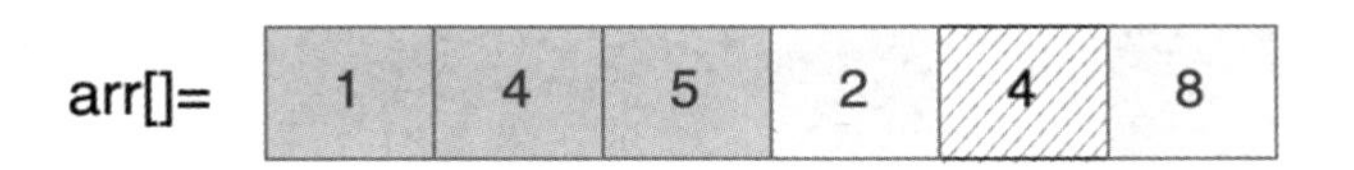

图 9.29

此时原始数组已被分成两个有序的子数组[1,4,5]和[2,4,8]。先将两个有序的子数组分别保存到两个临时数组 L 和 R 中，如图 9.30 所示。

再将数组 L 和数组 R 合并到原始数组 arr 中，如图 9.31 所示。初始时 $i=j=k=0$，$L[i]=1\leqslant R[j]=2$，将 $L[i]=1$ 存储到 $arr[k]$ 中，并将指针 i 和指针 k 均向后移动，即 $i=1$，$j=0$，$k=1$；继续比较 $L[i]=4>R[j]=2$，将 $R[j]=2$ 存储到 $arr[k]$ 中，并将指针 j 和指针 k 均向后移动，即 $i=1$，$j=1$，$k=2$；比较 $L[i]=4\leqslant R[j]=4$，将 $L[i]=4$ 存储到 $arr[k]$ 中，并将指针 i 和指针 k 向后移动，即 $i=2$，$j=1$，$k=3$；以此类推，就可以将两个有序的子数组合并为一个有序数组。

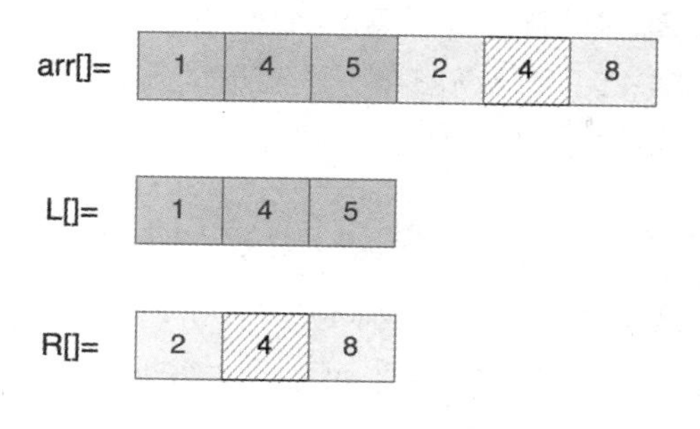

图 9.30

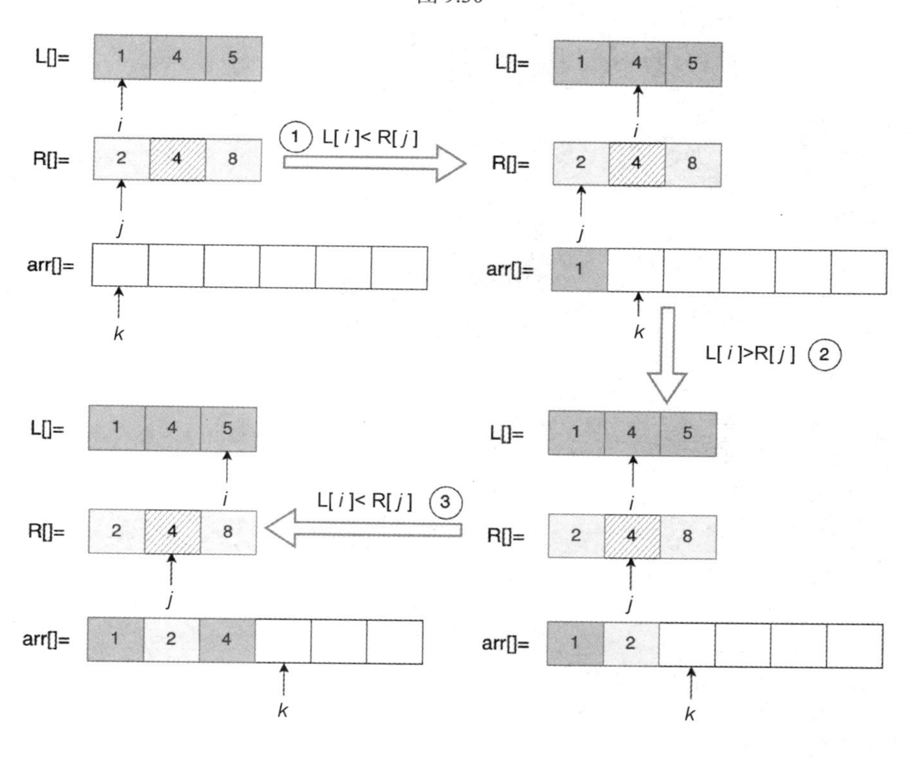

图 9.31

9.7.2 归并排序复杂度分析

1. 时间复杂度

归并排序（二路归并）方法就是把一个包含 n 个元素的数组，先折半拆分为两个子数组（二路），再将这两个子数组拆分，一直分下去，直到分为 n 个长度为 1 的元素为止；然后两两元素按大小归并，如此反复，直到最后形成包含 n 个元素的有序数组。

归并排序总时间=拆分时间+子数组排序时间+合并时间

无论数组有多少个数都是折半拆分，也就是 $m = l + (r - l) / 2$ ，所以拆分时间是常数 $O(1)$ ，可以忽略不计，因此有

归并排序总时间=子数组排序时间+合并时间

对于一个包含 n 个元素的数组而言，若归并排序的时间为 $T(n)$ ，则可以很轻松地得到 $T(n)$ 和 $T(n/2)$ 之间的关系式。将包含 n 个元素的数组拆分成 2 个分别包含 $n/2$ 个元素的子数组，则归并排序的时间 $T(n) = 2T(n/2) + n$ ，其中， n 表示合并时间，也就是 merge() 函数中合并两个子数组的时间，时间复杂度为 $O(n)$ 。

有两种方式可以得到 $T(n)$ 和 $T(1)$ 之间的关系式。

（1）递归式。

如图 9.32 所示，已知 $T(n) = 2T(n/2) + n$ ，注意， n 前面的系数是1，即 $\log_2 2$ 。

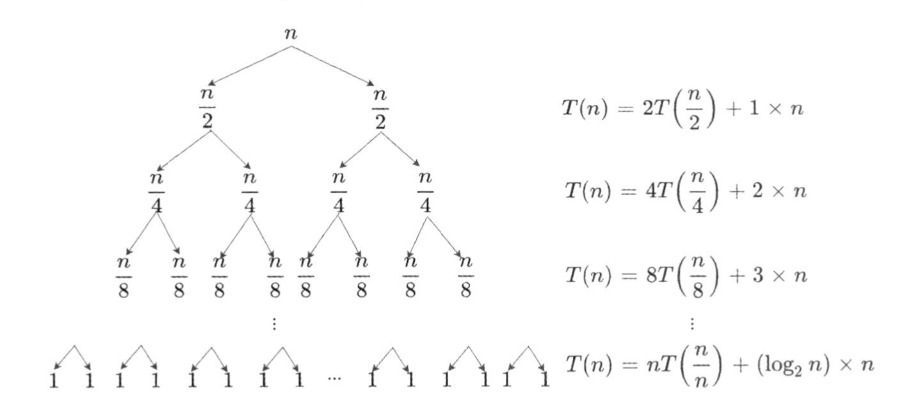

图 9.32

很容易得到 $T(n/2)$ 和 $T(n/4)$ 之间的关系式为

$$T(n/2) = 2T(n/4) + n/2$$

将 $T(n/2)$ 与 $T(n/4)$ 之间的关系式代入 $T(n) = 2T(n/2) + n$ ，就是将所有 $T(n/2)$ 替换为 $2T(n/4) + n/2$ ，则有

$$T(n) = 2(2T(n/4) + n/2) + n = 4T(n/4) + 2n$$

就得到了 $T(n)$ 与 $T(n/4)$ 之间的关系式。注意，n 前面的系数 2 为 $\log_2 4$ 。

同理， $T(n/4)$ 与 $T(n/8)$ 之间的关系式为 $T(n/4) = 2T(n/8) + n/4$ 。将它代入 $T(n) = 4T(n/4) + 2n$ ，得到 $T(n)$ 和 $T(n/8)$ 之间的关系式为

$$T(n) = 8T(n/8) + 3n$$

注意，n 前面的系数 3 为 $\log_2 8$ 。

以此类推，可以推知 $T(n)$ 与 $T(1)$ 之间的关系为

$$T(n)=nT(1)+(\log_2 n)\times n$$

所以，归并排序的时间复杂度为 $O(n\log_2 n)$ 。

（2）主定理。

令 $a \geqslant 1$ ，$b>1$ ，$f(n)$ 是一个函数，$T(n)$ 是定义在非负整数上的递归式：

$$T(n)=aT(n/b)+f(n)$$

式中，n/b 为 $\lceil n/b \rceil$ 或 $\lfloor n/b \rfloor$，则 $T(n)$ 有如下渐进界。

（1）若对某个常数 $\varepsilon>0$ 有 $f(n)=O\left(n^{\log_b a-\varepsilon}\right)$，则 $T(n)=O\left(n^{\log_b a}\right)$。

（2）若 $f(n)=O\left(n^{\log_b a}\right)$，则 $T(n)=O\left(n^{\log_b a}\log_2 n\right)$。

（3）若对某个常数 $\varepsilon>0$ 有 $f(n)=O\left(n^{\log_b a+\varepsilon}\right)$，且对某个常数 $c<1$ 和所有足够大的 n 有 $af(n/b) \leqslant cf(n)$，则 $T(n)=O(f(n))$。

主定理是对递归式 $T(n)=aT(n/b)+f(n)$ 提供的一种“菜谱式”的求解方法。关于主定理的证明就不在这里解释了，感兴趣的朋友可以看一下《算法导论》中的主定理证明。

已知 $T(n)=2T(n/2)+n$，与 $T(n)=aT(n/b)+f(n)$ 对应可知：

$$a=2, \quad b=2, \quad f(n)=n$$

则

$$f(n)=n=O\left(n^{\log_b a}\right)=O(n)$$

所以

$$T(n)=O\left(n^{\log_b a}\log_2 n\right)=O(n\log_2 n)$$

即归并排序的时间复杂度为 $O(n\log_2 n)$。

2. 空间复杂度

在合并时，我们使用了存储待合并的两个数组元素的空间，这个数组依次开辟空间大小的就是 1,2,4,8,⋯,n/2。由于有两个数组，所以可能开辟的空间大小为 2,4,8,⋯,n。归并排序的空间复杂度为 $O(n)$。与插入排序、冒泡排序、选择排序相比，可以将归并排序理解为空间换时间的有效例证。归并排序不是一个原地排序算法，原地排序算法的空间复杂度为 $O(1)$。

9.7.3 稳定性分析

由图 9.28 可知，归并排序是稳定排序算法，排序前后数组中的两个元素 4 的相对位置

没有发生变化。归并排序稳定的根本原因是在合并时相同的两个元素不存在交换位置的可能性。

9.8 快速排序

9.8.1 快速排序简介

与归并排序一样，快速排序也使用了分而治之的思想，因此也可以考虑用递归来实现。快速排序使用的分而治之的方式与归并排序使用的分而治之的方式略有不同。在归并排序中，Divide步骤几乎没有任何作用，所有真正的工作都发生在Combine步骤中；快速排序则相反，所有真正的工作都发生在Divide步骤中。事实上，快速排序中的Combine步骤一点儿作用都没有。

下面我们看一下快速排序是如何使用分而治之思想的。与归并排序一样，可以考虑对子数组 $\text{arr}[l..r]$ 进行排序，其中初始子数组就是原始数组为 $\text{arr}[0..n-1]$。

（1）Divide：选取子数组 $\text{arr}[l..r]$ 中的任意元素作为基准 pivot（也可以认为是要放到排序后数组正确位置的元素）。

重新排列子数组 $\text{arr}[l..r]$ 中的元素，使子数组 $\text{arr}[l..r]$ 中的所有小于或等于 pivot 的元素都在其左侧，所有大于 pivot 的元素都在其右侧，此过程被称为划分（Partition）。此时，pivot 左侧的元素相对于彼此的顺序无关紧要，pivot 右侧的元素也是如此，我们只关心每个元素相对于 pivot 都在正确一侧。

选择 pivot 的方法有很多，比如：

- 选择最左边的元素作为 pivot。
- 选择最右边的元素作为 pivot。
- 随机地选择一个元素作为 pivot。
- 选择中间的元素作为 pivot。

实践中，我们通常选择子数组最右边的元素 $\text{arr}[r]$ 作为 pivot。例如，如果子数组由 [1,8,3,9,4,5,4,7] 组成，那么选择最右边的元素 7 作为 pivot，划分之后，子数组是 [1,3,4,5,4,7,8,9]。设 q 是基于 pivot 划分后 pivot 的最终索引。

（2）Conquer：通过递归对子数组 $\text{arr}[l..q-1]$（小于或等于 pivot 的所有左侧元素）和子数组 $\text{arr}[q+1..r]$（大于 pivot 的所有右侧元素）进行排序。

（3）Combine：什么都不做。一旦 Conquer 步骤完成了对子数组的递归排序，所有位于

pivot 左侧的子数组 $arr[l..q-1]$ 中的元素都已排序，所有位于 pivot 右侧的子数组 $arr[q+1..r]$ 中的元素也都已排序，子数组 $arr[l..r]$ 中的元素自然就有序了，所以不必合并。

以子数组[1,3,4,5,4,**7**,8,9]为例进行说明。对 pivot(7)左、右两侧的子数组进行递归排序后，pivot 左侧的子数组为[1,3,4,4,5]，pivot 右侧的子数组为[8,9]，所以子数组[1,3,4,4,5,**7**,8,9]已排好序。

像归并排序一样，快速排序的基例（Base Case）是仅包含一个元素的子数组。在归并排序中，我们永远不会看到没有元素的子数组。但在快速排序中，如果子数组中的其他元素都小于 pivot 或都大于 pivot，就会出现没有元素的子数组。

快速排序的关键是划分，我们回到 Divide 步骤，执行一次子数组的划分操作，就可以将作为 pivot 的元素放到排序数组的正确位置，并且将所有小于或等于 pivot 的元素放到 pivot 的左边，所有大于 pivot 的元素放到 pivot 的右边。划分操作的时间复杂度是线性的，即 $O(n)$。

为了讲解快速排序并验证其稳定性，我们以如图 9.33 所示的数组为例来说明快速排序的划分操作。数组中的两个元素 4 分别用不同的底色标注。

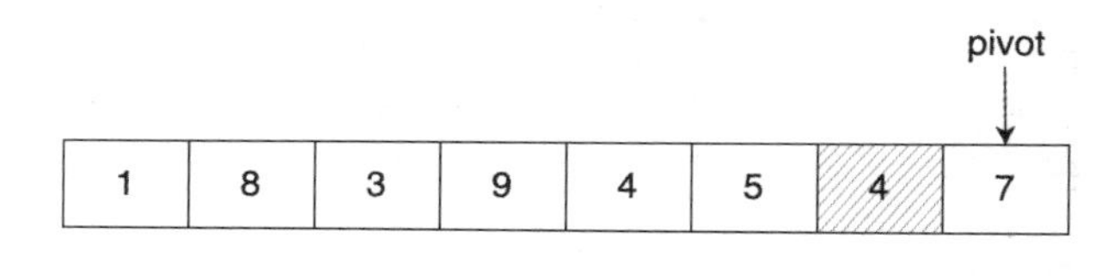

图 9.33

选择数组最右侧的元素 **7** 作为 pivot，并执行第一次快速排序。

第一步：设置一个指针 ***i* = −1**（初始化为-1，用于查找 pivot 的正确位置），设置一个遍历数组的指针 ***j* = 0**，用于遍历从索引 0 到 pivot 前一个元素的索引 6 之间的所有元素（两条竖线之间的元素），以将元素 **7** 放到排序后数组的正确位置，如图 9.34 所示。

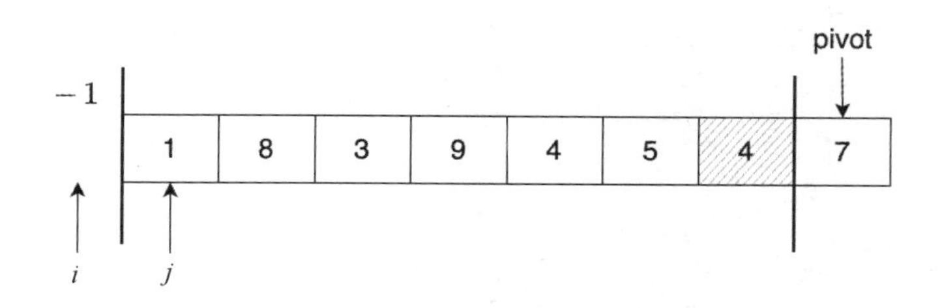

图 9.34

第二步：比较指针 ***j*** 当前指向的元素 **1** 和元素 **7**，**1 <= 7** 为真；指针 ***i*+1**，即 ***i* = 0**，**arr[*i*]**

和 **arr[*j*]**交换位置，即 **arr[0]**和 **arr[0]**交换位置（数组自身进行交换并无变化）；指针 ***j*** 向右移动，如图 9.35 所示。

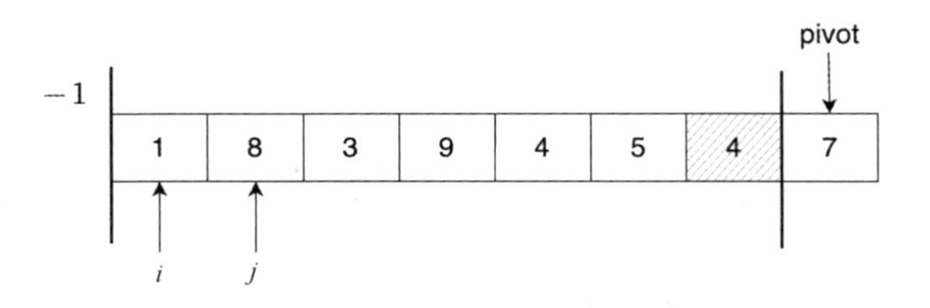

图 9.35

第三步：比较指针 ***j*** 当前指向的元素 **8** 和元素 **7**，**8 > 7** 为真；什么都不做；指针 ***j*** 向右移动，如图 9.36 所示。

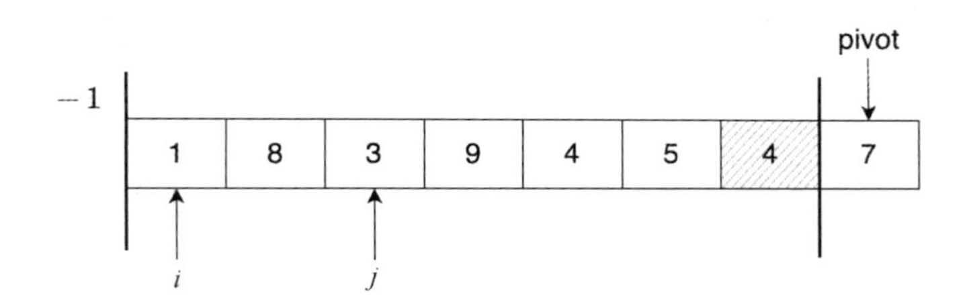

图 9.36

第四步：比较指针 ***j*** 当前指向的元素 **3** 和元素 **7**，**3 <= 7** 为真；指针 ***i*+1**，即 ***i* = 1**，arr[*i*]和 arr[*j*]交换位置，即 arr[1] = 8 和 arr[2] = 3 交换位置；指针 *j* 向右移动，如图 9.37 所示。

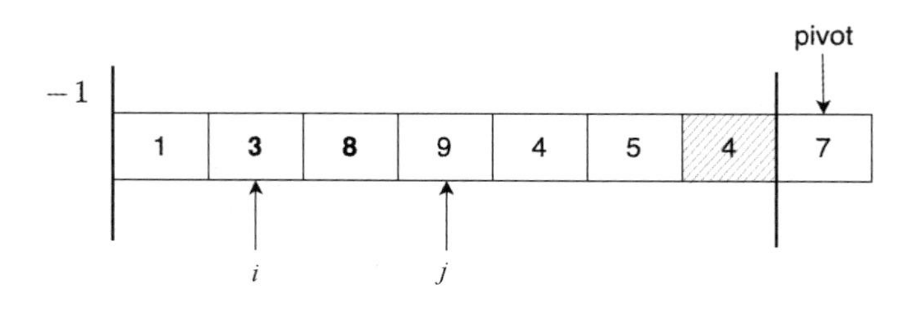

图 9.37

第五步：比较指针 ***j*** 当前指向的元素 **9** 和元素 **7**，**9 > 7** 为真；什么都不做；指针 ***j*** 向右移动，如图 9.38 所示。

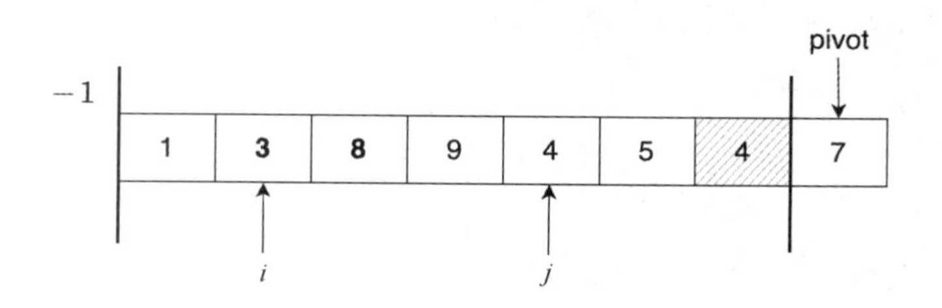

图 9.38

第六步：比较指针 ***j*** 当前指向的元素 **4** 和元素 **7**，**4 <= 7 为真**；指针 ***i*+1**，即 ***i* = 2**，arr[*i*]和 arr[*j*]交换位置，即 arr[2] = 8 和 arr[4] = 4 交换位置；指针 *j* 向右移动，如图 9.39 所示。

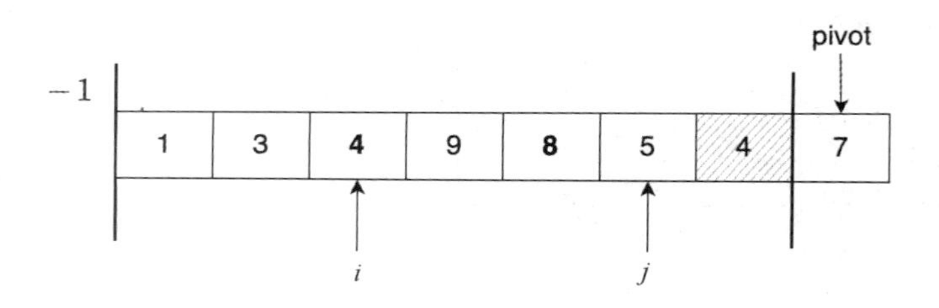

图 9.39

第七步：比较指针 ***j*** 当前指向的元素 **5** 和元素 **7**，**5 <= 7 为真**；指针 ***i*+1**，即 ***i* = 3**，arr[*i*]和 arr[*j*]交换位置，即 arr[3] = 9 和 arr[5] = 5 交换位置；指针 *j* 向右移动，如图 9.40 所示。

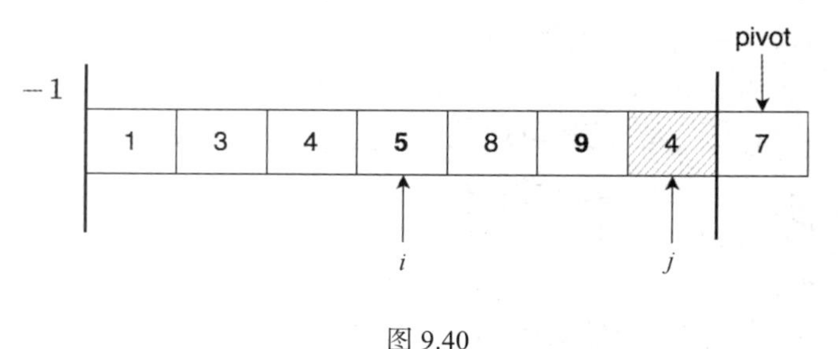

图 9.40

第八步：比较指针 ***j*** 当前指向的元素 **4** 和元素 **7**，**4 <= 7** 为真；指针 ***i*+1**，即 ***i* = 4**，arr[*i*]和 arr[*j*]交换位置，即 arr[4] = 8 和 arr[6] = 4 交换位置；指针 *j* 向右移动，如图 9.41 所示。

第九步：遍历结束，arr[*i*+1]和 arr[right] = pivot 交换位置，即元素 **9** 和元素 **7** 交换位置，如图 9.42 所示。

此时第一次快速排序结束，我们确定了最开始选择的 pivot 的正确位置。

接下来就是分别对元素 **7** 左侧的比元素 **7** 小的元素[1,3,4,5,4]与元素 **7** 右侧的比元素 **7** 大的元素进行快速排序，排序过程和第一次排序过程一样，此处不再赘述。

接下来回看 Conquer 操作，再执行一遍对子数组的递归排序过程。第一次划分操作之后，我们得到了两个子数组，子数组[1,3,4,5,4]中是 pivot 左侧的元素和子数组[8,9]中是 pivot 右侧的元素。

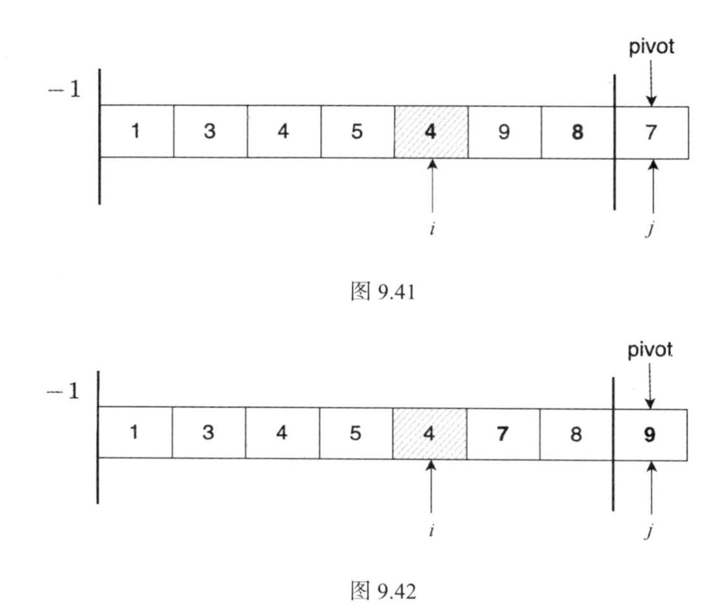

图 9.41

图 9.42

对子数组[1,3,4,5,4]进行排序，选择最右侧的元素 4 作为 pivot，划分后得到子数组[1,3,4,**4**,5]。分别对 pivot 左侧的子数组[1,3,4]和 pivot 右侧的子数组[5]进行递归划分，其中 pivot 右侧的子数组[5]仅包含一个元素，属于基例。对 pivot 左侧子数组[1,3,4]进行排序，选择最右侧元素 4 作为 pivot，划分后得到子数组[1,3,**4**]，pivot 左侧子数组为[1,3]，pivot 右侧子数组为空。对 pivot 左侧子数组[1,3]进行排序，选择最右侧元素 3 作为 pivot，划分后得到子数组[1,**3**]，pivot 左侧子数组为[1]仅包含一个元素，pivot 右侧子数组为空。

对子数组[8,9]进行排序，选择最右侧元素 9 作为 pivot，划分后得到子数组[8, **9**]，pivot 左侧子数组为[8]仅包含一个元素，pivot 右侧子数组为空。

图 9.43 所示为整个快速排序算法的展开方式，灰底处为在以前的递归调用中作为 pivot 的元素，因此这些位置中的值将不会被检查或移动。

如图 9.43 所示，先根据元素 7 将原始数组[1,8,3,9,4,5,4,**7**]划分为小于元素 **7** 的子数组[1,3,4,5,4]和大于元素 7 的子数组[8,9]。然后将子数组[1,3,4,5,**4**]根据元素 **4** 划分为子数组[1,3,4]和子数组[5]；将子数组[1,3,**4**]根据元素 **4** 划分为子数组[1,3]；将子数组[1,**3**]根据元素 **3** 划分为子数组[1]。再将子数组[8,**9**]根据元素 **9** 划分为子数组[8]。这个过程就是二分。我们对图 9.43 进行简化，可以得到如图 9.44 所示的二叉树，而且这棵二叉树的中序遍历结果刚好是最后排好序的有序数组[1,3,4,4,5,7,8,9]。只不过对于这个数组而言选择末尾的元素作为 pivot 得到的树的高度并不是我们期望的 $\log_2 n = \log_2 8 = 3$ ，而是 **4**。

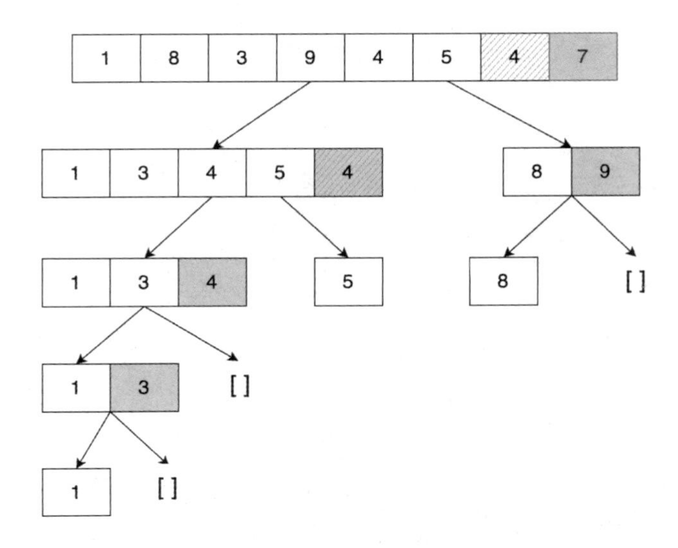

图 9.43

这就是快速排序的缺点。对于一个有序数组[1,3,4,4,5,7,8,9]而言，如果每次选择最后一个元素作为 pivot，就会得到一棵如图 9.45 所示的斜树。

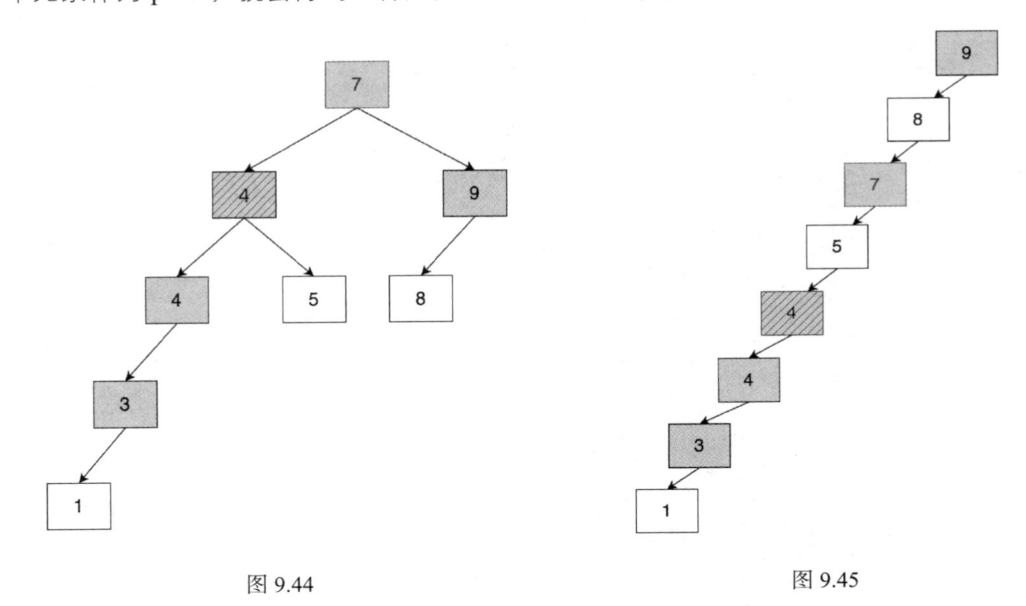

图 9.44　　图 9.45

此时这棵树的高度为 n，这意味着快速排序退化成了一棵斜树，这不是我们希望看到的。对于有序数组[1,3,4,4,5,7,8,9]，若每次选择最中间的元素作为 pivot，我们就会得到一棵如图 9.46 所示的平衡二叉树。

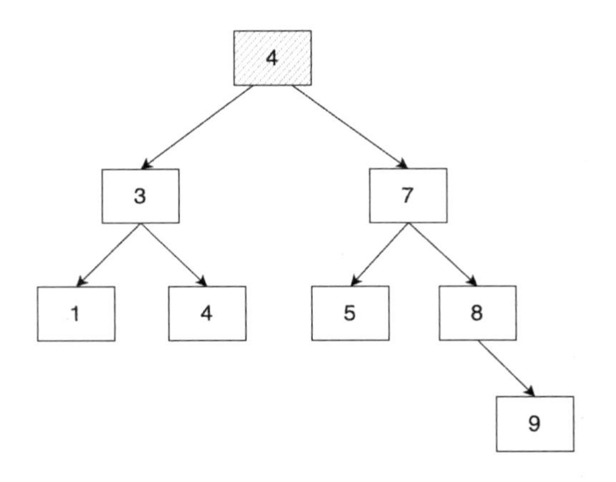

图 9.46

思考：如果调整数组[1,8,3,9,4,5,4,7]的顺序，使得以调整后的数组最右侧元素作为 pivot 的快速排序的分治过程如图 9.46 所示，那么调整顺序后的数组应该是什么呢？

答案：调整顺序后的数组应该是平衡二叉树的中序遍历结果[1,4,3,5,9,8,7,4]。

快速排序的实现代码如下。

```
class QuickSort {
    /**将最后一个元素作为 pivot 进行划分操作*/
    int partition(int[] arr, int low, int high) {
        int pivot = arr[high];
        //比 pivot 小的元素的索引
        int i = (low - 1);
        for (int j = low; j < high; j++) {
            //当前指针指向的元素小于 pivot
            if (arr[j] < pivot) {
                i++;
                //arr[i] 和 arr[j]交换位置
                int temp = arr[i];
                arr[i] = arr[j];
                arr[j] = temp;
            }
        }
        //arr[i+1] 和 arr[high] (也就是 pivot)交换位置
        int temp = arr[i + 1];
        arr[i + 1] = arr[high];
        arr[high] = temp;

        return i + 1;
```

```
    }


    /** “分”的过程，利用递归调用实现快速排序*/
    void sort(int[] arr, int low, int high) {
        if (low < high) {
            /* pi 是 pivot 排序后的位置的索引*/
            int pi = partition(arr, low, high);

            //递归调用 pivot 的前后数组
            sort(arr, low, pi - 1);
            sort(arr, pi + 1, high);
        }
    }
}
```

9.8.2 快速排序复杂度及稳定性分析

1. 时间复杂度分析

快速排序的时间通常表示为

$$T(n) = T(k) + T(n-k+1) + n$$

式中，$T(k)$和$T(n-k+1)$分别表示递归调用时间；最后一项n表示 partition()函数的执行时间；k表示比 pivot 小的元素的数目。

快速排序的时间复杂度取决于输入的数组和划分策略，所以需要分三种情况进行分析。

（1）最坏的情况。

最坏的情况就是每一次选择最大的元素或最小的元素作为 pivot。若选择末尾元素作为 pivot，则最坏的情况就是输入的待排序数组为有序数组（以升序为例），此时$k = n-1$，则有

$$T(n) = T(n-1) + T(0) + n$$

即

$$T(n) = T(n-1) + n$$

所以在最坏的情况下时间复杂度为$O(n^2)$。

不理解上述推导过程没关系，看如下示例。

设对有序数组**[1,3,4,4,5,7,8,9]**进行快速排序，每次选择末尾元素作为 pivot，就会得到一棵如图 9.45 所示的斜树。也就是说需要选择n个 pivot，并且以每个 pivot 进行划分需要花费的时间为$O(n)$，那么总时间复杂度就是$O(n^2)$。

（2）最好的情况。

如果划分过程中每一次都能选择最中间的元素作为基准 pivot，那么快速排序的时间复杂度为

$$T(n)=T(n/2)+T(n/2)+n$$

式中，$T(n)$表示快速排序的时间复杂度；$T(n/2)$表示划分得到的两个子数组排好序所用的时间；n表示 partition()函数的执行时间。

根据主定理，快速排序在最好的情况下时间复杂度为$O(n\log_2 n)$。

当然我们也可以换一个角度来算。例如，对数组[1,8,3,9,4,5,4,7]而言，我们希望得到的是如图 9.46 所示的平衡二叉树，这棵树的高度是$O(\log_2 n)$，也就是需要选择$O(\log_2 n)$次 pivot，而根据每个 pivot 我们需要花费$O(n)$时间执行 partition()函数，所以总时间复杂度为$O(n\log_2 n)$。

（3）平均情况。

如果想分析平均时间复杂度，我们就需要考虑数组的所有可能的排列，计算出每个排列需要的时间，并求平均值。这样做太复杂了。我们可以考虑一个一般假设。例如，对于一个数组而言，$n/10$的元素每次比选择的 pivot 小，而$9n/10$的元素比每次选择的 pivot 大，那么快速排序的时间复杂度为

$$T(n)=T(n/10)+T(9n/10)+n$$

根据主定理，快速排序的时间复杂度是$O(n\log_2 n)$。这意味着只要每一次不是选择最大或最小的元素作为 pivot，时间复杂度都是$O(n\log_2 n)$。因此，快速排序的平均时间复杂度是$O(n\log_2 n)$。

2. 空间复杂度分析

在快速排序的实现中，我们仅使用了一个临时变量用来执行交换操作，也就是其空间复杂度为$O(1)$，所以快速排序是一个原地排序算法。

3. 稳定性分析

快速排序的划分阶段会进行交换操作，而这种交换操作会破坏原始数组中元素之间的相对位置，因此快速排序是一个不稳定的排序算法。

9.8.3 快速排序与归并排序的比较

1. 对数组中的元素的划分

在归并排序中，数组总被划分为大小相等的两部分（$n/2$）；而在快速排序中，数组

可能被划分为任意比例（如之前提到的$n/10$和$9n/10$），而不是强制要求将数组划分为大小相等的两部分。

2. 最坏的时间复杂度

归并排序最坏情况和平均情况下的时间复杂度均为$O(n\log_2 n)$，快速排序最坏情况下的时间复杂度为$O(n^2)$。

3. 对数据的敏感性

归并排序适用于任何类型的数据集，不受数据集大小限制；快速排序不适用于大规模数据集，也就是当数组太大时，快速排序的效果不好。

4. 空间复杂度

归并排序需要额外的存储空间$O(n)$，不是一个原地排序算法；快速排序不需要额外的存储空间，空间复杂度为$O(1)$，是原地排序算法。

5. 效率

归并排序在大规模的数据集上比快速排序更高效，而快速排序在小规模的数据集上比归并排序更高效。这个规模在 Java 的 sort 中有一个参考的界定。

6. 排序方法

归并排序是一个外部排序算法，待排序数据无法存储在主存储器中，需要额外的存储空间进行辅助合并；而快速排序是一个内部排序算法，所有数据都存储在主存储器中。

7. 稳定性

归并排序是一个稳定排序算法，因为两个相同元素在排序前后的相对位置不会发生变化；快速排序不是一个稳定排序算法，但是可以通过调整代码让其变得稳定。

8. 对数组和链表的敏感度

归并排序既适用于数组，又适用于链表；而快速排序更适用于数组。

综合来看，尽管快速排序在最坏情况下的时间复杂度为$O(n^2)$，比归并排序在最坏情况下的时间复杂度高。但是在实际应用中，快速排序更快。因为对于大多数真实数据，快速排序可以以更高效的方式实现；而且快速排序可以通过改变 pivot 的选择方式实现不同的版本，很少发生最坏情况。当然，大规模数据和存储在外部存储器的数据更适合使用归并排序。

9.9 计数排序

9.9.1 计数排序简介

计数排序（Counting Sort）是一种针对特定范围内的整数进行排序的算法。它通过统计给定数组中不同元素的数量（类似于 Hash 映射）实现排序。

我们以数组 arr = [1,4,1,2,5,2,4,1,8]为例进行说明。

先创建一个 count 数组统计并存储原数组 arr 中每一个唯一对象出现的次数，如图 9.47 所示。count[i]表示元素 i 在原数组 arr 中出现的次数，如 count[1] = 3，表示原数组中元素 1 出现了 3 次。

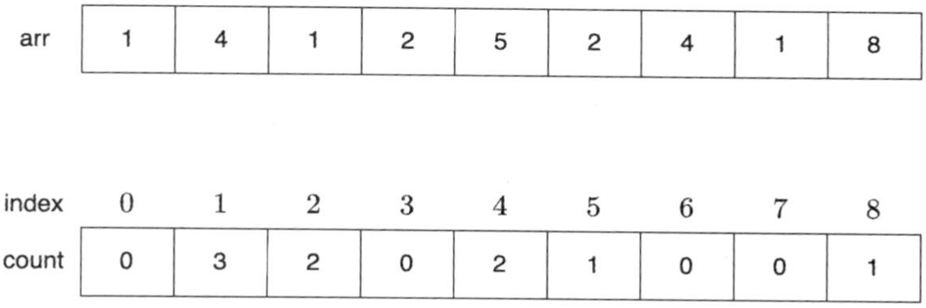

arr	1	4	1	2	5	2	4	1	8

index	0	1	2	3	4	5	6	7	8
count	0	3	2	0	2	1	0	0	1

图 9.47

如果不考虑计数排序的稳定性，那么只要得到 count 数组，计数排序算法就可以结束了，按照 count 数组中索引对应的元素出现的次数直接输出即可。

```
for(int i = 0; i < count.length; i++){
    if (count[i] != 0){
        for(int j = 0; j < count[i]; j++){
            System.out.print(i + " ");
        }
    }
}
```

为了保证计数排序的稳定性，我们该如何做呢?

从宏观的角度来看，我们的目的就是找到待排序数组中每个元素在排序后数组中的正确位置。

先看一下 count 数组本身，数组中的 0 对于输出没有任何影响，所以可以考虑将它直接去掉；然后按照 count 数组的意义对其展开，就可以得到排序后数组（输出数组 output）的一个轮廓图，如图 9.48 所示。

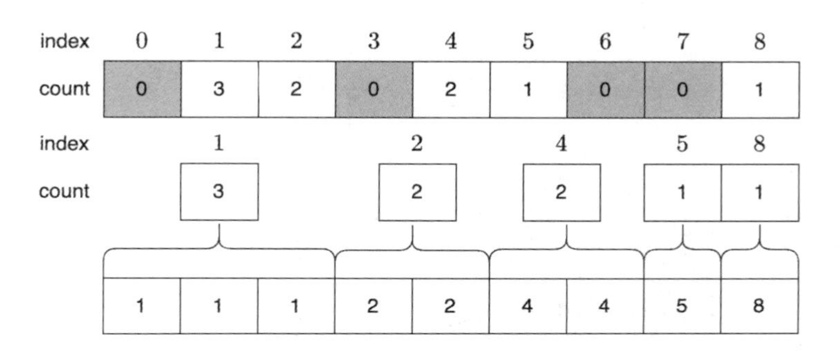

图 9.48

但是我们并不知道相同元素对应原始数组 arr 中的哪个，相当于没有考虑元素的相对顺序。对这个过程的理解有助于我们理解稳定性的处理过程。

已知 count 数组中的每一个值表示它对应的索引在数组 arr 中出现的次数，遍历数组（索引从 1 开始），并对数组 count 中的每一个元素执行 count[i] = count[i] + count[i − 1] 语句，如图 9.49 所示。

index	0	1	2	3	4	5	6	7	8
count	0	3	5	5	7	8	8	8	9

图 9.49

此时得到的新 count 数组可以表示元素的位置信息。例如，count[1] = 3 表示数组 arr 中的元素 **1** 一定出现在索引 0～2 处；而紧随其后的 count[2] = 5 表示元素 **2** 出现在索引 **3** 和索引 **4** 处；count[3] = 5，与 count[2] 的值相同，两者之差就表示元素 3 出现的次数，为 **0**，所以不占位置；count[4] = 7，表示元素 **4** 出现在索引 **5** 和索引 **6** 处，依次类推，可以对新 count 数组中的每一个元素做解释。

有了这个新 count 数组，我们如何得到数组 arr 中的元素在输出数组 output 中的正确位置呢？

第一步：从后向前遍历。初始时 $i = n-1 = 8$，计算出 arr[i] = arr[8] = 8 在输出数组 output 中的正确位置。count[arr[i]] − 1 = count[8] − 1 = 8，即在输出数组 output 中 arr[8]的正确位

置为索引 **8** 处；将 arr[8]赋值给 output[8] = 8，并更新 count[arr[*i*]]=count[arr[*i*]] − 1，如图 9.50 所示。

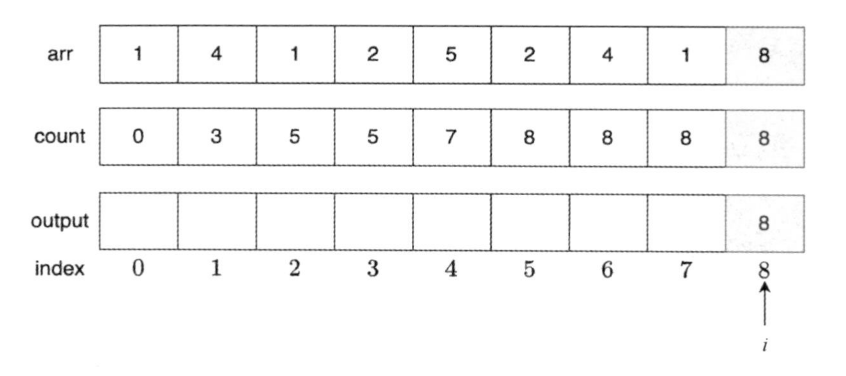

图 9.50

第二步：***i* = *n* − 2 = 7**，计算 arr[7] = 1 在排序后数组 output 中的正确位置。count[arr[7]] − 1 = count[1] − 1 = 2，即最后一个元素 **1** 在输出数组 output 中的正确位置索引为 **2** 处。将 count[arr[7]]的值减 **1** 的原因是我们已经找到了最后一个元素 **1** 的正确位置，目前只剩余两个元素 **1** 没有找到正确位置，如图 9.51 所示。

arr	1	4	1	2	5	2	4	1	8
count	0	2	5	5	7	8	8	8	8
output			1						8
index	0	1	2	3	4	5	6	7	8
								i	

图 9.51

以此类推，就可以得到原数组 arr 中的每个元素在输出数组 output 中的正确位置，其原理就是从后向前倒推，先从 arr 数组中取到索引 *i* 对应的值 arr[*i*]，然后在新 count 数组中取到元素 arr[*i*] 在输出数组 output 中的最终位置 $\text{count}\left[\text{arr}[i]\right]-1$，同时不断更新 count 数组和输出数组 output，如图 9.52 所示。

arr	1	4	1	2	5	2	4	1	8
count	0	0	3	5	5	7	8	8	8
output	1	1	1	2	2	4	4	5	8
index	0	1	2	3	4	5	6	7	8

图 9.52

这就是稳定的计数排序。那么我们为什么从后向前遍历新的 count 数组呢？

因为只有这样才能保证计数排序的稳定性。例如，原始数组 arr 中的 3 个元素 **1** 在排序前后的相对位置没有发生变化，如图 9.53 所示。

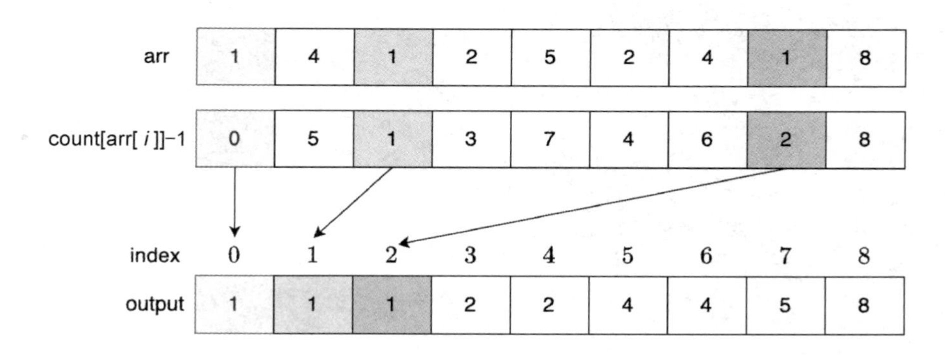

图 9.53

计数排序实现代码如下所示。

```
class CountingSort {
    void sort(int[] arr) {
        int n = arr.length;
        int maxValue = arr[0];
        for (int i = 1; i < n; i++) {
            if (arr[i] > maxValue) {
                maxValue = arr[i];
            }
        }
        //存储排好序的数组元素
        int[] output = new int[n];
```

```
        //创建一个存储映射值的 count 数组
        int[] count = new int[maxValue + 1];
        for (int i = 0; i <= maxValue; ++i) {
            count[i] = 0;
        }

        //统计数组 arr 中每个元素出现的次数
        for (int i = 0; i < n; ++i) {
            ++count[arr[i]];
        }

        //更新 count 数组以保存元素排序后的位置
        for (int i = 1; i <= maxValue; ++i) {
            count[i] += count[i - 1];
        }

        //逆序遍历 count 数组以保证稳定性
        for (int i = n - 1; i >= 0; i--) {
            output[count[arr[i]] - 1] = arr[i];
            --count[arr[i]];
        }

        //复制 output 数组到 arr 数组
        for (int i = 0; i < n; ++i) {
            arr[i] = output[i];
        }
    }

    public static void main(String[] args) {
        CountingSort os = new CountingSort();
        int[] arr = {1,4,1,2,5,2,4,1,8};

        os.sort(arr);

        System.out.print("排序后的数组为: ");
        for (int i = 0; i < arr.length; ++i) {
            System.out.print(arr[i] + " ");
        }
    }
}
```

当数组变成 arr[] = {−1,4,−1,−2,5,−2,4,−1,8}，即数组中存在负数时，上面介绍的计数排序的实现方式就会因为数组的索引不能为负而失效。

针对这种情况，我们需要先找到数组 arr[] = {−1,4,−1,−2,5,−2,4,−1,8} 中的最小值 $min = -2$，以及最大值 $max = 8$，然后开辟一个大小为 $max - min + 1$ 的 count 数组，统计数组中每一个元素出现的次数，如图 9.54 所示。

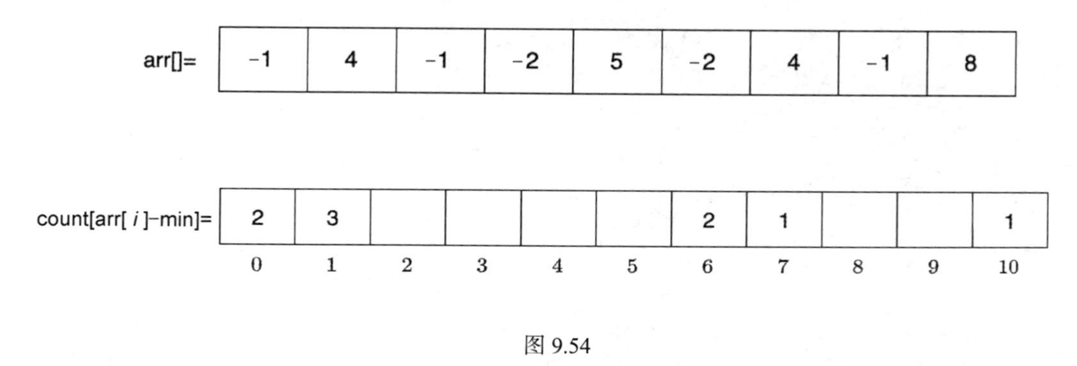

图 9.54

数组 arr 中的最小值 $min = -2, -2$ 被映射到 count 数组中索引为 0 的位置，数组 arr 中包含 **2** 个 −2，所以 $count[0] = 2$；数组 arr 中有 **3** 个 −1，其中 $-1-(-2)=1$，即 −1 映射到了 count 数组索引为 1 的位置，所以 $count[1] = 3$。得到 count 数组之后的操作和原始实现方式一样。

改进的计数排序实现代码如下。

```
import java.util.*;

class CountingSort
{

    static void countSort(int[] arr)
    {
        int max = Arrays.stream(arr).max().getAsInt();
        int min = Arrays.stream(arr).min().getAsInt();
        int range = max - min + 1;
        int count[] = new int[range];
        int output[] = new int[arr.length];
        for (int i = 0; i < arr.length; i++)
        {
            count[arr[i] - min]++;
        }

        for (int i = 1; i < count.length; i++)
```

```
        {
            count[i] += count[i - 1];
        }

        for (int i = arr.length - 1; i >= 0; i--)
        {
            output[count[arr[i] - min] - 1] = arr[i];
            count[arr[i] - min]--;
        }

        for (int i = 0; i < arr.length; i++)
        {
            arr[i] = output[i];
        }
    }

    static void printArray(int[] arr)
    {
        for (int i = 0; i < arr.length; i++)
        {
            System.out.print(arr[i] + " ");
        }
        System.out.println("");
    }

    public static void main(String[] args)
    {
        int[] arr = {-1,4,-1,-2,5,-2,4,-1,8};
        countSort(arr);
        printArray(arr);
    }
}
```

9.9.2 计数排序复杂度分析

1. 时间复杂度

在整个代码实现过程中，仅出现了一层 for 循环，没有出现任何 for 循环嵌套，所以计数排序的时间复杂度为 $O(n)$。

2. 空间复杂度

由于计数排序过程中使用了一个大小为 **max - min + 1** 的 count 数组，所以计数排序的空间复杂度为 $O(n)$。

9.9.3 计数排序优缺点分析

（1）当输入数据的范围 **range = max - min + 1** 不明显大于要待排序数组的长度 $\boldsymbol{n}$ **= arr.length** 时，计数排序是相当高效的，比时间复杂度为 $O(n\log_2 n)$ 的快速和归并排序都优秀。

（2）计数排序不是基于比较的排序算法，时间复杂度为 $O(n)$，空间复杂度与数据范围成正比。

（3）计数排序通常用作另一个排序算法（如基数排序）的子过程。

（4）计数排序适用于负输入。

（5）计数排序在输入中有小数的情况下不适用。

9.10 基数排序

9.10.1 基数排序简介

基于比较的排序算法（归并排序、堆排序、快速排序、冒泡排序、插入排序等）在最好的情况下的时间复杂度为 $O(n\log_2 n)$，不能比 $O(n\log_2 n)$ 更小。

计数排序的时间复杂度为 $O(n)$，更准确地说，计数排序的时间复杂度为 $O(n+k)$，其中，k 表示待排序元素的取值范围（最大值与最小值之差加 1）。

那么问题来了，当待排序元素的取值范围为 1～n^2 怎么办呢?

此时就不能用计数排序了，因为在这种情况下，计数排序的时间复杂度为 $O(n^2)$。

例如，数组[170, 45, 75, 90, 802, 24, 2, 66]包含 **8** 个元素，而数组中的最大值和最小值之差为 $802-2=800$，在这种情况下，计数排序就“失灵了”。

那么有没有哪种排序算法可以在线性时间内完成这个数组的排序呢?

答案就是基数排序（Radix Sorting）。基数排序的总体思想就是从待排序数组中，自元素的最低有效位到最高有效位**逐位**进行比较排序。此外，基数排序使用计数排序作为排序的子过程。

下面以数组[170, 45, 75, 90, 802, 24, 2, 66]为例，来介绍基数排序的原理。

数组中的最大值 **802** 为三位数，为便于后续说明基数排序，在不足三位的数字前面补 **0**，即可得到数组[170, 045, 075, 090, 802, 024, 002, 066]。

第一步：按数组中元素的最低有效位，即个位，进行计数排序，排序后得到的数组[xx**0**,xx**0**,xx**2**,xx**2**,xx**4**,xx**5**,xx**5**,xx**6**]的个位已有序，如图 9.55 所示。

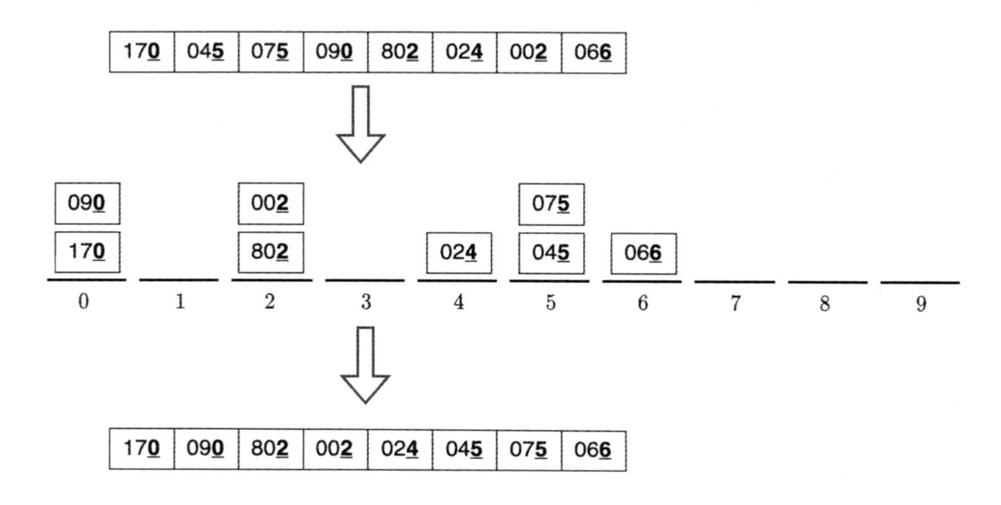

图 9.55

第二步：在第一步的基础上，按数组中元素的次低有效位，即十位，进行计数排序，排序后得到的数组[x**02**,x**02**,x**24**,x**45**,x**66**,x**70**,x**75**,x**90**]的后两位已有序，如图 9.56 所示。

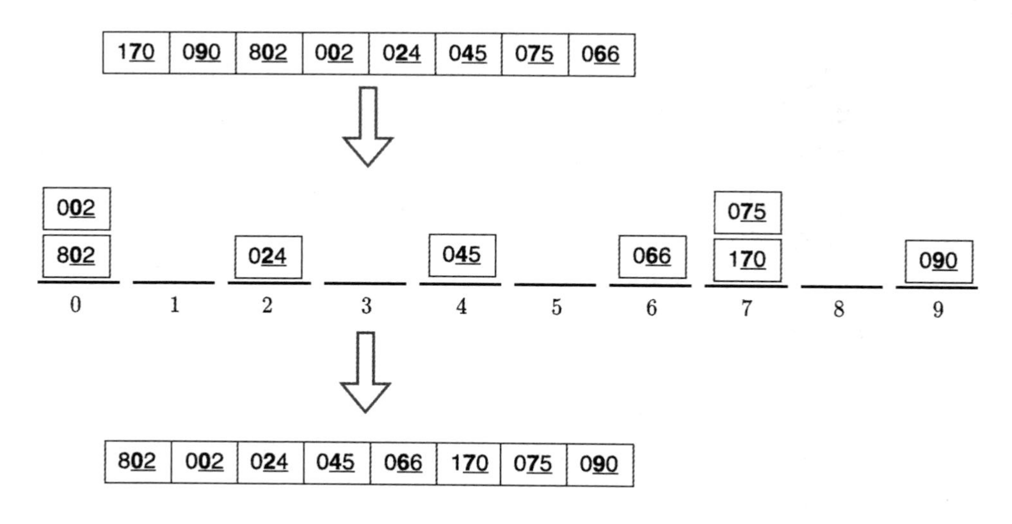

图 9.56

第三步：在第二步的基础上，按数组中元素的最高有效位，即百位，进行计数排序，如图 9.57 所示。

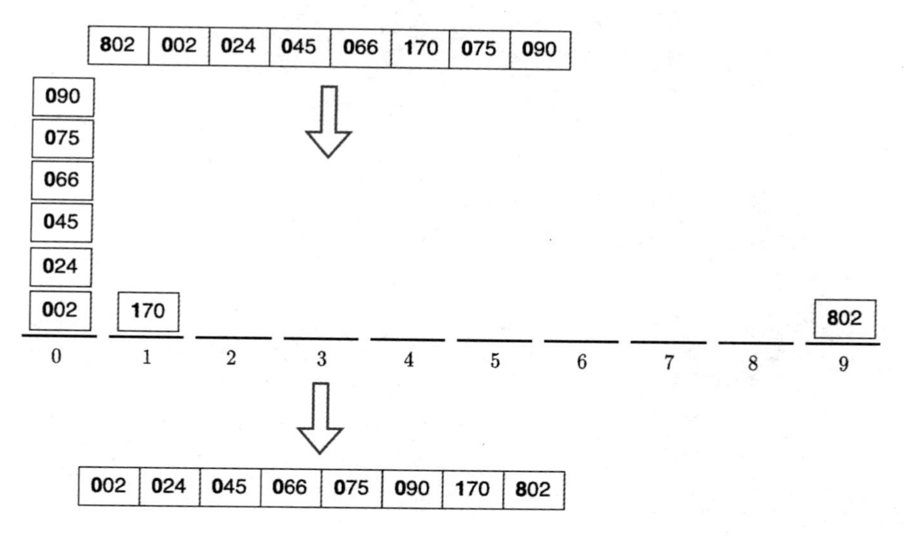

图 9.57

这样我们就完成了基数排序，得到了一个有序数组**[2, 24, 45, 66, 75, 90, 170, 802]**。

基数排序的实现代码如下所示。

```
class Radix {

    //获取数组中的最大值
    static int getMax(int[] arr, int n) {
        int max = arr[0];
        for (int i = 1; i < n; i++) {
            if (arr[i] > max) {
                max = arr[i];
            }
        }
        return max;
    }

    //计数排序
    static void countSort(int[] arr, int n, int exp) {
        int[] output = new int[n]; //输出数组
        int i;
        int[] count = new int[10];
```

```
        Arrays.fill(count, 0);

        //统计数组中的元素第 exp 位的数目
        for (i = 0; i < n; i++) {
            count[(arr[i] / exp) % 10]++;
        }

        //对 count 数组进行转换
        for (i = 1; i < 10; i++) {
            count[i] += count[i - 1];
        }

        //进行计数排序
        for (i = n - 1; i >= 0; i--) {
            output[count[(arr[i] / exp) % 10] - 1] = arr[i];
            count[(arr[i] / exp) % 10]--;
        }

        //输出到数组 arr 中
        for (i = 0; i < n; i++) {
            arr[i] = output[i];
        }
    }

    //基数排序
    static void radixSort(int[] arr, int n) {
        //找到数组中的最大值
        int m = getMax(arr, n);

        //对数组中的数字按照每一个有效位进行一次计数排序
        for (int exp = 1; m / exp > 0; exp *= 10) {
            countSort(arr, n, exp);
        }
    }
}
```

实现中有一个细节需要解释一下，即如何取每一个数字从最低位到最高位对应位的值。答案很简单，就是除 **10** 取余。

例如，**802**，要取最低位，**802 % 10 = 2**，就可以得到个位数；然后除 **10** 取商数 **802 / 10 =**

80，再对商数 **80** 进行除 **10** 取余数，就可以得到十位数，**80 % 10 = 0**；最后再对 **80** 除 **10** 取商数 **80 / 10 = 8**，对商数 **8** 进行除 **10** 取余数，**8 % 10 = 8** 就可以得到百位数。

这样就可以轻松理解代码中的 arr[i] / exp 了，exp 相当于控制位数，而取余操作就相当于取出第 exp 位的值。

彻底弄清楚基数排序的前提是弄清楚计数排序，可以参考 9.9 节内容。

9.10.2 基数排序复杂度分析

1. 时间复杂度

设 d 表示输入的数组中最大值的位数（如 802，3 位，$d=3$），则基数排序的时间复杂度为 $O(d\times(n+b))$，其中 n 表示数组的长度；b 表示一个数的基数；对十进制而言，$b=10$。设 K 是一个计算机可表示的最大整数，则 $d=\log_b K$；基数排序时间复杂度为 $O((n+b)\times\log_b K)$。

对于一个较大的数 K，基数排序的时间复杂度似乎比基于比较的排序算法的时间复杂度大，但是事实未必。

假设 K 取一个小于或等于 n^c 的最大整数，其中 c 是一个常量，则基数排序的时间复杂度为 $O(c\times(n+b)\times\log_b n)$，其中 b 和 c 都是常数，可以忽略不计，因此基数排序的时间复杂度变成 $O(n\times\log_b n)$。这依旧不比基于比较的排序算法的最好时间复杂度 $O(n\log_2 n)$ 小。如果我们将这个 b 取得足够大，那么 b 取多大时基数排序的时间复杂度才能变成线性呢？

当 $b=n$ 时，$\log_n n=1$，基数排序的时间复杂度就变成 $O(n)$，是线性时间复杂度。

也就是说，当数字是 n 进制时，基数排序可以对 1 到 n^c 范围内的数组进行线性排序。对于元素跨度（范围）比较大的数组而言，基数排序的运行时间可能比快速排序的运行时间短。基数排序的渐进时间复杂度中隐含了更高的常量因子，并非完全线性。快速排序更有效地利用了硬件缓存，提高了运算效率；而基数排序将计数排序作为子过程，计数排序占用额外的存储空间对数组进行排序。

2. 空间复杂度

由于计数排序使用了额外的存储空间进行排序，因此基数排序的空间复杂度也为 $O(n)$。

9.11 堆排序

二叉堆是一棵特殊的完全二叉树，一般分为大顶堆和小顶堆，我们在第 5 章已做了详细介绍，本节主要学习基于堆数据结构的比较排序。它类似于选择排序，我们先找到最小元素并将最小元素放在数组的头部（小顶堆），或找到最大元素并将最大元素放到数组的头部（大顶堆），对其余元素重复相同过程就可以得到一个有序的数组。

以数组 arr = [5,1,4,2,8,4]为例来介绍堆排序过程，如图 9.58 所示。

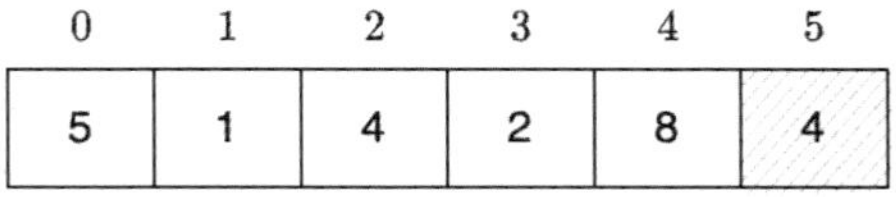

0	1	2	3	4	5
5	1	4	2	8	4

图 9.58

我们先对数组 arr 建立一个大顶堆，插入第一个元素 **5** 作为根节点，如图 9.59 所示。

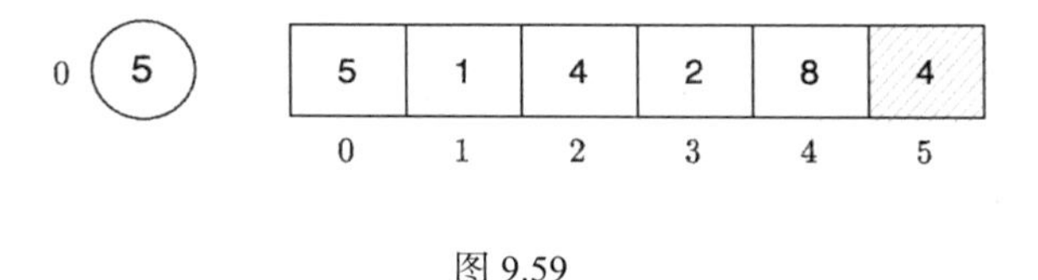

图 9.59

然后将元素 **1** 插入最后一个位置，也就是根节点的左子节点的位置。因为 **1 < 5**，满足大顶堆的属性，如图 9.60 所示。

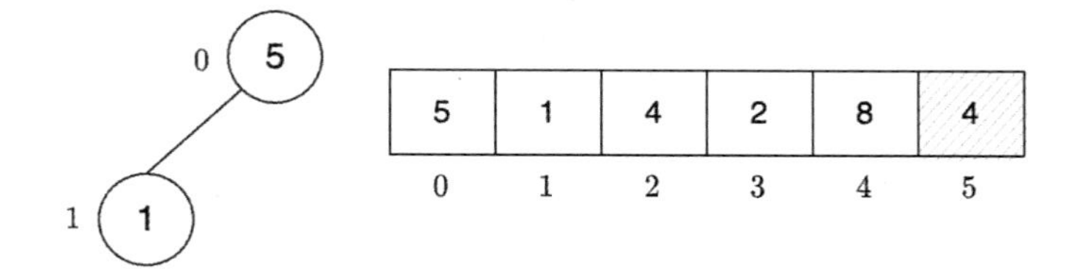

图 9.60

将元素 **4** 插入最后一个位置，即根节点的右子节点的位置。因为 **4 < 5**，满足大顶堆的属性，不需要进行调整，如图 9.61 所示。

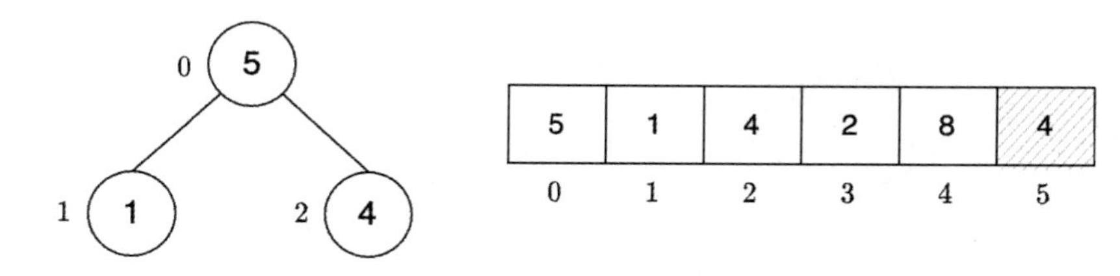

图 9.61

将元素 2 插入最后一个位置，即节点 **1** 的左子节点的位置。由于 **2 > 1** 不满足大顶堆的属性（插入节点小于其父节点），所以交换两个节点的位置。继续向上修正，判断节点 **2** 与当前父节点（节点 5）的大小关系，由于 **2 < 5**，满足大顶堆的属性，结束修正。这个过程就是二叉堆的插入操作，如图 9.62 所示。

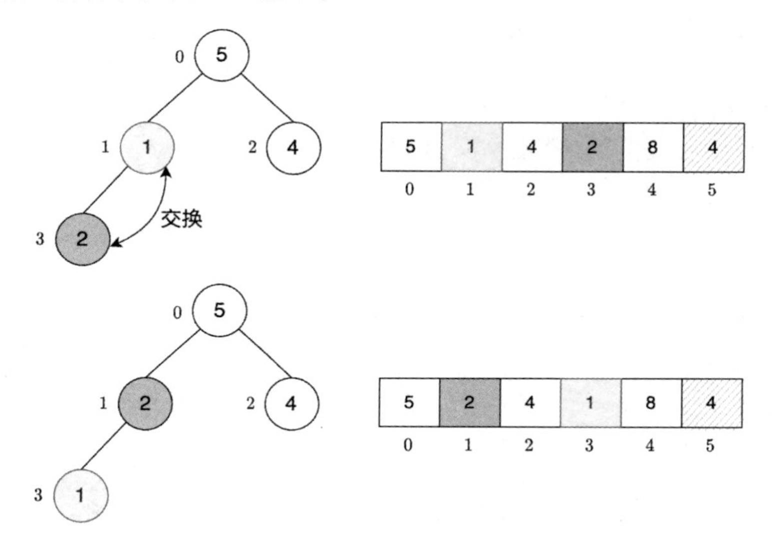

图 9.62

接着将元素 **8** 插入最后一个位置，即节点 **2** 的右子节点的位置。由于 **8 > 2** 不满足大顶堆的属性（插入节点小于其父节点），故交换两个节点的位置。继续向上修正，判断节点 **8** 与其父节点（节点 5）的大小关系，**8 > 5**（不满足大顶堆的属性），交换两个节点的位置，继续修正，发现节点 **8** 已为树的根节点，修正结束，如图 9.63 所示。

最后将元素 **4** 插入最后一个位置，即节点 **4**（索引为 **2**）的左子节点位置。由于其值小于或等于父节点，故不进行修正，如图 9.64 所示。

以上是对于二叉堆插入操作的回顾，接下来才是堆排序的核心操作。

设 n 表示堆中的节点数，对于数组 **arr = [8,5,4,1,2,4]**， $n=6$ 。

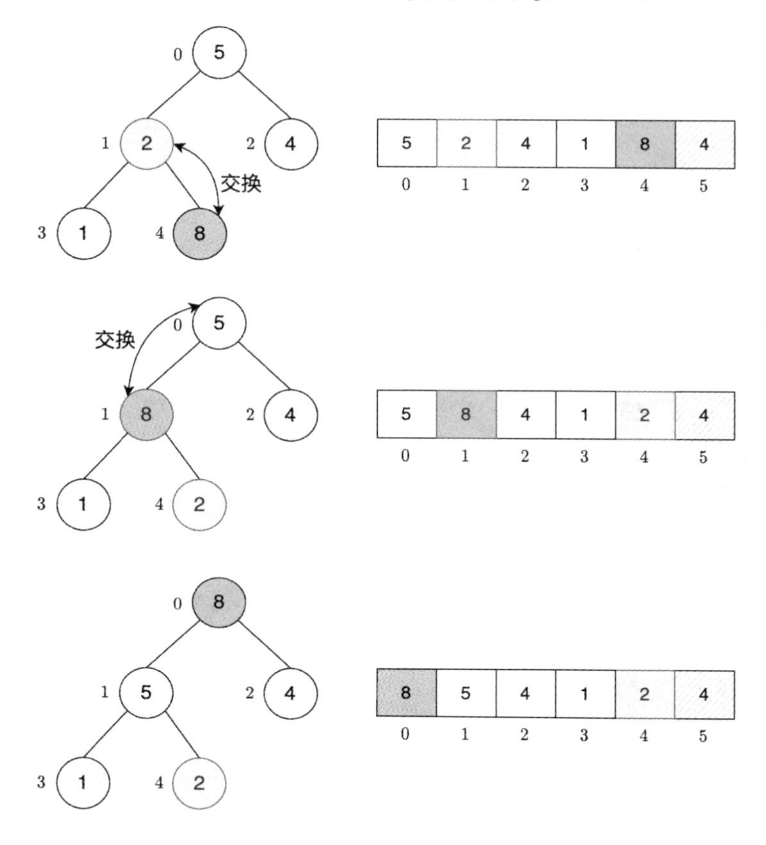

图 9.63

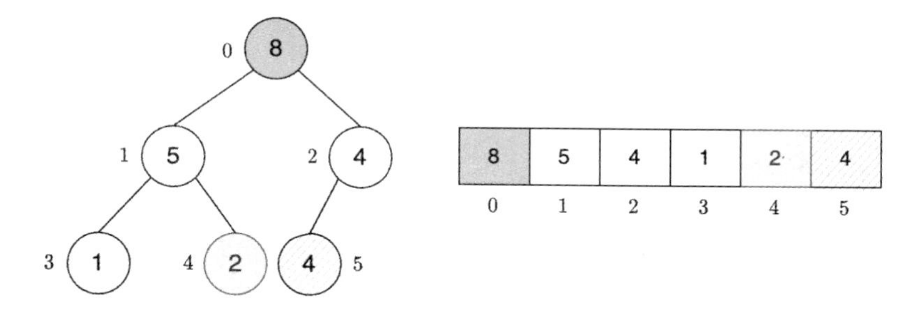

图 9.64

第一步：将堆顶节点 **8**（数组 arr[0]，最大元素）与堆的最后一个节点 **4**（数组中的最后一个元素 **4**）交换位置。此时，相当于选出数组中的最大元素，将其从堆中去掉，如图 9.65 所示。

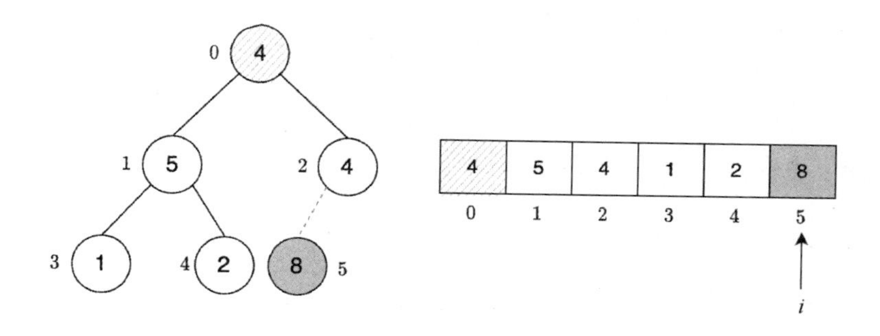

图 9.65

第二步：从节点 4（索引为 **0**）开始进行堆化。我们只对此进行一次详细介绍。计算节点 **4**（索引为 **0**）的左子节点 $left = 2\times i+1=1$（节点 **5**），右子节点 $right = 2\times i+2=2$（节点 **4**），比较三者的大小，发现 **5 > 4** 违反堆的属性，节点 **5** 和根节点（值为 4）交换位置；继续对节点 **4**（索引为 **1**）进行判断，发现其左子节点（节点 1）和右子节点（节点 2）均小于 **4**，堆化结束，如图 9.66 所示。

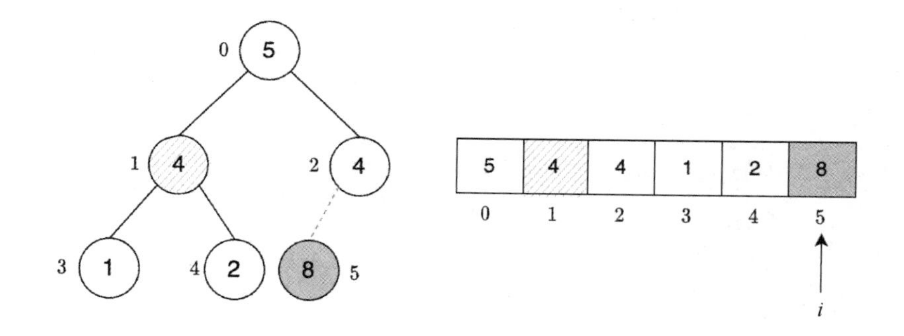

图 9.66

第三步：将堆顶节点 **5**（索引为 0）和当前最后一个节点 **2**（指针 i 指向的位置）交换位置。此时，相当于选出了数组中的次大元素，将节点 5 从堆中去掉，如图 9.67 所示。

第四步：从当前的堆顶节点 **2** 开始进行堆化操作，节点 **2**（索引为 0）和其左子节点（节点 4）（索引为 1）交换位置。为什么不是右子节点（节点 4）（索引为 2）呢？因为我们在堆化时，优先和左子节点进行对比，只有在右子节点大于左子节点的情况下，才考虑将右子节点与其父节点交换位置，堆化后的结果如图 9.68 所示。

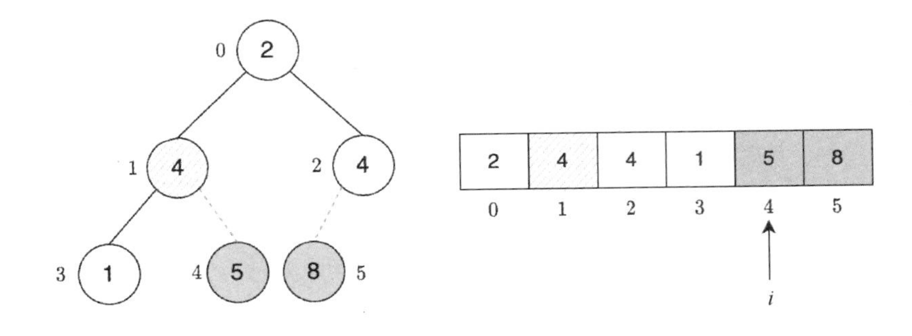

图 9.67

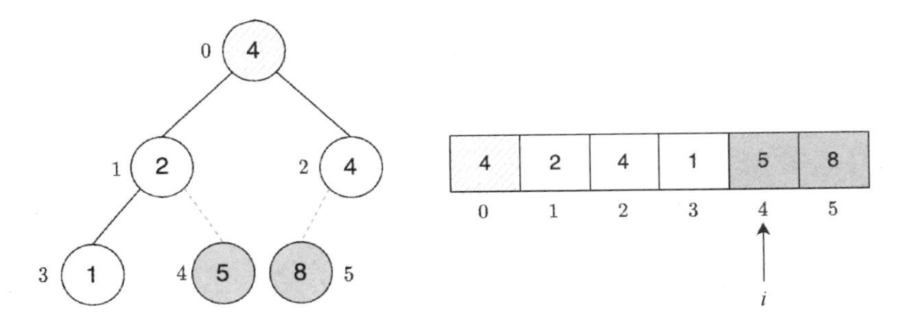

图 9.68

第五步：根节点（节点 4）和最后一个节点（节点 1）交换位置，从堆中去掉节点 **4**（索引为 3），如图 9.69 所示。

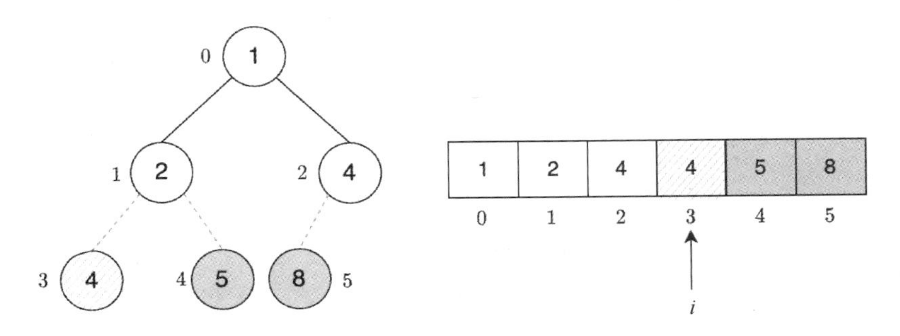

图 9.69

第六步：从根节点（节点 1）开始进行堆化操作，根节点和节点 4（索引为 2）交换位置，如图 9.70 所示。

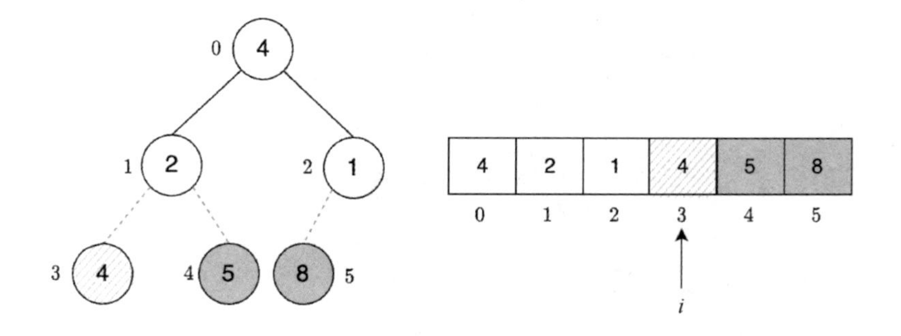

图 9.70

第七步：根节点和节点 1 交换位置，从堆中去掉节点 **4**（索引为 2），如图 9.71 所示。

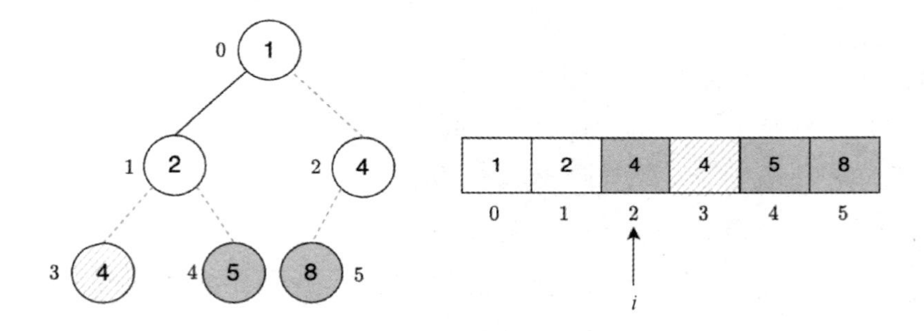

图 9.71

第八步：从根节点（节点 1）开始进行堆化操作，节点 **2** 和节点 **1** 交换位置，如图 9.72 所示。

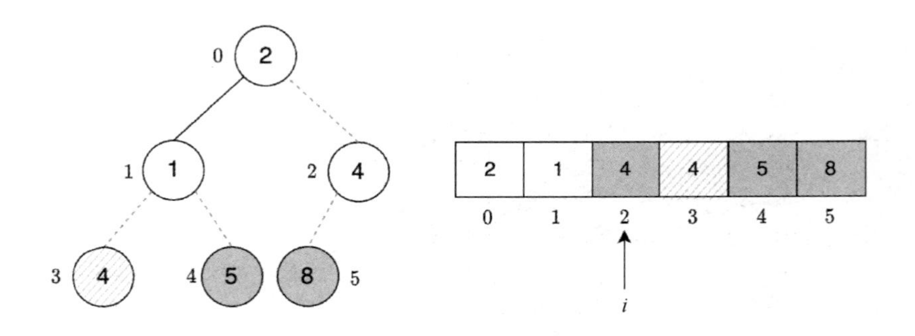

图 9.72

第九步：根节点（节点 2）和节点 **1** 交换位置，将节点 **2** 从堆中去掉，如图 9.73 所示。

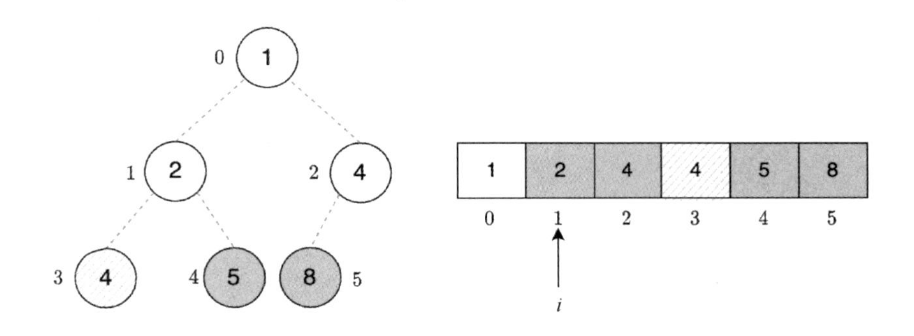

图 9.73

第十步：发现堆中仅剩余一个节点，堆排序结束，看到原始的输入数组 **arr = [5,1,4,2,8,4]** 变成有序数组 **arr = [1,2,4,4,5,8]**。

这就是有趣又好玩的堆排序，其本质是二叉堆的应用。

选择排序是利用线性的时间复杂度 $O(n)$ 遍历数组，每一次选出数组中的最大元素，总共选择 $n-1$ 次，所以选择排序的时间复杂度为 $O(n^2)$。堆排序事实上是对选择排序的优化，本来花费 $O(n)$ 时间才能选出数组中的最大元素或最小元素，借助大顶堆和小顶堆，可以将这个选择操作的时间复杂度降到 $O(\log_2 n)$，总共选择 $n-1$ 次，所以堆排序的时间复杂度为 $O(n\log_2 n)$。

不难发现，堆排序是一个基于比较的排序算法，且由于在排序过程中要进行堆化操作（不断交换），因此具有不稳定性。

只要会写二叉堆的堆化操作代码，看堆排序的代码就会很简单。

```
package org.example.sortalgorithm;

public class HeapSort {
    public void heapSort(int[] arr) {
        int n = arr.length;

        //建堆（也可以考虑进行上面的插入操作）
        //这里调用 heapify 函数同样可以达到建堆效果
        for (int i = n / 2 - 1; i >= 0; i--) {
            heapify(arr, n, i);
        }

        //利用堆一个一个地选出最大元素
        for (int i = n - 1; i > 0; i--) {
            //交换堆的根节点(最大元素)与当前最后一个节点(i)的位置
```

```
            int temp = arr[0];
            arr[0] = arr[i];
            arr[i] = temp;

            //去掉最后一个节点，并从根节点开始进行堆化操作
            heapify(arr, i, 0);
        }
    }

    //堆化操作
    void heapify(int arr[], int n, int i) {
        int largest = i;                    //初始化最大元素为根节点
        int l = 2 * i + 1;                  //i 的左子节点 left = 2*i + 1
        int r = 2 * i + 2;                  //i 的右子节点 right = 2*i + 2

        //如果左子节点的值比根节点的值大，就更新 largest 为左子节点
        if (l < n && arr[l] > arr[largest]) {
            largest = l;
        }

        //如果右子节点的值比最大元素大，就更新 largest 为右子节点
        if (r < n && arr[r] > arr[largest]) {
            largest = r;
        }

        //如果最大元素不是根节点，就进行交换操作并递归调用 heapify 函数
        if (largest != i) {
            int swap = arr[i];
            arr[i] = arr[largest];
            arr[largest] = swap;

            //对由于交换操作受到影响的子树递归调用 heapify 函数
            heapify(arr, n, largest);
        }
    }

    public static void main(String args[]) {
        int[] arr = {5, 1, 4, 2, 8, 4};
        int n = arr.length;

        HeapSort ob = new HeapSort();
        ob.heapSort(arr);
```

```
        for (int value: arr) {
            System.out.print(value + ",");
        }
    }
}
```

注意：上面代码中的建堆操作代码如下。

```
for (int i = n / 2 - 1; i >= 0; i--) {
    heapify(arr, n, i);
}
```

我们以数组 **arr = [5,1,4,2,8,4]**为例，来说明上述建堆方式的执行过程。

与插入操作建堆不同（插入操作建堆从一棵空树开始），上面这种方式一开始将数组 **arr** 当作一棵完全二叉树，但该完全二叉树不满足堆数据结构的属性，通过调用 heapify 函数将它调整为一个二叉堆，如图 9.74 所示。

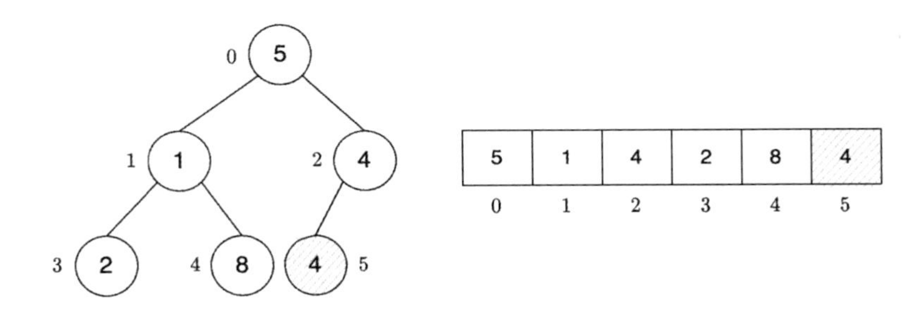

图 9.74

计算 $i=6/2-1=2$，对节点 **4**（索引为 2）进行堆化操作，发现该节点的值大于或等于其左子节点（节点 4）（索引为 5）的值，不做调整，如图 9.75 所示。

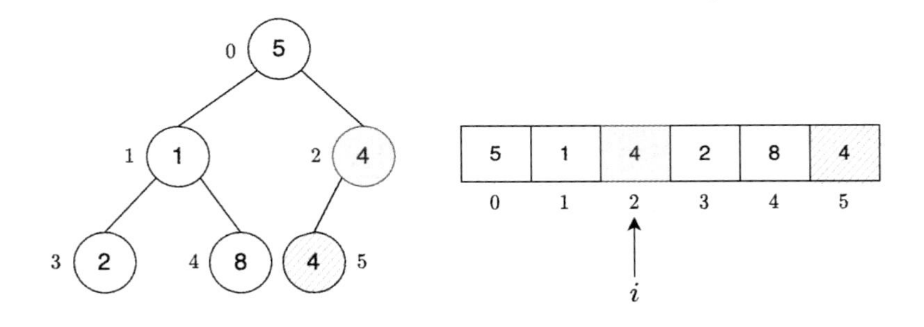

图 9.75

$i=1$，对节点 **1**（索引为 1）进行堆化操作，计算其左子节点（节点 2）、右子节点（节点 8），比较三者大小，发现节点 **1** 的左子节点、右子节点的值均比其大，将节点 8 和节点 **1** 交换位置，发现节点 **1** 已经到达叶子节点，如图 9.76 所示。

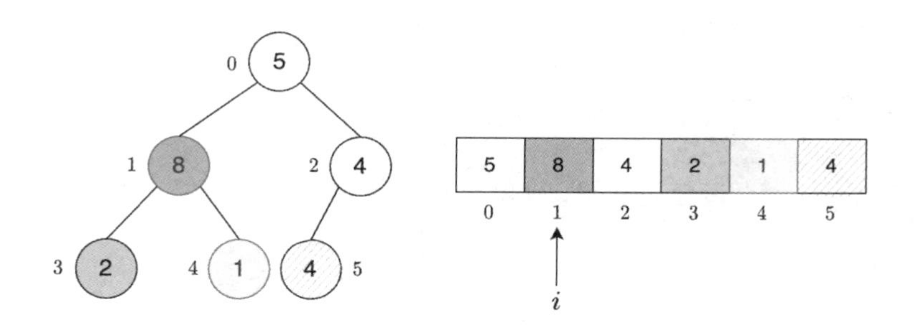

图 9.76

i＝0，对节点 **5**（索引为 0）进行堆化操作，发现左子节点（节点 8）的值比其大，两者交换位置，继续对节点 **5**（索引为 3）进行堆化，发现左子节点、右子节点的值均比其小，堆化结束，如图 9.77 所示。

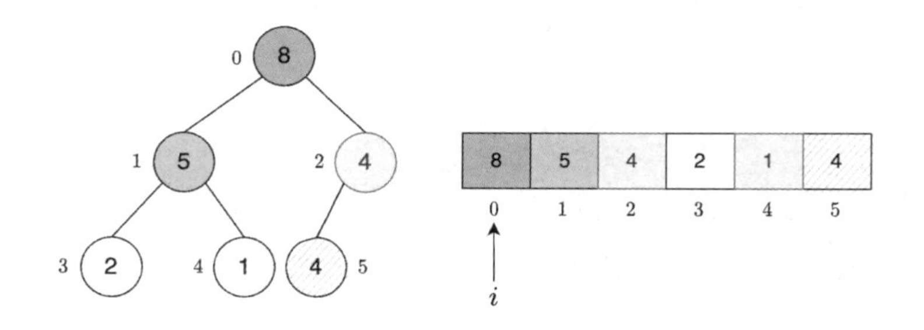

图 9.77

这样我们就得到了一个大顶堆，是不是比通过插入方式建堆方便很多呢？一个更有意思的问题来了，即**建堆的时间复杂度是多少呢?**

乍一看，每次调用 heapify 函数的时间复杂度为 $O(n\log_2 n)$，建堆调用了 $O(n)$ 次，所以建堆操作的时间复杂度是 $O(n\log_2 n)$。虽然建堆操作的时间复杂度的上限为 $O(n\log_2 n)$ 没有错误，但是这个复杂度不是渐进严格的。

heapify 函数的运行时间取决于树的高度 h（$h=\log_2 n$，其中 n 是节点数），而大多数子树的高度小于 h。

建堆的循环是从倒数第一层 $n/2$ 处的节点开始的（其高度为 1），一直遍历到根节点的位置（高度为 $\log_2 n$ ），因此，对不同的节点进行堆化操作耗费的时间是不同的，只能暂时认为堆化操作的运行时间为 $O(h)$ ，这个 h 是变化的。要想准确计算出建堆的时间复杂度，就必须知道高度为 h 的节点数。

已知对于一个大小为 n 的堆而言，高度为 h 的节点最多有 $\left\lceil \frac{n}{2^{h+1}} \right\rceil$ 个。例如，高度为 1（ $h=1$ ）的节点数最多为 $\left\lceil \frac{6}{2^{1+1}} \right\rceil = 2$ 。

那么建堆的时间复杂度就好算了，高度为 h 的节点建堆运行时间为 $\left\lceil \frac{n}{2^{h+1}} \right\rceil \times O(h)$ ，而 h 的变化范围为 $0 \sim \log_2 n$ ，计算累加和，即

$$
\begin{aligned}
T(n) &= \sum_{h=0}^{\infty} \left\lceil \frac{n}{2^h+1} \right\rceil \times O(h) \\
&= O\left(n \times \sum_{h=0}^{\log_2 n} \frac{h}{2^h} \right) \\
&= O\left(n \times \sum_{h=0}^{\infty} \frac{h}{2^h} \right) = O\left(n \times \frac{\frac{1}{2}}{\left(1-\frac{1}{2}\right)^2} \right) = O(n)
\end{aligned}
$$

$$
\sum_{n=0}^{\infty} x^n = \frac{1}{1-x} \xrightarrow{\text{求导}} \sum_{n=0}^{\infty} n x^{n-1} = \frac{1}{(1-x)^2} \xrightarrow{\text{乘以}x} \sum_{n=0}^{\infty} n x^n = \frac{x}{(1-x)^2}
$$

因此，建立一个二叉堆的时间复杂度为 $O(n)$ 。

证明建立一个二叉堆的时间复杂度对于学习堆排序似乎没有特别意义，目的是希望你体会到数学与数据结构之乐。

9.12 线性搜索

线性搜索是一种顺序搜索算法，它从一端开始，检查列表中的每个元素，直到找到所

需元素为止，是最简单的搜索算法。

我们以图 9.78 中的数组为例，搜索数组中的元素 1，即 key=1。

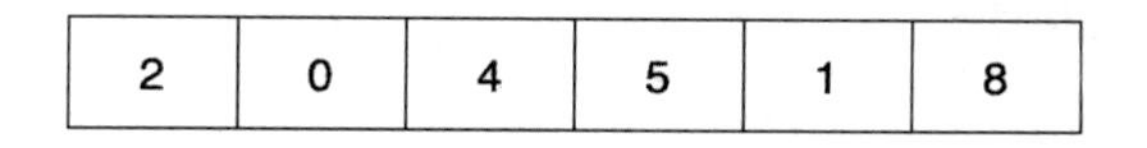

图 9.78

从数组中的第一个元素开始，将 key 与数组中的每个元素进行比较，查找过程如图 9.79 所示。

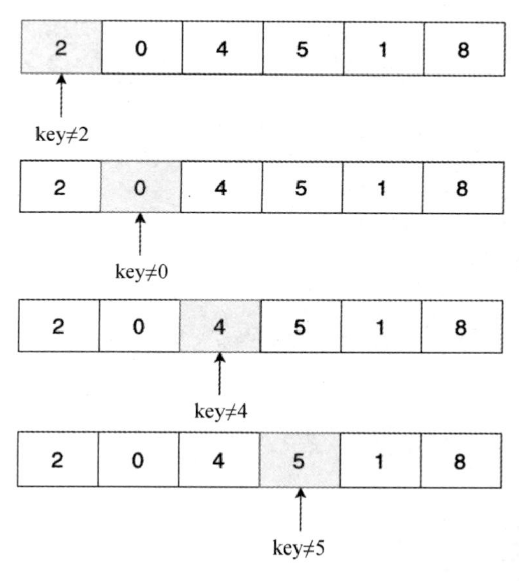

图 9.79

如果 x == key，就返回元素 x 的索引，如图 9.80 所示，返回索引 4。

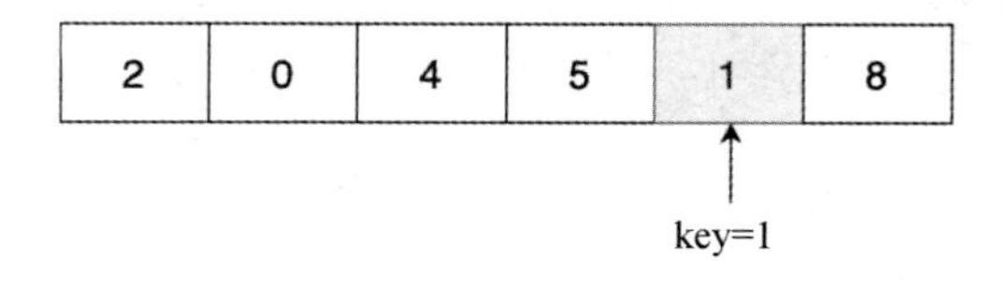

图 9.80

如果遍历了整个数组，仍没找到对应元素，就返回 −1。

线性查找的实现代码如下所示。

```
class LinearSearch {
   public static int search(int[] arr, int x) {
      int n = arr.length;
```

```
        for (int i = 0; i < n; i++) {
            if (arr[i] == x) {
                return i;
            }
        }
        return -1;
    }

    public static void main(String[] args) {
        int[] arr = {2, 0, 4, 5, 1, 9};
        int x = 10;

        int result = search(arr, x);
        if (result == -1) {
            System.out.print("元素不在数组中");
        } else {
            System.out.print("元素在索引 " + result);
        }
    }
}
```

线性查找的时间复杂度为 $O(n)$。

9.13 二分查找

二分查找是一种在**有序数组**中查找某一特定元素的搜索算法。注意，这里必须是有序数组。搜索过程从数组的中间元素开始，如果中间元素正好是要查找的元素，那么搜索过程结束；如果某一特定元素大于或小于中间元素，那么在数组大于或小于中间元素的部分继续查找，而且与开始一样从中间元素开始比较。如果在某一步骤数组为空，就代表找不到要查找的元素。二分查找中的每一次比较都使搜索范围缩小一半。

我们以如图 9.81 所示的数组为例来说明二分查找的执行过程。假设我们要查找的元素为 4。

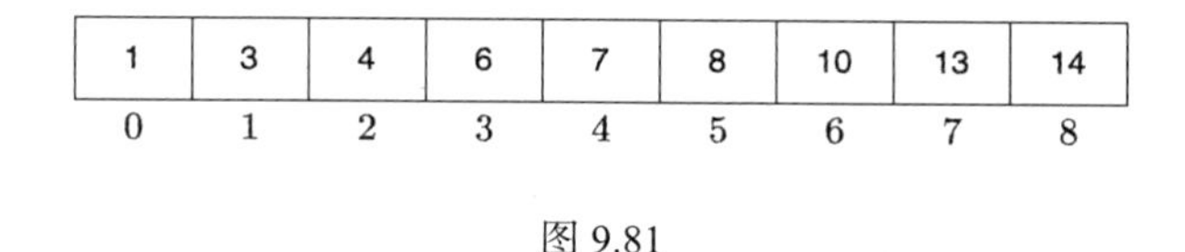

图 9.81

第一步：设置两个指针，一个指向有序数组的第一个元素 1，为指针 low；另一个指向有序数组最后一个元素 14，为指针 high，如图 9.82 所示。

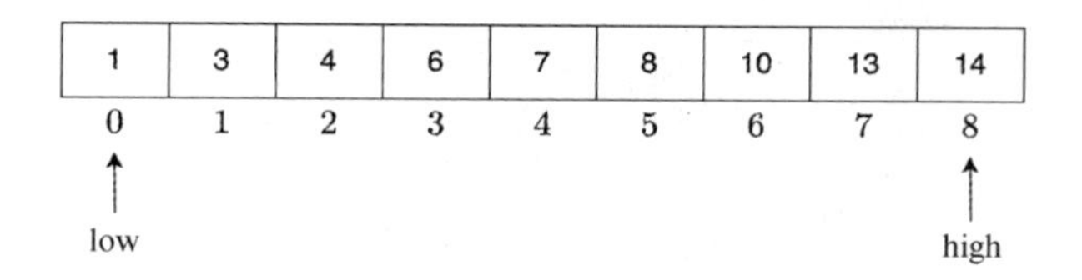

图 9.82

第二步：计算指针 low 与指针 high 的中点，并用 mid 指针保存。low 的初值为 0，high 的初值为 8，则 $mid=\lfloor(low+high)/2\rfloor=\lfloor(0+8)/2\rfloor=4$，即 mid 指针指向元素 7，如图 9.83 所示。

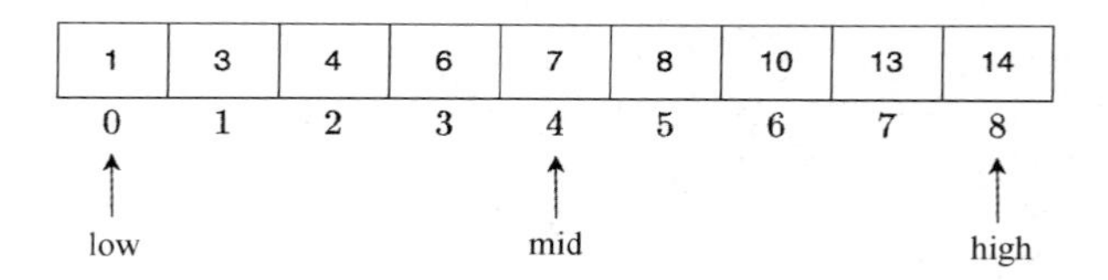

图 9.83

第三步：将查找元素 4 与 mid 指针指向的元素 7 进行比较，4 < 7，说明待查找元素 4 若存在，必在区间 $[low,mid-1]$ 内，令 $high=mid-1=4-1=3$，结果如图 9.84 所示。

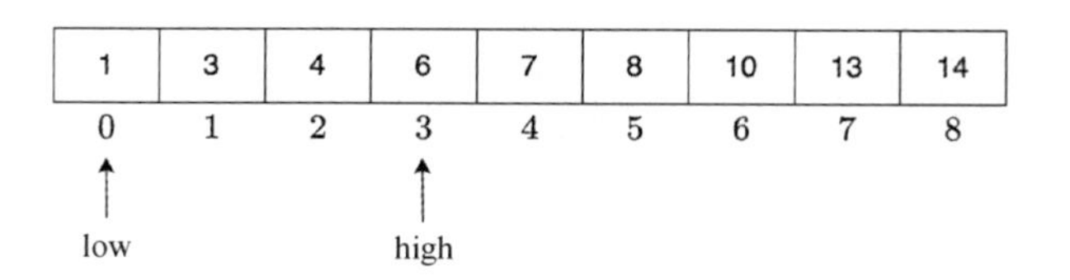

图 9.84

第四步：重新计算 mid 指针的值，$mid=\lfloor(0+3)/2\rfloor=1$，结果如图 9.85 所示。

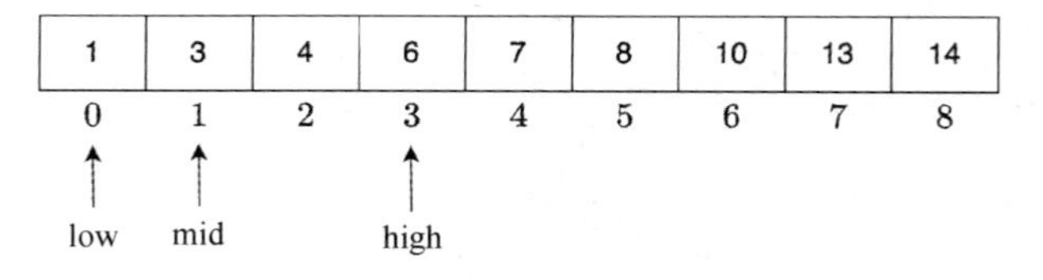

图 9.85

第五步：将待查找元素 4 和 mid 指针指向的元素 3 进行比较，4 > 3，说明待查找元素 4 若存在，必定在区间 $[mid+1,high]$ 内，则令 $low=mid+1=1+1=2$，结果如图 9.86 所示。

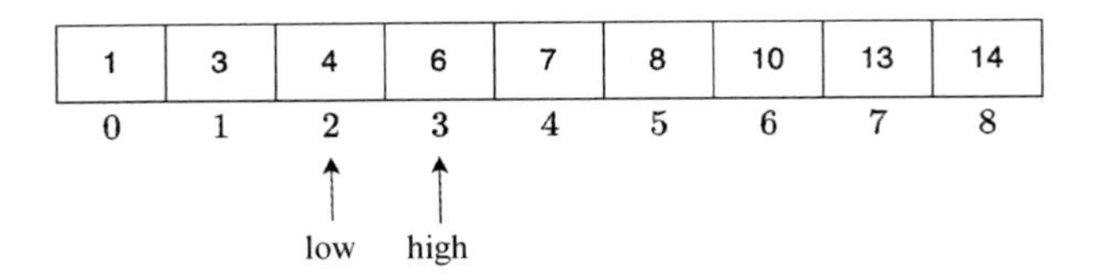

图 9.86

第六步：重新计算 mid 指针的值，$mid = \lfloor (2+3)/2 \rfloor = 2$，即 mid 指针和 low 指针指向同一个数组元素——元素 4，等于要查找的元素，查找成功，返回元素的索引 2，结果如图 9.874 所示。

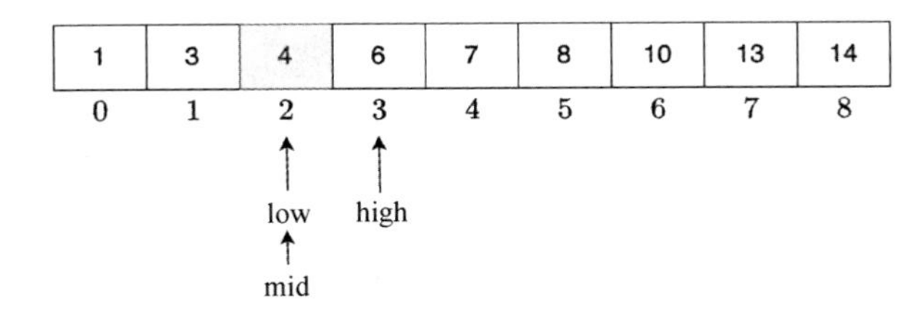

图 9.87

事实上，二分查找和二叉树搜索是同一个原理，我们可以将上面的六步表现在一个图中，如图 9.88 所示，二分查找仅比较了 3 次就找到待查找元素 4。

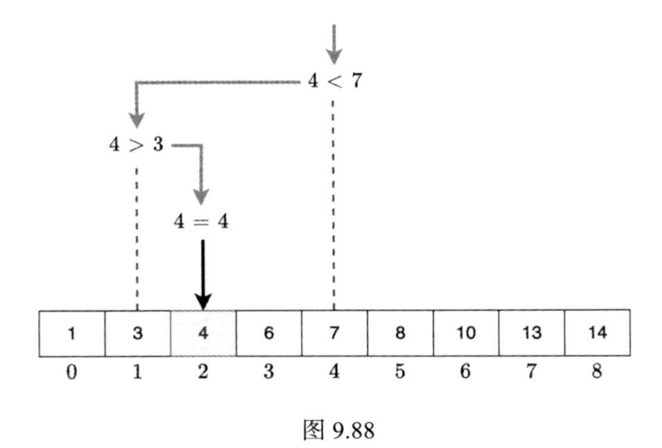

图 9.88

二分查找的递归实现代码如下所示。

```
class BinarySearch {
    /**
     * 返回待查找元素 x 的索引
     *
     * @param arr 数组
     * @param low   low 指针
     * @param high  high 指针
```

```
     * @param x   待查找元素
     * @return
     */
    int binarySearch(int[] arr, int low, int high, int x) {
        if (low <= high) {
            int mid = low + (high - low) / 2;

            //元素出现在mid指针指示的位置
            if (arr[mid] == x) {
                return mid;
            }

            //元素位于区间 [l,mid-1] 内
            if (arr[mid] > x) {
                return binarySearch(arr, low, mid - 1, x);
            }

            //元素位于区间 [mid+1,r] 内
            return binarySearch(arr, mid + 1, high, x);
        }
        //未找到待查找元素，返回 -1
        return -1;
    }

    public static void main(String[] args) {
        BinarySearch ob = new BinarySearch();
        int[] arr = {1, 3, 4, 6, 7, 8, 10, 13, 14};
        int n = arr.length;
        int x = 6;
        int result = ob.binarySearch(arr, 0, n - 1, x);
        if (result == -1) {
            System.out.println("元素未找到");
        } else {
            System.out.println("元素的索引为："
                    + result);
        }
    }
}
```

此外，我们还可以考虑迭代的实现方式，代码如下。

```
int binarySearch(int[] arr, int x) {
    int low = 0, high = arr.length - 1;
    while (low <= high) {
        int mid = low + (high - low) / 2;
```

```
        //元素位于 mid 指针指示的位置
        if (arr[mid] == x) {
            return mid;
        }

        //若 x > arr[mid], 则元素位于区间 [mid+1,high]内
        if (arr[mid] < x) {
            low = mid + 1;
        } else {
            high = mid - 1;
        }
    }
    //未找到待查找元素，返回 -1
    return -1;
}
```

为了更清晰地理解二分查找和二叉树的关系，我们将如图 9.81 所示的数组转化成了一棵如图 9.89 所示的二叉树，在树中查找元素的时间复杂度取决于树的深度，而具有 n 个节点的树的深度为 $\lfloor \log_2 n \rfloor + 1$，所以二分查找在一个有序数组中查找一个元素的时间复杂度为 $O(\log_2 n)$。

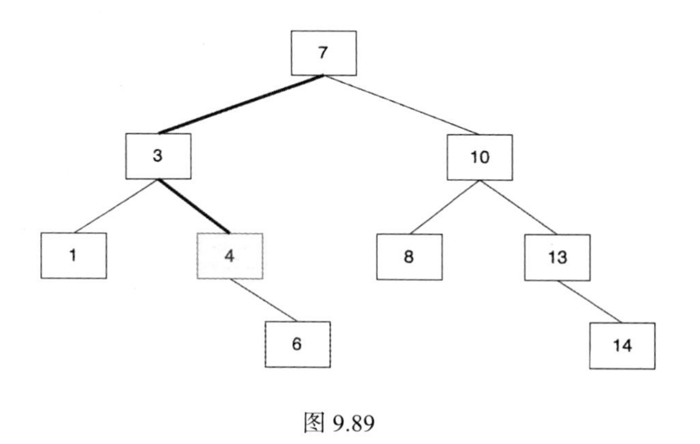

图 9.89

参考文献

[1] 严蔚敏，吴伟民．数据结构：C 语言版[M]．北京：清华大学出版社，2007．

[2] 程杰．大话数据结构[M]．北京：清华大学出版社，2011．

[3] ROBERT SEDGEWICK，KEVIN WAYNE．算法[M]．谢路云，译．4 版．北京：人民邮电出版社，2012．

[4] THOMAS H CORMEN，CHARLES E LEISERSON，RONALD L RIVEST，等．算法导论[M]．殷建平，徐云，王刚，等译．3 版．北京：机械工业出版社，2012．